Peter Barrett · Facility Management

Facility Management

Optimierung der Gebäude- und Anlagenverwaltung

von

Peter Barrett
MSc, PhD, FRICS
Professor für Managementsysteme im Immobilien- und Baubereich
Universität Salford

übersetzt von
Ursula Weigmann

Bauverlag · Wiesbaden und Berlin

Die Deutsche Bibliothek – CIP-Einheitsaufnahme

Barrett, Peter:
*Facility-Management : Optimierung der Gebäude- und
Anlagenverwaltung / von Peter Barrett. Übers. von Ursula
Weigmann. – Wiesbaden ; Berlin : Bauverl., 1998*
  Einheitssacht.: Facilities management <dt.>
  ISBN 978-3-322-91669-3   ISBN 978-3-322-91668-6 (eBook)
  DOI 10.1007/978-3-322-91668-6

Englische Originalausgabe:
Facilities Management · Towards Best Practice
Edited by Peter Barrett

© English edition:
  1995 by Blackwell Science Ltd.
Softcover reprint of the hardcover 1st edition 1995

© Deutsche Ausgabe:
  1998: Bauverlag GmbH, Wiesbaden und Berlin

Satz: Publikations Atelier, Frankfurt am Main

ISBN 978-3-322-91669-3

Inhaltsverzeichnis

Einleitung 11
Danksagung 13

Teil 1: Die Praxis des Facility Managements

1 Positive Praxisbeispiele des Facility Managements 17

    1.1 Einleitung 17
        1.1.1 Zielsetzung des Kapitels 17
        1.1.2 Überblick über die einzelnen Abschnitte 17
        1.1.3 Lesearten des Kapitels 17
    1.2 FM-Modelle 18
        1.2.1 Kontext 18
        1.2.2 Office Manager-Modell 18
        1.2.3 Single Site-Modell 19
        1.2.4 Localised Sites-Modell 20
        1.2.5 Multiple Sites-Modell 20
        1.2.6 International-Modell 21
    1.3 Fallstudien 21
        1.3.1 Hintergrund 21
        1.3.2 Office Manager-Modell – Beispiel 22
        1.3.3 Single Site-Modell – Beispiel 1 24
        1.3.4 Single Site-Modell – Beispiel 2 28
        1.3.5 Localised Sites-Modell – Beispiel 32
        1.3.6 Multiple Sites-Modell – Beispiel 1 36
        1.3.7 Multiple Sites-Modell – Beispiel 2 43
    1.4 FM-Systeme 47
        1.4.1 Hintergrund 47
        1.4.2 Ergebnisse der Fallstudien 47
        1.4.3 FM-Struktur 48
        1.4.4 Verwaltung der FM-Leistungen 50
        1.4.5 Abstimmung auf aktuelle Kerngeschäft-Anforderungen 52
        1.4.6 Facility Management und äußere Einflüsse 53
    1.5 Rahmenmodell 54
    1.6 Literatur 56

2 Effizienzsteigerung des Facility Managements 57

  2.1 Einleitung 57
    2.1.1 Kontext 57
    2.1.2 Hintergrund 57
    2.1.3 Zusammenfassung der einzelnen Abschnitte 58
  2.2 FM-Leistungen aus Sicht des Auftraggebers 58
    2.2.1 Kontext 58
    2.2.2 Qualität fachspezifischer Leistungen 58
  2.3 Feedback und Motivation 61
    2.3.1 Allgemeiner Ansatz 61
    2.3.2 Supple Systems 62
  2.4 Strategisches Facility Management 69
    2.4.1 Mögliche Beziehungen zwischen Facility Management und strategischer Planung 69
    2.4.2 Faktoren, die einer Beteiligung des Facility Managements an der strategischen Organisationsplanung im Wege stehen 70
    2.4.3 FM-Strategie 71
  2.5 Learning organisations (dt. Lernende Organisationen) 75
    2.5.1 Hintergrund 75
    2.5.2 Individuelles Lernen 76
    2.5.3 Team-learning (dt. Lernen von Teams) 78
  2.6 Zusammenfassung und Zusammenspiel der Faktoren 82
  2.7 Literatur 84
  Anhang: Aktuelle Modelle lernender Organisationen 85

Teil 2: Schlüsselbegriffe des Facility Managements

3 Bestandsaufnahme der Nutzer-Anforderungen 91

  3.1 Einleitung 91
    3.1.1 Zielsetzung des Kapitels 91
    3.1.2 Kontext 91
    3.1.3 Überblick über die einzelnen Abschnitte 92
  3.2 Die Beziehung zwischen Aufgaben des Facility Managements und Analyse der Nutzer-Anforderungen 93
    3.2.1 Ziele 93
    3.2.2 Die Bedeutung der Gebäudekonzeption 94
    3.2.3 Wert der Benutzerkenntnisse/Einbeziehung der Benutzer 94
    3.2.4 Die Bedeutung von Gebäudeevaluierungen für Organisationen ... 95
    3.2.5 Facility Management und Gebäudeevaluierung 95
    3.2.6 Einsatz und Nutzen von Gebäudeevaluierung 96
  3.3 Planung (Briefing) 98
    3.3.1 Ziele 98
    3.3.2 Bedeutung des *Briefing* (Planung) 98
    3.3.3 Kommunikation und *Briefing* (Planung) 98
    3.3.4 Verwaltung des Planungsprozesses 102
    3.3.5 Während des Planungsprozesses benötigte Informationen 107

3.4 Post-Occupancy Evaluation (POE – Analyse nach Belegung der Räumlichkeiten) . 111
   3.4.1 Ziele 111
   3.4.2 Gebäudeevaluierungs-Systeme 112
   3.4.3 POE-Methoden 112
3.5 Datenermittlung: Methoden, Auswertung und Präsentation 122
   3.5.1 Ziele 122
   3.5.2 Kontext 122
   3.5.3 Datenerhebungsmethoden 122
   3.5.4 Datenauswertung 128
   3.5.5 Präsentationstechniken 129
3.6 Literatur 129
   Anhang: POE-Datenblätter 131

4 Contracting-out (Vergabe interner Leistungen an externe Dienstleister) . . . 135

4.1 Einleitung 135
   4.1.1 Zielsetzung 135
   4.1.2 Zusammenfassung der einzelnen Abschnitte 135
4.2 Contracting-out im FM-Kontext 136
   4.2.1 Zielsetzung 136
   4.2.2 Begriff 136
   4.2.3 Art und Menge der fremdvergebenen Leistungen 137
   4.2.4 Bündelung einzelner FM-Verträge 141
   4.2.5 Das Potential des *Contracting-out* aus Sicht des Nutzers 142
4.3 Nur eine Nebenfunktion? 144
   4.3.1 Zielsetzung 144
   4.3.2 Kerngeschäft 144
4.4 Entscheidungsprozeß des Facility Managements bei der Auftragsvergabe . . 147
   4.4.1 Zielsetzung 147
   4.4.2 Die Schwachstellen des intuitiven Ansatzes 147
   4.4.3 Primäre Vorteile und Nachteile des *Contracting-out* 148
   4.4.4 Sekundäre Kräfte, die *Contracting-out* begünstigen bzw. hemmen 152
   4.4.5 Analyse der Stimmungslage der Nutzer im Hinblick auf Ressourcent-
       scheidungen des Facility Managements 154
4.5 Zusammenfassung 157
4.6 Literatur 158
   Anhang: Beschreibung der Organisationen aus den Fallstudien 158

5 Computergestützte Informationssysteme 161

5.1 Einleitung 161
   5.1.1 Inhaltspunkte des Kapitels 161
   5.1.2 Zusammenfassung der einzelnen Abschnitte 161
5.2 Information, Informationstechnologie und Informationssysteme beim FM . 162
   5.2.1 Computergestützte Informationssysteme – Definition und Bedeutung . 162
   5.2.2 Informationstechnologie – Gleichbedeutend mit Informationssystemen? . 163
   5.2.3 Informationstechnologie – Anwendung bei FM-Leistungen 163

5.2.4 Der Organisationskontext von Informationen – Spezielle Informationsanforderungen des Facility Managers 165
5.2.5 Computergestützte Informationssysteme – Entwicklung 166
5.3 Entwicklung computergestützter Informationssysteme 166
5.3.1 Einleitung 166
5.3.2 Das Projektteam 167
5.3.3 Stufe 1: Systemdefinition und -beschreibung 168
5.3.4 Stufe 2: Systementwicklung 170
5.3.5 Stufe 3: Systemeinführung 175
5.3.6 Stufe 4: Systempflege und Schulung 177

Teil 3: Fähigkeiten eines erfolgreichen Facility Managers

6 Mitarbeiterführung bei Umgestaltungsmaßnahmen 185

6.1 Einleitung 185
6.1.1 Der Wandel des Arbeitsumfelds 185
6.1.2 Die menschliche Komponente bei Umgestaltungsmaßnahmen 185
6.1.3 Mitarbeiterführung durch Umgestaltungsziele 186
6.1.4 Unternehmensspezifischer Ansatz zur Förderung der Mitarbeiterführung bei Umgestaltungsmaßnahmen 188
6.1.5 Die Rolle des Facility Managers innerhalb des Umgestaltungsprozesses . 189
6.1.6 Zielsetzung und Aufbau des Kapitels 189
6.2 Phase 1: Anregung zum Umgestaltungsprozeß 190
6.2.1 Zielsetzung 190
6.2.2 Hintergrundüberlegungen und Kontext 190
6.2.3 Maßnahmen 192
6.2.4 Instrumente 192
6.2.5 Input 194
6.2.6 Output 194
6.3 Phase 2: Informationserhebung für den Umgestaltungsprozeß 198
6.3.1 Zielsetzung 198
6.3.2 Hintergrundüberlegungen und Kontext 198
6.3.3 Maßnahmen 199
6.3.4 Instrumente 199
6.3.5 Input 199
6.3.6 Output 201
6.4 Phase 3: Erarbeitung eines Aktionsplanes 203
6.4.1 Zielsetzung 203
6.4.2 Hintergrundüberlegungen und Kontext 203
6.4.3 Maßnahmen 204
6.4.4 Instrumente 204
6.4.5 Input 205
6.4.6 Output 205
6.5 Phase 4: Umsetzung und Bewertung des Umgestaltungsprozesses 208
6.5.1 Zielsetzung 208
6.5.2 Hintergrundüberlegungen und Kontext 208
6.5.3 Maßnahmen 209

6.5.4 Instrumente 210
6.5.5 Input 210
6.5.6 Output 210
6.6 Abschlußbemerkung 211
6.7 Literatur 211

7 Entscheidungsfindung 213

7.1 Einführung 213
7.1.1 Die Bedeutung der Entscheidungsfindung 213
7.1.2 Mythos und Realität der Entscheidungsfindung 213
7.1.3 Rationale Vorgehensweise bei der Entscheidungsfindung 213
7.1.4 Der Entscheidungsfindungsprozeß 215
7.1.5 Kapitelaufbau 216
7.2 Phase 1: Untersuchung der Problemstellung 217
7.2.1 Einleitung 217
7.2.2 Schritt 1: Erkennen des Problems 217
7.2.3 Schritt 2: Anfängliche Zielsetzungen 220
7.2.4 Schritt 3: Identifizierung der Problemmerkmale 222
7.2.5 Schritt 4: Aufstellung eines Entscheidungsgremiums 224
7.2.6 Schritt 5: Aufstellung eines Planes für den Entscheidungsfindungsprozeß 228
7.3 Phase 2: Erarbeitung potentieller Lösungen 231
7.3.1 Einleitung 231
7.3.2 Schritt 1: Ermittlung und Analyse von Information 231
7.3.3 Schritt 2: Anwendung kreativer Methoden bei der Erarbeitung von Lösungen 233
7.4 Phase 3: Auswahl einer Lösung 238
7.4.1 Einleitung 238
7.4.2 Schritt 1: Festlegung von Bewertungskriterien 238
7.4.3 Schritt 1A: Anwendung einer Entscheidungsroutine 241
7.4.4 Schritt 2: Überprüfung der Machbarkeit 242
7.4.5 Schritt 3: Überprüfung der Akzeptabilität 244
7.4.6 Schritt 4: Überprüfung der Angreifbarkeit 245
7.4.7 Schritt 5: Auswahl der Lösung 247
7.4.8 Umsetzung, Nachsorge und Überprüfung einer Entscheidung 248
7.5 Zusammenfassung 258
7.6 Literatur 258

Literaturverzeichnis 259

Einleitung

Das Facility Management gehört zu den am schnellsten wachsenden Lehrbereichen in Großbritannien. Als Berufsbild jedoch steckt es noch in den Kinderschuhen. Es gibt eine ganze Reihe exemplarischer Anstrengungen einzelner, die bestimmte Themen betreffen, doch es gibt keinen allgemeinen Wissensfundus, über den Facility Manager verfügen.

Das vorliegende Buch möchte diese Kluft zwischen Lehre und Praxis überbrücken. FM-Modelle und -Ansätze aus vielerlei Quellen werden aufgegriffen und einer großen Anzahl von Fallstudien aus der Praxis gegenübergestellt. Damit erhält der Facility Manager einerseits Hilfestellung bei konkreten Problemen, kann sich aber auch parallel dazu mit einem breiten Spektrum verwandter Themen beschäftigen. So hat er die Möglichkeit, ein aktuelles Problem in Angriff zu nehmen und gleichzeitig seine allgemeine Arbeitsweise zu optimieren. Simple Pauschallösungen sind im vorliegenden Buch nicht zu finden. Statt dessen wurde der Schwerpunkt auf folgende Themen gelegt: Ratschläge zur Bewertung der Problemstellung, mögliche Vorgehensweisen und technische Abläufe sowie Lösungsbeispiele aus der Praxis bei ähnlichen Problemstellungen. Mit anderen Worten: Ziel des Buches ist es, das Know-how und die Orts- und Betriebskenntnisse des Facility Managers so zu ergänzen, so daß *er selbst* eine gute Lösung entwickeln kann.

Inzwischen gibt es zahlreiche Definitionen des Facility Managements. Dem vorliegenden Buch liegt eine vergleichsweise enge Arbeitsdefinition zugrunde:

»Der Begriff Facility Management steht für einen Ansatz, in dem die Instandhaltung und Wertsteigerung von Gebäuden einer Organisation sowie ihre Anpassung an den Funktionsbedarf integriert werden, mit dem Ziel, ein Umfeld zu schaffen, in dem die primären Ziele dieser Organisation möglichst effizient umgesetzt werden können.«

In dieser Definition kommt die physikalische Infrastruktur von Gebäuden stärker zum Tragen als Dienstleistungen wie z. B. Pförtnertätigkeiten. Jene Aspekte werden im vorliegenden Buch jedoch nicht ausgegrenzt, sondern kommen an verschiedenen Stellen wiederholt zur Sprache. Der Themenschwerpunkt des Buches liegt allerdings auf dem Gebäude und seiner Nutzung.

Aus der Definition lassen sich folgende Hauptaspekte des Facility Managements ableiten:

- Integrationsfunktion, bei der Managementaufgaben technischen Abläufen übergeordnet werden
- Dienstleistungsfunktion, deren Berechtigung und Zielstellung darin besteht, einen positiven Beitrag zum Hauptgeschäftsfeld des Unternehmens zu leisten

Hier liegt die Zukunft des Facility Managements. In den ersten beiden Kapiteln wird darauf hingewiesen, daß Facility Management gegenwärtig allzu leicht als output-schwache

Kostenstelle betrachtet wird. Dies ist völlig unbegründet. Viele der Ratschläge in diesem Buch sollen Facility Managern das nötige Know-how, die richtigen Vorgehensweisen und das Rüstzeug an die Seite geben, um Facility Management als eine Serviceleistung strategischer Bedeutung bei ihren Hausherren salonfähig zu machen.

Das Buch besteht aus drei Teilen, die wiederholt Bezug aufeinander nehmen. Teil 1 umfaßt zwei Kapitel, die sich mit der Praxis des Facility Managements beschäftigen. Zunächst wird die aktuelle Praxis anhand von Fallstudien aufgezeigt, um einen Überblick über das gesamte Anforderungsspektrum an einen Facility Manager zu ermöglichen. Im Anschluß daran wird eine Verbindung zu positiven Beispielen aus der Praxis hergestellt. Das zweite Kapitel konzentriert sich auf die Dynamik beim Übergang von alter FM-Praxis zu optimierten FM-Leistungen.

In Teil 2 werden eine Reihe wichtiger FM-Themen angesprochen, die in Teil 1 nicht ausführlich genug behandelt werden konnten. Folgende drei Themen werden hier genauer untersucht: Bestandsaufnahme der Nutzer-Anforderungen, *Contracting-out* und der Einsatz computergestützter Informationssysteme.

In Teil 3 finden Sie ausführliche Ratschläge bezüglich zweier Fähigkeiten, die für einen Facility Manager unabdingbar sind, möchte er einen Mehrwert seiner Arbeit erzielen. Ein Kapitel konzentriert sich auf die Mitarbeiterführung bei Umgestaltungsmaßnahmen, das andere deckt das Thema Entscheidungsfindungsprozeß ab. Diese Fähigkeiten sind auch für zahlreiche Stellen vorhergehender Kapitel von großer Bedeutung.

Wie bereits hervorgehoben, ist dieses Buch als praktische Hilfe konzipiert. Eine langatmige Einleitung wäre unangebracht. Facility Management wird in Zukunft rapide an Bedeutung gewinnen. Das vorliegende Buch möchte eine wegbereitende Rolle spielen, wenn es darum geht, schneller vom *Facility* Manager zum Facility *Manager* zu finden, indem der Leser einerseits Anregungen für eine effizientere Vorgehensweise erhält und andererseits ein Beitrag zum Ausbau berufsspezifischen Grundwissens geleistet wird.

Danksagung

Dieses Buch ist das Ergebnis eines gemeinschaftlichen Projektes von Fachleuten aus Industrie und Wirtschaft einerseits und der Lehre andererseits. Die Hälfte der finanziellen Mittel und Beiträge stammen von Industrie und Wirtschaft, die andere Hälfte jedoch wurde vom Forschungskomitee der Fakultät für Ingenieurwissenschaften und Physik und der Umwelttechnischen Fakultät dank des *LINK-CMR*-Programms zur Verfügung gestellt, wofür hier ausdrücklich Dank gesagt sei. Ein weiterer Zuschuß wurde von der *Royal Institution of Chartered Surveyors* beigesteuert, was die Durchführung des Projektes erheblich erleichterte.

Die dem Buch zugrundeliegende Forschungsarbeit wurde in einer Vielzahl von Bereichen durchgeführt. Folgende Partner aus Industrie und Wirtschaft trugen auf unterschiedliche Weise zur Entstehung dieses Buches bei, sei es durch Datenmaterial, Informationen, Zugangsermöglichung oder durch Ratschläge und Anregungen:

- Barclays Property Holdings Ltd
- Chesterton International plc
- Cyril Sweett & Partners
- Ernst & Young
- Nuffield Hospitals
- The Royal Institution of Chartered Surveyors

Besonders zu erwähnen sei in diesem Zusammenhang der Beitrag von Dr. David Owen zu Kapitel 4 *Contracting-out*, der im großen und ganzen auf seiner Doktorarbeit beruht, welche in enger Verbindung zu dem Buchprojekt entstand.

Neben den genannten waren viele andere Organisationen an dem Buch beteiligt, vor allem bei der Bereitstellung des Fallstudien-Materials in Kapitel 1. Diesen Organisationen gebührt Dank, auch wenn sie hier nicht alle aufgeführt werden können.

Dank des *LINK*-Programms stand dem Arbeitsteam eine Reihe von Fachberatern zur Seite, deren Ansichten bei der Forschungstätigkeit sehr nützlich waren, vor allem im Anfangsstadium der Projektes. Hervorzuheben sei hier Professor Derek Croome und Richard Rooley. Auch Peter Pullar Strecker, der Koordinator des Programmes, war eine stets zuverlässige Quelle hilfreicher Ratschläge.

Eine früh getroffene Entscheidung war die Bildung einer *Local Practitioner Group of Facility Management Practitioners* (dt. etwa: Lokalgruppe praktizierender Facility Manager), aus der wir während des Projektfortganges immer wieder wertvolle Anregungen zum Fortschritt unserer Arbeit erhielten. Diese Kritik hatte für uns unschätzbaren Wert, und wir sind dieser Gruppe, die innerhalb der AFM (jetzt: BIFM) – Struktur von Bob Davey geleitet und koordiniert wurde, zu großem Dank verpflichtet.

Zahlreiche Mitarbeiter der Salford University haben nützliche Beiträge beigesteuert. Hier verdienen John Hudsons Ratschläge im Bereich *Briefing* und Informationstechnologie besondere Erwähnung.

Und last but not least möchte ich meinem persönlichen Dank an Martin Sexton und Catherine Stanley Ausdruck verleihen, den Forschungsassistenten des Projekts, die den überwiegenden Teil der Feldarbeit durchgeführt haben und einen Großteil des Materials, welches in diesem Buch erscheint, inhaltlich verwertet haben. Dabei sei Martin für Kapitel 6 und 7, und Catherine für Kapitel 1 und 3 besonders gedankt.

Viele Menschen haben zu diesem Buch beigetragen. Ich möchte Ihnen nicht nur dafür danken, daß dieses Buch entstehen konnte, sondern auch dafür, daß seine Entstehung so viel Freude bereitet hat.

Teil 1
Die Praxis des Facility Managements

Kapitel 1
Positive Praxisbeispiele des Facility Managements

1.1 Einleitung

1.1.1 Zielsetzung des Kapitels

Ziel dieses Kapitels ist es, Facility Manager zu ermutigen, ihre FM-Systeme auf eventuelle Optimierungsmöglichkeiten zu überprüfen. Im folgenden werden eine Reihe von Fallstudien gezeigt, die auf tatsächlich existierenden Beispielen konkreten Facility Managements beruhen. Die aufgeführten Fälle sind nicht immer ein Beispiel effizienter Verwaltungspraxis, einzelne sind sogar bewußt als Negativbeispiele gedacht. Sie sollen in erster Linie das breite Spektrum an Vorgehensmöglichkeiten demonstrieren. Im Anschluß an die Fallstudien finden Sie eine Zusammenfassung mit Vorschlägen für eine effiziente Vorgehensweise. Die Vorschläge sollten jedoch nicht allzu wörtlich genommen werden, sie sollen dem Facility Manager lediglich als Anregung dafür dienen, über die verschiedenen Ansätze nachzudenken. Keine FM-Abteilung gleicht der anderen, da jedes Facility Management auf die auftraggeberspezifischen Anforderungen ausgerichtet sein muß.

1.1.2 Überblick über die einzelnen Abschnitte

- *Abschnitt 1.1:* Einleitung
- *Abschnitt 1.2:* Auflistung verschiedener Organisationsmodelle, mit deren Hilfe Facility Manager ihre Organisation einem bestimmten Modell zuordnen können. Anhand des Symbols neben jedem Modell läßt sich die dazugehörige Fallstudie im nächsten Abschnitt finden. Dort wird ein tatsächlich existierendes Beispiel dieses Modells beschrieben.
- *Abschnitt 1.3:* Anhand von Fallstudien wird dargelegt, wie die jeweiligen Modelle bei unterschiedlichen Organisationen umgesetzt sind.
- *Abschnitt 1.4:* In diesem Abschnitt werden die Fallstudien analysiert und auf potentielle Problembereiche des Facility Managements hin durchleuchtet. Schließlich werden Vorschläge für eine effiziente Arbeitsweise von Facility Managern aufgezeigt.
- *Abschnitt 1.5:* Ein Rahmenmodell wird entworfen, anhand dessen die Arbeitsabläufe einer idealen FM-Abteilung dargelegt werden.

1.1.3 Lesearten des Kapitels

Als Leser haben Sie verschiedene Möglichkeiten, sich die Informationen in diesem Kapitel zunutze zu machen.

- Sie können der Reihe nach vorgehen.
- Erkennen Sie Ihre Organisation in einem der Modelle wieder, können Sie direkt zur betreffenden Fallstudie übergehen.
- Interessiert Sie ein bestimmtes Thema ganz besonders, z.B. die Struktur von FM-Abteilungen o.ä., ist es eventuell sinnvoll, nur die Fallstudien durchzugehen und Vergleiche zu ziehen. (Jede Fallstudie ist zu diesem Zweck einheitlich gegliedert.)
- Stoßen Sie in diesem Kapitel auf einen interessanten Hinweis, können Sie diesem natürlich sofort nachgehen und in einem anderen Kapitel Ihre Lektüre fortsetzen.
- Sie können direkt das Ende des Kapitels aufschlagen und sich die Vorschläge für eine effiziente Arbeitsweise ansehen.

1.2 FM-Modelle

1.2.1 Kontext

Die Erfahrung hat gezeigt, daß sich FM-Abteilungen verschiedener Organisationen stark von einander unterscheiden. Dies liegt daran, daß sie während ihres Aufbaus von den unterschiedlichen Anforderungen ihrer Organisation geprägt werden. Doch trotz mancher Unterschiede lassen sich die meisten FM-Abteilungen in fünf Kategorien einteilen:[1]

- *Office Manager*-Modell (dt. Organisiationsmodell mit Büromanager)
- *Single Site*-Modell (dt. Organisationsmodell mit einem Standort)
- *Localised Site*-Modell (dt. Organisationsmodell mit mehreren Standorten, die sich in der Nähe voneinander befinden)
- *Multiple Site*-Modell (dt. Organisationsmodell mit mehreren Standorten)
- *International*-Modell (dt. Internationales Organisationsmodell)

Das Hauptkriterium dieser Einteilung ist der Standort und damit indirekt auch die Größe der Organisation. Auch wenn es sicherlich andere Möglichkeiten der Klassifizierung von FM-Abteilungen gibt, ist doch der Standort einer Organisation wahrscheinlich der Faktor, der den größten Einfluß auf die Arbeitsweise und Struktur einer FM-Abteilung hat.

Vielleicht greifen sich interessierte Facility Manager ein Modell heraus, das sie mit ihrer Organisation gleichsetzen können, und gehen dann zu den betreffenden Fallstudien über, um zu sehen, ob tatsächlich Parallelen bestehen. Hierzu sollte angemerkt werden, daß die Modelle branchenunabhängig sind. Daher ist es durchaus möglich, daß ein Facility Manager in der Fallstudie über eine Organisation aus einer ganz anderen Sparte einige Übereinstimmungen mit der eigenen finden wird.

1.2.2 Office Manager-Modell

In diesem Modell existiert die Gebäude- und Anlagenverwaltung in der Regel nicht als separates Aufgabenfeld innerhalb der Organisation, sondern ist oft nur ein Teilbereich eines umfangreicheren Arbeitsgebiets, das zum Beispiel in die Verantwortung eines *Office Managers* (dt. Büromanagers) fällt.

Entweder die Organisation befindet sich in nur einem Gebäude, welches so klein ist, daß sich keine eigene Abteilung für Facility Management bzw. einen Facility Manager lohnt, oder aber die Organisation hat ihren Sitz in einem angemieteten Gebäude und möchte daher nicht eigenes Personal für die Verwaltung eines Gebäudes aufwenden, über das sie eigentlich nicht verfügen kann. Alle anfallenden FM-Leistungen werden in der Regel nach Bedarf an externe Fachberater oder Fremdfirmen vergeben. Das Facility Management beinhaltet hier also in erster Linie die Verwaltung von Service- und Mietverträgen. Bei diesem Modell wird nicht vorausschauend operiert, sondern lediglich bei auftretenden Problemen reagiert.

Fallstudie 1: Kleiner Produktionsbetrieb

Der Betrieb ist auf die Herstellung innovativer medizinischer Geräte spezialisiert. Die Organisation befindet sich in einem Fabrikgebäude, welches vor drei Jahren eigens gebaut wurde. Da das Gebäude noch so neu und relativ klein ist, gibt es keine eigene FM-Abteilung. Gebäuderelevante Aufgaben fallen in den Bereich des *Office Managers*, d. h. sind ein Teilbereich seines Aufgabenfeldes.

1.2.3 Single Site-Modell

Dieses Modell faßt Organisationen zusammen, die groß genug sind, um eine eigene FM-Abteilung zu besitzen, jedoch nur einen einzigen Standort haben. Dieses Modell ist daher das beste Beispiel für eine Organisation mit dem gesamten Spektrum von FM-Dienstleistungen. Organisationen dieser Kategorie sind normalerweise auch die Besitzer der Gebäude, in denen sie sich befinden, und sind daher bereit, mehr Zeit und Geld für sie zu investieren, als in dem Beispiel zuvor. Der Aufbau einer eigenen Abteilung, die sich ausschließlich mit gebäuderelevanten Themen beschäftigt, ist daher die logische Folge. Bei dieser Art von Organisation werden FM-Leistungen wahrscheinlich sowohl im Haus als auch von externen Dienstleistern erbracht. Was dabei überwiegt, hängt von der jeweiligen Organisation ab.

Fallstudie 2: Privatschule

In dieser Schule gehen über 1.000 Schüler zum Unterricht. Sie besteht aus mehreren Gebäuden unterschiedlichen Alters, wobei einige von ihnen über 100 Jahre alt sind. Sie stehen alle auf einem einzigen Gelände. Das Facility Management liegt im Verantwortungsbereich des *Bursar* (Bezeichnung für den Finanzbeauftragten an englischen Schulen), dem ein kleines FM-Team zur Seite steht, welches sich hauptsächlich um die Instandhaltung der Gebäude und Anlagen kümmert.

Fallstudie 3: Firmenzentrale eines Wirtschaftsunternehmens

In dem Gebäude der Firmenzentrale, das sich in einem Business-Park befindet, arbeiten 600 Angestellte des Unternehmens. Da hier eine solch große Anzahl von Menschen untergebracht ist, wurde eigens eine FM-Gesellschaft gegründet, die sich ausschließlich um diese Anlage kümmert. Sie besteht aus drei Vollzeitkräften, deren Hauptaufgabe darin liegt, die Fremdvergabe von FM-Leistungen an externe Dienstleister zu koordinieren.

1.2.4 Localised Sites-Modell

Dieses Modell gilt in der Regel für Organisationen, die Gebäude an mehreren Standorten nutzen, die oft innerhalb eines Stadtbezirks liegen. Typisch hierfür wäre die Firmenzentrale einer Organisation mit Zweigstellen in der näheren Umgebung oder eine Universität mit Fakultäten in verschiedenen Stadtteilen. Dieses Modell könnte sich allerdings auch auf eine Organisation beziehen, die nur wenige Gebäude nutzt, diese allerdings in verschiedenen Regionen des Landes.

Hier kommt das Thema Dezentralisierung ins Spiel. In diesem Modell können wahrscheinlich die einfachen Betriebsentscheidungen in den Zweigstellen getroffen werden, während größere Probleme an die Firmenzentrale weitergeleitet werden. Eine vollständige Dezentralisierung ist in diesem Falle aufgrund der wirtschaftlichen Zwänge eher unwahrscheinlich. In diesem Modell werden aufgrund des Zeit- und Entfernungsfaktors vermutlich sowohl interne Mitarbeiter als auch externe Berater bzw. Dienstleistungsunternehmen die Leistungen erbringen. Je dezentraler eine dieser Organisationen strukturiert ist, desto größer wird wahrscheinlich der Anteil an externen Dienstleistern sein. Für alle Organisationen dieser Art gilt jedoch, daß Unternehmenspolitik, Rahmenprogramme, Budgetkontrolle und fachliche Unterstützung von Seiten der Firmenzentrale erbracht werden.

Fallstudie 4: Wirtschaftsunternehmen

Das Wirtschaftsunternehmen operiert von zwei Standorten aus: In einem alten Londoner Stadthaus liegt die Firmenzentrale, die Zweigstelle befindet sich außerhalb der Hauptstadt in einem neuangelegten Business-Park. Das FM-Team besteht aus einem Facility Manager, der in der Firmenzentrale in London sitzt und für die allgemeine FM-Politik zuständig ist, sowie zwei FM-Assistenten, von denen jeder von einem der beiden Gebäude aus arbeitet und die die alltäglichen Entscheidungen treffen.

1.2.5 Multiple Sites-Modell

Dieses Modell trifft für große Organisationen zu, deren Tätigkeitsfeld sich über weit von einander entfernte Landesteile erstreckt, in der Regel innerhalb der Grenzen eines Landes. In diesem Modell hat die Firmenzentrale vor allem die Aufgabe, die Organisationspolitik aufzustellen und die Zweigstellen bei ihrer Arbeit richtungsweisend zu unterstützen. Ihre Haupttätigkeiten bestehen in der Zuweisung von Ressourcen, der Planung (sowohl taktischer als auch strategischer Art), dem Erwerb und Verkauf von Immobilien, der Aufstellung von Unternehmenspolitik und -standards, der technischen Unterstützung, der Raumflächenplanung und -verwaltung auf Makro-Ebene, sowie der Projektverwaltung und -überwachung. Hier kümmert man sich weniger um operative Probleme, es sei denn, sie betreffen die Firmenzentrale selbst. Probleme dieser Art werden auf regionaler Ebene in Angriff genommen.

Fallstudie 5: In der medizinischen Versorgung tätiges Unternehmen

Das Unternehmen besitzt 32 Krankenhäuser, die im ganzen Land verstreut sind. Das Facility Management operiert auf vier Ebenen: auf Direktionsebene, auf Unternehmensebene, auf regionaler Ebene und auf Krankenhausebene. Die Facility Manager auf Direktionsebene stellen zusammen mit den Facility Managern der Unternehmensebene Richtlinien für die allgemeine FM-Politik auf. Letztere beaufsichtigen auch Renovierungs- und Modernisierungsmaßnahmen an den Gebäuden. Die Facility Manager auf regionaler Ebene koordinieren die Leistungsvergabe, während jene auf Krankenhausebene die alltäglichen gebäuderelevanten Entscheidungen treffen.

Fallstudie 6: Gesellschaft für Denkmalschutz und für den Erhalt und die Verwaltung von Kulturdenkmälern

Das Unternehmen agiert als Handlungsbevollmächtigter für über 350 denkmalgeschützte Gebäude, d. h. es kann sozusagen als professionelle FM-Servicegesellschaft betrachtet werden. Viele der denkmalgeschützten Gebäude stehen dem Publikum offen. In dem Unternehmen gibt es Facility Manager auf drei verschiedenen Ebenen: Facility Manager für die Region, für Teilregionen und für das denkmalgeschützte Gebäude selbst. Zur Zeit werden fast alle Leistungen in der Servicegesellschaft selbst erbracht, doch es gibt Überlegungen, auf einigen Gebieten externe Leistungen in Anspruch zu nehmen.

1.2.6 International-Modell

Dieses Modell gleicht stark dem vorigen Modell. Es steht jedoch eher für international als national operierende Großorganisationen. Auch hier stellt die FM-Abteilung in der Firmenzentrale die Politik der Organisation auf und weist Mittel zu. Die Zweigstellen auf Regional- bzw. Landesebene sind dagegen mehr oder weniger unabhängig und treffen Betriebsentscheidungen in eigener Verantwortung. Für mögliche Unterschiede zwischen den betroffenen Ländern sollten jedoch zusätzliche Aufwendungen, wie zum Beispiel die Anpassung an die jeweilige Landesgesetzgebung und Übersetzungsleistungen miteinkalkuliert werden.

1.3 Fallstudien

1.3.1 Hintergrund

Anhand der folgenden Studien können eine Reihe von FM-Organisationen als Praxisbeispiele studiert werden. Die Fallstudien belegen, daß Facility Manager oft völlig unterschiedliche Ansätze für ähnliche Situationen und Probleme wählen. Nicht alle Fälle sind jedoch Beispiele effizienter Managementpraxis, einige sind im Gegenteil eher Negativbeispiele.

Alle Befragungen für die Fallstudien wurden anhand einer bestimmten Checkliste durchgeführt, um Vergleiche der einzelnen Organisationen zu einem späteren Zeitpunkt zu erleichtern. Die Checkliste leitet sich von einem Rahmenmodell ab, aus dem hervorgeht, wie eine ideale FM-Abteilung funktionieren würde, wenn man sie von Grunde auf neu konzipieren würde. Die Checkliste deckt sowohl operatives als auch strategisches Facility Management ab. (In Abschnitt 1.4.4 wird das Modell genauer behandelt werden.) Auf der Checkliste standen folgende fünf Hauptthemen:

- FM-Struktur
- Verwaltung der FM-Leistungen
- Abstimmung auf aktuelle Kerngeschäft-Anforderungen
- Facility Management und äußere Einflüsse
- Strategisches Facility Management

Um die Fallstudien besser miteinander vergleichen zu können, wurden in jeder Studie dieselben Gliederungsüberschriften verwendet.

1.3.2 Office Manager-Modell – Beispiel

Fallstudie 1: Kleiner Produktionsbetrieb

Der Betrieb ist auf die Herstellung innovativer Geräte für die Gesundheitsindustrie spezialisiert. Die Organisation befindet sich in einem Fabrikgebäude, welches vor drei Jahren eigens gebaut wurde. Da das Gebäude noch so neu und relativ klein ist, gibt es keine eigene FM-Abteilung. Gebäuderelevante Aufgaben fallen in den Bereich des *Office Managers* (dt. Büromanager), d. h. sind ein Teilbereich seines Aufgabenfeldes.

Hintergrund

Die Organisation ist ein kleines Produktionsunternehmen, welches sich auf die Herstellung medizintechnischer Geräte spezialisiert hat. Das Unternehmen gehört eigentlich zu einem größeren Konzern, der in derselben Stadt noch fünf weitere Standorte hat. Der Konzern selbst ist stark kundenorientiert, die Entwicklung neuer Produkte richtet sich stark nach den jüngsten Erfordernissen der Branche. Das Gebäude, um das es hier geht, wurde beispielsweise vor drei Jahren eigens für die Herstellung eines neuen Produktes erbaut. Wenngleich nur Teil eines größeren Konzerns, agiert das Unternehmen eigentlich völlig selbständig und kann daher im Rahmen dieser Studie als eine separate Einheit betrachtet werden. Das Gebäude selbst ist eine Fabrik in der typischen »Schuppenform«, wobei der Großteil des Erdgeschosses für Produktionszwecke verwendet wird und der Rest vor allem Büroräume enthält.

FM-Struktur

Bei kleinen Organisationen ist das Einsatzgebiet von FM-Diensten natürlich begrenzt. Dies trifft insbesondere für Organisationen ohne große Büroflächen zu, wie zum Beispiel diese Fabrik, in der Veränderungen an Räumlichkeiten usw. nur sehr selten vorgenommen werden. In diesem Fall besitzt das Facility Management im großen und ganzen Instandhaltungsfunktion. Es wäre unangemessen, eine Vollzeitkraft als Facility Manager einzustellen; die FM-Funktion fällt vielmehr in das allgemeine Arbeitsfeld des *Office Managers*.

Ebenso wenig wäre es sinnvoll, gelegentliche Instandhaltungsarbeiten auf Mitarbeiter des Hauses zu übertragen. Daher werden die meisten der zu erbringenden Leistungen an externe Dienstleister vergeben, einschließlich Leistungen im Bereich Beheizung, Belüftung und Klimatisierung sowie Installationsarbeiten. Die Organisation beschäftigt jedoch einen Elektroingenieur als Vollzeitkraft, der für das Gebäude und die Produktionsmaschinen verantwortlich ist. Auch die Gebäudereinigung wird von internen Mitarbeitern durchgeführt, da sie jeden Tag anfällt.

Die Verwaltung der FM-Leistungen

In der besprochenen Organisation ist die Rolle des Facility Managers (*Office Manager*) relativ einfach: Seine Hauptaufgabe besteht prinzipiell darin zu gewährleisten, daß alle Instandhaltungsarbeiten bei Bedarf korrekt ausgeführt werden. Im Hinblick auf externe Dienstleister bedeutet dies beispielsweise, daß der Facility Manager überprüft, ob die Serviceleistungen gemäß Vertrag sachgerecht ausgeführt werden. Außerdem muß er sich bei auftretenden Mängeln oder Problemen darum kümmern, daß wieder ein reibungsloser Betriebsablauf hergestellt wird.

Abstimmung auf aktuelle Kerngeschäft-Anforderungen

Als Produktionsbetrieb wird eine solche Organisation wahrscheinlich andere Erwartungen an das Facility Management haben als Organisationen mit großen Büroflächen.

Fast alle Maschinen haben ihren festen Platz und müssen nur selten umplaziert werden. FM-Leistungen werden daher vor allem die Behebung technischer Ausfälle betreffen, z. B. wenn das Belüftungssystem nicht mehr funktioniert. In Situationen dieser Art ist eine formale Vorgehensweise zur Erfassung der aktuellen Kerngeschäft-Anforderungen nicht wirklich notwendig: Falls Probleme auftreten, wenden sich die Betroffenen direkt an den *Office Manager*, der sich um die Sache kümmert. Es gibt jedoch bestimmte Bereiche innerhalb des Gebäudes, die nichts mit der Produktion zu tun haben und die nach Ansicht des Facility Managers optimiert werden könnten, wie z. B. die Kommunikationsbereiche und die Cafeteria. Daher plant er eine Befragung der Mitarbeiter, um zu erfahren, ob sie mit diesen Bereichen zufrieden sind.

Facility Management und äußere Einflüsse

Selbst kleine Organisationen sind nicht frei von äußeren Einflüssen, und auch dieses Unternehmen stellt hier keine Ausnahme dar. Die Versicherungsgesellschaft der Organisation führte kürzlich eine Sicherheitsüberprüfung des Unternehmens durch und forderte daraufhin für den Fortbestand des Versicherungsschutzes die Aufstellung eines Notfallplanes. Der *Office Manager* mußte daher einen Katalog erforderlicher Notfallmaßnahmen erstellen, wie bei Unterbrechung der Stromversorgung oder im Brandfall zu verfahren ist.

Auch das Wohl und die Sicherheit der Mitarbeiter fallen in den Zuständigkeitsbereich des *Office Managers*. Diese Themen werden jedoch im Alltag weit hintangestellt, und der *Office Manager* informiert sich lediglich durch Fachliteratur über neueste Erkenntnisse und Entwicklungen.

Strategisches Facility Management

Bei Organisationen dieser Größe sind bestimmte strategische FM-Entscheidungen automatisch mit der Kerngeschäft-Strategie der Organisation verbunden. Die Einführung einer neuen größeren Produktlinie zieht in dieser Organisation z. B. normalerweise die Errichtung eines neuen Gebäudes nach sich. Dazu kommt, daß im beschriebenen Fall die

Unternehmenshierarchie sehr flach ist, und so der Facility Manager in den strategischen Entscheidungsprozeß wie selbstverständlich eingebunden wird.

Kommentar

Zur Zeit wird in dieser Organisation die Institution Facility Management eher als eine Nebensache angesehen. Kleine Organisationen wie diese werden jedoch in Zukunft diese nachlässige Einstellung ändern müssen, da es neue Regelungen bezüglich Gebäuden und Anlagen sowie dem Arbeitsumfeld von Mitarbeitern geben wird. Im Zuge dieser Entwicklung werden sich die Organisationen gezwungen sehen, dem Facility Management gegenüber eine professionellere Einstellung einzunehmen und sich konkret zu überlegen, wie sie mit diesen neuen Anforderungen umgehen werden, ohne das Kerngeschäft zu stark zu vernachlässigen.

1.3.3 Single Site-Modell – Beispiel 1

Fallstudie 2: Privatschule

In dieser Schule gehen über 1.000 Schüler zum Unterricht. Sie besteht aus mehreren Gebäude unterschiedlichen Alters, wobei einige von ihnen über 100 Jahre alt sind. Sie stehen alle auf einem einzigen Gelände. Das Facility Management liegt im Verantwortungsbereich des *Bursar* (Bezeichnung für den Finanzbeauftragten an englischen Schulen), dem ein kleines FM-Team zur Seite steht, welches sich hauptsächlich um die Instandhaltung der Gebäude und Anlagen kümmert.

Hintergrund

Diese Studie konzentriert sich auf eine Privatschule. In der Schule halten sich ca. 200 Grundschüler, 900 Schüler der weiterführenden Stufen, 80 Lehr- und 30 Verwaltungskräfte auf. Alle Lokalitäten der Schule befinden sich auf einem Gelände; die einzelnen Gebäude sind unterschiedlich alt, wobei einige im letzten Jahrhundert erbaut wurden.

Die Schule ist nicht groß genug, als daß es sich lohnen würde, eine eigenständige FM-Abteilung einzurichten, und so liegen FM-Angelegenheiten im Verantwortungsbereich des *Bursar*. Er hat ein kleines Team interner Mitarbeiter unter sich, die eigens zu dem Zweck eingestellt wurden, ihn bei FM-Angelegenheiten zu unterstützen.

FM-Struktur

In dieser Schule fallen alle Leistungen, die nicht bildungsspezifisch sind, in den Bereich des *Bursar*. Sie lassen sich im großen und ganzen in zwei Aufgabenfelder gliedern: das Facility Management und allgemeine Bürotätigkeiten. Beim Facility Management geht es vor allem um die Bewirtschaftung der Gebäude und um folgende Leistungen, welche im Haus erbracht werden, weil sie so oft anfallen:

- Ingenieurtätigkeiten: Technische Arbeiten und Elektroarbeiten geringen Umfangs (ein Ingenieur)
- Außenanlagen: Pflege der Außenanlagen (*Head groundsman* und vier Helfer)
- Schreinerarbeiten: Schreinerarbeiten geringen Umfangs (Schreinermeister und Helfer)
- Hausmeister: Sicherheitsbelange, Umstellen von Mobiliar (leitender Hausmeister und zwei Helfer)

Andere FM-Leistungen werden an externe Vertragspartner vergeben, entweder weil sie eine zu hohe Spezialisierung erfordern oder nur von Zeit zu Zeit erforderlich sind, wie etwa Gebäudereinigung und größere Baumaßnahmen.

Verwaltung der FM-Leistungen

Im Haus erbrachte Leistungen: Jede der internen FM-Funktionseinheiten ist für die Arbeit aus ihrem Fachgebiet zuständig. Einmal pro Woche trifft der *Bursar* die Leiter der einzelnen Einheiten in einer separaten Besprechung, um die anstehenden Arbeiten und neuen Anforderungen ganz formal zu klären. Er kommt jedoch wahrscheinlich jeden Tag mit den einzelnen Einheiten auch informell in Kontakt. Außerdem wird die Teamarbeit und der ständige Austausch zwischen allen vier Funktionseinheiten stark gefördert, so daß kleinere Unstimmigkeiten sofort aus dem Weg geräumt werden können. Die drei erstgenannten Funktionseinheiten gehen bei ihren Instandhaltungs- bzw. Reparaturarbeiten nach einem bestimmten Zeitplan vor, welcher in der Mitte des Schulhalbjahrs aktualisiert wird. Müssen Reparaturarbeiten nicht sofort erledigt werden, versucht die Schule, sie möglichst während der Ferien durchführen zu lassen, um eine Störung des Schulbetriebs zu vermeiden.

Fremdvergebene Leistungen: Bei nach außen vergebenen Leistungen, die in regelmäßigen Abständen durchgeführt werden müssen (z. B. Reinigungsarbeiten) erstellt der *Bursar* für die beauftragten Vertragspartner eine detaillierte Beschreibung der zu erbringenden Leistung. Durch regelmäßige Kontrollen wird gewährleistet, daß die Arbeit mit diesen Anforderungen übereinstimmt. Kann der Vertragspartner die Anforderungen nicht erfüllen, steht es dem *Bursar* frei, von der dreimonatigen Kündigungsfrist, die im Vertrag festgehalten ist, Gebrauch zu machen.

Während bauliche Maßnahmen kleineren Umfangs von Angestellten der Privatschule selbst ausgeführt werden, übernehmen externe Dienstleister die größeren Baumaßnahmen. Die Schule arbeitet bei allen Bauprojekten mit demselben Architekten zusammen, mit dem sich über die Zeit hinweg ein gutes Arbeitsverhältnis entwickelt hat. Die Planungsgespräche verlaufen daher meist unproblematisch, da dem Architekten der Schulbetrieb bereits sehr vertraut ist. Der Architekt seinerseits kann sich – angesichts der wandelnden Anforderungen im Bildungssektor und der dadurch erforderlichen baulichen Maßnahmen – eines fast gleichbleibenden Auftragsvolumens sicher sein. Mit umfangreicheren Elektroarbeiten wird ähnlich verfahren: Ein ortsansässiger Elektriker ist stets einsatzbereit und wird auch für größere Bauprojekte beauftragt.

Abstimmung auf aktuelle Kerngeschäft-Anforderungen

Wie bei vielen anderen Organisationen gibt es auch in der Schule eine Reihe unterschiedlicher Interessensgruppen, deren Meinungen gehört werden müssen, möchte man die aktuellen Anforderungen des Kerngeschäfts ermitteln. Im vorliegenden Fall sind dies die folgenden Personengruppen:

- der Schulbeirat
- der Rektor
- das Verwaltungspersonal
- die Eltern

Um es der FM-Abteilung überhaupt zu ermöglichen, die Anforderungen dieser Gruppen zu erfüllen, werden eine Reihe von Planungs- (*Briefing*) und Feedback-Verfahren durchgeführt.

Einmal pro Schulhalbjahr, vor der Hauptversammlung des Schulbeirats, finden zwei Sitzungen statt: eine Finanzsitzung und eine FM-Sitzung. An jeder Sitzung nehmen fünf Schulbeiräte, der Rektor und der *Bursar* teil. Auf der FM-Sitzung werden einzelne gebäuderelevante Themen zur Sprache gebracht – von geplanten Veränderungen in den Klassenzimmern bis zum Fortschritt laufender Bauarbeiten. Der *Bursar* führt das Protokoll und läßt es den Schulbeiräten vor deren Hauptversammlung zukommen, so daß kritische Themen angesprochen und Probleme gelöst werden können.

Dem Rektor ist es wichtig, sich durch informelle Gespräche mit dem *Bursar* über den Fortschritt von FM-Maßnahmen auf dem laufenden zu halten. Zur Zeit gelingt ihm dies allerdings kaum, da andere schulische Themen seine volle Aufmerksamkeit erfordern. Aus diesem Grund wollen der Rektor und der *Bursar* ihre Gespräche zu einer offiziellen Einrichtung machen und sich an einem bestimmten Wochentag treffen, um über FM-bezogene Angelegenheiten zu sprechen.

Eimal pro Woche findet eine Lehrer- und Angestelltenkonferenz statt, an der Rektor, *Bursar*, Verwaltungspersonal und die Lehrer teilnehmen. Alle haben die Gelegenheit, jedes beliebige schulrelevante Thema zur Sprache zu bringen, das ihrer Ansicht nach geklärt werden sollte, so auch FM-Themen. Die Lehrer und Angestellten der Schule können ihre Probleme jedoch auch außerhalb dieser Sitzung an den Mann bringen, denn es steht ihnen frei, sich jederzeit unbürokratisch an den *Bursar* zu wenden und um die Erledigung bestimmter Arbeiten zu bitten. Dadurch daß der *Bursar* sowohl auf formale wie auch auf informelle Art mit den Benutzergruppen in Kontakt steht, erhält er ein konstantes Feedback über FM-bezogene Angelegenheiten.

Da Eltern für den Schulbesuch ihrer Kinder Schulgeld bezahlen, ist es dem Rektor wichtig, die Väter und Mütter über schulbezogene Entwicklungen auf dem laufenden zu halten.

Einmal pro Halbjahr erhalten die Eltern einen Rundbrief, in dem sie über alle Schulaktivitäten informiert werden, wie zum Beispiel über etwaige Neubau- oder Renovierungs- und Modernisierungsmaßnahmen am Schulgebäude. Bei globaleren Themen erhalten die Eltern die Gelegenheit, ihre Meinung zu äußern. Einmal wurde allen Eltern ein Fragebogen zugestellt, auf dem sie die Auswahl zwischen verschiedenen Optionen für die weitere Schulentwicklung hatten. Bei dieser Gelegenheit sprachen sie sich dafür aus, daß die Schule ein neues IT-Gebäude erstellen sollte, da dies als ein großer Pluspunkt für die Schule betrachtet wurde. Es existiert außerdem ein Elternverband, der einmal im Monat zusammentritt. An diesem Treffen nimmt auch der Rektor teil. Etwaige FM-Probleme, die hier angesprochen werden, leitet er bei Bedarf direkt an den *Bursar* weiter.

Facility Management und äußere Einflüsse

Es obliegt dem *Bursar,* darauf zu achten, daß alle gesetzlichen Bestimmungen im Hinblick auf Facility Management eingehalten werden. Da dies für eine Person ganz offensichtlich zuviel ist, muß sich der *Bursar* in einem gewissen Umfang auf andere Leute verlassen können, die ihn über gesetzliche Veränderungen auf dem laufenden halten. Der unter Vertrag stehende Schulessen-Lieferant haftet beispielsweise dafür, daß alle rechtlichen Bestimmungen bezüglich der gelieferten Speisen und Getränke eingehalten werden und daß der *Bursar* über neue Entwicklungen in diesem Bereich informiert wird. Zudem unterhält der *Bursar,* und das ist vielleicht sogar noch interessanter, Kontakt zu Personen außerhalb des Schulbetriebs. Er hält seit Jahren eine enge Verbindung zur ortsansässigen Feuerwehr aufrecht, die nach Durchführung von Umbaumaßnahmen brandschutztechnische Inspektionen durchführt, um zu überprüfen, ob aktuelle Sicherheitsstandards eingehalten werden.

Auch über mögliche Gesetzesänderungen in diesem Bereich kann sich der *Bursar* von ihnen beraten lassen und so Renovierungs- und Modernisierungsmaßnahmen mit den neuen Regelungen im Hinterkopf planen.

Manchmal sind Facility Manager, die für kleine Organisationen arbeiten, nicht auf dem neuesten Stand der FM-Entwicklungen. Um dies zu vermeiden, ist der *Bursar* dem *British Institute of Facilities Management* beigetreten. Durch seine Mitgliedschaft erhält er nun Informationsmaterial zu neu angebotenen Leistungen und neue Ideen. Darüber hinaus nimmt er auch an den regionalen Verbandstreffen teil, wo er Gelegenheit hat, verschiedene Vorgehensweisen und Probleme mit anderen Facility Managern zu besprechen, die sich in einer ähnlichen Situation befinden.

Strategisches Facility Management

Bis 1994 hatten FM-Entscheidungen und die Kerngeschäftpolitik im großen und ganzen getrennt voneinander existiert. Bei Facility Management dachte man mehr oder weniger nur an die Instandhaltung und wartungsmäßige Pflege von Gebäuden. Solange die Gebäude ihren Wert aufrechterhielten und Probleme sofort bei ihrem Auftauchen in Angriff genommen wurden, konnte die Schule sich auf ihr Kerngeschäft der Bildung konzentrieren, und es bestand kein wirklicher Bedarf für eine FM-Strategie. Jetzt allerdings sieht sich die Schule aufgrund einer Reihe externer Faktoren gezwungen, die Bedeutung von FM-Entscheidungen zu überdenken.

Erstens hat sich in den vergangenen Jahren das Bildungswesen durch die Einführung eines überregionalen Lehrplanes stark verändert. Die Schule mußte sich Gedanken machen, wie sie den neuen Anforderungen, die an sie gestellt wurden, gerecht werden konnte. So wurden zum Beispiel neue Schulfächer eingeführt, die die Schule nun anbieten muß. Dies wird sowohl Folgen für die konkrete Gebäudebelegung als auch finanzielle Folgen nach sich ziehen, da zusätzliche Räume für die neuen Fächer bereitgestellt werden müssen und zusätzliches Lehrpersonal gebraucht wird. Die Schule stand daher vor der Entscheidung, ob vorhandene Klassenzimmer umgenutzt werden oder neue gebaut werden sollten.

Zweitens erhält die Schule als Privateinrichtung keine staatlichen Zuschüsse und muß zu ihrer Finanzierung daher für eine ausreichende Schülerzahl sorgen. Auf Grund der wachsenden Konkurrenz im privaten Bildungssektor muß sich die Schule zur Zeit stärker um neue Schüler bemühen. Dies bedeutet, daß die Schule nicht nur ein hohes Bildungsniveau anbieten muß, sondern dies auch auf der Grundlage einer modernen, qualitativ hochwertigen Lehreinrichtung tun muß. Die Schule steht vor der Entscheidung, ob sie dies durch die Aufwertung einiger Gebäude erreichen kann oder ob Neubaumaßnahmen notwendig sein werden.

Drittens hatte die Schule bislang eine internatsähnliche Unterbringung ihrer Schüler angeboten. Die Anzahl der Internatsschüler war im vergangenen Jahr jedoch so drastisch gefallen, daß man dieses Angebot strich. Folglich wurde das Übernachtungsgebäude nicht mehr genutzt, und die Schule hatte bezüglich der Verwendung dieses Gebäudes plötzlich erheblichen Handlungsspielraum gewonnen. Dies wirkte sich hauptsächlich in zweierlei Richtung aus: Zum einen konnten Renovierungs- und Modernisierungsarbeiten leichter durchgeführt werden, da die leerstehenden Räume als zeitlich begrenzter Ersatz benutzbar waren. Zweitens erhielt die Schule durch die zusätzlichen Räume die Gelegenheit, ihre Raumkonzeption neu zu überdenken, um zum Beispiel Räume logischer anzuordnen oder neue Fachbereiche zu schaffen.

Angesichts dieser drei Faktoren hatte die Schule keine andere Wahl, als über die zukünftige Nutzung ihrer Gebäude und Räumlichkeiten nachzudenken. Sie stellte daher eine Kerngeschäft-Strategie für die nächsten zehn Jahre auf, sowie ein darauf abgestimmtes FM-Programm.

Die Aufstellung des FM-Programmes ging folgendermaßen vor sich: Zunächst wurde für die ganze Schule eine Bestandsaufnahme durchgeführt. Daraus ging hervor, bei welchen Gebäuden sich eine Renovierung und Modernisierung lohnen könnte, und welche vielleicht besser abgerissen würden. Hieraus leitete der *Bursar* eine FM-Strategie ab, in der die ideale Reihenfolge der Renovierungsarbeiten festgelegt wurde. Parallel dazu erarbeitete der *Bursar* zusammen mit anderen Angestellten der Privatschule eine neue Konzeption der Schulanlage, in der sowohl die FM-Strategie als auch die Kerngeschäft-Strategie berücksichtigt waren. Schließlich wurde ein Zehnjahres-Programm aufgestellt, in welchem die in diesem Sinne auszuführenden Bau- und Instandhaltungsmaßnahmen detailliert aufgeführt sind.

Kommentar

Auch wenn die Schule zu klein ist, als daß sich die Einstellung eines Facility Managers auf Vollzeitebene lohnte, so sind die schulinternen FM-Strukturen doch recht gut entwickelt. In dieser Einrichtung liegt der Schlüssel für effizientes Facility Management in der Kommunikation. Sowohl formale als auch informelle Kommunikationsstrukturen werden parallel zueinander genutzt, zum einen um sicher zu gehen, daß die Arbeiten auch durchgeführt werden, vor allem jedoch, um die Nutzerforderungen zu erfüllen. Es bestehen gute Kontakte zu externen Fachberatern, so daß die Schule stets bezüglich neuer FM-Entwicklungen auf dem neuesten Stand der Technik ist.

Strategisches Facility Management war zunächst als überflüssig betrachtet worden, bis sich die Schule durch Druck von außen gezwungen sah, die Bedeutung ihrer Gebäude für den allgemeinen Erfolg der Einrichtung zu überdenken. Nun, da man verschiedene baurelevante Optionen für die Zukunft vor Augen hat, hat sich herausgestellt, daß eine Wertsteigerung der Gebäude eventuell sogar Wettbewerbsvorteile mit sich bringen könnte und hinter dem Konzept des Facility Managements mehr steckt als die Durchführung von Instandhaltungsmaßnahmen. Von nun an werden bei der Aufstellung der Kerngeschäft-Strategie auch FM-Belange berücksichtigt werden.

1.3.4 Single Site-Modell – Beispiel 2

Fallstudie 3: Firmenzentrale eines Wirtschaftsunternehmens

In dem Gebäude der Firmenzentrale, welches sich in einem Business-Park befindet, arbeiten 600 Angestellte des Unternehmens. Da hier eine solch große Anzahl von Menschen untergebracht ist, wurde eigens eine FM-Gesellschaft gegründet, die sich ausschließlich um diese Anlage kümmert. Diese besteht aus drei Vollzeitkräften, deren Hauptaufgabe darin liegt, die Fremdvergabe von FM-Leistungen an externe Dienstleister zu koordinieren.

Hintergrund

Hier handelt es sich um ein großes kommerzielles Unternehmen. Eine eigens gegründete Tochtergesellschaft ist für die gebäuderelevanten Themen verantwortlich und besteht aus drei Hauptabteilungen mit folgenden Verantwortungsbereichen:

- Grundstücke/ Immobilien: Kapitalinvestition, Erschließung, Erwerb bzw. Verkauf
- Fachspezifische Dienstleistungen: Verwaltungstätigkeiten durch den *Managing Agent*, Renovierungs- und Modernisierungsmaßnahmen, Gutachten, Mietanpassungen
- Facility Management: Bewirtschaftung der Hauptverwaltungsgebäude

Die Abteilung Facility Management innerhalb der Tochtergesellschaft muß sich daher ausschließlich um die Lösung alltäglicher Probleme in der Firmenzentrale kümmern, während die Immobilienabteilung für die strategische Planung zuständig ist.

FM-Struktur

Im beschriebenen Fall umfaßt das Facility Management ein breites Spektrum an Leistungen. Die Organisation hat sich jedoch dazu entschlossen, den Großteil dieser Leistungen an Fremdfirmen zu vergeben. Die FM-Abteilung besteht daher aus einem Team von nur drei Mitarbeitern, die sicherstellen, daß die einzelnen Vertragspartner ihre Arbeit sachgerecht ausführen. Die fremdvergebenen Leistungen können der Einfachheit halber in zwei Bereiche eingeteilt werden: Gebäude/Instandhaltung und allgemeine/bürospezifische Leistungen (siehe Tabelle 1.1).

Tabelle 1.1 Fremdvergebene Leistungen

Gebäude/Instandhaltung	Allgemeine/ bürospezifische Leistungen
• Wartung von Maschinen, Apparaten und elektrischen Geräten • Pflege der Außenanlage • Vergabe von Leistungen an Subunternehmer • Veränderung der Möblierung • Büroumzug und -umgestaltung • Gebäudereinigung • Hausmeisterdienste • Abfallentsorgung	• Sicherheit im Gebäude • Büroverwaltung • Empfang • Telefonzentrale • Automatische Vermittlungsstelle • Poststelle • Zeitungen • Taxis • Öffentlichkeitsarbeit • Catering-Service

Verwaltung der FM-Leistungen

Das FM-Team im Haus ist dafür verantwortlich, daß die obengenannten Leistungen in Übereinstimmung mit den geschlossenen Verträge erbracht werden. Je nach zu erbringendem Leistungstyp werden unterschiedliche Verträge abgeschlossen: Entweder ist eine bestimmte Anzahl an Wochenstunden vertraglich vereinbart, oder es wird nach tatsächlichem Arbeitsaufwand zuzüglich den Materialkosten abgerechnet. Vor Auftragsvergabe holt das FM-Team für alle zu vergebenden Leistungen Angebote ein, um so die wettbewerbsfähigsten Firmen zu ermitteln. Diese Angebote werden regelmäßig mit den Preisen der Konkurrenz verglichen, um zu gewährleisten, daß das Preis-Leistungs-Verhältnis stimmt. Da so viele Leistungen an externe Dienstleister vergeben werden, muß die Auftragsvergabe selbst straff und korrekt abgewickelt werden – so wird zum Beispiel für jede erforderliche Leistung ein standardisiertes Auftragschreiben verschickt. Nachdem die Maßnahme durchgeführt worden ist, wird sie in einem Auftragsbuch abgehakt, und die Vertragsfirmen können ihre Rechnung stellen.

Obwohl es ganz verschiedene Fremdfirmen sind, die ihre Leute schicken, werden diese aufgefordert, sich als Bestandteil des FM-Teams zu betrachten. Die Mitarbeiter der Vertragsfirmen, die auf dem Gelände arbeiten, haben daher eine gute Arbeitsbeziehung untereinander. Probleme, die nicht in den eigenen Veranwortungsbereich fallen, werden an die zuständigen Personen weitergeleitet.

Zum Facility Management dieser Organisation gehört ein breites Spektrum an Leistungen, welche von lediglich drei internen Mitarbeitern koordiniert werden, die folglich manchmal überfordert sind. Zur Entschärfung der Situation zog daher der Facility Manager den Kauf eines FM-Softwarepakets in Betracht. Leider stellte sich beim Vergleich der verschiedenen Software-Angebote heraus, daß sie vermutlich zu komplex für die beschriebene Situation waren und eine Menge Leistungsmerkmale hatten, die nicht benötigt wurden. Die Abteilung wird daher weiterhin an ihrer alten Arbeitsform festhalten, auch wenn sie in anderen Bereichen bereits Informationstechnologie einsetzt. Das Energiemanagement wird von der Organisation beispielsweise mit Hilfe einer Beleuchtungssteuerung durchgeführt. Um Energie zu sparen, werden alle Leuchten am Abend automatisch abgeschaltet, doch bei Bedarf kann zum Beispiel vom Reinigungspersonal oder Mitarbeitern, die spät abends arbeiten, das Licht über die Telefonleitung angeschaltet werden. Außerdem kann über das interne Datennetz ein Telefonnummernverzeichnis aller Mitarbeiter abgerufen werden, wodurch die Dame in der Zentrale etwas entlastet wird.

Abstimmung auf aktuelle Kerngeschäft-Anforderungen

Die FM-Leistungen dieser Organisation sind stark benutzerorientiert. Bei kleineren operativen Problemen kontaktieren die Benutzer das Facility Team direkt und auf informelle Weise. Dem FM-Team war es jedoch wichtiger, sich das Feedback der Gebäudebenutzer aktiv beschaffen als darauf zu warten, daß jemand bei ihnen anklopfte. Man griff daher auf formale Verfahren zurück und ließ jeden zweiten Monat eine FM-Sitzung stattfinden.

An dieser Sitzung nehmen zwei Mitarbeiter des FM-Teams und ein Stellvertreter jeder Abteilung teil, der in der Regel für verwaltungs- bzw. finanztechnische Fragen zuständig ist.

Jeder Stellvertreter der Abteilung tritt als Sprecher derselben auf und bringt die Belange der zuvor befragten Mitarbeiter seiner Abteilung vor. Die Stellvertreter haben in der letzten Sitzung auch etwas über durchgeführte Maßnahmen erfahren und sind über etwaige Pläne für die nahe Zukunft informiert. Auf den jüngsten Sitzungen wurde vor allem über die abendlichen bzw. nächtlichen Arbeitszeiten mancher Mitarbeiter und über die dabei entstehenden Sicherheits- bzw. Kostenprobleme gesprochen. Es war daher Aufgabe des FM-Teams herauszufinden, wie ein hoher Sicherheitsstandard aufrecht erhalten werden kann, obwohl Mitarbeiter das Büro zu jeder beliebigen Tages- oder Nachtzeit verlassen können.

Facility Management und äußere Einflüsse

Das Gebäude des Hauptquartiers befindet sich in einem neuen Business-Park. Bestimmte Angelegenheiten betreffen alle Organisationen in diesem Park. Daher hat sich eine Gemeinschaft benachbarter Unternehmen gebildet, die sich regelmäßig trifft, um allgemeinen Belange zu diskutieren. Da es bei diesen Treffen meist um technische Probleme geht, wie Neubaumaßnahmen oder der Mangel an Parkplätzen, sind die Mitglieder des FM-Teams geradezu prädestiniert, an diesen Treffen teilzunehmen.

Außerdem bieten diese Treffen eine gute Gelegenheit für das FM-Team, Kontakt zu anderen Facility Managern aufzunehmen. Im Laufe der Zeit entstand so eine Art Netzwerk aus Facility Managern vor Ort, die sich in ihren betreffenden Gebäuden gegenseitig besuchen, um sich über die verschiedenen Vorgehensweisen aus erster Hand zu informieren.

Strategisches Facility Management

Wie bereits oben erwähnt, hat das Facility Management in dieser Organisation eine rein operative Funktion, d. h. die tagtäglich erbrachten Leistungen gewährleisten den reibungslosen Geschäftsbetrieb im Gebäude der Firmenzentrale. Nach Ansicht der Organisationsleitung hat die FM-Abteilung keinen wirklichen Beitrag zur strategischen Planung zu leisten, da dies Aufgabe der Immobilienabteilung ist. Dies ist vielleicht nicht völlig von der Hand zu weisen, vor allem in bezug auf die anderen Gebäude der Organisation, doch wirkt sich dies so aus, daß selbst bei Fragen, die die Anlage der Firmenzentrale selbst betreffen, die FM-Abteilung nicht konsultiert wird. Wenn die Unternehmensspitze Entscheidungen trifft, ist die FM-Abteilung oft die letzte, die darüber informiert wird, selbst wenn sie diejenige ist, die die Veränderungen durchführen soll. Wenn die Unternehmensspitze beispielsweise entscheidet, eine Abteilung in einen kleineren Gebäudeteil zu verlagern, ist es Aufgabe der FM-Abteilung, alle Arbeitsplätze, wie auch immer, unterzubekommen. Sie können daher nicht aktiv operieren, sondern reagieren lediglich, und für die Erfassung des wirklichen Bedarfs der Benutzer bleibt wenig Zeit.

Ein solcher Mangel an Kommunikation hat zur Folge, daß die Unternehmensspitze manchmal Entscheidungen trifft, ohne alle relevanten Faktoren zu berücksichtigen. Ein gutes Beispiel dafür ist der Umzug der Organisation an ihren derzeitigen Standort. Die Organisation entschied sich, von London wegzuziehen und eine neue Firmenzentrale zu bauen. Das FM-Team wurde jedoch erst mit einbezogen, als der Entwurf so gut wie fertiggestellt war. Erst jetzt stellte sich heraus, daß man im Entwurf nicht daran gedacht hatte, daß durch den Umzug große Bewegung und Unruhe in die einzelnen Abteilungen käme und man Büroräume und Arbeitsplätze neu gestalten müßte. Doch diese Möglichkeit war nun angesichts des fertigen Entwurfs nicht mehr gegeben. Hätte man die FM-Abteilung früher hinzugezogen, hätte sie darauf sicherlich aufmerksam gemacht.

Zwar wird die FM-Abteilung wahrscheinlich auch in der Zukunft weiterhin aus der strategischen Planung ausgeschlossen sein, doch es gibt Pläne, ihr Leistungsspektrum auszuweiten.

In den vergangenen Jahren hat die Abteilung einen umfangreichen Erfahrungsschatz bezüglich der Durchführung alltäglicher FM-Leistungen gewonnen. Daher beabsichtigt das Team, seine Dienste anderen Organisationen in Form von Beratungsleistungen zur Verfügung zu stellen. Diese Idee wurde auf Führungsebene prinzipiell genehmigt, und so liegt es nun an der Abteilung selbst, die Idee weiterzuentwickeln und potentielle Kunden ausfindig zu machen.

Kommentar

Die vorgestellte Organisation ist insofern ungewöhnlich, als sie die Mehrheit der FM-Leistungen an externe Vertragspartner vergibt. In diesem Fall scheint diese Vorgehensweise jedoch äußerst gut zu funktionieren. Der vielleicht auffälligste Effekt ist, daß hier sehr viel formalere und strukturierte Verfahren angewandt werden als bei den anderen Organisationen der Fallstudien. Dies liegt daran, daß die Mitarbeiter der Fremdfirmen nicht unbedingt immer auf dem Gelände sind und ihr Arbeitseinsatz daher sorgfältig geplant werden sollte, um ihre Arbeitszeit optimal zu nutzen.

Wie das Beispiel des Umzugs veranschaulicht, wurde die FM-Abteilung in der Vergangenheit nicht in strategische Entscheidungen mit einbezogen. Doch wenn auch die strategische Planung eigentlich in den Zuständigkeitsbereich der Immobilienabteilung fällt, wäre es doch sinnvoll, den Informationsfluß zwischen den beiden Abteilungen zu verbessern, da das FM-Team über wertvolles Know-how verfügt, das zur Zeit brach liegt.

1.3.5 Localised Sites-Modell – Beispiel

Fallstudie 4: Wirtschaftsunternehmen

Das Wirtschaftsunternehmen operiert von zwei Standorten aus: In einem alten Londoner Stadthaus liegt die Firmenzentrale, die Zweigstelle befindet sich außerhalb der Hauptstadt in einem neuangelegten Business-Park. Das FM-Team besteht aus einem Facility Manager, der in der Firmenzentrale in London sitzt und für die allgemeine FM-Politik zuständig ist, sowie zwei FM-Assistenten, von denen jeder von einem der beiden Gebäude aus arbeitet und die alltäglichen Entscheidungen trifft.

Hintergrund

Diese Studie befaßt sich mit einem Wirtschaftsunternehmen, das von zwei Gebäuden aus operiert: einem alten Gebäude von der Firmenzentrale in London und einer Zweigstelle in einem neuen Business-Park. In der Firmenzentrale in London befindet sich ein Konferenzzentrum, ein Ladengeschäft, eine Bücherei, ein Club, ein Restaurant und eine Reihe Büros. Die Zweigstelle wird hauptsächlich für die Verwaltung genutzt und besteht daher überwiegend aus Büroflächen und Räumlichkeiten für Konferenzen.

FM-Struktur

Das Facility Management in dieser Organisation umfaßt ein breites Spektrum an Leistungen, daher bedurfte es einer eigenen FM-Abteilung. Das FM-Team besteht im großen und ganzen aus einem leitenden Facility Manager in der Firmenzentrale in London und zwei FM-Assistenten, jeder an einem der beiden Standorte. Der leitende Facility Manager ist für die allgemeine FM-Planung und größere Problemstellungen zuständig, während die FM-Assistenten für die Durchführung der alltäglichen FM-Maßnahmen verantwortlich sind.

Aus Tabelle 1.2 sind die einzelnen zu erbringenden FM-Leistungen zu entnehmen.

Tabelle 1.2 FM-Leistungen

Firmengelände	Bürospezifische Leistungen	Zentrale Leistungen
• Instandhaltung des Gebäudes • Schönheitsarbeiten • Vergabe von Leistungen an Subunternehmer • Telekommunikation • Sicherheitsvorkehrungen • Pforte • Sicherheit am Arbeitsplatz • Gebäudereinigung	• Posteingang bzw. -ausgang • Büromaterial • Fotokopien • Fuhrpark • Druckerei • Kurierdienste zur anderen Zweigstelle	• Catering-Service • Vornehmen von Reservierungen für Konferenzräume • Versicherung • Archivierung wichtiger Dokumente

Diese Leistungen werden einerseits im Haus und andererseits von externen Dienstleistern erbracht. Normalerweise übernehmen Angestellte des Hauses die regelmäßig anfallenden Arbeiten, beispielsweise Reinigungsarbeiten und Gebäudepflege. In den Augen des Facility Managers ist es daneben auch sinnvoll, Aufgaben, die intensiv überwacht werden müssen, an interne Mitarbeiter zu vergeben. Dies trifft vor allem für die Funktionen zu, die mit der Öffentlichkeit in Berührung kommen, wie z. B. Empfang oder Telefonzentrale. Macht der Kunde negative Erfahrungen in diesen Bereichen, behält er ein schlechtes Bild von der Organisation.

Nicht alle der oben genannten Arbeiten fallen jeden Tag an. Daher werden gewisse Leistungen an Fremdfirmen vergeben, da für die Festanstellung eines Fachmanns nicht genügend Arbeit vorliegt. Die Instandhaltung der Heizungsanlage beispielsweise wird von einer Vertragsfirma durchgeführt, die einmal pro Woche die ordnungsgemäße Funktionsweise der Warmwasserboiler usw. überprüft. Durch diese routinemäßigen Kontrollen sollen Funktionsprobleme aufgespürt werden, bevor es zu einem tatsächlichen Schaden kommt. In Notfällen kann die Vertragsfirma jedoch jederzeit hinzugezogen werden. Eine zweite Kategorie von Leistungen wird fremdvergeben, weil sie besondere Fachkenntnisse erfordern. In diese Kategorie fällt die Catering-Funktion, da in diesem Bereich besonders strenge Gesundheitsvorschriften existieren.

Verwaltung der FM-Leistungen

Eine der Hauptschwierigkeiten, der sich die FM-Abteilung im beschriebenen Fall gegenüber sieht, besteht darin, wie sie ihre Leistungen an den beiden räumlich voneinander getrennten Standorten zur Verfügung stellen kann. Aufgrund der räumlichen Entfernung war es notwendig, einige der Maßnahmen bei jedem Gebäude separat zu verwalten, wie etwa die Gebäudereinigung oder der Pförtnerdienst. Obwohl auch diese Arbeiten zentral von der Londoner Hauptstelle hätten verwaltet werden können, entschied man sich für diese Lösung, da durch die Verwaltung vor Ort Probleme effizienter angegangen werden können. Daher wird an jedem Standort ein FM-Assistent eingesetzt, der für die Verwaltung der täglich anfallenden FM-Maßnahmen zuständig ist und operative Entscheidungen fällen darf, ohne sie zuvor mit dem leitenden Facility Manager abklären zu müssen. Eine vollständige Dezentralisierung würde im vorliegenden Fall jedoch unnötige Kosten verursachen, da bestimmte Leistungen nicht unbedingt separat verwaltet werden müssen. So wird die Reservierung für Konferenzräume der beiden Zweigstellen beispielsweise von London aus vorgenommen, und auch das Budget für die Gebäude- und Anlagenverwaltung wird zentral verwaltet.

Bei dieser Organisation ist die Kommunikation innerhalb der FM-Abteilung ein potentielles Problem, da die Mitglieder des FM-Teams getrennt voneinander an drei verschiedenen Standorten arbeiten. Gäbe es nur einen einzigen Standort, würde sich das FM-Team wahrscheinlich jeden Tag sehen und hätte Gelegenheit, informell Neuigkeiten auszutauschen. Im vorliegenden Fall muß unbedingt darauf geachtet werden, daß sich der FM-Assistent in der Zweigstelle nicht von der übrigen FM-Abteilung isoliert fühlt. Daher wurden spezielle Kommunikationskanäle eingerichtet, mit deren Hilfe der FM-Assistent stets mit den übrigen Teammitgliedern in Verbindung bleiben kann. So besucht der leitende Facility Manager beispielsweise die Zweigstelle alle drei Wochen, um zu sehen, ob alles in Ordnung ist. Darüber hinaus werden die FM-Assistenten aufgefordert, sich häufig auszutauschen und auftretende Konflikte sofort aus dem Weg zu räumen. Auch die neue Kommunikationstechnologie wird benutzt: So können z. B. Reservierungen für Konferenzräume via e-mail an die Zweigstelle weitergeleitet werden. Und schließlich gibt es einen Kurierdienst zwischen beiden Standorten, der von der FM-Abteilung nach Bedarf in Anspruch genommen werden kann.

Nicht nur zwischen den Standorten, sondern auch innerhalb der einzelnen Gebäude ist es wichtig, daß die Kommunikation funktioniert. Daher wurden Funkgeräte eingeführt, so daß der FM-Assistent für bestimmte Funktionsbereiche jederzeit erreichbar ist. So kann man mit ihm auch in Verbindung treten, wenn er sich nicht in seinem Büro aufhält.

Nach Ansicht des Facility Managers ist es für die Bereitstellung hochwertiger FM-Leistungen von größter Bedeutung, daß eingehende Kenntnisse der Funktionsweise und

Kultur der Organisation vorliegen. Daher greift er im Falle einer Erweiterung seines Teams lieber auf Mitarbeiter des Hauses zurück. So war zum Beispiel der FM-Assistent der Zweigstelle früher Pförtner dort. Der Assistent in der Londoner Zentrale war dagegen früher in der Poststelle, kannte sich jedoch so gut mit Computern und den neuen Kommunikationsmedien aus, daß er befördert wurde.

Abstimmung auf aktuelle Kerngeschäft-Anforderungen

Ein Großteil des Gebäudes der Londoner Firmenzentrale wird von Einrichtungen für die Mitglieder eines Clubs und andere Besucher eingenommen: Konferenzzentrum, Bücherei, Club, Restaurant und ein Ladengeschäft. Bis zu 300 Besucher können sich in dem Gebäude gleichzeitig aufhalten. Daher richtet sich ein Großteil der Aktivitäten des FM-Teams auf diese externen Nutzergruppen. Da die Besucherzahlen so groß sind und sich die Besucher hier normalerweise nur für eine sehr begrenzte Zeit aufhalten, entschied man, daß sich der Aufwand nicht lohne, ihre Meinung zu gebäuderelevanten Fragen zu ermitteln.

Da sich nun leider der größte Teil der Aufmerksamkeit auf die Mitglieder des Clubs richtet, nehmen die Angestellten der Organisation bei den meisten Themen – und so auch in gebäudebezogenen Fragen – einen Platz in den hinteren Reihen ein. Tauchen Probleme auf, können die Benutzer des Hauses den Facility Manager natürlich jederzeit kontaktieren, ihre Wünsche und Vorstellungen werden jedoch nicht regelmäßig ermittelt. Der leitende Facility Manager würde gerne interne Diskussionsforen über gebäudespezifische Themen einführen, sieht dafür aber aufgrund der Organisationskultur wenig Chancen in der nahen Zukunft.

Facility Management und äußere Einflüsse

Eine der Hauptaufgaben des leitenden Facility Managers besteht darin, die Übereinstimmung von aktueller Gebäudebewirtschaftung und neuen gesetzlichen Regelungen zu überprüfen. Nach der Verabschiedung der neuen Gesundheits- und Sicherheitsrichtlinien oblag es daher dem Facility Manager, ihre Umsetzung zu planen. Als er die Richtlinien und ihre Auswirkungen mit der Unternehmensführung besprechen wollte, erhielt er keine Antwort. Da er in einer solch wichtigen Angelegenheit nicht selbstverantwortlich handeln konnte, weigerte sich der Facility Manager, die offizielle Verantwortung für alle gesundheits- und sicherheitsrelevanten Belange auf sich zu nehmen, bis sich die Führungsspitze zu einer Besprechung der Situation bereitfinden würde. Als Folge dieser Weigerung wurde ein Gesundheits- und Sicherheitskomitee gegründet, das zwischenzeitlich Leitlinien als Orientierunghilfe für zukünftige Entscheidungen aufgestellt hat.

Strategisches Facility Management

Die FM-Abteilungen dieser Organisation wurden nur eingerichtet, um die Durchführung täglich benötigter Serviceleistungen am Gebäude zu gewährleisten, d. h. man sieht den Facility Manager nicht als Entscheidungsträger, der in der strategischen Planung der Unternehmenspolitik eine Rolle spielen sollte. Das FM-Team kann daher lediglich auf bereits gefällte Entscheidungen reagieren, was durch folgende Beispiele belegt wird.

Vor ca. fünf Jahren befand sich die Zweigstelle noch an einem anderen Standort. Als der Mietvertrag nicht verlängert wurde, mußte eine andere Lokalität gesucht werden. Obwohl dies eigentlich ein gebäudespezifisches Problem war, nahmen nur Führungskräfte an der Auswahl des neuen Standortes teil und konsultierten bezüglich der bestehenden Optionen externe Berater. Erst als ein konkretes Grundstück für das neue Gebäude ausgewählt worden war, wurden der Facility Manager und andere Mitarbeiter der Organisation mit einbezogen. Doch zu diesem Zeitpunkt war es bereits zu spät, um Alternativen vorzuschlagen. Zu Beginn der Planungsphase wurde der Facility Manager in die Steuergruppe aufgenommen, die sich mit dem Architekten beraten sollte. Alle Vorschläge von Seiten des Facility Managers wurden jedoch generell ignoriert, vor allem wenn es um allgemeinere Themen, wie die Größe oder Anordnung der Räume ging. In den Augen der Unternehmensspitze war es nicht Aufgabe des FM-Teams, am Entwurfsprozeß teilzunehmen, sondern lediglich für alle Räume das geeignete Einrichtungsmobiliar, die technische Ausstattung usw. auszusuchen, sie zu beschaffen und die Zimmer damit auszustatten. In den Augen des Facility Managers hätte er jedoch nützliche Ratschläge geben können, da er detaillierte Kenntnisse der organisationsinternen Funktionsweise besitzt. Dies trifft vor allem für die Raumgrößen zu, denn wie sich herausgestellt hat, sind bestimmte Räume für ihren Funktionszweck definitiv zu klein angelegt.

Ein weiteres Beispiel, dessen Folgen nicht ganz so gravierend waren: Nachdem das FM-Team festgestellt hatte, daß die fernmeldetechnische Anlage in einem Gebäudeteil überholt war, entschloß es sich, die Anlage im gesamten Gebäudebereich zu modernisieren. Später jedoch stellte sich heraus, daß die Unternehmensführung zu diesem Zeitpunkt bereits entschieden hatte, die betroffenen Räume zu vermieten, da sie nicht mehr gebraucht wurden. Die Folge war, daß das FM-Team Geld für die Modernisierung einer Anlage aufgebracht hatte, die kurze Zeit später sowieso außer Betrieb genommen wurde.

Kommentar

Die Gebäude dieser Organisation sind auf zwei Standorte verteilt. Das FM-Team ist daher vor allem mit der Problematik konfrontiert, kosteneffiziente und qualitativ hochwertige Leistungen an beiden Standorten zu gewährleisten. Das Team hat in den vergangenen Jahren an dieser Herausforderung hart gearbeitet. Jetzt existiert ein extrem effizientes, teilweise dezentralisiertes System, durch welches eine reibungslose Abwicklung der täglich anfallenden Arbeiten garantiert wird. Durch die Postierung eines FM-Assistenten an jedem Standort können kleinere Probleme sofort in Angriff genommen werden, und der FM-Servicebetrieb kommt nicht zum Erliegen, nur weil noch die Antwort des leitenden Facility Managers aussteht.

Das Besondere an dieser Organisation ist die Tatsache, daß der leitende Facility Manager Angestellte des Unternehmens zu seinen FM-Assistenten gemacht hat. Seiner Ansicht nach sind grundlegende Kenntnisse der Organisation, ihrer Anforderungen und Kultur weit wichtiger als technisches Know-how. Für die eigentlichen Leistungen werden ja schließlich separate Fachkräfte eingestellt bzw. externe Dienstleister beauftragt, so daß die FM-Assistenten vor allem für die generelle Überwachung und Koordination der geleisteten Arbeit verantwortlich sind. Zur Erweiterung ihrer Fähigkeiten und ihres Wissens werden die FM-Assistenten jedoch auch auf Kurse geschickt, auf denen sie die wichtigsten technischen Grundbegriffe lernen.

Die FM-Abteilung wurde nur dafür konzipiert, operative Serviceleistungen zu erbringen, und so ist es nicht erstaunlich, daß strategisches Facility Management in der Organisation nur eine untergeordnete Rolle spielt. Selbst als ein Umzug der Zweigstelle an einen anderen Standort geplant war, bezog man die FM-Abteilung lange nicht mit in die Beratungen ein. Folglich können im Gebäude der neuen Zweigstelle mehr Funktionsprobleme beobachtet werden, als dies bei einer früheren Einbindung der FM-Abteilung der Fall gewesen wäre.

1.3.6 Multiple Sites-Modell – Beispiel 1

Fallstudie 5: In der medizinischen Versorgung tätiges Unternehmen

Das Unternehmen besitzt 32 Krankenhäuser, die im ganzen Land verstreut sind. Das Facility Management operiert auf vier Ebenen: auf Direktionsebene, auf Unternehmensebene, auf regionaler Ebene und auf Krankenhausebene. Die Facility Manager auf Direktionsebene stellen zusammen mit den Facility Managern der Unternehmensebene Richtlinien für die allgemeine FM-Politik auf. Letztere beaufsichtigen auch Renovierungs- und Modernisierungsmaßnahmen an den Gebäuden. Die Facility Manager auf regionaler Ebene koordinieren die Leistungsvergabe, und jene auf Krankenhausebene treffen die alltäglichen gebäuderelevanten Entscheidungen.

Hintergrund

Objekt dieser Fallstudie ist ein Unternehmen, das in über 30 Privatkliniken in ganz England (vor allem in großen und mittleren Städten) Leistungen im Bereich der medizinischen Versorgung zur Verfügung stellt. Das Unternehmen selbst umfaßt eine Firmenzentrale und vier Zweigstellen. Es ist daher ein gutes Beispiel für eine *Multiple Sites*-Organisation.

Die Organisation umfaßt insgesamt 32 Kliniken, die jeweils von einem Direktor (*General Manager*) geleitet werden. Die Krankenhäuser des Unternehmens sind in vier Regionen aufgeteilt, d. h. in einer Region befinden sich jeweils acht Krankenhäuser. Für jede Region wurde ein Regionaldirektor (*Regional General manager*) ernannt. In der Firmenzentrale gibt es einen Geschäftsführer (*Chief Executive*), einen Vorstand (*Board of directors*), ein Team professioneller Fachleute für bestimmte Aufgabenbereiche, wie z. B. Unternehmensfinanzen, operative Finanzen, Krankenhausbelegschaft, rechtliche Angelegenheiten, pflegerische Dienste, zusätzliche therapeutische Einrichtungen, Marketing und Facility Management, sowie eine Reihe von einfachen Angestellten.

Dem Unternehmensaufbau liegt eine dreistufige Managementphilosophie zugrunde: die Unternehmensebene mit strategischer Planung und Verwaltung, die Regionalebene mit Koordinationsaufgaben und die Krankenhausebene mit Durchführung der tagtäglichen Arbeiten.

FM-Struktur

Die Tatsache, daß diese Organisation über 30 Gebäude besitzt, spiegelt sich in der Größe und Komplexität der FM-Abteilung. Die Struktur der FM-Abteilung ist ein Abbild der Organisationsstruktur, d. h. die FM-Funktion ist auf allen vier Ebenen der Organisation vertreten: auf Direktionsebene, auf Unternehmensebene, auf Regionalebene und auf Krankenhausebene. Diese Organisation gehört daher zu den wenigen, die Facility Management als wichtig genug erachten, um es auch auf Direktionsebene einzubeziehen.

Bei einer etwas größeren Organisation besitzt nicht nur die FM-Abteilung eine komplexere Struktur, sie umfaßt auch ein größeres Leistungsspektrum. Einige der im folgenden beschriebenen Funktionen gehen über den üblichen Einsatzbereich der meisten anderen FM-Abteilungen hinaus. So renoviert, modernisiert oder erweitert beispielsweise das Unternehmen die Krankenhäuser recht häufig. Innerhalb der FM-Abteilung in der Firmenzentrale gibt es daher noch ein separates, sogenanntes Kapitalprojekt-Managementteam.

Im folgenden werden die Aufgaben und Verantwortungsbereiche der verschiedenen Ebenen aufgelistet:

Direktionsebene: Der FM-Direktor hat überwiegend strategische Aufgaben und kommt mit dem alltäglichen FM-Servicebetrieb nur in Berührung, wenn größere Probleme auftreten. Sein Tätigkeitsfeld kann daher folgendermaßen zusammengefaßt werden:

- Vertretung der FM-Funktion gegenüber Aufsichtsrat (*Board of governors*) und Vorstand (*Board of directors*)
- Als Vorstandsmitglied ist er für die Unterrichtung des Aufsichtsrats über die allgemeine Unternehmenssituation verantwortlich

Unternehmensebene: Das Facility Management auf dieser Ebene liegt in der Verantwortung des *Group Facilities Manager* (dt. etwa: Facility Manager auf Unternehmensebene), dem ein Team aus Fachleuten und einfachen Angestellten untersteht. Zu den Hauptaufgaben dieses FM-Teams gehören folgende Tätigkeiten:

- Aufstellung und Überwachung FM-relevanter Ziele und Normen auf Unternehmensebene, die mit den gesetzlichen Bestimmungen und der Unternehmenspolitik übereinstimmen.
- Vorlage gebäudebezogener Gutachten, Statistiken und Strategievorschlägen vor Aufsichtsrat und Vorstand.
- Professionelle Unterstützung und Beratung von Mitarbeitern im operativen Gebäudebereich auf Regional- und Krankenhausebene.

Regionale Ebene: Die Privatkliniken der Organisation sind in vier Regionen aufgeteilt, in denen jeweils ein regionaler Facility Manager und ein FM-Assistent in einem Regionalbüro als FM-Team zusammenarbeiten. Die Hauptfunktionen der regionalen FM-Teams spiegeln im Prinzip den Aufbau der Krankenhäuser wider und können folgendermaßen zusammengefaßt werden:

- Organisation, Verwaltung und Überwachung von Leistungen im Bereich der Instandhaltung oder im Rahmen eines Bauprojekts, die entweder von Mitarbeitern des Hauses oder aber von Fremdfirmen und externen Dienstleistern erbracht werden.
- Beratung und Anleitung der Führungskräfte auf Regional- und Krankenhausebene bezüglich aller Themen, die mit Ressourcenplanung und -einsatz zu tun haben.
- Hilfestellung für Krankenhausdirektoren bei der Einnahmen- und Budgetplanung sowie Kontrolle der Gebäudeleistung im Hinblick auf die eingesetzten Mittel.

Krankenhausebene: Jedes der 32 Krankenhäuser hat einen eigenen Facility Manager, der *Hotel Services Manager* genannt wird. Wie der Name verrät, fallen in diesen Bereich in der Regel die nicht-medizinischen Leistungen, die für das allgemeine Wohlbefinden der Patienten verantwortlich sind. Der *Hotel Services Manager* ist daher für folgende Bereiche zuständig: Versorgung mit Speisen und Getränken, hauswirtschaftliche Arbeiten, Pförtnerdienste, Rezeption und Wartungsarbeiten. Es ist Aufgabe des *Hotel Services Managers* sicherzustellen, daß all diese Tätigkeiten entweder von internen Mitarbeitern oder externen Dienstleistern ordnungsgemäß ausgeführt werden. Daher ist im Grunde jedes der Krankenhäuser ein Beispiel für ein *Single site*-Modell, insofern als operatives und weniger strategisches Facility Management im Vordergrund steht.

Es sollte noch erwähnt werden, daß die Gebäudeinstandhaltung innerhalb des Aufgabengebietes des *Hotel Services Managers* eine etwas andere Rolle spielt als alle übrigen Leistungen. Jedes Krankenhaus hat seinen eigenen Wartungstechniker, der einen präventiven Wartungsplan einhalten und bei Ausfällen zur Stelle sein muß. Auch wenn die Techniker dem *Hotel Services Manager* gegenüber direkt verantwortlich sind, stehen sie gleichzeitig auch in engem Kontakt zu den Facility Managern auf regionaler Ebene. Das rührt daher, daß die *Hotel Services Manager* in der Regel nicht aus dem Baubereich kommen und deshalb nicht immer die richtige Adresse für wartungstechnische Fragen sind.

Verwaltung der FM-Leistungen

Die Größe und Komplexität der FM-Abteilung hat zur Folge, daß es für jede der Ebenen schwierig ist, über die Entwicklungen der anderen FM-Aktivitäten auf dem laufenden zu bleiben. Daher wurden bestimmte Maßnahmen ergriffen, um einen regelmäßigen Austausch zwischen den einzelnen Ebenen zu gewährleisten. Heute nun treffen sich die vier Facility Manager der Regionalebene alle zwei Monate mit den Facility Managern der Unternehmensebene in einer ordentlichen Sitzung, um die gegenwärtige Situation der jeweiligen Region zu besprechen.

Parallel dazu trifft sich jeder regionale Facility Manager regelmäßig mit den *Hotel Services Managern* der betreffenden Region.

Neben offiziellen Besprechungen und Sitzungen verfolgt man auch andere Vorgehensweisen, um sich über gebäuderelevante Entwicklungen auf dem laufenden zu halten. Für die Instandhaltungsarbeiten wurde beispielsweise ein Handbuch erarbeitet, in dem unter anderem ein detaillierter präventiver Wartungsplan aufgeführt ist, der von den zuständigen Technikern in jedem Krankenhaus eingehalten werden muß. Kommen nun die regionalen Facility Manager bzw. FM-Assistenten auf eine Art »Wartungsvisite« in die einzelnen Krankenäuser, übernehmen sie die Rolle eines Leistungsprüfers und vergleichen die erbrachte Leistung mit dem Handbuch. Solche Wartungspläne sind notwendig und funktionieren gut, da die »Wartungsvisiten« nur selten durchgeführt werden können. Auf diese Weise kann sich der regionale Facility Manager auf wirkliche Instandhaltungsprobleme konzentrieren und muß seine Zeit nicht mit Routinetätigkeiten vergeuden.

Auf den einzelnen Ebenen werden neben den offiziellen auch inoffizielle Kommunikationskanäle in horizontaler Richtung genutzt. Bei Problemen kann sich also ein Facility Manager der Regionalebene zunächst an einen Kollegen aus einer anderen Region wenden, der eventuell schon mit ähnlichen Schwierigkeiten konfrontiert war, und muß nicht die Zeit des *Group Facilities Managers* in Anspruch nehmen. Diese Art horizontaler teamorientierter Kommunikation wird in der gesamten FM-Abteilung gefördert, so daß Probleme oft gelöst werden können, ohne daß sie an die nächsthöhere Ebene weitergeleitet werden müssen.

Auch durch internes *Benchmarking* (Ermittlung von Kennwerten zum Vergleich der spezifischen Nutzungskosten von Gebäuden) kann das FM-Team eine Leistungsoptimierung erzielen. Die Abteilungsmitarbeiter haben zu über 30 Krankenhäusern und vier verschiedenen Regionen Zugang, d. h. sie haben eine große Anzahl von Vergleichsmöglichkeiten, wie die folgenden Beispiele belegen.

Eine der Aufgaben der FM-Abteilung besteht darin, die korrekte Funktionsweise der Sterilisationsgeräte zu gewährleisten. Für diese Aufgabe wurde ein entsprechender Fachmann für jede Region angestellt. In einer Region konnte der Posten nicht besetzt werden, so daß man sich entschied, die Leistung nach außen zu vergeben. Dies geschah entgegen den Wünschen des Vorstands, der diese Leistung gerne im Haus behalten wollte. Als man jedoch einige Zeit später Vergleiche mit den anderen Regionen zog, stellte man fest, daß die Fremdvergabe des Auftrags sich kostenminimierend auswirkte, da die betreffende

Fachkraft nicht zusätzlich noch andere Arbeiten ausführen mußte, für die sie gar nicht zuständig war. *Benchmarking* hatte sich als erfolgreiches Instrumentarium bewährt, um festzustellen, wo noch Kosten einzusparen waren.

Ein anderer Bereich, in dem interne Vergleiche angestellt werden können, sind die Wasser- und Energieverbrauchskosten. Der *Group Facilities Manager* beauftragte eine Fachfirma damit, die Verbrauchskosten auf Monatsbasis zu vergleichen. Von diesem Zeitpunkt an wurde der Gas-, Wasser- und Stromverbrauch permanent überwacht. Die Ergebnisse werden der Anschaulichkeit wegen als Diagramme dargestellt und bei regelmäßig stattfindenden Sitzungen auf mögliche Einsparungen hin analysiert. Der *Group Facilities Manager* beurteilt die Ergebnisse jedoch nicht rein vordergründig, sondern berücksichtigt möglichst alle Faktoren, die diese beeinflußt haben könnten, wie Größe, Alter und Standort des Gebäudes. Liegen hier erst einmal mehr Erfahrungswerte vor, will man diese Leistung wieder ins Haus zurückholen.

Die FM-Abteilung ist für eine große Anzahl von Gebäuden zuständig und an vielen Krankenhäusern wurden zwischenzeitlich umfangreiche Renovierungs- und Modernisierungsarbeiten vorgenommen.

Es überrascht daher nicht, daß die Dokumentation aller durchgeführten Maßnahmen in der Abteilung zunehmend zu kurz kam. Für Bauprojekte lagen dem Krankenhaus und der Firmenzentrale zum Teil unterschiedliche Pläne vor. Daher wurde nun ein AutoCAD-System eingeführt, in das zur Zeit alle aktuellen Pläne und in Zukunft auch alle weiteren Veränderungen eingegeben werden. Darüber hinaus hat die Abteilung eine Datenbank angelegt, um Details aller Krankenhausanlagen zu speichern, welche als Grundlage für die Aufstellung von Wartungsplänen dienen können.

Abstimmung auf aktuelle Kerngeschäft-Anforderungen

Bei der Erfassung und Bewertung aktueller Kerngeschäft-Anforderungen muß die FM-Abteilung sowohl die Bedürfnisse der Krankenhausangestellten als auch die der Patienten berücksichtigen. Angesichts der Größenordnung wäre es jedoch unmöglich, jeden zu befragen. Daher muß man hier selektiv vorgehen.

Innerhalb der Krankenhäuser sind die Krankenhausdirektoren für den reibungslosen Ablauf des Klinikbetriebs zuständig. Daher arbeiten die *Hotel Services Manager* eng mit den Krankenhausdirektoren zusammen, denn so können sie das gewünschte Service-Niveau gewährleisten und kleinere Probleme rasch aus dem Weg räumen. Der Krankenhausdirektor wiederum spricht sich mit den einzelnen Leitern der Abteilungen ab, um zu überprüfen, ob deren Anforderungen erfüllt werden, und gibt diese Informationen an den Hotel Service Manager weiter.

Die Facility Manager auf regionaler Ebene sind weniger an den einzelnen Maßnahmen als daran interessiert, wie die Bewirtschaftung der jeweiligen Krankenhäuser allgemein aussieht. Zu diesem Zweck findet einmal pro Quartal eine halboffizielle Besprechung zwischen Krankenhausdirektoren und regionalen Facility Managern statt, um das FM-Budget und das allgemeine Service-Niveau zu überprüfen. Einmal im Jahr findet eine offizielle Sitzung statt, in der das FM-Budget für jedes Krankenhaus verabschiedet wird. Die Facility Manager der Regionalebene besuchen jedoch jedes Krankenhaus ca. einmal pro Monat, um in Verbindung zu bleiben und sich persönlich von neuen Entwicklungen zu überzeugen.

Um zu überprüfen, ob die Anforderungen der Patienten erfüllt werden, verwendet die FM-Abteilung indirektere Methoden. Zunächst verläßt sie sich darauf, daß die Krankenhausbelegschaft sie über patientenbezogene Probleme informiert. Es werden jedoch auch allgemeine Fragebögen ausgewertet, die die Marketingabteilung an alle Patienten verteilen läßt. Auf dem sogenannten »Fragebogen zur Erfassung der Patientenzufriedenheit« hat der Patient die Möglichkeit, verschiedene Aspekte der vom Krankenhaus bereitgestellten Leistungen zu beurteilen, z. B. Einrichtungsdetails des Zimmers und den allgemeinen Patienten-Service, zu dem auch das Krankenhausessen gehört. Die Antworten werden in vierteljährlichen Berichten zusammengefaßt. So läßt sich leicht feststellen, wo Problembereiche liegen und wie sie behoben werden können.

Die FM-Abteilung ist hauptsächlich mit Renovierungs- und Modernisierungsmaßnahmen am Krankenhaus beschäftigt; hier sind erst kürzlich fünf größere Projekte abgeschlossen worden. Daher hat sich die Abteilung entschlossen, eine Ist-Analyse durchzuführen um herauszufinden, ob die Benutzer mit den neuen Einrichtungen vollauf zufrieden sind und falls nicht, wo noch Verbesserungen durchgeführt werden könnten. Ziel der Analyse ist es, aus vergangenen Fehlern zu lernen und alles zu tun, damit sie sich in der Zukunft nicht wiederholen. Ist-Analysen dieser Art werden von Facility Managern zunehmend eingesetzt, die sogenannte *POE* (dt. Analyse nach Belegung der Räumlichkeiten) wird in Kapitel 3 ausführlich besprochen werden.

Facility Management und äußere Einflüsse

Der Bereich der medizinischen Versorgung ist einem schnellen Wandel unterworfen, denn unaufhörlich werden neue Gesetzesregelungen erlassen und neue Ansätze verfolgt. Daher liegt eine Hauptfunktion der *Group Facilities Manager* darin, alle neuen FM-relevanten Entwicklungen an die zuständigen Mitarbeiter der Organisation weiterzuleiten. Alle Krankenhäuser müssen daher über jede Veränderung informiert und auf die Einhaltung der neuen Bestimmungen hin kontrolliert werden.

Da sich das Unternehmen über die Jahre einen Namen im Bereich der medizinischen Versorgung gemacht hat, kommen oft auch Anfragen von anderen Krankenhäusern. Der FM-Direktor wird regelmäßig in andere Einrichtungen eingeladen und zu verschiedenen FM-Themen konsultiert. Er ist auch daran interessiert, an Fachkonferenzen usw. teilzunehmen und sich so über neue FM-Entwicklungen auf dem laufenden zu halten. Andere Mitglieder der FM-Abteilung werden auf Weiterbildungskurse geschickt, damit auch sie auf dem neuesten Stand sind.

Strategisches Facility Management

Das Kerngeschäft dieser Organisation besteht in der Behandlung und Pflege von Patienten. Im Bereich der privaten medizinischen Versorgung jedoch sind auch andere Faktoren im Spiel als die rein fachbezogenen Leistungen. Die Patienten kommen selbst für ihre Behandlung auf und erwarten dementsprechend auch in anderen Bereichen hochqualitative Leistungen. Dies bedeutet zum Beispiel, daß die Zimmer modern und wohnlich eingerichtet sein müssen und gemütlich wirken sollen. Wichtig ist außerdem das Krankenhausessen. Es ist daher Gegenstand des Kerngeschäfts, mit zukunftsorientierter Krankenhauspolitik die steigenden Erwartungen der Patienten zu erfüllen.

Diese Erwartungen sind nicht der einzige Druck, der von außen kommt und sich auf das Kerngeschäft auswirken kann. Die Organisation muß sich auch über die Krankenhauspolitik ihrer Konkurrenten informieren, da Fachärzte stets das Krankenhaus einer Region als Arbeitsplatz bevorzugen, das am besten ausgestattet ist. Bestimmte Fachärzte sind wiederum der Grund, warum Patienten an ein spezielles Krankenhaus überwiesen werden. Daher hat der Weggang eines Facharztes immer weitreichende Konsequenzen.

Ein dritter Einflußfaktor auf die Krankenhauspolitik ist der rasante Wandel innerhalb der Medizin selbst. Fortlaufend gibt es neue und bessere Behandlungsmethoden, und die Verweildauer der Patienten im Krankenhaus wird dadurch immer kürzer. Daher werden auch immer weniger Betten benötigt.

Da alle oben genannten Punkte auch Auswirkungen auf die Gebäudeverwaltung haben, hat das Facility Management innerhalb dieser Organisation inzwischen einen höheren Stellenwert erhalten. Dies geht soweit, daß der frühere *Group Facilities Manager* zum Vorstandsmitglied mit dem Zuständigkeitsbereich FM-Angelegenheiten befördert worden ist. Auf dieser Hierarchiestufe ist er als Vorstandsmitglied in den Entscheidungsprozeß des Unternehmens voll eingebunden und kann hier sein Fachwissen und seine Erfahrungen zum Nutzen aller einbringen.

Die Organisation baut beispielsweise zur Zeit eine neue Klinik, die sich ganz in der Nähe der alten befindet und diese einmal ersetzen soll. Ursprünglich gab es Pläne, die alte Klinik zu renovieren und modernisieren, und es waren lediglich einige Um- und Anbaumaßnahmen für neue Räumlichkeiten vorgesehen. Der FM-Direktor brachte jedoch den Einwand vor, daß es sich in seinen Augen nicht lohne, das alte Gebäude zu renovieren, und ein Neubau kosteneffizienter sei. Die FM-Abteilung führte eine Machbarkeitsstudie durch, welche belegte, daß der FM-Direktor damit ganz richtig lag.

Wäre seine Meinung nicht gehört worden, hätte die Organisation möglicherweise einen nicht unerheblichen Geldbetrag falsch investiert.

Der FM-Direktor hatte auch auf ein umfangreiches Umstrukturierungsprogramm der Organisation großen Einfluß genommen, wovon noch heute die FM-Abteilung profitiert und nun eine bessere Basis hat, um das Kerngeschäft zu unterstützen. Infolge der Umstrukturierung sieht der Aufbau der Organisation heute etwas anders als 1988 aus, als der derzeitige FM-Direktor zum Leiter der Immobilienabteilung befördert wurde. Zu dieser Zeit war die Organisation so aufgebaut, daß selbst relativ kleine Maßnahmen komplexe bürokratische Prozesse in Gang setzten. Als eine Krankenhausdirektorin beispielsweise die Renovierung und Modernisierung kleiner Krankenhausabschnitte vornehmen wollte, in dem sich auch Krankenzimmer und Büroräume befanden, mußte sie zu zehn verschiedenen Personen Kontakt aufnehmen und deren Aufgaben koordinieren:

- den *Regional Surveyor* (dt. etwa: Baugutachter auf regionaler Ebene)
- den *M&E Services Manager* (dt. etwa: Service-Manager für Maschinen und elektrische Geräte), für den zwei Fachleute im Bereich Leitungsführung arbeiteten
- den *Office Service Manager* (dt. etwa: Manager für bürorelevante Leistungen), der über drei Helfer für die Bereiche Mobiliar, technische Ausstattung und Bürotelefone verfügte
- den Leiter des Einkaufs, der Mitarbeiter für folgende Bereiche hatte: Installation der Rufmeldeanlage und des Feuermelders, medizinische Gasversorgung, Aufzüge, technische Ausrüstung, Mobiliar, Einrichtungsgegenstände und Fernmeldeanlagen
- den *Hotel Services Manager*

Obwohl die genannten Manager ihre Abteilungsmitglieder selbst anwiesen, mußte die Krankenhausdirektorin die übergreifende Koordination übernehmen, eine Aufgabe, für die sie nicht ausgebildet war und welche auch mit ihrer eigentlichen Rolle als Leiterin des Krankenhauses nicht viel zu tun hatte.

Ein zweites Problem bestand darin, daß die Kapitalplanung und -entwicklung separat vorgenommen wurde und keine Abstimmung mit anderen Unternehmensbereichen stattfand. Daher wurden auch die zukünftigen Pläne für die Gebäude- und Anlagenbewirtschaftung, die der Projektmanager ausgearbeitet hatte, nicht berücksichtigt. Ein dritter und sehr umstrittener Punkt war außerdem, daß die einzelnen Aufgabenbereiche drei verschiedenen Vorstandsmitgliedern unterstanden und daher die ganze Last der Koordination beim Geschäftsführer lag.

All dies zusammengenommen bewirkte, daß die Funktionsbereiche aus dem Nicht-Kerngeschäft das eigentliche Kerngeschäft nicht optimal unterstützen konnten, so daß meist operative Probleme auf Kosten der strategischen Planung im Vordergrund standen. Innerhalb kurzer Zeit hatte der neu ernannte Leiter der Immobilienabteilung die oben beschriebene Problematik erkannt und versucht, eine Lösung zu erarbeiten. Sein Vorschlag war, die unternehmensinterne Struktur völlig neu zu organisieren und die Funktionen, die nicht zum Kerngeschäft gehörten, als vollständig integrierten Servicebereich einem einzigen Vorstandsmitglied zu unterstellen. In den vergangenen Jahren wurde diese Idee nach und nach umgesetzt, so daß die FM-Abteilung nun das Kerngeschäft optimal unterstützen kann.

Kommentar

Dieses Unternehmen operiert von über 30 verschiedenen Standorten aus, d. h. es ist wesentlich größer als die anderen Organisationen der vorherigen Fallstudien.

Es ist daher nicht überraschend, daß die FM-Abteilung entsprechend komplexere Strukturen aufweist. Um eine gut funktionierende Kommunikation über die verschiedenen Ebenen und Standorte hinweg zu gewährleisten, sind eine Reihe konkreter Kommunikationskanäle eingerichtet worden, um dem komplexen Aufbau der Organisation gerecht zu werden.

Wie aus dem oben Geschilderten hervorgeht, war der FM-Bereich anfangs nicht optimal strukturiert. Die beschriebene Organisation benötigte über fünf Jahre, um ihre derzeitige FM-Abteilung und die zugehörigen Strukturen aufzubauen. Andere Organisationen sollten sich daher nicht entmutigen lassen, wenn sie sich ihre eigene FM-Abteilung anschauen, sondern sich bewußt machen, daß Veränderungen oder Verbesserungen nicht über Nacht passieren.

Doch trotz der vollständigen Umstrukturierung der Abteilung, ist das FM-Team entschlossen, sich nicht auf den bisherigen Erfolgen auszuruhen; aus diesem Grund wurde ein Programm zur kontinuierlichen Leistungssteigerung aufgestellt. So wird beispielsweise internes *Benchmarking* verwendet, um zu sehen, wo Leistungen und Kosten optimiert werden könnten. Außerdem ist eine Reihe von *POEs* geplant, um festzustellen, wie zufrieden die Benutzer mit den erst kürzlich vorgenommenen Renovierungs- und Modernisierungarbeiten im Krankenhaus sind.

Im Gegensatz zu einigen der oben beschriebenen Organisationen wird dem Facility Management hier eine wirkliche strategische Bedeutung zugeordnet. Dies liegt wahrscheinlich daran, daß Privatkliniken nicht nur bezüglich ihrer medizinischen Versorgungsleistungen beurteilt werden, sondern auch anhand des Einrichtungstandards von Krankenzimmern, dem Krankenhausessen u.ä., was bedeutet, daß das Facility Management an Stellenwert gewonnen hat. Dies läßt sich daran erkennen, daß der FM-Direktor der Organisation seither nicht nur als Berater konsultiert wird, sondern auch bei organisationsübergreifenden strategischen Überlegungen in vollem Umfang einbezogen wird.

1.3.7 Multiple Sites-Modell – Beispiel 2

Fallstudie 6: Gesellschaft für Denkmalschutz und für den Erhalt und die Verwaltung von Kulturdenkmälern

Das Unternehmen agiert als Handlungsbevollmächtigter für über 350 denkmalgeschützte Gebäude, d. h. es kann sozusagen als professionelle FM-Servicegesellschaft betrachtet werden. Viele der denkmalgeschützten Gebäude stehen dem Publikum offen. In dem Unternehmen gibt es Facility Manager auf drei verschiedenen Ebenen: Facility Manager für die Region, für Teilregionen und für das denkmalgeschützte Gebäude selbst. Zur Zeit werden fast alle Leistungen in der Servicegesellschaft selbst erbracht, doch es gibt Überlegungen, auf einigen Gebieten externe Leistungen in Anspruch zu nehmen.

Hintergrund

In dieser Fallstudie geht es um eine Organisation, die für den Erhalt und die Verwaltung von Kulturdenkmälern zuständig ist. Die Organisation besteht im Prinzip aus zwei Bereichen: dem Bereich Denkmalschutz und dem Bereich Kulturdenkmäler. In der Praxis operieren diese beiden Bereiche fast völlig unabhängig voneinander, daher wurde für das vorliegende Buch entschieden, den Bereich Kulturdenkmäler als separate Organisation zu bezeichnen und zum Gegenstand der Fallstudie zu machen.

Der hier als eigene Organisation betrachtete Unternehmensbereich Erhalt und Verwaltung von Kulturdenkmälern unterscheidet sich wesentlich von den anderen Organisationen, die hier bereits analysiert worden sind, da – wie ihr Name schon verrät – ihr Kerngeschäft in der Verwaltung historischer Gebäude und Kulturdenkmäler besteht. Daher kann man sie im Grunde genommen als professionelle FM-Servicegesellschaft bezeichnen, die für über 350 Objekte im ganzen Land verantwortlich zeichnet. Das komplette Spektrum möglicher Sehenswürdigkeiten ist vertreten: vom Grashügel zu Schlössern und allem, was dazwischen liegt. Die Organisation finanziert sich hauptsächlich aus staatlichen Zuschüssen (ca. 90 %), der Rest wird vor allem durch Eintrittsgeld oder Zutrittsgebühren für Besucher abgedeckt.

FM-Struktur

Die Organisation ist entsprechend den Regionen in fünf räumlich getrennte Abteilungen eingeteilt, die jeweils für die Verwaltung der Kulturdenkmäler innerhalb ihrer Region zuständig sind. Die Denkmäler der betreffenden Regionen werden auf drei Ebenen verwaltet: auf Regionalebene, auf Unternehmensebene und auf objektbezogener Ebene.

- *Regionale Ebene:* Der Regionaldirektor ist für eine bestimmte Region zuständig und hat seinen Sitz in einem Regionalbüro. Für ihn arbeiten folgende drei Personengruppen:
  - technisches Personal, das für den reibungslosen Ablauf auf dem Gelände sorgt
  - historisch geschultes Personal, das Bauleistungen und die Überprüfung nötiger Bauerhaltungsmaßnahmen in Auftrag gibt
  - Experten für Entwurf und Baumaßnahmen: Architekten bzw. Fachberater aus diesem Sektor

- *Unternehmensebene:* Alle Regionen sind in kleinere Sektoren unterteilt, die alle durch einen *Group Custodian* (dt. etwa: Aufseher auf Unternehmensebene) koordiniert werden. Verallgemeinernd könnte man sagen, letzterer hat die Funktion eines Facility Managers vor Ort, der den störungsfreien Betrieb auf den Geländen sicherstellt.

- ***Objektebene:*** Bei vielen der Objekte sind Aufseher vor Ort, einige arbeiten das ganze Jahr, manche nur saisonweise. Ihre Hauptfunktion besteht darin, Eintritts- bzw. Zutrittsgelder von Besuchern einzunehmen, doch müssen sie auch über alle Probleme auf dem Gelände schnell informiert werden, so daß sie rasch Abhilfe schaffen können.

Neben den genannten Gruppen kann die Organisation auch auf das Know-how zweier weiterer Personengruppen zurückgreifen: die Service-Abteilung der Gesellschaft (*Corporate Services Group*), die verwaltungstechnische, juristische und finanzielle Unterstützung und Fachwissen zur Verfügung stellt, sowie die Abteilung für Forschung und technische Dienste (*Research and Professional Services Group*), die abgesehen von ihren anderen Aufgabenbereichen Arbeitskräfte des Hauses zur Ausführung von Reparaturarbeiten, Baumaßnahmen usw. bereitstellt, wenn Bedarf dafür besteht.

Verwaltung der FM-Leistungen

In jede Region fallen über 50 Kulturdenkmäler, daher haben die Verwaltungsmethoden oft formalen Charakter, denn nur so kann gewährleistet werden, daß den Objekten die nötige Pflege für ihren sachgemäßen Erhalt auch zukommt. Die Objekte werden in zwei Gruppen aufgeteilt: empfindliche und robuste Objekte. Die empfindlichen Objekte werden vom Team für Entwurf und Baumaßnahmen jedes Jahr offiziell begutachtet, um zu überprüfen, ob sich ihr Zustand verschlechtert hat und bauliche Maßnahmen notwendig sind. Die robusten Objekte werden in einem ähnlichen Procedere alle drei Jahre inspiziert. Die Inspektionsergebnisse kann die Gesellschaft bei Bedarf in ihren flexiblen Vierjahresplan einfließen lassen. So kann die Organisation besser einkalkulieren, welche Aufwendungen in den nächsten Jahren auf sie zukommen werden.

Zusätzlich zu diesen recht umfassenden Inspektionen gibt es für viele der größeren Objekte zwei präventive Instandhaltungsprogramme, die individuell auf sie zugeschnitten sind: einmal ein denkmalorientiertes Programm, das die Instandhaltung bezüglich der baulichen Substanz detailliert vorschreibt, und zweitens ein allgemeines Instandhaltungsprogramm, mit dem die gesamte Anlage auf die Anforderungen der Besucher ausgerichtet werden soll.

Da die Organisation in ganz England Objekte betreut und entsprechend den Regionen in fünf räumlich getrennte Abteilungen eingeteilt ist, besteht eines ihrer größten Ziele darin, effiziente Kommunikationskanäle einzurichten. Daher wurden offizielle Gelegenheiten geschaffen, um den regelmäßigen Informationsaustausch zwischen den einzelnen Regionen zu gewährleisten. Die Regionaldirektoren treffen sich aus diesem Grund alle 14 Tage in London, um alle aktuellen Aktivitäten im gesamten Unternehmen zu besprechen. Zusätzlich zu diesen Sitzungen besuchen die Regionaldirektoren die Objekte jeder Region persönlich, um sich über die Entwicklungen aus erster Hand zu informieren.

Abstimmung auf Nutzerforderungen

Im Gegensatz zu den oben beschriebenen Fallbeispielen gehört die Mehrheit der Nutzer hier nicht zur Organisation selbst, sondern ist ein Teil der Öffentlichkeit. In der Vergangenheit gab es innerhalb der Organisation keine einheitlichen Anstrengungen, von den Nutzern ein Feedback über ihren Besuch des Kulturdenkmals einzuholen. Meist sprachen die Aufseher beiläufig mit Besuchern auf dem Gelände und gaben etwaige wichtige Besucherkommentare an das Regionalbüro weiter. Gelegentlich wurden von der Marketingabteilung Besucherbefragungen durchgeführt. Nachdem die Organisation allerdings eine Reihe von Modernisierungsmaßnahmen hatte durchführen lassen, entschied sie sich, ein Feedback der Besucher aktiv zu ermitteln: Auf zusammen mit einem frankierten Rückumschlag bereitgelegten Bögen können die Besucher der Organisation mitteilen, was ihnen – besonders bei größeren Objekten – gefiel und was nicht. Darüber hinaus kann ein formales Beschwerdeverfahren in die Wege geleitet werden, dessen Einzelheiten der neuen Benutzerverordnung zu entnehmen sind.

Facility Management und äußere Einflüsse

Viele der von der Organisation verwalteten Objekte sind der Öffentlichkeit zugänglich, daher trägt sie die Verantwortung dafür, daß entsprechende Sicherheitsstandards eingehalten werden. Man kann jedoch nicht erwarten, daß die einzelnen Mitarbeiter vor Ort sich über die jeweils neuesten Gesundheits- und Sicherheitsanforderungen auf dem laufenden halten. Daher werden Veränderungen bei gesetzlichen Bestimmungen zunächst durch die *Corporate Services Group* recherchiert, die die relevanten Informationen dann an die einzelnen Regionen weiterleitet. Die Regionalbüros ihrerseits überprüfen nun, ob alle Objekte mit den Regelungen übereinstimmen, und bieten gegebenenfalls Unterstützung an.

Ähnlich wie bei einigen der zuvor beschriebenen Organisationen stehen auch in diesem Unternehmen Notfallmaßnahmen ganz oben auf der Prioritätenliste, vor allem aufgrund der jüngsten Brandkatastrophen an historischen Orten, die für England ein nationales Kulturgut darstellen. Angesichts dieser Brände ist der Organisation klar geworden, daß sie sich für ähnliche Notfälle bei ihren Objekten unbedingt rüsten muß. Eine Konsequenz aus diesen Überlegungen war die Aufstellung eines Notfall-Teams auf Regionalebene und ein Handbuch, in dem für jedes größere Objekt ein detaillierter Notfallplan mit präventiven Maßnahmen und den Adressen verfügbarer Rettungsmannschaften enthalten war.

Strategisches Facility Management

Wie oben festgestellt, kann die Organisation in der Tat als professionelle FM-Servicegesellschaft betrachtet werden. Daher ist es vielleicht keine Überraschung, daß die strategische Ausrichtung der Organisation stark ausgeprägt ist. Die Organisation hat vor kurzem ein strategisches Papier erstellt, in dem ihre Zielsetzungen für die nächsten drei Jahre festgehalten sind. Diese Unternehmensziele können folgendermaßen zusammengefaßt werden:

- Alle Gebäude sollen auf Dauer in einen Zustand versetzt werden, der ihrer Bedeutung entspricht, wobei die Dringlichkeit der Baumaßnahmen und die verfügbaren Ressourcen berücksichtigt werden müssen.
- Eine zuvor festgelegte Minimaldokumentation soll für alle Gebäude vorbereitet, überprüft und laufend aktualisiert werden, um die Bedeutung und den Zustand der Objekte beurteilen zu können.
- Die Objekte sollen dem Publikumsverkehr zugänglich sein; Führungen in verschiedenen Sprachen und besucherfreundliche Einrichtungen sollen aus dem Besuch ein attraktives und informatives Erlebnis machen und die Bedeutung des Objekts als nationales und internationales Kulturerbe vermitteln.
- Eine führende internationale Rolle wird in diesem Bereich angestrebt; die Denkmäler sollen als Demonstrationsobjekt dienen, wie Gebäude dieser Art effizient bewirtschaftet und verwaltet werden können. Daneben soll auch das Verantwortungsgefühl der Bevölkerung für den Denkmalschutz geweckt werden.

Nachdem die konkreten Ziele der Organisation also festgelegt sind, geht es nun um deren Realisierung. Schon bei einem kurzen Blick auf die Liste wird jedoch klar, daß das nicht einfach sein wird, nicht nur aufgrund der Vielzahl äußerer Einflußfaktoren, sondern auch wegen direkter Interessenskonflikte. Die Organisation möchte durch attraktivere Angebote mehr Publikum anlocken, doch höhere Besucherzahlen könnten natürlich einen negativen Effekt auf den Gebäudezustand haben. Andererseits stellen die Besucher ja eine der Einnahmequellen für die Organisation dar. Wird der Publikumsstrom gefördert, steht ihr daher mehr Geld für den Erhalt der Gebäude zur Verfügung. Es ist somit Aufgabe der Organisation, ein Gleichgewicht der Interessen zu erreichen, damit alle Ziele – soweit machbar – realisiert werden können.

Die Bewältigung dieser internen Konflikte ist für die Organisation bereits eine große Herausforderung. Sie ist sich jedoch auch der äußeren Faktoren bewußt, die auf die gesteckten Ziele Einfluß nehmen können. Wenn es beispielsweise darum geht, welche Objekte das größte Entwicklungspotential besitzen, muß die Konkurrenz mitbedacht werden. Es heißt festzustellen, welche Kulturdenkmäler historisch gesehen die interessantesten sind oder am leichtesten auszubauen wären. Die Organisation muß entscheiden, ob es sich lohnt, in ein Objekt von großer historischer Bedeutung, das weitab von anderen Sehenswürdigkeiten liegt, zu investieren, oder ob sich nicht eher eine Investition in ein weniger bedeutsames Objekt rechnen könnte, das jedoch von seiner Lage, nämlich in der Nähe eines erst kürzlich umgestalteten Konkurrenzobjektes, profitiert. Daß die Organisation nicht nur mit anderen in der Denkmalpflege tätigen Unternehmen konkurriert, sondern auch mit der stets wachsenden Freizeitindustrie, macht die Sache auch nicht gerade einfacher.

Aus diesem Grund sieht sich die Organisation gezwungen, im Wettbewerb aggressiver als zuvor aufzutreten und sich stärker um Besucher zu bemühen, mit deren Hilfe die erforderlichen Instandhaltungs- und Baumaßnahmen finanziert werden können. Zu diesem Zweck plant die Organisation eine Reihe von Werbekampagnen, um das öffentliche Interesse an ihren historischen Kulturdenkmälern zu vergrößern.

Zusammen mit anderen Stellen des Bereiches Denkmalschutz nehmen die Mitarbeiter des Bereichs Kulturdenkmäler auch an organisationsübergreifenden strategischen Initiativen teil. In einer solchen Initiative wurde beispielsweise festgelegt, daß Bau- und Instandhaltungsmaßnahmen, welche zur Zeit von Angestellten des Hauses durchgeführt werden, innerhalb der nächsten drei Jahre an Fremdfirmen vergeben werden sollen. Man geht davon aus, daß dieser Schritt zu einer Leistungssteigerung in diesem Bereich führen wird, da die externen Dienstleister miteinander in Wettbewerb treten und um die Aufträge konkurrieren müssen.

Kommentar

Die beschriebene Organisation ist für die Verwaltung einer großen Anzahl von historischen Baudenkmälern zuständig. Daher weist sie im Vergleich zu den zuvor beschriebenen Organisationen recht fortschrittliche Strukturen, sowohl operativer als auch strategischer Natur, auf. Die Organisation möchte sich ständig weiterentwickeln und versucht, ihren Service kontinuierlich zu optimieren, indem sie beispielsweise die Meinung von Besuchern in ihre Planung mit einbezieht.

Der geschilderte Fall zeigt exemplarisch, daß strategisches Facility Management oft ein komplizierter Balanceakt ist. Einerseits muß das FM-Team überlegen, welche Maßnahmen im Sinne des Kerngeschäfts und der Benutzer zu ergreifen sind, andererseits drängen externe Faktoren die Organisation in eine ganz andere Richtung. Daher ist es wichtig, eine übergreifende Strategie auszuarbeiten, in der alle unterschiedlichen Einflußgrößen zum Tragen kommen.

Zum Schluß soll die Aufmerksamkeit noch einmal auf den vierten Punkt der oben aufgeführten Unternehmensziele gelenkt werden: die Betrachtung der eigenen Aufgaben unter globalen Gesichtspunkten. Dieses Ziel ist ein Beweis dafür, daß Organisationen allmählich zu realisieren beginnen, daß sie eine Verantwortung der Welt gegenüber haben und ihr Wissen mit anderen teilen sollten, um auch anderen dabei zu helfen, ihren Weg zu gehen.

1.4 FM-Systeme

1.4.1 Hintergrund

In diesem Abschnitt werden zunächst die Ergebnisse der Fallstudien zusammengefaßt und die möglichen Problembereiche von FM-Strukturen herausgearbeitet. Es folgen praktische Vorschläge für effizientes Facility Management und schließlich wird ein Rahmenmodell entworfen, das veranschaulicht, wie eine FM-Abteilung im Idealfall funktionieren könnte, würde sie von Grund auf neu konzipiert. Das Modell soll zeigen, wieviele unterschiedliche Interaktionen kontinuierlich zwischen den einzelnen Bereichen stattfinden müssen, wenn eine FM-Abteilung das Kerngeschäft ihrer Organisation optimal unterstützen möchte.

1.4.2 Ergebnisse der Fallstudien

Die in Abschnitt 1.3. beschriebenen Fallstudien geben einen Einblick in die Vielfalt des Facility Managements. Obwohl nur sechs Organisationen analysiert wurden, stellte sich heraus, daß jede einzelne von ihnen unter dem Arbeitsbereich Facility Management etwas ganz anderes verstand. In einigen der Organisationen besteht Facility Management beispielsweise vor allem in der Instandhaltung der Gebäude und Anlagen, während in anderen der FM-Leistungsumfang wesentlich größer ist und auch Bereiche wie Catering oder Sicherheit umfaßt. Darüber hinaus unterscheiden sich die Organisationen darin, ob sie Leistungen durch ihre internen Mitarbeiter oder von Fremdfirmen erbringen lassen.

Unterschiede dieser Art sind keine Überraschung und müssen einfach vorausgesetzt werden, da FM-Abteilungen natürlich auf die individuellen Bedürfnisse ihrer Organisation zugeschnitten sind. Außerdem handelt es sich hier um eine neue Sparte, die noch ihre eigene anerkannte Identität finden muß.

Die Fallstudien lenken allerdings die Aufmerksamkeit auf ein brisantes Thema, das von vielen Organisationen bislang noch vernachlässigt wird: die strategische Dimension des Facility Managements. In nicht wenigen der Organisationen wird dem Facility Management eine rein operative Bedeutung beigemessen. Der FM-Abteilung wird nur die Rolle zugeteilt, sich um den alltäglichen Gebäudebetrieb zu kümmern – eine Sichtweise, die völlig außer acht läßt, auf welche Weise das Kerngeschäft langfristig vom Facility Management profitieren könnte. In diesen Organisationen hat die Unternehmensspitze nicht verstanden, daß ihr FM-Personal über wertvolles Know-how verfügt, das bei größeren unternehmensübergreifenden Entscheidungen genutzt werden könnte.

In zwei der Fälle wechselten die Organisationen zum Beispiel ihren Standort. In beiden Fällen wurde die FM-Abteilung am Entscheidungsfindungsprozeß nicht beteiligt und erst zu Rate gezogen, nachdem das Grundstück gekauft und die neuen Gebäude entworfen waren. Daher blieben bestimmte wichtige Faktoren, wie z. B. die Unruhe, welche der Umzug in den einzelnen Abteilungen nach sich zog, unberücksichtigt, was später zu Problemen führte.

Im Gegensatz ist einigen der Organisationen sehr wohl bewußt, daß Facility Management eine wichtige Rolle bei der strategischen Planung spielen muß. Das im Bereich der medizinischen Versorgung tätige Unternehmen (Fallstudie 5) hatte beispielsweise erkannt, daß die Krankenhäuser nicht nur nach den medizinischen Versorgungsleistungen, sondern auch nach dem Zustand der Gebäude und nach Serviceleistungen wie Krankenhausessen usw. beurteilt werden – alles Dinge, die in den Zuständigkeitsbereich der FM-Abteilung fallen. Um konkurrenzfähig zu bleiben, mußte daher eine zielgerichtete FM-Strategie entworfen werden. FM-Themen werden in dieser Organisation tatsächlich so ernst genommen, daß der Facility Manager in den Vorstand aufgenommen wurde, und daher in vollem Umfang am strategischen Entscheidungsfindungsprozeß teilnehmen kann.

Man darf jedoch nicht davon ausgehen, daß nur größere Organisationen von strategischem Facility Management profitieren. Es kann auch bei kleineren Organisationen eine wichtige Rolle spielen, wie am Beispiel der Privatschule (Fallstudie 2) dargelegt. Als plötzlich eines der Gebäude leerstand, nutzte der Facility Manager die Gelegenheit, um eine umfangreiche FM-Strategie zu entwerfen. Dies wiederum führte zu einer optimierten Raumkonzeption für die gesamte Schule, wobei gleichzeitig eine Reihe neuer, gut ausgestatteter Einrichtungen mit eingegliedert wurden. Dadurch hat sich die Schule einen gewissen Wettbewerbsvorteil verschafft, da sie nun zusätzliche Sachfächer anbieten kann.

Die Organisationen, in deren Augen Facility Management keine strategische Rolle spielt, lassen daher eine ihnen zur Verfügung stehende Informationsquelle einfach ungenutzt. Es wird jedoch nicht nur auf strategischer Ebene Optimierungspotential vernachlässigt, sondern auch auf operativer Ebene. In der Regel war die Kommunikation innerhalb der FM-Abteilungen selbst gut, und die verschiedenen Funktionsbereiche arbeiteten normalerweise teamähnlich zusammen, so daß die Abteilung ein integriertes Servicepaket anbieten konnte. Die Kommunikation mit Bereichen außerhalb der Abteilung, d. h. mit dem Rest der Organisation, war andererseits oft ineffizient, da die FM-Abteilung auf Anweisungen wartete, anstatt die Nutzer der Gebäude aktiv nach ihren Anforderungen zu befragen.

Die vorangegangene Analyse zeigt, daß es oft noch ein Potential für Produktivitätssteigerung im Facility Management gibt; Vorschläge hierzu werden in den folgenden Abschnitten unterbreitet. Die Fallstudien zeigen zwar, wo bestimmte Probleme des FM liegen, liefern jedoch auch viele Beispiele effizienter FM-Strukturen. Die Vorschläge sind daher eine Art Synthese aus den verschiedenen Fallstudien und fassen die vorbildhafte FM-Praxis zusammen. Man darf jedoch nicht vergessen, daß keine Organisation der anderen gleicht und daher nicht alle Vorschläge für jede Organisation anwendbar sind.

1.4.3 FM-Struktur

Die FM-Modelle und Fallstudien zeigen, daß es verschiedene Organisationsformen von FM-Abteilungen gibt. Keines der Schemata besitzt jedoch eine Erfolgsgarantie. In diesem Bewußtsein sollten die im Anschluß beschriebenen Gesichtspunkte bei der organisatorischen Gestaltung einer FM-Abteilung berücksichtigt werden.

Die Größe der Organisation ist Ausgangspunkt für die Entscheidung, wie eine FM-Abteilung aufgebaut sein soll. Organisationen unterschiedlicher Größe benötigen unterschiedliche Personalebenen. Ist eine Organisation relativ klein und in einem einzigen Gebäude untergebracht, gibt es wahrscheinlich keinen Bedarf an einem Vollzeit-Facility Manager, da der Umfang anfallender FM-Leistungen minimal sein wird. Eine große Organisation, die sich am anderen Ende der Skala befindet, benötigt dagegen wahrscheinlich eine entsprechend große FM-Abteilung.

Der Standort der Gebäude spielt ebenfalls eine große Bedeutung. Befinden sich die von der FM-Abteilung zu bewirtschaftenden Gebäude an verschiedenen Standorten (wie im *Multiple Site-Modell* dargestellt), wird sie zweifellos einen anderen Ansatz wählen, als wenn es nur einen einzigen Standort gibt. Im Falle eines *Multiple Sites-Modells* muß der Facility Manager entscheiden, ob die Leistungen in zentraler oder dezentraler Form erbracht werden sollen. Wahrscheinlich muß jeder Geschäftsstelle ein gewisses Maß an Autonomie für die alltäglichen FM-Entscheidungen zugebilligt werden, anderenfalls könnte der Leistungsbetrieb zum Stillstand kommen. So befindet sich im Falle des Wirtschaftsunternehmens aus Fallstudie 4 ein FM-Assistent in jeder Zweigstelle, um täglich anfallende Arbeiten abzuwickeln, was dem leitenden Facility Manager mehr Raum für die Lösung übergeordneter Probleme läßt.

Daneben stellt sich Facility Managern die Frage, welche Leistungen durch die FM-Abteilung erbracht werden sollten. Auch hier gibt es keine definitive Regel für den FM-Leistungsumfang.

Tabelle 1.3 Typische FM-Leistungen

Arbeitsplatz-Planung	**Bau- und Instandhaltungsmaßnahmen**
• Strategische Raumplanung • Aufstellung der organisationsinternen Planungs- standards und -richtlinien • Bestandsaufnahme der Nutzer-Anforderungen • Möblierung • Überwachung der Raumnutzung • Auswahl des Mobiliars und Nutzungskontrolle • Definition der Leistungsmaßstäbe • Computergestütztes Facility Management (CAFM)	• Gebäudebetrieb und -instandhaltung • Erhalt der Bausubstanz • Umbauten planen und durchführen • Energiemanagement • Sicherheit • Sprach- und Daten-Kommunikation • Kontrolle der Betriebsbudgets • Leistungskontrolle • Überwachung von Reinigungsarbeiten und Schönheitsreparaturen
Immobilien und bauliche Maßnahmen	**Allgemeine bzw. bürotechnische Leistungen**
• Entwurf eines neuen Gebäudekonzepts und Überwachung der Baudurchführung • Erwerb und Verkauf von Grundstücken und Gebäuden • Mietverhandlungen und Verwaltung von Mietverträgen • Beratung bei Investitionen in Immobilienobjekte • Kontrolle des Kapitalbudgets	• Bereitstellung und Verwaltung von allgemeinen Serviceleistungen • Einkauf von Büromaterial und -geräten • Nicht-baurelevante Vertragsleistungen (Catering-Service, Personentransporte usw.) • Fotokopien • Allgemeine hauswirtschaftliche Leistungen

In den Fallstudien-Organisationen ist das jeweilige Spektrum meist unterschiedlich weit gefaßt: Einige sind primär auf Instandhaltungsmaßnahmen festgelegt, andere dagegen erbringen auch allgemeine bürotechnische Leistungen. Im allgemeinen erbringt jede FM-Abteilung wahrscheinlich einige der in Tabelle 1 aufgeführten Leistungen.[2] Facility Manager sollten jedoch nicht wahllos Aktivitäten der Liste übernehmen, sondern sich nur an diejenigen Leistungen halten, die ihre Organisation auch benötigt. Hat die FM-Abteilung erst einmal eine feste Struktur, gibt es keinen Grund mehr für sie, die ursprünglich gewählten Leistungen auf Dauer beizubehalten – sie kann ihr Leistungsspektrum nach Bedarf erweitern oder verändern.

In vielen Organisationen scheint sich ein Trend dahingehend abzuzeichnen, daß sich die *Ansicht* darüber, was in den Zuständigkeitsbereich des Facility Managements fallen sollte, ändert. Zog eine Organisation zum Beispiel traditionell stets einen Architekten für größere Renovierungs- und Modernisierungsmaßnahmen hinzu und operierte in diesem Bereich ohne Hinzuziehen der instandhaltungsorientierten FM-Abteilung, geht sie jetzt wahrscheinlich dazu über, all diese Leistungen unter der FM-Flagge abzuwickeln. Der Architekt wird weiterhin mit den Renovierungsmaßnahmen beauftragt, doch seine Kontaktstelle wird nun der Facility Manager sein, so daß die gebäuderelevanten Organisationbereiche mehr oder weniger in einer Hand liegen.

Außerdem muß entschieden werden, ob die ausgewählten Dienstleistungen von internen Mitarbeitern oder externen Dienstleistern erbracht werden sollen. Letzteres hat in jüngster Zeit an Popularität gewonnen, doch wie die Fallstudien zeigen, gibt es keine festen oder allgemein gültigen Regeln, welche Leistungen im Haus bereitgestellt und welche besser an Fremdfirmen vergeben werden sollten.

Einige Organisationen bevorzugen es, alle Leistungen im Hause zu behalten, während andere jede noch so kleine Leistung nach außen vergeben. In einigen Fällen wird auch von beiden Möglichkeiten Gebrauch gemacht. Auf Grund der Vielzahl der Möglichkeiten und der Komplexität dieses Bereichs wird das *Contracting-out* als separates Thema detailliert in Kapitel 4 behandelt werden.

Ein weiterer, den personellen Aufbau einer FM-Abteilung beeinflussender Faktor ist der berufliche Hintergrund der Mitarbeiter. Da Facility Management ein gänzlich neues Berufsbild ist, gibt es bislang nur sehr wenige Personen, die auf diesem Gebiet spezielle Qualifikationen besitzen. Die Mehrheit der Facility Manager hat in der Regel früher in anderen Bereichen gelernt oder gearbeitet; einige in verwandten Berufen, z. B. als Baugutachter, wieder andere kommen auch aus völlig fachfremden Gebieten, wie dem Personalwesen. Der Mangel an technischem Fachwissen muß nicht unbedingt ein Problem darstellen, da die Rolle des Facility Managers darin besteht, Arbeit zu koordinieren, und nicht darin, sie selbst auszuführen. Einige der in den Fallstudien beschriebenen Organisationen hatten Mitarbeiter des Hauses zu Facility Managern befördert. Die hierbei genannten Gründe lauteten folgendermaßen: Die Mitarbeiter hatten nachweislich Qualitäten für diesen Aufgabenbereich und kannten bereits die organisationsspezifischen Abläufe und Unternehmenskultur. Die neu ernannten Facility Manager erhielten durch Schulungen die Gelegenheit, sich das notwendige technische Fachwissen anzueignen. In einigen Organisationen, die FM-Assistenten oder regionale Facility Manager beschäftigten, wurden ganz bewußt Leute aus verschiedenen Sparten eingestellt, die sich mit ihrem Fachwissen ergänzen konnten.

1.4.4 Verwaltung der FM-Leistungen

Wie aus Tabelle 1.3 ersichtlich wird, kann das Verantwortungsgebiet eines Facility Managers ein breites Spektrum an Leistungen umfassen. Häufig begehen Facility Manager den Fehler zu glauben, in jede Leistungsphase involviert und über alle Abwicklungsdetails informiert sein zu müssen. Sie sollten jedoch nicht vergessen, daß die Rolle eines Facility Managers in der Koordination und – wie der Name schon sagt – in der Verwaltung dieser Leistungen besteht. Nur wenn Facility Manager lernen, effizient zu koordinieren und zu verwalten, werden sie in der Lage sein, ihre Aufmerksamkeit auf strategische Themen zu richten. Und hier liegt der eigentliche Nutzen des Facility Managements für das Kerngeschäft der Organisation. Es ist daher die Frage, wie Facility Manager Zeit gewinnen können, um sich strategischen Überlegungen zuzuwenden.

Die Flut von Informationen ist für viele Facility Manager ein großes Problem, denn manchmal müssen sie ihre gesamte Zeit für die Lösung kleinerer operativer Probleme aufwenden. Daher sollte der Facility Manager andere Teammitarbeiter autorisieren, selbständig Entscheidungen zu fällen und Probleme auf niedrigeren Hierarchieebenen in Eigenregie zu lösen. Je nach Problemstellung bedeutet dies die Delegierung von Aufgaben an andere Funktionseinheiten oder an einen FM-Assistenten. In Fallstudie 2 (Privatschule) beispielsweise versuchten die unterschiedlichen Funktionsbereiche ihre Probleme zunächst selbst zu lösen und wandten sich erst an den Facility Manager (*Bursar*), wenn größere Schwierigkeiten auftraten. Bei Organisationen mit Gebäuden an mehreren Standorten wird ein solch zentralisierter Entscheidungsprozeß von größter Bedeutung sein, soll der Gebäudebetrieb aufrecht erhalten bleiben.

Eine weitere Möglichkeit, die Informationsüberlastung einzudämmen, besteht darin, das gesamte FM-Team, d. h. sowohl interne Mitarbeiter als auch externe Dienstleister, genau wissen zu lassen, was von ihnen erwartet wird. Hierzu lohnt es sich oft, formale Schritte zu unternehmen. Bei größeren Organisationen können mit den beauftragten Firmen Leistungskataloge, die Einhaltung eines bestimmten Service-Niveaus, Wartungspläne usw. vereinbart werden. Auch regelmäßige Besprechungen der Arbeitsauslastung und des Leistungsniveaus sind eventuell von Nutzen. Es sollte jedoch nicht übersehen werden, daß informelle Methoden oft ebenso gut angewandt und vielleicht sogar ebenso effektiv sein können, besonders in kleinen Unternehmen. In Fallstudie 2 (Privatschule) hielt der *Bursar* beispielsweise eine offizielle Besprechung pro Woche ab, um über die Arbeitsauslastung zu sprechen. Doch auch wenn er in anderen Angelegenheiten durch die Schule ging, beobachtete er den Fortgang der Arbeiten. So konnten Probleme ohne Zeitverzögerung gelöst werden und mußten nicht bis zur nächsten Besprechung warten.

Eine weitere Möglichkeit, der Informationsflut Herr zu werden, verspricht eventuell auch die Investition in ein IT-System. Diese Möglichkeit wird immer populärer, und es gibt eine stetig wachsende Anzahl von speziellen FM-Softwarepaketen, die auf dem Markt erscheinen. Diese Pakete bieten eine Vielzahl verschiedener Leistungsmerkmale. Daher sollte sich der Facility Manager vor einer Entscheidung zunächst darüber informieren, welche Systeme auf die besonderen Anforderungen seiner Organisation abgestimmt sind. Möglicherweise stellt der Facility Manager fest, daß die IT-Lösungen nicht die richtigen für sein Unternehmen sind, wie etwa in Fallstudie 3 (Firmenzentrale eines Wirtschaftsunternehmens), wo alle Computersysteme, die der Facility Manager in Betracht zog, viel zu komplex für seinen Bedarf waren. Um Facility Managern eine diesbezügliche sachgerechte Entscheidung zu erleichtern, wird dieses Thema in Kapitel 5 noch genauer besprochen werden.

Obwohl Facility Manager manchmal einfachen Zugang zu vielerlei Informationen haben, bleiben diese häufig ungenutzt und unverarbeitet. Oft sind Facility Manager für eine Reihe von Gebäuden zuständig und hätten daher die Gelegenheit, Vergleiche zwischen den Gebäuden anzustellen, um herauszufinden, wo eine Optimierung oder Kostenminimierung erzielt werden könnte. Die Ergebnisse eines solchen internen *Benchmarking* könnten in vielerlei Hinsicht genutzt werden. Viele Facility Manager verfügen beispielsweise über die Energieverbrauchsdaten ihres Gebäudes. Die Kennwerte bestimmter Gebäude könnten verglichen werden, bei Differenzen sollten Gründe und Ursachen erforscht werden, um die daraus gewonnenen Erkenntnisse an anderer Stelle einfließen lassen zu können. Das im Bereich der medizinischen Versorgung tätige Unternehmen in Fallstudie 5 ging auf ähnliche Weise vor und nutzte internes *Benchmarking* um herauszufinden, ob es kostensparender wäre, eine bestimmte Leistung von internen Mitarbeitern oder einer Fremdfirma erbringen zu lassen.

1.4.5 Abstimmung auf aktuelle Kerngeschäft-Anforderungen

Obwohl eigentlich Facility Management mit dem Kerngeschäft der Organisation Hand in Hand gehen sollte, treten hier oft die meisten Probleme auf. Da es sich beim Facility Management um Serviceleistungen handelt, nehmen viele Facility Manager eine passive Rolle ein und warten auf Anweisungen, bevor sie selbst handeln. Dadurch kommt es oft erst dann zum Dialog, wenn Probleme auftreten. Dann ist schnelles Handeln erforderlich, und der Facility Manager hat keine Zeit zu analysieren, was die beste Lösung auf lange Sicht wäre. Wenn der Facility Manager Zeit hätte, verschiedene Lösungswege mit den betroffenen Mitarbeitern durchzugehen, würde die Organisation in hohem Maße davon profitieren. Fehlt Zeit für eine Reflexion der Problematik, besteht die Gefahr, daß die rasch durchgeführten FM-Aktivitäten das Kerngeschäft nicht optimal unterstützen.

Ein Büroumzug ist meist ein typisches Beispiel dafür, daß zu wenig Austausch zwischen den Beteiligten stattfindet. Im Idealfall müßte sich hier das FM-Team mit den Nutzern absprechen und herauszufinden versuchen, welchen Arbeitsstil jede Person hat und welche Arbeitsplätze benachbart sein sollten. Dazu wird ihm jedoch selten Gelegenheit gegeben, und die Nutzer werden oft in ein unpersönliches Großraumbüro verlegt, das ihrer individuellen Arbeitsweise nicht unbedingt zuträglich ist. Mögliche Folge: Die gesamte Abteilung wird demoralisiert und die Produktivität der Mitarbeiter sinkt.

Ein Optimierungspotential für FM-Mitarbeiter besteht somit darin, Initiative zu ergreifen und zu versuchen, Problembereiche und Anforderungen zu lokalisieren, bevor ein kritischer Zustand erreicht ist. In einigen der in den Fallstudien beschriebenen Organisationen wurden daher regelmäßige Besprechungen von FM-Themen zu einer festen Einrichtung. In Fallstudie 3 fanden zum Beispiel jeden zweiten Monat offizielle Sitzungen statt, an denen das FM-Team und Vertreter aller Abteilungen, die im Vorfeld ausgewählt worden waren, teilnahmen.

In einigen Organisationen sind die Firmenmitarbeiter nicht die einzigen Endnutzer der FM-Leistungen. Bei dem im Bereich der medizinischen Versorgung tätigen Unternehmen (Fallstudie 5) sind die Bemühungen des Facility Managements beispielsweise darauf ausgerichtet, den Aufenthalt der Patienten so angenehm wie möglich zu gestalten. Dort, wo Nutzer nicht zur Organisation selbst gehören, ist es nicht immer möglich oder sinnvoll herauszufinden, was ihre Meinung zum FM-Service ist. In dieser Situation sollten Facility Manager versuchen, sich an diejenigen Leute zu wenden, die ihnen sachdienliche Informationen liefern können. Bei Krankenhäusern liegt es beispielsweise nahe, Personen heranzuziehen, die hier tagtäglich arbeiten und als Sprachrohr für die Patienten dienen können, nämlich Krankenschwestern und Ärzte.

Organisationsinterne Besprechungen sind zur Bewertung der Nutzer-Zufriedenheit zwar sehr nützlich, doch steht normalerweise nicht genug Zeit zur Verfügung, um Probleme auszudiskutieren, und meist fließt nur die Meinung einer bestimmten Anzahl von Personen in die Bewertung mit ein. Facility Manager sollten daher erwägen, ein *Audit*-System (dt. System der Leistungskontrolle) einzuführen, das Feedback-Methoden zur Produktivitätssteigerung einsetzt. Eine Vielzahl von Techniken der Informationserhebung wurde entwickelt, die unter dem Begriff der *Post-occupancy evaluation* (*POE*) zusammengefaßt werden können. Verkürzt dargestellt besteht das *POE* in der offiziellen Bewertung eines Gebäudes nach seiner Fertigstellung und Inbetriebnahme durch die Personen, die es belegen. Mit Hilfe des *POE* sollen Bereiche identifiziert werden, die nicht den Anforderungen seiner Nutzer entsprechen. Doch trotz seines Namens ist das *POE* auch bei der Planung neuer Gebäude oder bei Umbauten bestehender Gebäude sinnvoll, da die Daten, die bei der Erfassung gewonnen werden, in der Planungsphase des neuen Projektes genutzt werden können. Auf Grund seiner Flexibilität ist das *POE* ein Instrument, von dem viele Facility Manager in den unterschiedlichsten Situationen profitieren können und das daher ausführlich in Kapitel 3 behandelt werden wird.

1.4.6 Facility Management und äußere Einflüsse

Facility Management ist ein breites Feld und folglich einem ständigen Wechsel unterworfen. Dauernd werden neue Gesetze erlassen und neue Ansätze entwickelt; es ist daher so gut wie unmöglich, daß eine einzelne Person sich über all diese Veränderungen auf dem laufenden halten kann. Daher muß der Facility Manager bestimmte Schritte unternehmen, um sich bezüglich der Verarbeitung von Informationen zu entlasten.

Erstens sollte der Facility Manager das Know-how, das innerhalb seiner Abteilung existiert, nutzen. Die Hauptaufgabe des Facility Managers besteht in der Koordination, daher wäre es ideal, wenn jede Funktionseinheit für einen aktuellen Wissensstand auf ihrem Fachgebiet sorgen könnte und nur bei weiterreichenden Entwicklungen den Facility Manager darüber informiert. Dies sollte sowohl für interne Mitarbeiter als auch für externe Dienstleister gelten. Der Facility Manager wird oft aktiv werden müssen, damit die Mitarbeiter der einzelnen Funktionseinheiten über die neuesten Erkenntnisse informiert sind. Eine der Organisationen, die in den Fallstudien beschrieben sind, schickt beispielsweise ihre Wartungstechniker regelmäßig auf Fortbildungskurse, um sicherzustellen, daß man im Unternehmen in Sachen innovative Technik und neue Gesetzesregelungen auf dem laufenden ist.

Zweitens kann der Facility Manager auch bereits existierende Außenkontakte nutzen. Facility Manager haben bei ihrer Arbeit ständig mit vielen verschiedenen Fachleuten zu tun, z. B. Versicherungsvertretern, Angestellten der Berufsfeuerwehr oder Bauaufsichtsbehörde. Eine gute Verbindung zu diesen Personengruppen beinhaltet auch die Möglichkeit, sich bei neuen Entwicklungen in diesem Bereich von ihnen beraten zu lassen. Der Facility Manager der in Fallstudie 2 beschriebenen Privatschule beispielsweise pflegt eine gute Beziehung zur lokalen Feuerwehr, die häufig brandschutztechnische Inspektionen durchführt, um die Einhaltung aktueller Sicherheitsstandards zu gewährleisten. Werden neue Gesetze auf dem Gebiet des Brandschutzes aufgelegt, findet der Facility Manager hier den richtigen Ansprechpartner für seine Fragen, und die Schule kann Umbau- und Modernisierungsmaßnahmen unter Berücksichtigung der neuen Regelungen planen.

Drittens können auch der Kontakt zu anderen Unternehmen und Besuche vor Ort Facility Managern neue Erkenntnisse bringen. Eine der oben beschriebenen Organisationen (Fallstudie 3) liegt zum Beispiel in einem Business-Park, und der Facility Manager nimmt an den Treffen der im Business-Park angesiedelten Unternehmen teil, um Angelegenheiten von allgemeinem Interesse besprechen zu können. Auf einem dieser Treffen beschloß man, einen sogenannten lokalen *Benchmarking*-Ausschuß zu bilden, dessen Aufgabe darin besteht, durch die Organisation wechselseitiger Besuche der Facility Manager einen Vergleich zwischen den jeweiligen Funktionsweisen des Facility Managements zu ermöglichen. *Benchmarking* bietet nahezu grenzenlose Möglichkeiten der Informationsgewinnung und ist lediglich davon abhängig, wie gut sich die Beteiligten verstehen. *Benchmarking* kann für den Vergleich von Arbeitsabläufen, einzelner Leistungen, der Produktivität technischer Anlagen usw. genutzt werden.

Und schließlich kann sich der Facility Manager die wachsende Menge an FM-relevanten Informationsquellen zunutze machen. Dazu gehören:

- Fachverbände, wie das BIFM (*British Institute of Facilities Management*)
- Bücher
- Fachzeitschriften
- Fachtagungen
- Einführungskurse
- Aufbaustudiengänge
- gemeinschaftliche Forschungsprojekte von Universität und Industrie

1.5 Rahmenmodell

Beim Facility Management spielen viele Faktoren zusammen. Eines der Hauptziele bei der Analyse der verschiedenen Fallstudien bestand darin, dieses Zusammenspiel der Faktoren übergreifend zu veranschaulichen.

Das Rahmenmodell in Abbildung 1.1 zeigt die Vielfalt der ständig wirkenden Wechselbeziehungen, die beim Facility Management eine Rolle spielen. Das Rahmenmodell beruht auf einer Synthese von FM-Theorien und verschiedenen Perspektiven der Informationsverarbeitung.[3-5]

Die Abbildung zeigt, welche Interaktionen im Idealfall zwischen einer FM-Abteilung und dem Kerngeschäft sowie der FM-Abteilung und dem externen Umfeld stattfinden. Das Modell unterscheidet zwischen strategischem und operativem Facility Management, wobei hier der Blick sowohl auf die Gegenwart wie auf die Zukunft gerichtet werden muß. In jedem der folgenden Beispiele wird der Begriff Facility Manager benutzt, obwohl – wie die Fallstudien gezeigt haben – es unwahrscheinlich ist, daß eine einzige Person für all diese Bereiche zuständig ist. Es ist viel wahrscheinlicher, daß ein FM-Team sich die Arbeit teilt, wobei wahrscheinlich einzelne Mitarbeiter die strategischen Bereiche und andere die operativen Bereiche übernehmen.

Nachfolgend werden die einzelnen Wechselwirkungen beschrieben, wobei die Ziffern auf die Zahlen in Abbildung 1.1 hinweisen.

Operatives Facility Management

(1) Interaktionen innerhalb der FM-Abteilung selbst, zwischen Facility Manager und den verschiedenen Funktionseinheiten. Letztere sind die eigentlichen Betriebseinheiten der FM-Abteilung, und die von ihnen ausgeübte Funktion entspricht meist einer der Punkte in der oben aufgeführten Funktionsliste (Instandhaltung, Innenarchitektur, Architektur, Ingenieurleistungen usw). Bleibt daran zu erinnern, daß die Leistungen der Funktionseinheiten entweder durch interne Mitarbeiter oder Fremdfirmen erbracht werden. Bei der Fremdvergabe einer Leistung spielt der Facility Manager eher die Rolle eines Koordinators als die eines Leistungserbringers.

Von den Funktionseinheiten wird erwartet, daß sie ihre Aufgaben nach Anweisung erledigen und sich nur bei größeren Problemen an den Facility Manager wenden, der

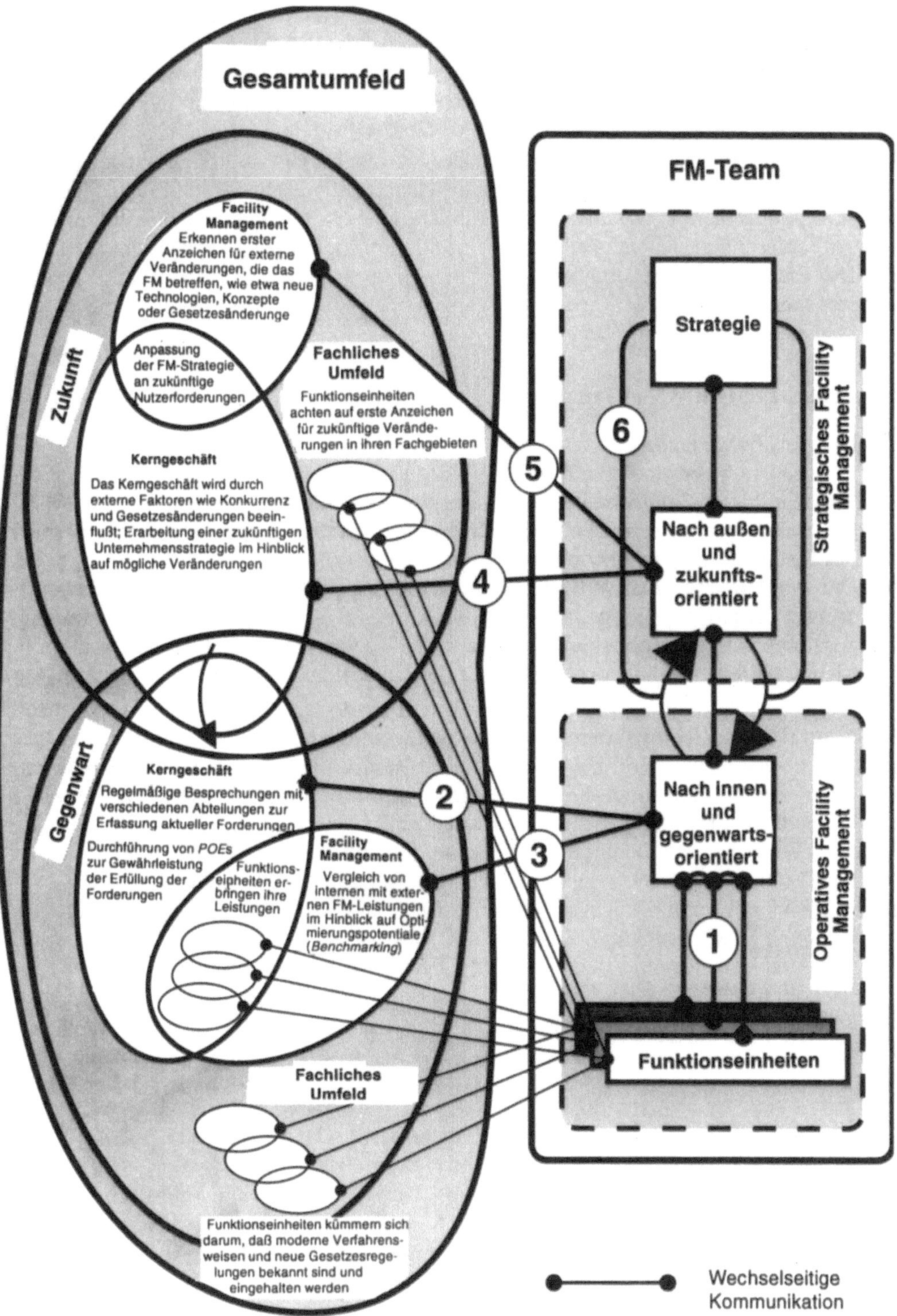

Abbildung 1.1 Rahmenmodell für FM-Strukturen

sich so auf andere Aktivitäten konzentrieren kann. Jede der Funktionseinheiten sollte in ihrem Fachgebiet stets auf dem neuesten Stand der Technik und der gesetzlichen Regelungen sein. Sie sollte erste Anzeichen für zukünftige Veränderungen erkennen können und den Facility Manager in wichtigen Angelegenheiten darüber informieren.

(2) Der Facility Manager steht in ständiger Verbindung mit dem Kerngeschäft, um die aktuellen FM-relevanten Anforderungen des Unternehmens zu ermitteln. Dies kann je nach Organisationstyp formal oder informell geschehen. Auch sollten *Audits* (dt. Leistungskontrollen) bzw. *POEs* durchgeführt werden, um die tatsächliche Erfüllung dieser Forderungen sicherzustellen und Optimierungspotentiale zu lokalisieren.

(3) Der Facility Manager vergleicht im eigenen Haus erbrachte FM-Leistungen mit entsprechenden Leistungen anderer Organisationen, um auch so Optimierungspotentiale zu lokalisieren. *(Benchmarking)*

Strategisches Facility Management

(4) Der Facility Manager steht in enger Verbindung zur Unternehmensführung, um sich über geplante Veränderungen innerhalb des Unternehmens, z. B. als Antwort auf externe Einflüsse wie Pläne eines Konkurrenten usw. zu informieren.

(5) Der Facility Manager hält auch die Augen für Entwicklungsmöglichkeiten innerhalb des Facility Managements offen.

(6) Die vom Unternehmen verfolgte Strategie bildet das Rahmenwerk für die Entscheidungen der FM-Abteilung. Strategisches und operatives Facility Management müssen zusammenwirken, wobei das Ziel darin besteht, Synergien zwischen alltäglichen Betriebsabläufen und den Forderungen für die Zukunft zu erzielen.

Es soll an dieser Stelle noch darauf hingewiesen werden, daß das Rahmenmodell nur als solches zu verstehen ist und kein Ideal darstellt. In der Praxis werden einzelne Themen von jeder Organisation unterschiedlich behandelt und bestimmte Maßnahmen erhalten unterschiedliche Priorität. Wichtig ist nur, daß das FM-Team jede der sechs Interaktionen auf die vorherrschenden Bedingungen in seiner Organisation *abstimmt*.

Viele FM-Teams fahren nur halbe Kraft, d. h. bestimmte Beziehungen zwischen den genannten Faktoren kommen nicht zum Tragen oder wirken sich sogar lähmend auf andere aus.

Möchte eine FM-Abteilung ihr volles Funktionspotential erreichen, müssen alle sechs Interaktionen entsprechend der jeweiligen Organisationsstruktur genutzt werden. Hier liegt für die meisten Organisationen ein gewisses Optimierungspotential. Im nächsten Kapitel wird es darum gehen, wie Organisationen dieses Potential für sich erschließen können.

1.6 Literatur

1 Cotts, D. (1990) Organising the department. *Conference Papers of Facilities Management International*, Glasgow.

2 Thomson, T. (1990) The essence of facilities management. *Facilities*, 8 (8).

3 Beer, S. (1985) *Diagnosing the System for Organizations*. John Wiley, Chichester.

4 Kast, F. and Rosenzweig, J. (1985) *Organization and Management: A Systems and Contingency Approach*. McGraw-Hill, New York.

5 Galbraith, J. (1973) *Designing Complex Organizations*. Addison-Wesley, Massachusetts.

Kapitel 2

Effizienzsteigerung des Facility Managements

2.1 Einleitung

2.1.1 Kontext

Im vorigen Kapitel wurde eine Reihe von Fallstudien vorgestellt, und die verschiedenen Faktoren, die im Idealfall in einer FM-Abteilung zusammenwirken, wurden analysiert. Dieses Kapitel geht nun einen Schritt weiter und unterbreitet Vorschläge zur Produktionssteigerung des Facility Managements.

In der Praxis haben nur wenige Organisationen die Gelegenheit, eine FM-Abteilung von Grund auf neu zu konzipieren. In den meisten Organisationen werden bereits bestimmte FM-Leistungen erbracht, häufig jedoch ohne Konzept. Manche erforderliche Leistung fehlt im Angebot, andere Leistungen werden unsachgerecht erbracht, überlappen sich gegenseitig oder werden unsystematisch verwaltet. Diese Ausgangsbasis findet sich häufig, wenn es darum geht, eine Änderung herbeizuführen.

Sicherlich wäre es theoretisch möglich, existierende FM-Strukturen völlig aufzulösen und ganz von vorne anzufangen, doch dies ist nicht realistisch. Die meisten Organisationen gehen von existierenden Strukturen aus und bemühen sich um eine Weiterentwicklung ihrer Leistungsservices. Die Frage lautet daher: Wie kann eine Organisation konsequent und kontinuierlich ihre FM-Leistungen optimieren? Wo sollte sie beginnen und wie sieht der nächste Schritt aus? Um Fragen dieser Art wird es in diesem Kapitel gehen.

2.1.2 Hintergrund

Konkrete Dinge lassen sich relativ leicht verbessern, z. B. mit der Fremdfirma bessere Vertragsklauseln für die Pflege der Außenanlagen aushandeln. Sehr viel schwerer hingegen ist es, Produktivitätssteigerungen über einen längeren Zeitraum hin zu erzielen und dabei konsequent und organisationsübergreifend vorzugehen. Hierzu muß man an mehreren Fronten gleichzeitig kämpfen: Das Facility Management muß wissen, wie effizient all die verschiedenen Faktoren miteinander in Interaktion treten; es muß sich seiner strategischen Bedeutung bewußt werden, um FM-Maßnahmen mit dem Kerngeschäft und innerhalb der Abteilung zu koordinieren; es muß Mitarbeiter dabei unterstützen, Probleme aktiv in Angriff zu nehmen und Optimierungspotentiale besser zu identifizieren.

Ziel ist es daher, zu erkennen, was getan werden muß, zu wissen, wie man den Einsatz einzelner Mitarbeiter möglichst effizient koordiniert, und Mitarbeiter zu finden, die – wissen sie erst einmal, worum es geht – in der Lage und motiviert sind, innovative Lösungen zu erarbeiten.

Obwohl letztlich alle der oben genannten Faktoren für einen optimalen FM-Service erforderlich sind, ist es realistischer, eine Entwicklung in Stufen anzustreben. Grundlage sind erfaßte und bewertete Feedbackdaten der Nutzer, hinzu kommt ein klarer strategischer Blickwinkel und schließlich die Förderung der Mitarbeiter durch ihre aktive Miteinbeziehung und später durch zielgerichtete Schulungen, die sie auf lange Sicht qualifizieren sollen.

2.1.3 Zusammenfassung der einzelnen Abschnitte

- *Abschnitt 2.1:* Einleitung
- *Abschnitt 2.2:* Kurze Beschreibung der Qualitäten fachspezifischer Leistungen und die daraus resultierenden Folgen für das Facility Management.
- *Abschnitt 2.3:* Der Einsatz von multiplen Feedback-Mechanismen wird als Hauptinstrument dafür beschrieben, bei Mitarbeitern einen ersten Motivationsschub zu bewirken und die Motivation aufrechtzuerhalten. Darlegung eines Ansatzes, der als *Supple Systems* bezeichnet wird.
- *Abschnitt 2.4:* Analyse des zentralen Bereichs strategisches Management und Tips für die Schaffung längerfristiger Perspektiven.
- *Abschnitt 2.5:* Der menschliche Faktor kommt zu den oben genannten Ansätzen und Erkenntnissen hinzu. Das Konzept der »Lernenden Individuen« als Leistungspotential der Organisation wird veranschaulicht.
- *Abschnitt 2.6:* Zusammenfassung der vorangegangenen Abschnitte und Hervorheben der Wechselbeziehungen zwischen den einzelnen Themenbereichen.

2.2 FM-Leistungen aus Sicht des Auftraggebers

2.2.1 Kontext

Der Definition nach ist die FM-Funktion eine *Serviceleistung,* die dem Kerngeschäft gegenüber erbracht wird. Soll der FM-Service kontinuierlich optimiert werden, ist es wichtig zu erkennen, wie sich diese Art von Leistungen gestaltet. Im folgenden Abschnitt soll das, was man landläufig über FM-Leistungen weiß, in einem umfassenderen Kontext betrachtet werden. Eine wichtige Rolle spielt hier, wie FM-Dienste von den Haupt*auftraggebern* der Leistungen wahrgenommen werden.

2.2.2 Qualität fachspezifischer Leistungen

Nichtfaßbarkeit von Dienstleistungen

Gegenstand des Facility Managements ist das Erbringen bestimmter Leistungen, daher ist der Nutzen des FM für die Organisation manchmal nur schwer zu fassen. Es gibt sozusagen kein Endprodukt, das ein Facility Manager vorzeigen und seinen Auftraggebern präsentieren kann. Dies kann negative Folgen haben, besonders bei der Beurteilung der FM-Produktivität von seiten des Auftraggebers.

Die Beurteilung der FM-Leistungen ist wahrscheinlich von der *Wahrnehmung* der erbrachten Leistungen durch den Auftraggeber abhängig und muß sich an den *Erwartungen,* die der Auftraggeber an den Leistungsservice stellt, messen.[1] Das FM-Team kann hier auf zwei Gebieten tätig werden: Es kann versuchen, von Anfang an auf die Erwartungen des Auftraggebers Einfluß zu nehmen und/oder es kann die Wahrnehmung des Auftraggebers steuern, wie in Abbildung 2.1 dargestellt.

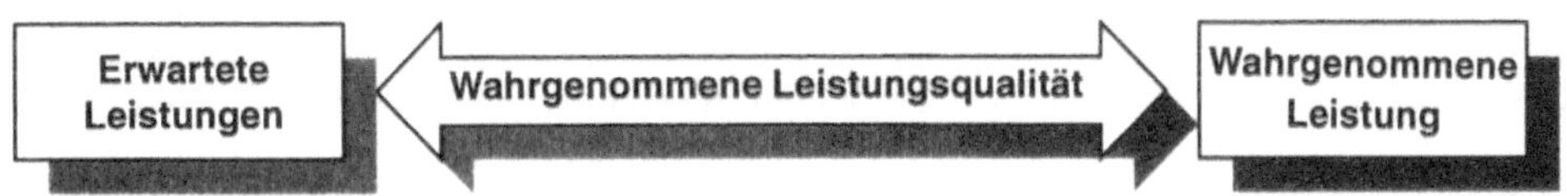

Abbildung 2.1 Differenz zwischen Erwartungen und Wahrnehmung von Leistungen

Betrachtet man Leistungen vom Blickwinkel des Auftraggebers aus, wird schnell klar, daß hier der Begriff der *Leistungsqualität* eine herausragende Rolle spielt. Daher werden an vielen Stellen in diesem Kapitel Erkenntnisse aus dem Bereich des Qualitätsmanagements einfließen.

Erwartungen

Die Erwartungen, die der Auftraggeber an bestimmte Leistungen stellt, werden in großem Umfang durch früher gemachte persönliche Erfahrungen bestimmt. Allerdings spielt hierbei auch eine Rolle, welche Botschaften er im Hinblick auf die zu erbringende Leistung gibt. Daher sollte der Facility Manager darauf achten, daß er nicht übertreibt, wenn er die Produktivität der FM-Abteilung beschreibt, da sonst die Wahrscheinlichkeit, daß der Auftraggeber mit den erbrachten Leistungen zufrieden ist, in aller Regel abnimmt. Andererseits ist es aber auch wichtig, ein positives Bild der FM-Funktion zu entwerfen.

Wird eine bereits überlastete FM-Abteilung beispielsweise darum gebeten, sich um die Umstrukturierung eines Büros zu kümmern, sollte diese die Bitte nicht einfach ablehnen. Nach Überprüfung der Nichtdringlichkeit könnte sie statt dessen die Initiative ergreifen und zum Ausdruck bringen, daß sie für die Vorbereitung sachdienlicher Vorschläge gerne etwas mehr Zeit hätte. Außerdem könnte sie einen geeigneten Termin für einen ersten Ideenaustausch vorschlagen. Auf diese Weise wird der Eindruck vermittelt, daß sich das FM-Team um eine gründliche Analyse der Situation bemühen wird und über gutes Zeitmanagement verfügt. Kann das FM-Team anläßlich der betreffenden Besprechung eine beeindruckende Präsentation mehrerer Vorschläge geben, wird sich dieser Eindruck bestätigen, denn das FM-Team hat gezeigt, daß es bei Bedarf effizient arbeiten kann. Eine Alternative wäre der Versuch, sofort eine Lösung anzubieten, jedoch ist es unwahrscheinlich, daß die FM-Abteilung ohne die dazu benötigte Zeit vernünftige Vorschläge vorlegen kann.

Wahrnehmung

Das zweite Gebiet, auf dem die FM-Abteilung Einfluß nehmen könnte, ist die Wahrnehmung der erbrachten Leistung durch den Auftraggeber. Man darf hier nicht aus den Augen verlieren, daß ein objektiver Beurteilungsmaßstab für fachspezifische Leistungen nicht existiert. Ihre Beurteilung wird stets vom individuellen Standpunkt abhängen, welcher sich wiederum aus einer Vielzahl von Einflußfaktoren unterschiedlicher Herkunft ableiten läßt. Die Problematik läßt sich vielleicht am besten anhand eines theoretischen Falls veranschaulichen: Eine bestimmte Leistung wird erbracht und es treten dabei keine Probleme auf.

In einem solchen Fall ist die objektive Qualität der erbrachten Leistung natürlich sehr hoch. Andererseits ist es durchaus möglich, daß dem Auftraggeber die Bemühungen der FM-Abteilung nicht ersichtlich werden, aus dem einfachen Grund, weil alles glatt gelaufen ist. So hatte das FM-Team beispielsweise potentiellen Schwierigkeiten vorgebaut und vorausschauende Maßnahmen ergriffen, um einen reibungslosen Ablauf zu gewährleisten. Sie hatten schlicht und einfach alles getan, um Probleme zu vermeiden. Doch eine Folge davon war auch, daß die anderen Abteilungen der Organisation den Eindruck gewannen, der Arbeitseinsatz des Facility Managers und seiner Mitarbeiter sei nicht besonders hoch gewesen.

Um diese Gefahr zu vermeiden, kann eine FM-Abteilung die relevanten Personengruppen über potentielle Probleme bei der Bereitstellung der Leistungen und die ergriffenen Maßnahmen auf dem laufenden halten, so daß diese erkennen, daß das FM-Team zielgerichtet und engagiert arbeitet und dazu noch die erwünschten Ergebnisse erzielt. Hierzu muß man den Auftraggeber in die Auftragsabwicklung mit einbeziehen, denn es genügt nicht, ihm lediglich das Endprodukt zu überreichen. Dieser Vorschlag sollte jedoch nicht ins andere Extrem führen und keineswegs eine Aufforderung darstellen, den Auftraggeber mit jeder noch so kleinen Entscheidung zu belästigen. Es empfiehlt sich jedoch auf jeden Fall, *den Auftraggeber in den Abwicklungsprozeß miteinzubeziehen*.

Fachliche und funktionale Qualität

Abbildung 2.2 baut auf Abbildung 2.1 auf, enthält jedoch zusätzliche Informationen darüber, was zu einer Differenz zwischen Erwartung und Wahrnehmung führen kann. Zwei Hauptgruppen von Faktoren werden hinzugezogen, die zusammen das Image der FM-Abteilung innerhalb des Unternehmens begründen, und es ist dieses Image, welches den Auftraggeber in seiner Beurteilung der erbrachten Leistungen am meisten beeinflußt. Die Faktoren gehören zu den beiden Hauptbereichen *fachliche Qualität* und *funktionale Qualität*. In verschiedenen Organisationen haben die einzelnen Faktoren sicher unterschiedliches Gewicht, jede Beurteilung einer Leistung ist jedoch wahrscheinlich von einer bunten Mischung aus beiden Faktorgruppen beeinflußt.

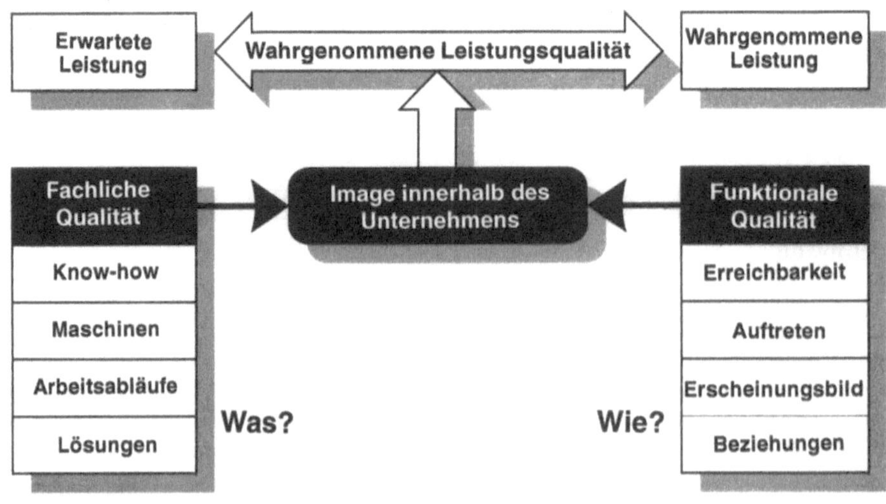

Abbildung 2.2 Fachliche und funktionale Qualität

Die fachliche Qualität betrifft die Frage, *was* getan wurde, wie gut Probleme gelöst wurden und welche Instrumente und Methoden angewandt wurden. Dies ist auch der Bereich, für den Facility Manager in der Regel zuständig sind.

Ein Facility Manager wird anfangs vielleicht keine Lust verspüren, sich auch mit der anderen Gruppe von Faktoren, welche die funktionale Qualität betreffen, zu beschäftigen. Diese funktionalen Faktoren betreffen die Frage, *wie* die Leistung erbracht wurde. Dazu gehört beispielsweise das Erscheinungsbild der FM-Mitarbeiter, ihr Verhalten gegenüber dem Auftraggeber, ihre gute Erreichbarkeit und ihr rasches Handeln bei Problemen.

Eine wachsende Anzahl von Studien belegt, daß Auftraggeber bei der Beurteilung der Qualität erbrachter Leistungen neben den fachlichen auch den funktionalen Faktoren überraschend viel Gewicht geben. Die FM-Abteilung sollte daher durchaus darüber nachdenken, wie sie sich der Unternehmensleitung gegenüber darstellt, da dies ein wichtiger und gleichzeitig völlig eigenständiger Faktor ist, der eigentlich wenig damit zu tun hat, wie anstehende technische Probleme gelöst werden können. (In Kapitel 6 wird das Thema behandelt, wie Mitarbeiter einer Organisation bei Umgestaltungsmaßnahmen geführt werden können.)

Zusammenfassung

Es wurde bereits hervorgehoben, wie wichtig es ist, den Auftraggeber in die Bereitstellung von FM-Leistungen miteinzubeziehen. Dies ist nicht nur für die Bestandsaufnahme der erforderlichen Leistungen vonnöten, sondern auch bei der Überlegung, wie eine Leistung erbracht werden soll.

Es ist daher entscheidend festzustellen, wie der Auftraggeber die Qualität der erbrachten FM-Leistungen wahrnimmt, da dies eine zentrale Variable im Zusammenspiel der Faktoren ist. Dies bedeutet jedoch nicht, daß man eine passive Rolle einnehmen muß. Besser und geradezu unentbehrlich ist es, den Auftraggeber über die Implikationen verschiedener Alternativen zu informieren und aufzuklären. Dies führt auch oft dazu, daß Konflikte zwischen lang- und kurzfristigen Lösungen zutage treten. Es ist jedoch *nicht* ratsam, eine Position mit folgendem Grundtenor einzunehmen: »Der Auftraggeber weiß selbst nicht, was gut für ihn ist. Wir werden die Dinge für ihn – oder gegebenenfalls gegen seinen Willen – in die Hand nehmen.«

Diese Einstellung ist uns bei vielen Gelegenheiten begegnet. In den folgenden Abschnitten soll gezeigt werden, wie man in einer FM-Abteilung einen auftraggeber-orientierten Ansatz einführen kann, so daß die vorhandene fachliche Leistungsstärke genutzt und optimiert werden kann.

2.3 Feedback und Motivation

2.3.1 Allgemeiner Ansatz

Im vorangegangenen Abschnitt wurde betont, daß die Beurteilung von FM-Leistungen meist relativ subjektiv ist und jeder Auftraggeber möglicherweise unterschiedliche Kriterien anwendet. Daraus läßt sich schließen, daß eine FM-Abteilung mit ihren Auftraggebern in ständigem Austausch stehen muß, wenn sie ihre Produktivität steigern möchte. Viele Facility Manager werden jetzt vielleicht erklären, daß sie bereits in dauerndem Austausch mit ihren Arbeitgebern stehen, andernfalls gebe es ja keine Arbeit für sie. Wie jedoch die Fallstudien im vorherigen Kapitel zeigten, findet oft ein ziemlich einseitiges Gespräch statt, das darin besteht, daß der Arbeitgeber den Facility Manager über die nächste Aufgabe instruiert. Dies ist sicher keine gute Basis für eine Optimierung von FM-Leistungen.

Um eine Effizienzsteigerung zu bewirken, ist es von zentraler Bedeutung, Feedbackmechanismen zu etablieren, um es der FM-Abteilung zu ermöglichen, aus den Erfahrungen und besonders den Fehlern zu lernen. Auch andere Feedback-Gelegenheiten oder Ideen, die aus anderen Federn stammen, können hierzu genutzt werden. Das Spektrum möglicher Feedback-Quellen bzw. Stimuli geht aus dem Rahmenmodell in Abbildung 1.1 hervor und umfaßt:

- Interaktionen innerhalb der Abteilung zwischen dem Facility Manager und den Funktionseinheiten
- Interaktionen zwischen der FM-Abteilung und dem Kerngeschäft
- Benchmarking zwischen im Haus erbrachten FM-Diensten und fremdvergebenen Leistungen
- Interaktionen mit der Unternehmensspitze, um über zukünftige Veränderungen innerhalb der Organisation auf dem laufenden zu sein
- Erkennen der ersten Anzeichen von FM-relevanten Entwicklungen
- Interaktion zwischen strategischem und operativem Facility Management, um ein Gleichgewicht zwischen den alltäglichen Tätigkeiten des Gebäudebetriebs und zukünftigen Forderungen zu erzielen.

Vereinfacht gesagt erhält die FM-Abteilung sowohl aus externen als auch internen Quellen ein Feedback der Auftraggeber, analysiert die Daten und integriert diese Informationen mit dem Ziel, eine Effizienzsteigerung zu erzielen. Es handelt sich hierbei also nicht um eine statische Angelegenheit, es geht vielmehr um einen kontinuierlichen Prozeß der Produktivitätssteigerung. Das Konzept wird durch die Graphik in Abbildung 2.3 veranschaulicht und ist der ISO 9004-2 entnommen, wo es als Qualitätsmanagement-Zirkel für Dienstleistungen bezeichnet wird.[2] Die Feedbackmechanismen sind in der unteren Hälfte des Diagramms zu finden.

Bringt man nun dieses Diagramm mit der oben genannten Liste potentieller Feedback-Quellen in Verbindung und erkennt man an, daß es weder sinnvoll noch machbar ist, mit dem Feedback bis zum Ende der Auftragsabwicklung zu warten, erhält man ein viel umfassenderes Bild der speziellen FM-Problematik.

Mit dem Ziel vor Augen, auftraggeberorientierte Strukturen zu entwerfen und einen kontinuierlichen Optimierungsprozeß in Gang zu bringen, wurde ein Ansatz entwickelt, der auf vielen Gesprächen und Beobachtungen beruht und mit dem die oben genannten Kriterien erfüllt werden sollen. Dieser Ansatz wurde *Supple systems* genannt und ist Gegenstand des nächsten Abschnitts.

2.3.2 Supple Systems

Die Hauptmerkmale der *Supple Systems* werden in Tabelle 2.1 aufgeführt.[3] In den folgenden Abschnitten soll jeder Aspekt genau durchleuchtet werden. Zusammenfassend kann jedoch gesagt werden, daß dieser Ansatz den Einsatz eines starken und doch flexiblen *Audit*-Systems der Leistungskontrolle voraussetzt, durch welches eine Qualitätssteigerung der FM-Leistungen erzielt werden kann. Das *Audit*-System nennt verschiedene Feedback-Quellen, stellt fest, ob und auf welcher Ebene Maßnahmen ergriffen werden sollen,

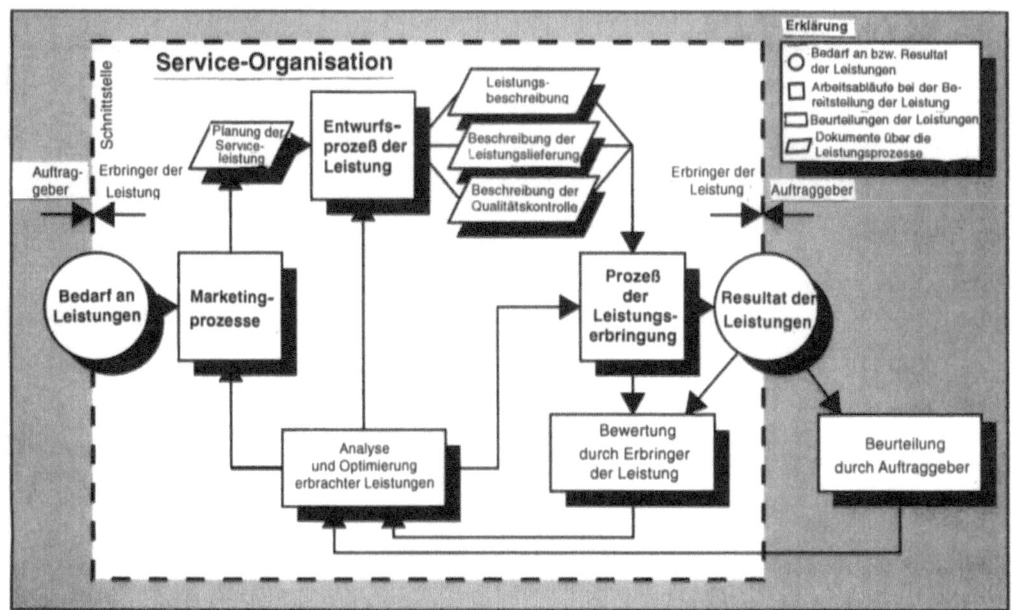

Abbildung 2.3 Der Leistungsqualitäts-Zirkel

weist alternativen Aktionen Prioritäten zu, klärt die Frage der Zuständigkeit, überprüft zu einem späteren Zeitpunkt die Durchführung der betreffenden Maßnahmen, versucht, ihren Erfolg objektiv zu bewerten, und leitet die Resultate an die Beteiligten weiter.

Auftraggeberorientierter Ansatz

Das Konzept der *Supple Systems* geht mit dem ISO 9004-2-Ansatz konform (Abbildung 2.3), insofern als der Interaktion mit dem Auftraggeber größte Bedeutung zugemessen wird. Die *Supple Systems* setzen voraus, daß Feedback- Mechanismen etabliert (oder optimiert) werden müssen, um bereits existierende Strukturen daraufhin zu überprüfen, ob die Forderungen des Auftraggebers auch wirklich erfüllt werden. Wie bereits in Abschnitt 2.2 dargelegt, wird die Qualität erbrachter Leistungen aus vielen verschiedenen Blickwinkeln beurteilt, daher sollte die FM-Abteilung sowohl harte als auch weiche Feedback-Daten zusammentragen. Nur auf diese Weise kann der Auftraggeber tatsächlich zum Mittelpunkt der Bemühungen gemacht und eine fundierte Grundlage für Optimierungsmaßnahmen, die sich das Produktivitätspotential optimal zunutze machen, gefunden werden. In Kapitel 3 sind detaillierte Ratschläge zur Bestandsaufnahme der Nutzer-Anforderungen und Nutzer-Wahrnehmungen zu finden. Indem man *von Anfang an* Feedback-Maßnahmen einen hohen Stellenwert einräumt, vermeidet man die Gefahr, daß sich negative Mechanismen auf Dauer halten.

Minimalistisch/Ganzheitlich

»Soviel wie nötig, sowenig als möglich« lautet die Regel für Qualitätsmanagement-Systeme, vor allem für jene, die sehr bürokratisch sind. Sie gilt besonders dann, wenn die hierbei erzeugten Papierberge ins Unermeßliche zu steigen drohen. Geht man davon aus,

Tabelle 2.1 Charakteristika von Supple Systems

Merkmal	Anmerkung
Auftraggeberorientiert	Strukturen werden im Hinblick auf Auftraggeber-Forderungen überprüft, vor allem, indem Feedback in Form harter und weicher Daten aktiv ermittelt wird.
Minimalistisch/ Ganzheitlich	»Soviel wie nötig, sowenig wie möglich.« Mit anderen Worten: Strukturen sollen nicht um ihrer selbst willen aufrechterhalten werden. Besser ist es, nach Veränderungsmöglichkeiten Ausschau zu halten, die zwar ein hohes Risiko, dafür aber auch einen großen Gewinn versprechen. Gewisse Fortschritte an allen wichtigen Fronten zählen mehr als ein großer Erfolg auf einem einzigen Gebiet.
Flexibel	Die Strukturen funktionieren nach dem Audit-Prinzip: Ziele werden gesteckt, Leistungen überprüft und Kräfte vereint. Auf operativer Ebene können verschiedene Vorgehensweisen und Ansätze aufeinander abgestimmt werden, vor allem wenn sie sich über längere Zeit hinweg bewährt haben.
Entwicklungsorientiert	Unabhängig vom Ausgangspunkt werden einer Weiterentwicklung keinerlei Schranken gesetzt.
Im Einklang mit sozialen Strukturen	Supple Systems bauen auf die Normen und die Kultur der Organisation auf. Eigenkontrolle oder gruppendynamische Prozesse können beispielsweise zugelassen werden, wenn es angezeigt scheint.

daß die Ressourcen einer Organisation immer begrenzt sind, ist es wichtig, über die beste Nutzung von Zeit und Kräften nachzudenken. Wie durch die Pareto-Effizienz oder die sogenannte 80/20-Regel belegt, erbringen alle Aktivitäten auf einem beliebigen Gebiet auf längere Sicht sinkende Wertzuwächse (siehe Abbildung 2.4).

In der Praxis bedeutet dies, daß es wahrscheinlich effizienter ist, gewisse Aktivitäten an allen wichtigen Fronten zu unternehmen anstatt alle verfügbaren Kräfte in eine einzige Richtung zu dirigieren. Das Rahmenmodell am Ende von Kapitel 1 (Abbildung 1.1) zeigte das gesamte Spektrum gewünschter Wechselwirkungen. Der zentrale Gedanke ist nun der, daß eine gewisse Leistungssteigerung in allen wichtigen Bereichen angestrebt werden sollte. So ist es beispielsweise unsinnig, alle verfügbaren Kräfte in den Abschluß optimaler Werkverträge zu investieren, gleichzeitig jedoch nicht sicher zu sein, welchen Beitrag man allgemein zum Kerngeschäft leistet oder ob die Nutzer mit dem FM-Service generell zufrieden sind usw. Auch auf die empfohlene Vorgehensweise bei Optimierungsmaßnah-

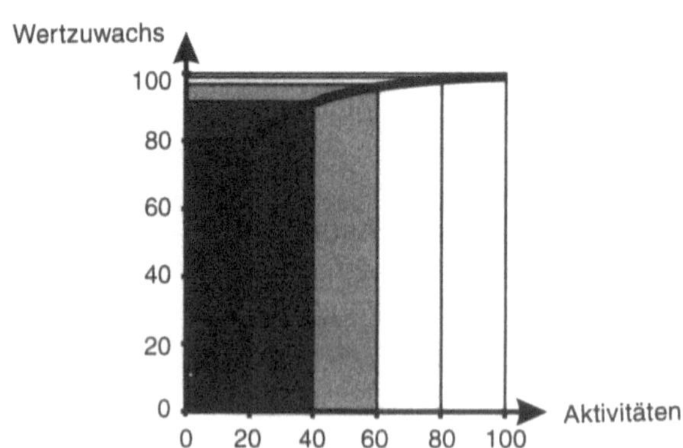

Abbildung 2.4 Die 80/20-Regel

men, wie sie in Abschnitt 2.1.2 angesprochen wurde, trifft dieser Ansatz zu. Eine optimale Lösung auf einem Gebiet sollte nicht als Grundvoraussetzung dafür angesehen werden, sich dem nächsten zuzuwenden.

Folgt man dieser Sichtweise, kann sich – im Hinblick auf das Qualitätsmanagement – die Frage nach der Gefahr einer Überbetonung der BS EN ISO 9000 (BS 5750)-Norm stellen. Wird diese Norm nämlich überbewertet, steht die Erstellung eines »Qualitätshandbuches«, welches eine umfassende Beschreibung des Qualitätssystems liefern soll und für die nächsten Jahren festschreibt, zu sehr im Mittelpunkt. Gegenstand der Bemühungen sind in diesem Fall eher die Erfassung der bestehenden Strukturen für das Handbuch als die Suche nach den im Unternehmen existierenden Optimierungspotentialen.

Flexibilität

Einer der wichtigsten Punkte, in denen sich die *Supple Systems* von anderen Ansätzen unterscheiden, ist die Betonung der Leistungskontrolle (*Audit*-Ebene); dies steht auch im Gegensatz zu den üblichen Qualitätsmanagement-Ansätzen, bei denen – wie bereits erläutert – die Betonung auf der Bestandsaufnahme aller existierenden Strukturen liegt. Bei Anwendung der *Supple Systems*-Methode können jedoch Ist-Strukturen im großen und ganzen so belassen werden wie sie sind, es sei denn, gewonnene Feedback-Daten signalisieren Handlungsbedarf.

Das *Audit*-System soll dabei helfen herauszufinden, wo Problembereiche liegen, die ursächlichen Gründe zu identifizieren, effiziente Maßnahmen zu ergreifen und die gewonnenen Erfahrungen, falls angebracht, im System zu integrieren. Es ist von *größter Wichtigkeit*, sich konsequent darum zu bemühen, die Forderungen des Kerngeschäfts zu erfüllen. Nicht entscheidend ist jedoch, daß dies auf allen Ebenen durchgängig in der gleichen Weise geschieht. Dieser flexible Ansatz ermöglicht es einer Organisation, auf die individuellen Forderungen mit individuellen Maßnahmen zu reagieren. Am allerwichtigsten ist jedoch, daß keine Zeit damit verschwendet wird, Abläufe und Strukturen, die bereits gut funktionieren, aufzulösen und neu zu entwerfen. So werden die vorhandenen Kräfte dort eingesetzt, wo sie wirklich benötigt werden.

Entwicklungsorientiert

Dort, wo traditionelle Qualitätsmanagement-Systeme eine größere Einheitlichkeit der Abläufe erzielen wollen, d. h. den statischen Zustand ins Auge fassen, liegt bei den *Supple Systems* die Betonung auf dem Umgang mit den dynamischen Aspekten des Unternehmens. Erklärtes Ziel ist, einen ständigen Anstoß zu Leistungssteigerungen zu geben. So betrachtet ist dies ein Ansatz, den sich jedes FM-Team zu eigen machen kann, ganz gleich von welchen Grundvoraussetzungen es ausgeht. Mit *Supple Systems* kann es das beibehalten, was bereits gut funktioniert, und sich um die lokalisierten Problembereiche flexibel kümmern. Das Schema in Abbildung 2.5 ist eine Art Zusammenfassung dieser Erkenntnisse.[4]

Hinter dem *Supple Systems*-Ansatz steckt der Gedanke, daß eine Organisation es leichter hat, ihr Leistungspotential zu nutzen, wenn sie nicht dem Druck ausgesetzt ist, belegen zu müssen, daß ihre bestehenden Strukturen (nicht die von ihr erbrachten Leistungen) zu einem bestimmten Zeitpunkt über einem bestimmten Minimum an Funktionalität liegen. Verfährt man daher nach der *Supple Systems*-Methode, werden Produktivitätssteigerungen folgen, und zwar nicht etwa mäßige, sondern durchaus beeindruckende.

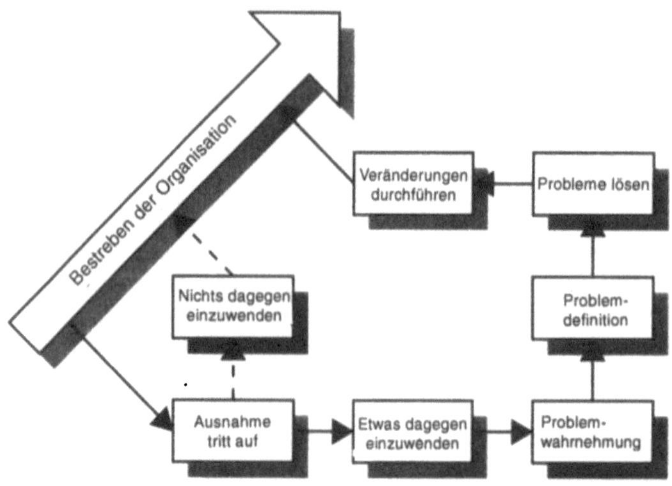

Abbildung 2.5 Ablauf bei geplanten Veränderungen

Parallel dazu werden auch formale Strukturen entstehen, die sich aus dem Kreislauf von Feedback und Leistungssteigerung (vgl. Abbildung 2.5) ableiten lassen, jedoch nur dort, wo es angemessen erscheint. Dies muß nicht bedeuten, daß die Papierberge erheblich anwachsen werden. Wenn sich anhand von Feedback-Daten feststellen läßt, daß die formalen Vorgehensweisen lediglich Probleme verursachen, wird man versuchen, andere Lösungen zu finden.

Regelmäßige und gleichbleibende Vorgehensweisen können innerhalb dieses Systems daher aus Gründen der Effizienz und Zuverlässigkeit immer gleich abgewickelt werden, während man sich die Fähigkeit erhält, Schlüsselsituationen zu erkennen, in denen man anders handeln muß, um die Leistungsfähigkeit und Flexibilität der Organisation zu gewährleisten. Mit anderen Worten: die Organisation wird angehalten, »in einen anderen kognitiven Gang zu schalten«, wie in Abbildung 2.6 veranschaulicht.[5]

In dieser Abbildung entspricht der Begriff ›automatischer Modus‹ dem immer gleichbleibenden Vorgehensmuster und der Begriff ›bewußter Modus‹ der aktiven Problemlösung. An dieser Stelle muß darauf hingewiesen werden, daß das eigentliche Problem darin besteht, zu wissen, *wann* von einem in den anderen Gang geschaltet werden muß. Hier können Feedback-Mechanismen entscheidend dazu beitragen, erkennen zu lernen, wann man vom ›automatischen‹ zum ›bewußten‹ Modus übergehen muß. Zu diesem Thema sind in Kapitel 7, Tabelle 7.2 weitere Ratschläge angeführt: Hier werden Kriterien genannt, anhand derer die grundsätzliche Dimension der zu analysierenden Probleme erkannt werden kann. Es kann auch schwierig sein, vom ›bewußten‹ zum ›automatischen‹ Modus überzugehen, z. B. wenn man eine bestimmte Lösung auswählt und entscheidet, sie mittels bestimmter Maßnahmen und Vorgehensweisen in eine Routinelösung umzuwandeln. Hier liegt ein großes Potential dafür, Erfahrungen innerhalb des FM-Teams an andere weiterzugeben. Lösungen hängen hauptsächlich von der Beurteilung und dem Bewußtsein der betreffenden Problematik ab. Hier sollte man auf Vorgehensweisen zur Erfassung harter Daten (›schwarz auf weiß‹-Daten) und weicher Daten (Seminare etc.) zurückgreifen.

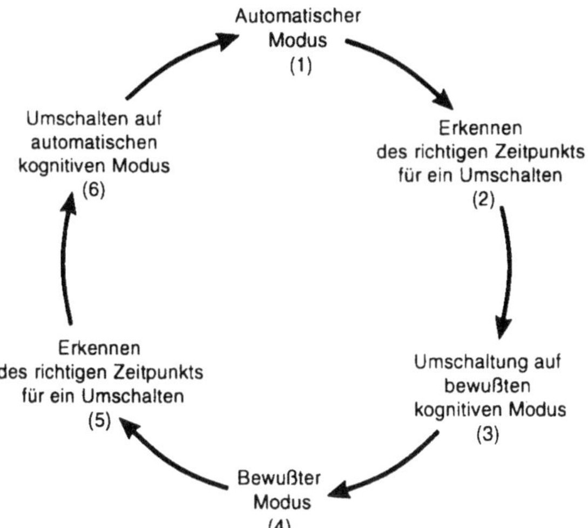

Abbildung 2.6 Umschalten in einen anderen kognitiven Gang

Im Einklang mit sozialen Strukturen

In Organisationen existiert oft eine ausgeprägte Unternehmenskultur, welche bereits zur Qualität der Leistungen beitragen kann. Dies kann im Falle des Facility Managements eine gewisse Professionalität sein, die sich aus dem Stolz in das neue Berufsbild FM ableiten läßt. Es kann auch etwas sein, das sich über lange Jahre innerhalb der betreffenden Firma entwickelt hat und eventuell durch Führungskräfte mit Vorbildfunktion ausgelöst wurde. Ganz gleich, wo eine Organisationskultur herrührt, steht es fest, daß jede Organisation meist eine bestimmte Anzahl von Normen befolgt. Im allgemeinen kann man davon ausgehen, daß sich die Organisationskultur als Antwort auf die besondere Eigenheit des von der Organisation bereitgestellten Produkts entwickelt hat, da die Unternehmenskultur mit der Belegschaft in einer dynamischen Wechselbeziehung steht. Die Organisationskultur ist sicherlich kein Zufallsprodukt, es ist wahrscheinlicher, daß sie sich den Umständen entsprechend entwickelt hat!

Bei Maßnahmen, die in Abläufe der Organisation eingreifen, sollte man daher diesen Bestandteil des Unternehmens nicht unberücksichtigt lassen. Genauer gesagt sollte mit Hilfe von *Supple Management Systems* gezielt versucht werden, Synergien mit den sozialen Strukturen des Unternehmen zu schaffen, so daß der maximale synergetische Effekt (2+2=5) erzielt werden kann. Dies erfordert eine strukturübergreifende Perspektive, die zu erkennen hilft, daß die formalen und informellen Abläufe in einer Organisation in manchen Fällen austauschbar sind. Diese Erkenntnis wird in Abbildung 2.7 schematisiert.[6] Die dort aufgeführten Faktoren, die eine alternative Qualitätssicherung ermöglichen, kann man oft in professionellen Organisationen wiederfinden. Versucht man diese Faktoren zu fördern, kann der Bedarf an schwerfälligen formalisierten Strukturen minimiert werden. Dies läßt sich besonders für kleine FM-Abteilungen sagen, in denen zu Recht informelle Mechanismen vorherrschen.

Zusammenfassung

In diesem Abschnitt wurde als Optimierungsmaßnahme in FM-Abteilungen der Einsatz umfassender *Supple Systems* vorgeschlagen. *Supple Systems* bieten jeder Abteilung, und sei sie noch so klein, die Möglichkeit, irgendwo anzufangen und ihre Mitarbeiter Schritt für Schritt dazu zu befähigen, die Forderungen des Auftraggebers zu erkennen und zufrieden zu stellen. Im Laufe der Zeit entwickelt sich so ein stabiler und doch flexibler Rahmen in Form von Strukturen und Arbeitsabläufen der Organisation. Gleichzeitig sollten sich die Mitarbeiter damit beschäftigen, welche Anforderungen seitens des Auftraggebers gestellt werden und welche Wechselwirkungen innerhalb der Organisation für sie eine zentrale Rolle spielen. Hieraus kann sich eine erfolgreiche dienstleistungsorientierte Organisationskultur entwickeln, die in der gesamten Abteilung wirkt und einem effizienten FM-Service sehr dienlich ist.

Für alle, mit Ausnahme der kleinsten FM-Abteilungen, hat sich ein regelmäßiges Treffen aller *leitenden* Angestellten in Form eines Ausschusses bewährt, um die kontinuierliche Umsetzung der erwünschten Veränderungen langfristig sicherzustellen. Hier werden die Feedback-Daten primär gewonnen und die Prioritäten für die nächsten Schritte gesetzt.

Wie zu Beginn dieses Kapitels erwähnt, kann das Optimierungspotential, das in den *Supple Systems* bereits vorhanden ist, noch vergrößert werden, wenn hier eine FM-Service-Strategie hinzukommt. Dadurch erzielen die ergriffenen Maßnahmen eine noch stärkere Wirkung, und es wird deutlich, welche Prioritäten den einzelnen Schritten zuzuordnen ist.

Diese Beziehung zwischen verstärkter Wirkung und individuellen Maßnahmen wird in Abbildung 2.8 veranschaulicht.[7] Aus dem Schema geht deutlich hervor, daß die verfolgte Strategie eine bestimmte Richtung vorgibt, die eventuell durch bestimmte Vorkommnisse nicht beibehalten werden kann und abgelenkt wird. Andererseits können individuelle Initiativen (›hinzukommende Strategie‹) die strategische Richtung in gewisser Weise beeinflussen, wobei *trotz allem die generelle Ausrichtung immer gleich bleibt.* Im nächsten Abschnitt wird es um die Formulierung einer Organisationsstrategie vor dem Hintergrund dieser Erkenntnisse gehen.

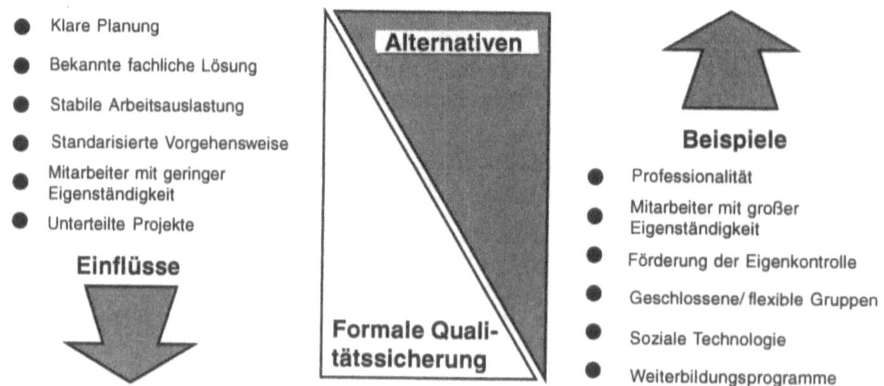

Abbildung 2.7 Faktoren zur Unterstützung einer formalen Qualitätssicherung/alternativer Qualitätssicherungs-Systeme

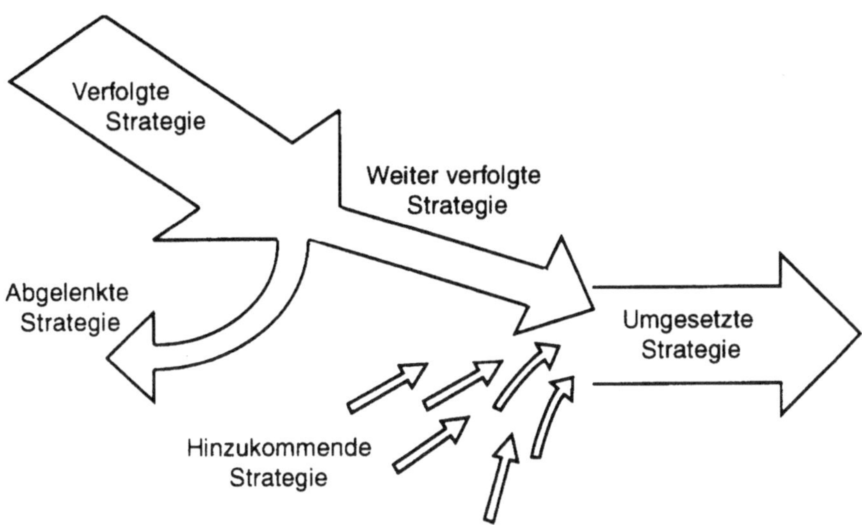

Abbildung 2.8 Der Weg von der verfolgten zur umgesetzten Strategie

2.4 Strategisches Facility Management

2.4.1 Mögliche Beziehungen zwischen Facility Management und strategischer Planung

Es ist von entscheidender Bedeutung, daß das Facility Management und die strategische Organisationsplanung zusammengebracht und aufeinander bezogen werden. Für eine Beziehung zwischen Facility Management und der Unternehmensstrategie gibt es vier Möglichkeiten.[8]

- *Rein verwaltungstechnische Beziehung*: Das Facility Management ist nur für den operativen Gebäudebereich zuständig und spielt im Planungsbereich eine relativ untergeordnete Rolle.
- *Einseitige Beziehung*: Im großen und ganzen agiert die FM-Abteilung nicht selbständig, sondern reagiert nur auf die strategischen Maßnahmen der Organisation. Diese Art von Beziehung findet man am häufigsten vor, viele Facility Manager sind jedoch nicht sehr glücklich darüber.
- *Wechselseitige Beziehung*: Zwischen Facility Management und dem strategischen Planungsprozeß der Organisation existiert eine Beziehung, die nicht nur einseitig ist. Hier spielt das Facility Management eine glaubwürdige und bedeutende Rolle. Es darf die Initiative ergreifen und richtungsweisend bei der Aufstellung strategischer Pläne mitwirken. Vor dem Erwerb von Einrichtungsgegenständen würde hier der Facility Manager beispielsweise um seine Meinung gefragt und dürfte bei ihrer Integration in die bestehenden Strukturen mitwirken.
- *Integrative Beziehung*: Dies ist das höchste Integrationsniveau, auf dem ein dynamischer, kontinuierlicher Dialog zwischen FM-Planern und Planerstellern der Organisa-

tionsspitze stattfindet, und zwar auf formale und informelle Weise. Hier würde der Facility Manager an allen strategischen Unternehmensentscheidungen beteiligt, sogar an solchen, die den FM-Bereich nicht betreffen.

Die Fallstudien in Kapitel 1 stützen ganz offensichtlich die Hypothese, daß die zweite der genannten Beziehungsvarianten zur Zeit wohl die üblichste ist. An vielen Stellen in Kapitel 1 wurden jedoch die Vorteile hervorgehoben, die der Organisation entstehen, wenn Facility Manager an strategischen Entscheidungen beteiligt werden. Warum, so fragt man sich, lassen dann so viele Organisationen eine Quelle umfangreichen Fachwissens ungenutzt, die für sie doch frei zugänglich ist? Antworten auf diese Frage werden im folgenden analysiert werden.

2.4.2 Faktoren, die einer Beteiligung des Facility Managements an der strategischen Organisationsplanung im Wege stehen

Managementstruktur von Organisationen

Wie die Fallstudien zeigen, befinden sich Facility Manager selten auf höheren Stufen der Organisationshierarchie. Normalerweise stuft man sie auf der zweiten oder dritten Managementebene ein, daher können viele Facility Manager auf die Entscheidungsfindung des Unternehmens nur sehr schwer Einfluß nehmen. In sehr wenigen Unternehmen sitzen Facility Manager im Vorstand, wo sie eine realistische Chance haben, für die Einbeziehung von FM-Themen beim Erstellen strategischer Pläne zu kämpfen. Doch selbst wenn Facility Manager in der Hierarchie relativ weit oben eingestuft werden können, bedeutet dies nicht unbedingt, daß sie dieselben Befugnisse oder Einflußmöglichkeiten wie andere Mitarbeiter des Unternehmens, die sich auf derselben Stufe befinden, besitzen. Dies mag daran liegen, daß das Facility Management als Bereich, der nicht zum Kerngeschäft gehört, oft für entbehrlich gehalten wird.

Sichtweise der Organisation von Facility Management bzw. Gebäudeangelegenheiten

Da das Facility Management als Berufsbild noch relativ neu ist, wird es mancherorts mißtrauisch beobachtet und zum Teil auch falsch verstanden. Die Unterstützung der FM-Funktion seitens der Unternehmensführung ist daher für den Einfluß der FM-Abteilung ein grundlegender Faktor. Hat also die Unternehmensleitung erst einmal verstanden, worum es bei Facility Management wirklich geht, werden Facility Manager wahrscheinlich in die strategische Planung stärker mit einbezogen werden. In der Gegenwart sind Führungskräfte in Unternehmen etwas kurzsichtig, wenn es um gebäuderelevante Themen geht, so sind die Mittel für Instandhaltungsmaßnahmen manchmal die ersten, die in harten Zeiten gekürzt werden. Was diesen Personengruppen nicht bewußt ist, ist die Tatsache, daß selbst geringfügige kurzfristige Einsparungen in diesem Sektor langfristig betrachtet mit großen Aufwendungen teuer bezahlt werden müssen.

Manchmal vertreten Unternehmensleiter auch die Ansicht, daß ihre Organisation sowieso einem ständigen Wandel unterworfen ist, und es sich daher gar nicht lohnt, so weit in die Zukunft hinein zu planen. Doch angesichts längerer Vorlaufzeiten müssen FM-relevante Entscheidungen oft getroffen werden, lange bevor sich die Situation zuspitzt. Entscheidet sich eine Organisation zum Beispiel, ein neues Produkt herzustellen, so geschehen in Fallstudie 1, kann Bedarf an zusätzlichen Raumflächen entstehen. In einem solchen Fall sollte die Organisation lieber früher als später die verschiedenen Optionen (Umbau, Erweiterung, Neubau usw.) gut abwägen, denn sonst kann es zum Beispiel vorkommen, daß ein bereits bestehendes Gebäude renoviert wird, obwohl ein Neubau speziell für das geplante Produkt wesentlich kostensparender gewesen wäre.

Sichtweise des Facility Managers von den Organisationszielen

Die andere Seite der Medaille ist, daß auch Facility Manager nicht immer genug über das Kerngeschäft wissen und dies der Grund ist, warum sie bei wichtigen Entscheidungen übergangen werden. Daher ist es von größter Bedeutung, daß Facility Manager sich die Zeit nehmen, sich mit dem Kerngeschäft der Organisation gründlich auseinander zu setzen. Ohne dieses Wissen kann eine FM-Abteilung keine aktivere Rolle einnehmen. Ergreifen Facility Manager keine Initiative, könnte die Unternehmensspitze daraus schließen, daß sie mit ihrer passiven Rolle durchaus zufrieden sind. Facility Manager sollten daher erkennen, daß sie aktiv auftreten und hochqualitative, kosteneffiziente Leistungen erbringen müssen, um vor ihrem Auftraggeber glaubwürdig zu bleiben.

Mitarbeiter/Struktur einer FM-Abteilung

Wie zu erwarten ist, kommen viele FM-Fachkräfte aus dem Bau- oder Ingenieurwesen, z. B. Architekten, Bausachverständige, Maschinenbau- oder Elektroingenieure. Daher sind viele von ihnen kaum in Sachen Management und Mitarbeiterführung geschult und konzentrieren sich oft lieber auf die technischen als auf die personellen Aspekte des Facility Managements. Gelingt es einem Facility Manager jedoch nicht, seine eigene Abteilung gut zu führen, wird ihm dies von der Unternehmensspitze wahrscheinlich angelastet werden.

Auch der Aufbau der FM-Abteilung in bezug auf den Rest der Organisation ist von entscheidender Bedeutung. Viele FM-Abteilungen wurden nicht wirklich von Grund auf konzipiert, sondern haben sich vielmehr nach dem Zufallsprinzip entwickelt. Daher fallen nicht alle gebäudebezogenen Aufgaben in den Bereich des Facility Managements, und strategische FM-Entscheidungen können sogar zum Zuständigkeitsgebiet einer völlig anderen Abteilung gehören. In einer der Fallstudien (Fallstudie 3) ist die Immobilienabteilung für strategische Angelegenheiten zuständig, während die FM-Abteilung sich um die rein operative Gebäudebewirtschaftung kümmert. Im Gegensatz dazu haben einige Organisationen festgestellt, daß es sinnvoll ist, die einzelnen FM-Bereiche zusammenzulegen, so daß nun alle gebäuderelevanten Entscheidungen und Informationen in einer Hand liegen, wie dies für das im Bereich der medizinischen Versorgung tätige Unternehmen (Fallstudie 5) zutrifft.

2.4.3 FM-Strategie

Verkürzt dargestellt, sollte das Ziel des strategischen Facility Management darin bestehen, eine Übereinstimmung zwischen den Forderungen des Kerngeschäfts und dem FM-Service zu erreichen. Die oben aufgeführten Negativfaktoren, deren Existenz auch von den Fallstudien belegt werden, beweisen jedoch, daß es in Wirklichkeit zu großen Mißverständnissen zwischen den beiden Parteien kommen kann und sich daher viele FM-Abteilungen gezwungen sehen, in einem passiven Zustand zu verharren. Es liegt auf der Hand, daß solche Probleme nicht über Nacht überwunden werden können und Änderungen wahrscheinlich erst dann eintreten, wenn das FM-Team belegen kann, wie eine FM-Strategie, die zum Ziel hat, das Kerngeschäft zu unterstützen, der Organisation von Nutzen sein könnte. Es kann durchaus sein, daß das FM-Team zunächst eine Strategie formulieren muß, um dann die Implikationen, die sich auf den verschiedenen Stufen der Umsetzung ergeben können, mit zentralen Mitgliedern der Führungsspitze durchzusprechen und so deren Unterstützung zu gewinnen. Dann sollte sich das FM-Team in einer guten Position befinden, um an die Unternehmensleitung heranzutreten und darzulegen, warum die FM-Strategie neben dem Kerngeschäft eine wichtige Rolle spielt. Dieses Vorgehen kann als nächster Schritt betrachtet werden, der sich an die Nutzung der wechselseitigen Beziehungen und Informationsquellen, die durch die *Supple Systems* erschlossen wurden (siehe Abschnitt 2.3 in diesem Kapitel), anschließt.

Wie sollte also eine FM-Abteilung bei der Aufstellung einer FM-Strategie vorgehen? Selbstverständlich gibt es erhebliche Unterschiede zwischen verschiedenen Organisationen, daher werden dort auch unterschiedliche Strategien verfolgt. Doch möglicherweise ist es für einen Facility Manager hilfreich, nach dem Schema in Abbildung 2.9 vorzugehen.[9]

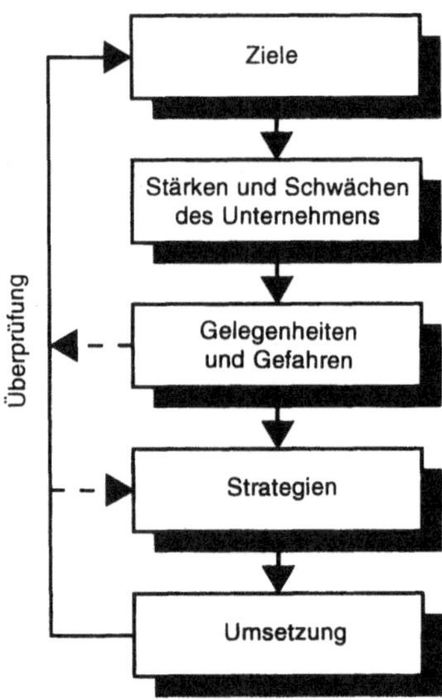

Abbildung 2.9 Strategischer Planungsprozeß

Ziele

Die erste Stufe jedes strategischen Planungsprozesses besteht in der Festlegung der Organisationsziele. Im Hinblick auf eine FM-Strategie bedeutet dies, daß die FM-Funktion in engem Kontakt zur Organisationsführung stehen muß, um die Ziele des Kerngeschäfts zu kennen und abzuschätzen, welche Veränderungen in den nächsten Jahren stattfinden könnten. Wie bereits oben dargelegt, wissen viele FM-Abteilungen nicht gerade viel über das Kerngeschäft der Organisation, daher kann diese Stufe mehr Zeit beanspruchen, als man denkt. Erst wenn die FM-Abteilung die Ziele der Organisation kennt, wird sie feststellen können, welche umfassenden Veränderungen sie an sich vornehmen muß, um den Anforderungen zu genügen. Hierbei sollte man neben den erforderlichen Kosten für die Umsetzung der Ziele auch an den zeitlichen Faktor denken und einen Zeitrahmen von ca. fünf bis zehn Jahren für die Umsetzung veranschlagen.

SWOT-Analyse

Nachdem es in der ersten Stufe des Schemas um die beabsichtigten Ziele der Organisation ging, dreht es sich bei der nächsten nun um die FM-Abteilungen selbst. Hier nun werden die *internen* Stärken und Schwächen des Unternehmens und danach die *äußeren* Gelegenheiten und Gefahren analysiert, mit denen das Unternehmen in Zukunft konfrontiert sein könnte. Zu den äußeren Elementen würde in diesem Zusammenhang das Kerngeschäft gehören. Diese Stufe der Analyse hat in letzter Zeit zunehmend an Bekanntheit gewonnen und wird üblicherweise als *SWOT*-Analyse (Akronym für engl. **S**trengths, **W**eaknesses, **O**pportunities, **T**hreats; dt.: Stärken, Schwächen, Gelegenheiten, Gefahren) bezeichnet. Ihr Ziel ist die Erstellung einer relativ kurzen Liste mit den Hauptfaktoren, welche die Abteilung berücksichtigen sollte, will sie ihre strategischen Ziele erreichen. Hausinterne FM-Abteilungen sehen Marktuntersuchungen oft als eine Bedrohung an. Für externe FM-Dienstleister dagegen stellen sie eine günstige Gelegenheit dar.

Die in Tabelle 2.2 aufgeführten Punkte können bei der Erstellung einer solchen Liste eventuell von Nutzen sein.

Tabelle 2.2 SWOT-Analyse

Interne Stärken/Schwächen	Externe Gelegenheiten/Bedrohungen
Mitarbeiter	Politik (Gesetzliche Verordnungen)
Finanzielle Mittel	Wirtschaft
Struktur	Gesellschaft
Technologie	Technische Bereiche

Ein typisches Vorgehen ist, zunächst eine lange Liste aller möglichen Faktoren aufzustellen, woran sich Mitarbeiter aus verschiedenen Bereichen beteiligen können, und diese dann auf ca. fünf wichtige Einflußfaktoren für jedes Gebiet (Stärken, Schwächen, Gelegenheiten und Bedrohungen) zu reduzieren. Diese reduzierte Anzahl von Faktoren ist nun Ausgangspunkt für die kreative Phase der Strategieformulierung.

Strategien

Das FM-Team sollte nun wissen, welche Ziele es anstrebt, in welchem Zustand seine Abteilung derzeit ist und welche externen Kräfte eine Bedrohung darstellen bzw. der Abteilung ein langfristiges Optimierungspotential bieten. Die nächste Stufe dient der Feststellung der durchzuführenden Veränderungen innerhalb der Abteilung, wobei alle oben genannten Faktoren berücksichtigt und so die Organisationsziele in keinerlei Hinsicht behindert werden. Hier ist das FM-Team gut beraten, sich konkret auszumalen, wie die FM-Abteilung im Idealfall aussehen sollte, und dieses Bild dann mit der derzeitigen Situation zu vergleichen.

Bei der Bewertung der durchzuführenden Veränderungen sollte die FM-Abteilung eine Reihe von Faktoren unbedingt beachten:

- *Gebäude/Räumlichkeiten*: Können die durchzuführenden Veränderungen unter den gegebenen baulichen Voraussetzungen durchgeführt werden? Wenn nicht, wäre es besser, ein neues Gebäude zu erstellen, ein bestehendes zu renovieren oder sich einen ganz neuen Standort zu suchen? In dieser Phase kann es für das FM-Team möglicherweise hilfreich sein, eine Leistungskontrolle des Gebäudes durchführen zu lassen, wie dies auch bei der Privatschule in Fallstudie 2 der Fall war. Nach der Bestandsaufnahme wird der Ist-Zustand mit dem Soll-Zustand des Gebäudes verglichen, um über die erforderlichen Maßnahmen befinden zu können. Bei diesem Vergleich sollte nicht nur die Anzahl der Gebäude sondern auch ihr Standort, ihre Größe, die Nutzbarkeit, der Bauzustand, Instandhaltungs-und Betriebskosten, Pacht- und Mietverträge sowie Faktoren allgemeiner Art berücksichtigt werden. Diese Analyse kann den Ausgangspunkt für einen strategischen Plan, wie die Gebäude zu entwickeln sind, darstellen.
- *Aufbau/Struktur*: Hier geht es um die Wahl der Funktionseinheiten. Werden in der Zukunft neue Leistungen innerhalb der Abteilung benötigt, um den sich verändernden Forderungen gerecht werden zu können? Wird beispielsweise die Organisation eine Reihe Baumaßnahmen durchführen müssen? In diesem Falle kann sich die Organisation dazu entschließen, ein Projektmanagement-Team zusammenzustellen und in ihre FM-Abteilung zu integrieren, damit sie die Neubaumaßnahmen besser steuern und sich besser auf dem laufenden halten kann. Außerdem könnte die Organisation davon profitieren, wenn gebäudebezogene Leistungen, die von anderen Abteilungen ausgeführt werden, in die FM-Abteilung überführt werden könnten, so daß ein integriertes Leistungspaket zur Verfügung stünde, wie im Falle des in der medizinischen Versorgung tätigen Unternehmens geschehen (vgl. Fallstudie 5).
- *Ressourcen/Personal, Technologie, finanzielle Mittel*: Welche Veränderungen werden in Sachen Ressourcen nötig werden? Wird die derzeitige FM-Belegschaft in der Lage sein, die zukünftigen Anforderungen zu erfüllen? Ist dem nicht so, sollten Mitarbeiter auf Schulungen geschickt werden. Oder wäre es günstiger, neue Kräfte einzustellen? Wird die Informationstechnologie, wie sie zur Zeit in der Organisation bzw. der FM-Abteilung benutzt wird, mit den Veränderungen Schritt halten können oder werden neue Computer usw. angeschafft werden müssen? Und schließlich wird man über die finanziellen Auswirkungen der oben besprochenen Veränderungen nachdenken müssen.
- *Contracting-out* (dt. Fremdvergabe von Leistungen): Welches Verhältnis soll nach Ansicht der Organisation zwischen intern erbrachten und den nach außen vergebenen FM-Leistungen bestehen? Dieses Thema wird in Kapitel 4 noch ausführlich besprochen werden.

Sind die Strategien auf jedem dieser einzelnen Gebiete ausgearbeitet, muß noch überprüft werden, daß hier keine internen Interessenkonflikte bestehen. Es ist Aufgabe des FM-Teams, die verschiedenen Punkte miteinander zu vereinbaren, so daß eine größtmögliche kollektive Wirkung erzielt werden kann.

Umsetzung

Spätestens auf dieser Stufe sollte das FM-Team eine realisierbare FM-Strategie vorweisen können, die es in Zusammenarbeit mit den Entscheidungsträgern der Unternehmensführung erarbeitet hat. Folglich sollte das Team nun in der Lage sein, sich mit seinen Ideen an die Unternehmensführung zu wenden. Es ist nicht davon auszugehen, daß diese jedem

Vorschlag auf Anhieb zustimmen wird, daher sollte der Facility Manager sich nicht entmutigen lassen, wenn er nicht mit offenen Armen empfangen wird. Wie bereits an anderer Stelle beobachtet, kann es Jahre dauern, bis FM-Strategien als ein wesentlicher Bestandteil des strategischen Planungsprozesses innerhalb der Organisation betrachtet werden. Wenn jedoch das FM-Team eine gut recherchierte und koordinierte Strategie vorlegt, läßt sich die Unternehmensleitung wahrscheinlich von der Notwendigkeit überzeugen, einige der Vorschläge in die Praxis umzusetzen.

Nun hat das FM-Team die Phase der Umsetzung erreicht. Es muß nun einzelne Mitarbeiter innerhalb der Abteilung bestimmen, die für die alltägliche Betreuung bestimmter Maßnahmen zuständig sein werden. Hier kann es hilfreich sein, die einzelnen Zuständigen darum zu bitten, einen Kurzbericht über das betreffende Gebiet, die Ziele für das nächstes Jahr sowie einem Überblick über die zu ergreifenden Maßnahmen zu liefern. Auf diese Art werden die Strategien auf die operative Ebene übertragen, was die Abteilung in die Lage versetzen sollte, bei den angestrebten Veränderungen rasche Fortschritte zu machen.

Überprüfung

Durch die konkrete Festlegung bestimmter Einzelziele können jetzt auch Kontrollmechanismen eingesetzt werden, mit deren Hilfe die Ziele in regelmäßigen Abständen systematisch überprüft werden. Die nächste Stufe beschäftigt sich daher mit dem Aufbau eines Kontrollsystems, das aufzudecken hilft, ob Ziele erreicht wurden und ob dies auf die effizienteste Weise geschehen ist. Hintergrund der FM-Ziele ist jedoch stets – und das sollte zu keinem Zeitpunkt vergessen werden – der Nutzen, den sie für die gesamte Organisation darstellen. Daher sollte das FM-Team seine Maßnahmen kontinuierlich auf das aktuelle Kerngeschäft ausrichten. Falls erforderlich, muß die Abteilung ihre Situation neu überdenken und andere Ziele setzen oder gar ihre Strategie umformulieren.

Zusammenfassung

Die in diesem Abschnitt durchgeführte Analyse sollte dem Facility Manager eine Vorstellung davon vermitteln, welches Potential im strategischen Facility Management steckt. Dem Leser sollte bewußt sein, daß die Organisationsleitung zunächst nicht sehr begeistert auf den Vorschlag reagieren wird, neben der Kerngeschäft-Strategie auch noch eine FM-Strategie zu verfolgen. Doch hier lohnt es sich, am Ball zu bleiben, da der mögliche Nutzen für die Organisation sehr groß sein kann, wie die Fallstudien gezeigt haben.

Von zentraler Bedeutung ist natürlich auch das integrierende Moment, das eine FM-Strategie für einzelne Maßnahmen innerhalb der FM-Abteilung haben kann. Das Ergebnis dieser Maßnahmen wird in der Regel von den *individuellen Mitarbeitern* abhängen, ein Aspekt, der nun im letzten Abschnitt gesondert besprochen werden wird.

2.5 Learning organisations (Lernende Organisationen)

2.5.1 Hintergrund

Das Ziel einer jeden Organisation (oder jeder Abteilung) muß letztlich darauf ausgerichtet sein, eigenständige Mitarbeiter heranzuziehen, die motiviert und in der Lage sind, qualitativ anspruchsvolle Arbeit zu leisten und dazu noch über ein gewisses Maß an Eigenkontrolle verfügen. Kommt man diesem Ziel relativ nahe, besteht nur noch ein geringer Bedarf an Hierarchien oder Vorgesetzten im traditionellen Sinn. Neue Erkenntnisse haben gezeigt, daß Ziele dieser Art mit Hilfe von *Learning organisations* (dt. Lernende Organisationen) erreicht werden können. In diesem Abschnitt wird es darum gehen, wie das *Learning organisations*-Prinzip von Facility Managern angewandt werden kann.

Um sich in eine lernende Organisation zu verwandeln, müßte die Mehrheit der Organisationen radikale Veränderungen an den Verhaltensweisen ihrer Mitarbeiter veranlassen. Ein solcher Wandel würde daher zwangsläufig mehrere Jahre in Anspruch nehmen. Hat sich jedoch eine Organisation erst einmal solide Lernprinzipien zu eigen gemacht, wird sie dadurch zweifellos einen erheblichen Wettbewerbsvorteil gewinnen. Wenn man sich dessen bewußt ist, liegt es auf der Hand, daß das Lernen von Organisationen ein komplexes Thema ist und als solches kaum auf ein paar Seiten hinreichend zusammengefaßt werden kann. Der folgende Beitrag ist daher nur als eine Einführung gedacht; interessierte Leser werden auf die weiterführenden Informationen in den Literaturhinweisen und im Anhang dieses Kapitels hingewiesen.

2.5.2 Individuelles Lernen

»Organisationen lernen nur durch Individuen, die lernen. Individuelles Lernen ist keine Garantie dafür, daß die Organisation lernen wird. Doch wird es ein Lernen der Organisation nicht ohne ein Lernen der Individuen geben.«[10]

Wie das Zitat zeigt, ist der erste Schritt auf dem Weg zur lernenden Organisation die Förderung des individuellen Lernens. Der Schlüssel zum individuellen Lernen liegt in der Erweiterung unseres Bewußtseins und unseres Verstehens. Dies wird möglich, indem wir unsere Handlungen und vorgefertigten Meinungen in Frage stellen und anfechten.

Bei jedem Lernprozeß gibt es zwei erklärte Ziele: erstens, etwas über die Besonderheiten eines bestimmten Bereiches zu erfahren, und zweitens, etwas über seine eigenen Stärken und Schwächen als Lernenden herauszufinden. Menschen sind jedoch sehr unterschiedlich, und ebenso verschieden sind die Lernmethoden. Menschen sollten daher versuchen festzustellen, welcher Lernstil ihnen am besten liegt. Folgende Aufzählung gibt eine Vorstellung davon, wieviele Möglichkeiten des Lernens existieren: *Action learning* (Lernen durch Handeln), Schulungen im Haus und außer Haus, Kurse zur Persönlichkeitserweiterung, *Distance learning*-Systeme (Fernlernsysteme), *Coaching* (Einzeltraining) und *Councelling* (Beratung), Aufgabenrotation, *Secondments* (Abordnungen) und Austauschprogramme.

Selbst wenn Menschen den starken Wunsch zu lernen besitzen, werden sie oft durch ihre »mentalen Modelle« daran gehindert.[10] Mentale Modelle sind tief verwurzelte Vorstellungen bzw. vorgefertigte Meinungen, die darauf Einfluß nehmen, wie wir die Welt verstehen und wie wir handeln. Wenn also Menschen Entscheidungen treffen, werden diese nicht nur aufgrund von Fakten gefällt, sondern unbewußt auch von ihrem mentalen Modell beeinflußt. Individuelles Lernen setzt voraus, daß wir unsere mentalen Modelle zu enttarnen versuchen, damit wir erkennen können, wie sie unser Handeln beeinflussen und uns am Lernen hindern.

Die *Left-hand column*-Technik (dt. Linke-Spalte-Technik) ermöglicht Menschen, mit eigenen Augen zu erkennen, wie ihre mentalen Modelle in bestimmten Situationen funktionieren. Mit Hilfe der *Left-hand column*-Übung können Manager erkennen, welchen Einfluß mentale Modelle auf ihre alltägliche Arbeit nehmen, und wie störend sie sich auswirken. Die Übung zeigt, wie Manager oft eine Situation manipulieren, um Schwierigkeiten auszuweichen, die sie auf sich zukommen sehen, und Probleme daher ungelöst bleiben. Nach Durchführung der Übung sollten Facility Manager zu erkennen beginnen, warum sie in Zukunft ganz konkret an ihrer Einstellung arbeiten müssen.

Zur Durchführung der *Left-hand column*-Übung wählt der Facility Manager eine ganz bestimmte Situation aus, in der er mit einer oder mehreren Personen kommunizierte, doch mit dem Gesprächsverlauf nicht zufrieden war. Auf der rechten Seite seines Blattes schreibt er genau auf, was er gesagt hat. Auf der linken Seite schreibt er dagegen auf, was er gedacht, jedoch nicht gesagt hat. Das folgende Beispiel ist typisch für ein Gespräch, in dem ein Kommunikationsproblem vorliegt.[10]

Stellen Sie sich ein Gespräch mit einem Kollegen namens Bill vor, das nach einer großen Präsentation bei ihrem Vorgesetzten über ein Projekt stattfindet, an dem sie zusammen arbeiten. Sie konnten an der Präsentation nicht teilnehmen, haben jedoch gehört, daß sie nicht gerade ein Erfolg war.

Was Sie denken	Was gesagt wurde
Jeder sagt, die Präsentation lief sehr schlecht.	**Sie:** Wie war die Präsentation?
Weiß er wirklich nicht, wie schlecht sie war? Oder ist er nur nicht bereit, das zuzugeben?	**Bill.** Ja, ich weiß nicht so recht. Es ist noch zu früh, um etwas zu sagen. Außerdem müssen wir hier ja Pionierarbeit leisten.
	Sie: Und was glaubst Du, sollten wir tun? Ich glaube, daß die Themen, über die Du gesprochen hast, sehr wichtig sind.
Er hat wirklich Angst, der Wahrheit ins Auge zu sehen. Wenn er nur mehr Selbstvertrauen hätte, könnte er wahrscheinlich aus einer Situation wie dieser etwas lernen. Ich glaube einfach nicht, daß er wirklich nicht gemerkt hat, wie katastrophal die Präsentation für den weiteren Projektverlauf ist.	**Bill:** Ich bin mir da nicht so sicher. Warten wir doch einfach ab und schauen, was passiert.
Ich muß einen Weg finden, ihm einzuheizen!	**Sie:** Vielleicht hast Du recht, doch ich glaube wir müssen mehr tun, als nur zu warten.

Die wichtigste Lektion, die man aus dem obigen Beispiel lernen kann, ist, wie Menschen Gelegenheiten, etwas zu lernen, selbst untergraben, sobald sie auf Widerstand stoßen. Anstatt sich mit dem Problem direkt auseinanderzusetzen, reden die beiden um den heißen Brei herum. Das Problem wird dadurch nicht gelöst, es gibt keinen Fortschritt. Man kann sicher nicht behaupten, es gäbe nur einen einzigen richtigen Weg, mit schwierigen Situationen wie dieser umzugehen. Aus der linken Spalte kann der Facility Manager jedoch deutlich ersehen, daß der Gesprächsablauf die Situation eventuell sogar noch verschlimmert. Der nächste Schritt besteht in dem Versuch herauszufinden, wie die Situation hätte verbessert werden können, so daß sowohl Facility Manager und ihre Mitarbeiter aus der gewonnenen Erfahrung lernen können.

Eine hierfür geeignete Methode ist unter dem Begriff *Balancing inquiry and advocacy* (dt. Gleichgewicht zwischen Fragen und Meinungsäußerung) bekannt.[11] Gibt man ständig nur seine Meinung wieder, ermuntert man damit seinen Gesprächspartner dagegenzuhalten. Er wird seine Meinung um so stärker vertreten, ohne überhaupt über den anderen Standpunkt nachzudenken, rein aus dem Wunsch, aus dem Streitgespräch als Sieger hervorzugehen. Andererseits genügt es auch nicht, nur Fragen zu stellen, dies kann sogar ein Ausweichmanöver vor dem Lernen sein, da manche Leute nur fragen, um nicht ihre eigene

Meinung äußern zu müssen. Daher ist es sinnvoll, einen Kompromiß zwischen der Meinungsäußerung und dem Stellen von Fragen zu finden, so daß jeder seine Gedanken zum Ausdruck bringt und diese auch von anderen kritisch beurteilt werden können. Auf diese Weise können Menschen damit beginnen, ihre eigenen mentalen Modelle durch die Analyse von Gesprächen mit anderen zu hinterfragen und dabei entdecken, daß es zu ihrem Modell Alternativen, vielleicht sogar bessere, gibt.

All dies weist darauf hin, daß beim individuellen Lernen auch ein Risiko im Spiel ist. Wenn Facility Manager aus Situationen lernen möchten, müssen sie bereit sein, ihre eigenen Ansichten auf den Prüfstein zu stellen, und zugeben können, daß sie sich geirrt haben. Ebenso müssen Facility Manager ihren Mitarbeitern erlauben, ihre eigenen Fehler zu begehen (innerhalb bestimmter Grenzen natürlich), damit sie auch aus diesen lernen können.[12]

Möglicherweise glauben jedoch viele Mitarbeiter, daß ihnen ihre Fehler auf irgendeine Weise angelastet werden, daher sollte sich der Facility Manager darum kümmern, daß jeder weiß, daß dies nicht der Fall ist. Facility Manager sollten erkennen, daß es sich lohnt, eine Umgebung zu schaffen, in der individuelles Lernen gefördert wird, und ganz genau klären, welches Verhalten sie bei ihren Mitarbeitern sehen möchten, wie in Tabelle 2.3 aufgeführt.[13]

Tabelle 2.3 Gewollte und ungewollte Verhaltensweisen in einer lernenden Organisation

Gewolltes Verhalten	**Ungewollte Verhaltensweisen**
Fragen stellen	Gefällig sein
Ideen vorbringen	Ideen für den Mülleimer produzieren
Alternativen in Erwägung ziehen	Zu naheliegenden/schnellen Lösungen greifen
Risiko eingehen/Experimentieren	Übervorsichtig sein
Offen und ehrlich sagen, wie sich eine Situation verhält	Den Leuten das erzählen, was sie hören wollen/ schlechte Nachrichten filtern
Aus Fehlern lernen	Dieselben Fehler noch einmal machen
Reflektieren und Überdenken	Hektisch herumlaufen
Über das Gelernte sprechen	Geschichten erzählen (d.h. was passiert ist, nicht was man daraus gelernt hat)
Verantwortung für das eigenen Lernen und die eigene Entwicklung übernehmen	Darauf warten, daß andere Leute es tun
Unzulänglichkeiten und Fehler zugeben	Handlungen rechtfertigen bzw. anderen Leuten oder Umständen die Schuld geben

2.5.3 Team-learning

»Individuen lernen ohne Pause, und dennoch führt dies nicht zwangsläufig dazu, daß die Organisation etwas lernt. Wenn jedoch Teams lernen, werden sie innerhalb der Organisation zu einem Mikrokosmos für das Lernen. Erworbene Fähigkeiten können sich auf andere Individuen und andere Teams übertragen. Die Erfolge des Teams können in der gesamten Organisation ein bestimmtes Ansehen etablieren und einen Standard für das gemeinsame Lernen setzen.«[10]

Die Ziele des *Team-learning* sind im großen und ganzen dieselben wie die des individuellen Lernens, d.h. die Teammitglieder möchte mehr über die Besonderheiten eines bestimmten Gebietes erfahren und herausfinden, wo ihre Stärken und Schwächen als Teamlernende liegen. Beim Lernprozeß schneidet ein Team eventuell sogar besser ab als ein Individuum. Dies liegt daran, daß man von Individuen nicht wirklich erwarten kann, daß sie auf jeder Prozeßstufe des Lernens die gleichen Fähigkeiten einbringen können und daß sie daher Einbußen in Kauf nehmen müssen. In einem Team gibt es immer Individuen, die auf unterschiedlichen Stufen Fähigkeiten vorweisen können und so erreichen, daß das gesamte Team über ein gutes Lernpotential verfügt. Wenn die einzelnen Mitarbeiter jedoch nicht in der Lage sind, effizient zusammenzuarbeiten, sind ihre einzelnen Fähigkeiten vergeudet.

Es ist nicht unbedingt einfach zu lernen, wie ein Team zusammenzuarbeiten. Dies liegt daran, daß die Bedürfnisse des Individuums auf diejenigen des Teams treffen. Wie aus Belbins Untersuchungen[14] zum Thema *Team learning* hervorgeht, besteht ein erfolgreiches Team aus Mitarbeitern, die innerhalb des Teams die verschiedensten Rollen einnehmen und ganz unterschiedliche geistige Fähigkeiten besitzen. Überraschenderweise zeigte sich hier, daß Teams, deren Mitglieder allesamt über außerordentliche geistige Fähigkeiten verfügten, nicht besonders effizient funktionierten, da die einzelnen Mitarbeiter in Konkurrenz zueinander standen. In Tabelle 2.4 sind die wichtigsten Rollen von Teammitgliedern aufgeführt, die für eine effiziente Teamarbeit erforderlich sind.

Tabelle 2.4 Belbins Teamrollen

(1)	Der *Vorsitzende* stellt sicher, daß jeder Mitarbeiter sein Potential optimal einsetzen kann. Er ist selbstdiszipliniert und dominant, jedoch nicht dominierend.
(2)	Die *Lenker* halten immer nach Perspektiven Ausschau und versuchen, die Kräfte des Teams in diese Richtung zu lenken. Sie sind extrovertiert, impulsiv und ungeduldig. Sie bringen Unruhe in das Team, sorgen jedoch auch dafür, daß etwas passiert.
(3)	Die *Innovatoren* sind die Lieferanten origineller Ideen. Sie sind kreativ und leidenschaftlich. Sie können Kritik nur schwer annehmen und dürfen nur ganz zart angepackt werden, wenn sie den sprühenden Funken liefern sollen.
(4)	Die *Bewerter* sind gemäßigt und leidenschaftslos. Sie nehmen sich gerne Zeit, um etwas zu analysieren oder sich etwas durch den Kopf gehen zu lassen.
(5)	Die *Organisatoren* machen aus theoretischen Strategien realisierbare Aufgaben, bei denen Menschen wissen, wie sie sie anpacken müssen. Sie sind diszipliniert, methodisch und manchmal unflexibel.
(6)	Die *Abenteurer* bewegen sich oft außerhalb der Gruppe und bringen Informationen und Ideen in sie zurück. Sie schließen leicht Freundschaft und haben jede Menge Kontakte. Sie verhindern ein Stagnieren des Teams.
(7)	Die *Teamarbeiter* sind der Geschlossenheit und Harmonie einer Gruppe zuträglich. Sie kennen die Bedürfnisse von Menschen besser als andere Teammitglieder. Sie sind die aktivsten Kommunikatoren innerhalb der Gruppe und das Fundament, auf dem das Team aufgebaut ist.
(8)	Die *Terminehüter* sind zwanghaft darauf fixiert, Termine einzuhalten. Sie machen sich Sorgen, was alles schiefgehen kann, und sind ständig in Alarmbereitschaft, was sie auch auf andere übertragen.
(9)	Die *Experten* belegen keine bestimmte Teamrolle, sind jedoch oft für das Team unerläßlich, da sie aktuelles Fachwissen und Erfahrungen mit einbringen.

An dieser Stelle muß darauf hingewiesen werden, daß die einzelnen Rollen nicht unbedingt von jeweils einer Person übernommen werden müssen – ein einzelner kann durchaus mehr als eine Rolle spielen. In der Praxis bestehen Teams natürlich nicht immer aus Mitarbeitern, deren Fähigkeiten sich ergänzen. Wenn sich also herausstellt, daß ein Team nicht eine ideale Zusammensetzung von Talenten aufweist, kann es mit Hilfe dieser Tabelle die fehlenden Elemente erkennen und für die unbesetzten Rollen bestimmte Teammitglieder abstellen.

Neben der gemeinsamen Bewältigung von Aufgaben bietet die Arbeit im Team natürlich auch dem einzelnen viele Lerngelegenheiten. Wenn man nun die Mitarbeiter je nach Aufgabe zu unterschiedlichen Gruppen zusammenstellt, kann das individuelle Lernen sich innerhalb der Organisation weiter ausdehnen. Als praktisches Beispiel für ein Zusammenspiel dieser Faktoren wird im folgenden eine kurze Fallstudie vorgestellt.

Fallstudie einer Organisation, die zu lernen lernt

Die Organisation ist dafür bekannt, daß sie sich an vorderster Front bei FM-Entwicklungen befindet. Die Probleme, denen sie sich gegenüber sieht, sind gewissermaßen ein Spiegelbild ihrer Bereitschaft, ja sogar ihres dringenden Wunsches, Leistungen permanent zu optimieren. Der von ihnen verfolgte Leitspruch lautet »Man muß nicht krank sein, um zu gesunden«.

Verschiedene Mitarbeiter des FM-Teams beschäftigten sich lange und sorgfältig mit dem aktuellen FM-Service und stellten fest, daß für die gewünschte Steigerung der FM-Qualität eine neue Organisationskultur erforderlich wäre. Man lokalisierte einzelne Hürden auf diesem Weg, die sich aus dem Organisationszusammenhang und früheren Erfahrungen der Betroffenen ableiten ließen. Tabelle 2.5 faßt diese Hürden zusammen.

Tabelle 2.5 Hürden auf dem Weg zu einer neuen Organisationskultur

Faktor	Beschreibung
Kulturell	Konservative Kräfte werden in der Organisation gefördert. Die FM-Abteilung entstand aus dem Zuständigkeitsbereich des Hausmeisters und Dienstboten. Führungskräfte des FM-Teams sowie die Unternehmensspitze selbst zeigten den Mitarbeitern dann ihre Anerkennung, wenn Probleme passiv gelöst wurden. Negativ wurde bewertet, wenn der Ablauf von Dingen hinterfragt wurde. Es wurde als völlig unpassend empfunden, wenn ein Untergebener seinem Vorgesetzten Verbesserungsvorschläge unterbreitete.
Hierarchie	Die Organisationsstrukturen geben Kompetenzebenen innerhalb der Abteilungen und quer durch Abteilungen vor, so dürfen einfache Angestellte nicht mit leitenden Angestellten anderer Abteilungen sprechen. Erschwerend kommt hinzu, daß man der Meinung ist, daß eine serviceleistende Abteilung der Unternehmensführung "Serviceleistungen" erbringen sollte. Mitarbeiter auf allen FM- und Managementebenen haben ihren Machtbereich auf dieser formellen Kommunikationsbasis aufgebaut.
Arbeitsabläufe	Arbeitsabläufe entstehen im Laufe der Zeit und begründen sich auf Konventionen, Kompromissen, Ritualen, früheren Erfahrungen, bereits bestehenden Abteilungsstrukturen und feststehenden Zuständigkeitsbereichen. Sie haben sich bewährt, funktionieren offensichtlich und sollten daher belassen werden wie sie sind.

Trotz dieser Hürden stand für die FM-Abteilung fest, daß Veränderungen nötig waren. Daher wurde von 1991 bis 1992 ein sogenanntes TQM-Programm durchgeführt, das auf früheren Erfahrungen beruhte und folgende Punkte zum Ziel hatte: Engagement auf Führungsebene, verstärkte Teamarbeit, kontinuierliche Effizienzsteigerung, Schulung, Übertragung der Entscheidungsgewalt, Einsatz von Qualitätsinstrumenten, Leistungs- und Kundenorientiertheit. Zu Beginn des Programms wurde ein erfolgreicher Workshop abgehalten, der bei den Mitarbeitern große Begeisterung hervorrief. Eine Reihe von sogenannten *Process improvement teams* (Teams für die Optimierung von Arbeitsabläufen) wurde zusammengesetzt, welche insgesamt 91 Arbeitsabläufe und 487 Maßnahmen zur Optimierung der Arbeitsabläufe lokalisierten und dokumentierten.

Leider zog das Arbeitsvolumen eine weitgehende Demotivierung der Mitarbeiter nach sich, so daß man kurzerhand daran ging, nur noch an den Maßnahmen für etwa sieben zentrale Arbeitsabläufe zu arbeiten. Nun konnte ein gewisser Erfolg erzielt werden, doch das Gesamtergebnis war lückenhaft. Man schloß daraus, daß der Einsatz der beschriebenen TQM-Instrumente keine anhaltenden Veränderungen bezüglich besserer Teamarbeit oder dem Verhältnis zum Auftraggeber herbeigeführt hatte.

Daher wurde von März 1993 an der Schwerpunkt auf ein anderes Programm gelegt, mit dessen Hilfe eine lernende Organisation geschaffen werden sollte. Die dann unternommenen Maßnahmen beruhten und beruhen noch heute auf dem wirkungsvollen Prinzip »Lernende Individuen«. Die Organisation versuchte so, auf ihren TQM-Erfahrungen aufzubauen, legt nun jedoch mehr Wert auf eine neue Organisationskultur, bei der es in erster Linie darum geht, daß Individuen auf allen Ebenen ein besonderes systematisches Denken erlernen. Einzelne Mitarbeiter werden so mit einem viel größeren Spektrum an Ideen und Lösungen auf den Plan treten, da sie nun über ihre eigene begrenzte Situation hinaus zu schauen gelernt haben. Ziel hierbei ist es, »die lernenden Horizonte« zu erweitern. Als ein Beispiel, das zwar einer niedrigen Ebene in der Unternehmenshierarchie entnommen ist, dessen Aussage aber sehr wichtig ist, kann der Stift betrachtet werden, der *von sich aus* anbot, die Post zu holen.

Ein anderer zentraler Fortschritt ist die Entwicklung der Facility Manager und ihrer Mitarbeiter von konservativen Kräften zu modernen Denkern und Planern. Sie werden nun zum Beispiel keinen Auftrag mehr annehmen, der folgendermaßen lautet: »Wir erwarten, daß jede beliebige Akte uns innerhalb einer Stunde zur Verfügung steht.« Anstatt dessen fragen sie zurück: »Ist dies wirklich nötig? Ist ihnen bewußt, wie kostspielig es ist, diesen Service bereitzustellen?« usw. Anfangs hat dies zu einigen Reibungspunkten geführt, doch in dem Maße, wie die sorgfältige Auseinandersetzung mit den wahren Bedürfnissen der Auftraggeber Früchte zeigt, werden sich die FM-Mitarbeiter ihrer Rolle als Analysierer von Situationen sicherer und die Auftraggeber beginnen, diese als ein unbezahlbares Leistungsangebot zu schätzen.

Wie bereits oben festgestellt, ist individuelles Lernen zwar nötig, reicht jedoch zur Schaffung einer lernenden Organisation nicht aus. Der dazwischen angesiedelte Baustein ist das operative Team, daher werden Teams in FM-Abteilungen nun auf dem Hintergrund von Kolbs Lernzyklus[15] (Abbildung 2.10) beurteilt, um sicherzugehen, daß das gesamte Spektrum der problemlösenden Faktoren vorhanden ist. Auch die Verbindungen zwischen den vier Kreisabschnitten werden kritisch auf ihre Funktionalität hin geprüft, so daß der Lernzyklus störungsfrei von der Wahrnehmung eines Themas über die sorgfältige Beobachtung und die Reflexion bis zur Umsetzung ablaufen kann. Hierbei werden auch Belbins Teamrollen berücksichtigt.

Man weiß heute, daß eine Organisation Kreativität nur dann fördern kann, wenn sie Fehler zuläßt. Dieses Problem wurde auch innerhalb der FM-Abteilung erkannt; der Facility Manager läßt daher seine Teams innerhalb bestimmter Grenzen Fehler – bzw. das, was er subjektiv als Fehler betrachtet – begehen. Sehr oft war er im Recht, doch die wachsende Lernfähigkeit des FM-Teams entschädigt ihn dafür. Und zuweilen ist das Team sogar im Recht, feiert seinen Triumph und legt eine größere Motivation an den Tag als jemals zuvor.

Dieser Fall zeigte sehr anschaulich, daß der Facility Manager bei seiner Entscheidungsfindung eine zusätzliche Dimension in Betracht zieht. Nun wählt er möglicherweise eine besondere Vorgehensweise nicht aus operativen Gründen, sondern weil diese auf längere Zeit gesehen der Lern*fähigkeit* seiner Organisation zuträglich ist. Darüber hinaus ließ sich erkennen, daß es gut ist, Dinge auszuprobieren und – wenn auch zunächst nur in einem kleineren Rahmen – zu experimentieren. Und ohne ein gewisses Risiko bringt eine Investition nur selten hohe Gewinne.

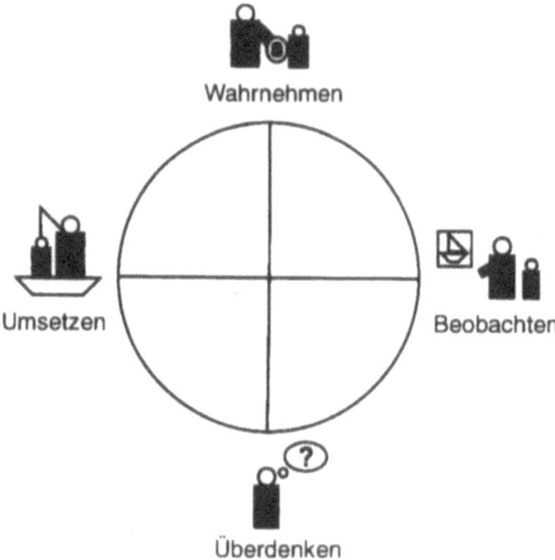

Abbildung 2.10 Kolbs Lernzyklus

2.6 Zusammenfassung und Zusammenspiel der Faktoren

In diesem Kapitel wurden die Möglichkeiten zur Effizienzsteigerung von FM-Leistungen behandelt.

Zusammenfassend kann behauptet werden, daß ein Umfeld geschaffen werden muß, das den Mitarbeitern des FM-Teams anzeigt, was sie tun müssen, um das Kerngeschäft zu unterstützen. *Supple Systems* zeigen in diesem Zusammenhang, wie *Informationen* und Feedback für diesen Zweck gewonnen werden können, und die Aufstellung einer FM-Strategie liefert eine *Richtungsvorgabe*, die sich an den Zielen des Unternehmens orientiert. Diese Mechanismen werden durch Maßnahmen unterstützt, die helfen, aus Mitarbeitern einer Organisation lernende Individuen und Teams zu machen, und sie so ermutigt, *innovativ* zu sein.

Es liegt nun auf der Hand, daß eine Optimierung erst beim Zusammenspiel aller drei Aspekte erreicht werden kann. Es wurde jedoch bereits argumentiert, daß die *Backup*-Information hier den ersten Rang einnimmt, da sie eine Formulierung der Strategie erst ermöglicht und Mitarbeiter motiviert, die Bedürfnisse der Kunden wichtiger zu nehmen. Wenn in einer bestimmten Organisation eine Strategie bereits existiert, kann sie für die anderen Bereiche eine Hilfestellung darstellen. Die Reihenfolge spielt hierbei keine besondere Rolle.

Die hier vertretene Ansicht wird in Abbildung 2.11 veranschaulicht. Die erzielte Leistungssteigerung ist das Produkt von Innovationen auf allen Ebenen des FM-Teams. Jede dieser Ebenen ist durch den Einsatz integrativer *Supple Systems* auf klare strategische Ziele ausgerichtet. Das Endresultat dieser gesteigerten Dynamik ist eine kontinuierlich lernende und innovativ agierende FM-Abteilung, die einen bedeutungsvollen Beitrag zur Formulierung der Kerngeschäft-Strategie leistet.

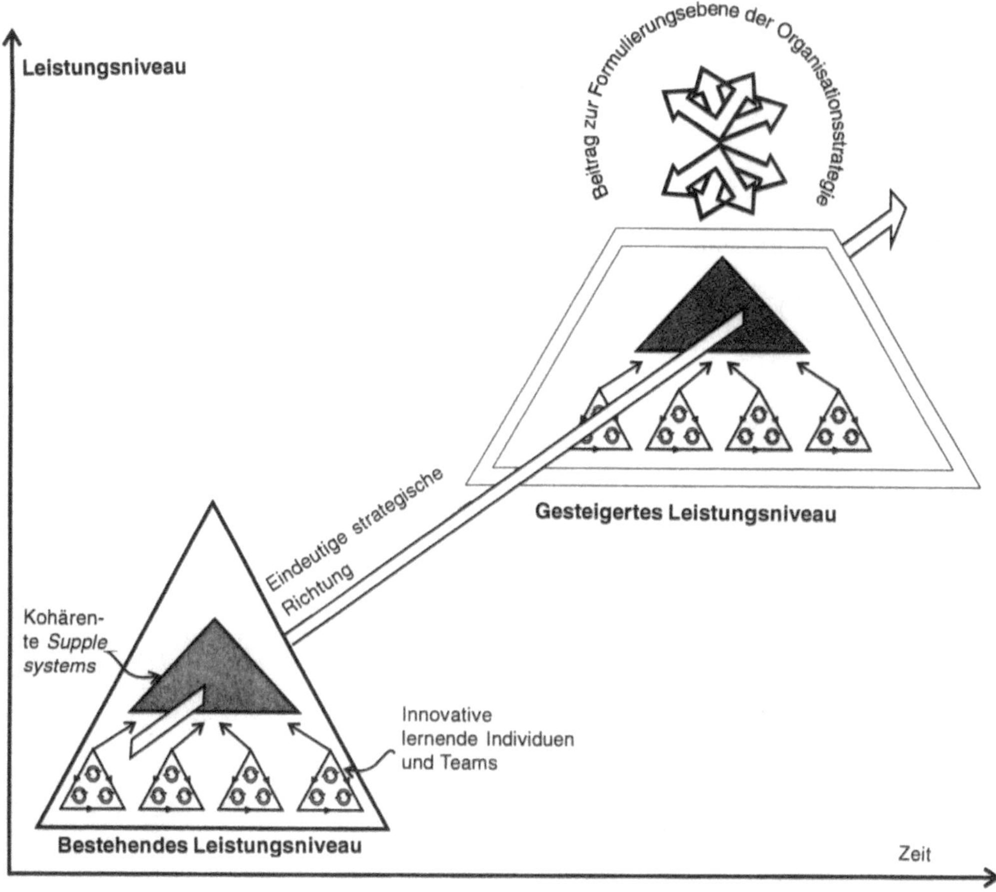

Abbildung 2.11 Steigerung der FM-Leistung

Bis auf allen drei Gebieten Erfolge erzielt werden, wird die Organisation mehrere Jahre benötigen, doch der Lohn ist eine kontinuierliche Effizienzsteigerung im Einklang mit den Forderungen des Kerngeschäfts. Die Folge sind zufriedene Auftraggeber, was wiederum Erfolg und Sicherheit für das FM-Team bedeutet.

2.7 Literatur

1 Gronroos, C. (1984) *Strategic Management and Marketing in the Service Sector*. Chartwell-Bratt, Bromley.

2 ISO (1991) ISO 9004-2: *Quality Management and Quality System Elements - part 2: Guidelines for Services*. International Organization for Standardization, via British Standards Institution, London, as Part 8 of BS 5770.

3 Barrett, P. (1994) *Supply Systems for Quality Management*. RICS Research Paper Series, RICS, London.

4 Kast, F. & Rosenzweig, J. (1985) *Organization and Management: A Systems and Contingency Approach*. McGraw-Hill, New York.

5 Louis, M. & Sutton, R. (1991) Switching cognitive gears: from habits of mind to active thinking. *Human Relations*, 44 (1) 55-76.

6 Barrett, P. (1989) Quality assurance in the professional firm. *Quality for Building Users Throughout the World*, 3 volumes, CIB, I, 181-190.

7 Mintzberg, H. & Waters, J. (1985) Of strategies deliberate and emergent. *Strategic Management Journal*, 6, 257-72.

8 Adapted from: Becker, F. (1990) *The Total Workplace – Facilities Management and the Elastic Organisation*. Van Nostrand Reinhold, New York, p. 81.

9 Argenti, J. (1980) *Practical Corporate Planning*. Allen and Unwin, London.

10 Senge, P. (1990) *The Fifth Discipline: The Art and Practice of the Learning Organization*. Doubleday, USA.

11 Argyris, C. (1982) *Reasoning, Learning and Action: Individual and Organizational*. Jossey-Bass, San Francisco.

12 Byham, W. (1988) *Zapp – The Lightning of Empowerment*. Century Business, London.

13 Honey, P. (1991) The learning organisation simplified. *Training and Development*, July, 30-33

14 Belbin, R. (1981) *Management Teams: Why They Succeed or Fail*. Heinemann, London.

15 Kolb, D. (1976) *The Learning Style Inventory Technical Manual*. MacBer, Boston.

16 Jashapara, A. (1993) Competitive learning system: A way forward in the European construction industry. In: Proceedings of *CIB W-65 Symposium 93: Organisation and Management of Construction – The Way Forward*, Trinidad, September 1993.

17 Revans, R. (1982) The enterprise as a learning system. In: *The Origins and Growth of Action*, Chartwell-Bratt, Bromley.

18 Mumford, A. (1991) Learning in action. *Personnel Management*, July, 34-7.

19 Pedler, M., Burgoyne, J. & Boydell, T. (1991) *The Learning Company*. McGraw-Hill, New York.

20 Easterby-Smith, M. (1990) Creating a learning organisation. *Personnel Review*, 19 (5), 24-8.

21 Nonaka, I (1991) The knowledge creating company. *Harvard Business Review*, November/December.

22 Attwood, M. & Beer, N. (1990) Towards a working definition of a learning organisation. In: *Self-Development in Organisations*, (eds M. Pedler, J. Burgoyne, T. Boydell, G. Welshman). McGraw-Hill, New York.

Anhang: Aktuelle Modelle lernender Organisationen

Die folgende Tabelle basiert auf Jashaparas Beitrag zum Vergleich lernender Organisationen[16] und faßt einige aktuelle Ansätze zum Thema Lernen von Organisationen zusammen.

(1) Lernende Organisation als fünf Disziplinen	
Senge[10]	*Personal mastery* steht für die Entwicklung unserer Fähigkeit zu erkennen, was für uns zum Erreichen unserer persönlichen Vision und der gesteckten Ziele wichtig ist. *Team learning* steht für die Entwicklung unserer Fähigkeit, mit anderen Menschen zu sprechen und ein Gleichgewicht zwischen Dialog und Diskussion zu finden. Bei manchen Entscheidungsfindungsprozessen werden gerne lange Diskussionen geführt, in denen verschiedene Ansichten dargelegt und verteidigt werden. Senge dagegen befürwortet den Dialog, in dem verschiedene Ansichten zwar geäußert werden, jedoch nur zum Zweck, neue Blickwinkel zu finden. *Systems thinking* steht für die Entwicklung unserer Fähigkeit, Teile zusammenzufügen und hinter den einzelnen Teilen das Ganze zu sehen. *Mental models* steht für unsere Fähigkeit, unsere verinnerlichten Bilder zu reflektieren. Hierzu gehört das Gleichgewicht zwischen unseren Fähigkeiten zu fragen und Meinungen zu vertreten, wie auch das Erkennen, wie unsere mentalen Modelle unser Handeln beeinflussen. *Shared vision* steht für ein Gefühl der Solidarität innerhalb einer Gruppe und begründet sich auf dem, was diese Gruppe gerne erreichen möchte. Senge glaubt, daß Führungskräfte bei der Entwicklung lernender Organisationen vor allem durch den Aufbau einer gemeinsamen Vision, die in persönlichen Visionen verwurzelt ist, eine besonders wichtige Rolle spielen.
(2) Lernende Organisation als Lernen durch Handeln	
Revans[17]	Revans erforscht das Phänomen des Unternehmens als lernendes System. Seiner Ansicht nach ist es für eine Organisation von Nutzen, wenn die Mitarbeiter ihre Arbeitssysteme durch den Lernprozeß regelmäßig kritisch betrachten und umstrukturieren. Die Qualität des Lernprozesses werde durch die Moral der Organisation bestimmt. Er wendet folgende Gleichung an: Lernen der Organisation $L = P + Q$, wenn P = programmiertes Lernen (hochspezialisiert) und Q = hinterfragtes Lernen (kritische Fragen stellen). In solchen Organisationen werden ›action learning groups‹ (dt. Arbeitsgruppen mit dem Motto ›Lernen durch Handeln‹) angeboten, in denen Manager lernen können, aktiv und effizient Schritte zu unternehmen, nachdem sie ihre alltägliche Arbeit genau beobachtet und hinterfragt haben. Diese Methode steht im Kontrast zu den traditionelleren Ansätzen, bei denen Manager zwar auch Analysen vornehmen und Empfehlungen aussprechen, selbst jedoch nicht unbedingt tätig werden.
Mumford[18]	Bei Mumford weisen vier 'I' auf die grundlegenden Formen effizienten Lernens durch Handeln hin: *Interaction* (Austausch) mit zentralen Figuren in der Organisation, *Integration* (Integration) der erforderlichen Fähigkeiten und des nötigen Wissens, *Implementation* (Umsetzung von Ideen), für welche Manager persönlich verantwortlich sind, sowie *Iteration* (Fortgang), bei dem das Lernen als ein Prozeß betrachtet wird. Lernen durch Handeln kann ein sehr kostenaufwendiger und zeitintensiver Prozeß sein. Ein Umfeld muß eine gewisse Entwicklung durchschritten haben, um das Lernen durch Handeln mit Hilfe besonderer Einrichtungen fördern zu können, z.B. durch Austausche, Forschungsurlaub, Beratungs- und Schulungsmöglichkeiten.

(3) Lernende Organisation als Bestätigung gewünschter Verhaltensweisen	
Honey[13]	Bei Honeys Methode zur Schaffung lernender Organisationen geht es um die Feststellung eines bestimmten Lernverhaltens, das in einer Organisation gefördert werden muß, und die Ausarbeitung geeigneter Auslöser und Verstärker des gewünschten Verhaltens. Die Bestimmung des jeweiligen Lernverhaltens ist wahrscheinlich bei der Sicherung von Wettbewerbsvorteilen von größter Bedeutung. (In Tabelle 2.3 werden gewollte und ungewollte Verhaltensweisen einander gegenübergestellt.)
(4) Lernende Organisationen als kontinuierlicher Wandel	
Pedler et al[14]	*Strategie* bezeichnet einen Lernansatz mit kleinen Entwicklungsschritten und vielen Feedbackschleifen, mit dessen Hilfe eine kontinuierliche Effizienzsteigerung und die Beteiligung am Kerngeschäft ermöglicht wird. *Looking in* bezeichnet den Einsatz von Informationstechnologie, um Einzelnen zu veranschaulichen, was vor sich geht, und schließt auch den Einsatz des formativen Rechnungswesen und Controlling mit ein, um die internen Auftraggeber bei ihrem Lernprozeß zu unterstützen und sie zu motivieren. Hierzu gehört auch die Entwicklung eines günstigen Umfeldes für die Zusammenarbeit zwischen internen Abteilungen sowie die kritische Untersuchung grundlegender Annahmen und Werte des Belohnungssystems. *Structures* bezeichnet die Notwendigkeit, Rollen und berufliche Werdegänge flexibel zu betrachten, um Experimenten, Wachstum und Anpassungen Raum zu lassen. Looking out bezieht sich auf die regelmäßige Untersuchung und Überprüfung des externen Umfeldes und die Verstärkung gemeinsamen Lernens mit Konkurrenten und anderen Interessierten am ›Gewinn:Gewinn‹ - Lernprozeß. Mit *Learning opportunities* ist ein Klima kontinuierlicher Effizienzsteigerung gemeint, in dem Fehler zugelassen und bei gleichzeitiger Förderung der individuellen Selbstentfaltung sogar gefördert werden.
(5) Lernende Organisation durch Experimentieren	
Easterby-Smith[20]	In den Augen von Easterby-Smith sollten Organisationen Experimente auf vielen Gebieten fördern: bei Mitarbeitern, um ihre Kreativität und ihren Innovationsgeist anzuregen, bei Strukturen, um für neue Flexibilität zu sorgen, bei Belohnungssystemen, damit der einzelne, der ein Risiko eingeht, nicht benachteiligt wird, und bei Informationssystemen, um ungewöhnliche Wege zu beschreiten und den Blick in die Zukunft statt in die Vergangenheit zu richten.
(6) Lernende Organisation als wissenschaffendes Unternehmen	
Nonaka[21]	Nonaka ist der Ansicht, daß die einzige Garantie für Wettbewerbsvorteile im Wissen liegt, nämlich dort, wo erfolgreiche Unternehmen kontinuierlich neues Wissen schaffen, es verbreiten und in ihren Produkten Niederschlag finden lassen. Er unterscheidet zwischen stillschweigendem und explizitem Wissen. Explizites Wissen ist systematisch, formal und leicht weiterzugeben, während stillschweigendes Wissen ein personengebundenes Know-how ist und aus unseren mentalen Modellen besteht. Es ist das stillschweigende Wissen, welches illusorischer ist und in dem all unsere subjektiven Ansichten, unsere Intuitionen und Ahnungen enthalten sind. Nonaka erkennt die kontinuierliche Herausforderung des Wissens, welche darin besteht, daß Firmen immer wieder kritisch untersuchen, was sie als selbstverständlich ansehen. In solchen Organisationen wird wahrscheinlich auch ein guter Teil überflüssiger Informationen zwischen Angestellten ausgetauscht, da häufiger Dialog und Austausch erwünscht ist. Darüber hinaus nehmen die Angestellten wahrscheinlich an einer Art strategischer Rotation teil, so daß sie die Sache, um die es geht, von vielen verschiedenen Perspektiven betrachten und freien Zugang zu Unternehmensinformationen bekommen können. Das Prinzip des ›internen Wettkampfs‹ wird dort angewandt, wo verschiedene Gruppen unterschiedliche Ansätze für dasselbe Projekt erarbeitet haben und die Pluspunkte und Fehler dieser Ansätze miteinande vergleichen.

(7) Lernende Organisationsmodelle, die aus der Praxis entstanden sind	
Attwood and Beer[22]	In ihrer Arbeit über lernende Organisationen weisen Attwood und Beer dem Management eine Rolle zu, die darin besteht, Möglichkeiten für kontinuierliches und fachrelevantes Lernen auf allen Ebenen zu schaffen und durch die daraus resultierenden Entfaltungmöglichkeiten der Mitarbeiter eine Effizienzsteigerung des Unternehmens zu erreichen. Ihrer Ansicht nach könnte die Abteilung Unternehmensentwicklung/Personalwesen ihr Fachwissen über die vielen lernenden Strategien zur Verfügung stellen. In solchen Organisationen teilen sich die Mitarbeiter die Zuständigkeitsbereiche für den Lernprozeß, welcher kontinuierliches und regelmäßiges Feedback mit einschließt. Als Voraussetzung für das Überleben der Organisation wird davon ausgegangen, daß die Lerngeschwindigkeit genauso hoch oder höher ist als die Veränderungen im äußeren Umfeld. Für diese Organisation ist es wichtig, daß entsprechende Strukturen, ein günstiges Klima für das Lernen in den einzelnen Bereichen der Organisation sowie eine Kultur verantwortungsvoll genutzter Freiheit geschaffen werden.

Teil 2

Schlüsselbegriffe des Facility Managements

Kapitel 3

Bestandsaufnahme der Nutzer-Anforderungen

3.1 Einleitung

3.1.1 Zielsetzung des Kapitels

Dieses Kapitel handelt von der Beziehung zwischen Gebäuden und ihren Nutzern. Es will aufzeigen, wie Gebäudeanalysen zur Optimierung der Effizienz einer Organisation genutzt werden können und warum die Benutzer unverzichtbarer Bestandteil dieses Prozesses sind. Den Facility Managern sollen alle Informationen an die Hand gegeben werden, die sie brauchen, um ihre eigenen Gebäudeanalysen vornehmen zu können.

3.1.2 Kontext

Gegenwärtig führen viele Organisationen einen linearen Bauprozeß wie in Abbildung 3.1[1] dargestellt durch. Sie ermitteln ihren Baubedarf und arbeiten die verschiedenen Phasen des Prozesses Schritt für Schritt ab, von der Planungsphase bis zur Belegung der Räumlichkeiten. Dieses Verfahren wird auf jedes weitere Bauvorhaben, das die Organisation eventuell in Angriff nimmt, angewendet. Diese allgemein übliche Vorgehensweise ist aber nicht notwendigerweise die beste. In diesem Kapitel wird aufgezeigt, warum Organisationen statt dessen eine neue Vorgehensweise bei Bauvorhaben (vgl. Abbildung 3.2) anwenden sollten.

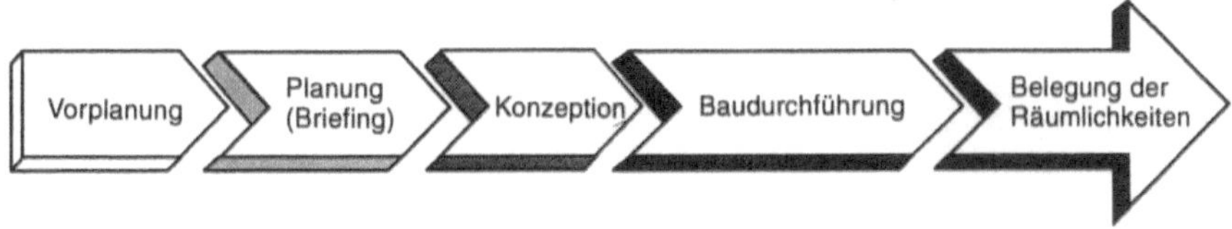

Abbildung 3.1 Herkömmliche Projektdurchführung

Die neue Methode ist zyklisch anstatt linear. Sie deckt sich zwar in fünf Phasen mit dem linearen Prozeß, enthält aber einen entscheidenden Zusatz: die Phase der Evaluierung. Dieser weitere Schritt wurde hinzugefügt, weil Organisationen eine wertvolle Ressource, über die sie unmittelbar verfügen, nämlich ihre Angestellten, nicht nutzen. Kaum eine Organisation befragt ihre Angestellten darüber, ob ein Gebäude ihren Anforderungen genügt, obwohl die Menschen, die das Gebäude tagtäglich benutzen, es am besten beurteilen können. Die zyklische Methode ermutigt die Organisationen dazu, von ihren Angestellten in Erfahrung zu bringen, ob ein Gebäude das leistet, was es leisten sollte. Diese Information kann zu verschiedenen Zwecken genutzt werden: Entweder kann sie in den Entwurf eines neuen Gebäudes einfließen oder als Ausgangspunkt für eine Verbesserung bestehender Gebäude dienen.

»Die Evaluierung ist das fehlende Glied im Planungsprozeß. Evaluierung, Planung und Konzeption sind drei eng miteinander verbundene Tätigkeiten, die Informationen aus der systematischen Betrachtung der Art und Weise beziehen, wie Menschen ein gegebenes Umfeld nutzen. Analyse und Bewertung konkreter Umfelder führen zur konkreteren Planung (*Briefing*).«[2]

Aus diesem Zitat wird deutlich, wie Evaluierung und Planung ineinandergreifen; beide Begriffe bilden daher den Hauptgegenstand dieses Kapitels.

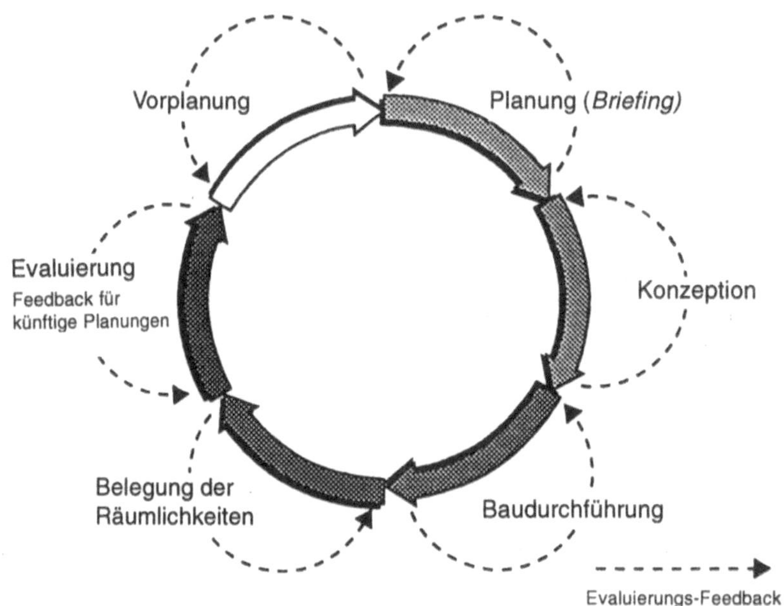

Abbildung 3.2 Zyklische Projektdurchführung

3.1.3 Überblick über die einzelnen Abschnitte

- *Abschnitt 3.1:* Einleitung
- *Abschnitt 3.2:* Dieser Abschnitt führt in das Thema der Gebäudeevaluierung ein. Es wird erörtert, welchen Nutzen Organisationen aus regelmäßig durchgeführten Auswertungen der Ist-Analysen ziehen können. Außerdem wird aufgezeigt, wie wichtig Benutzerwissen ist.
- *Abschnitt 3.3:* Dieser Abschnitt behandelt die Planung. Alle wichtigen planungsrelevanten Fragen werden angesprochen, so daß der Facility Manager grundsätzliche Fehler vermeiden kann. Anschließend wird in diesem Abschnitt untersucht, wie der Planungsprozeß gesteuert werden kann und welche Informationen für eine erfolgreiche Planung erforderlich sind.
- *Abschnitt 3.4:* In diesem Abschnitt werden drei verschiedene Techniken für die *POE*

(*Post-occupancy evaluation*, dt. Analyse nach Belegung der Räumlichkeiten) vorgestellt, die Facility Manager leicht anwenden können.

- **Abschnitt 3.5:** In diesem Abschnitt werden verschiedene Methoden der Datenermittlung betrachtet, die während der Planung und der *POE* angewandt werden können. Techniken der Datenauswertung und der Präsentation werden ebenfalls kurz erläutert.

Fallstudie: Hintergrundinformation

Das Fallstudien-Material stammt aus Untersuchungen über eine Organisation, die auf dem Gebiet der privaten medizinischen Versorgung tätig ist und in ganz Großbritannien mehr als 30 Krankenhäuser besitzt. Facility Management wird auf vier Ebenen der Organisation durchgeführt: Direktionsebene, Unternehmensebene, regionaler Ebene und Krankenhausebene. Im allgemeinen sind der FM-Direktor und die *Corporate facilities group* (FM-Team des Unternehmens) für die Festlegung der FM-Politik zuständig, die regionalen Gruppen koordinieren das tägliche Facility Management, das in den einzelnen Krankenhäusern ihrer Region durchgeführt wird.

Anhand der Fallstudien soll aufgezeigt werden, wie eine bestimmte Organisation an Planungsaufgaben und Gebäudeanalyse konkret herangeht. Die folgenden Zusammenfassungen sollen den Leser mit Hintergrundinformation über die Organisation und diese beiden Themenkreise versorgen.

Planung: Um wettbewerbsfähig zu bleiben und die gesetzlichen Vorschriften der Gesundheitsfürsorge zu erfüllen, muß die Organisation fast ununterbrochen ihren Gebäudebestand erneuern bzw. verändern. Das bedeutet, daß die Organisation bereits mit Planungsaufgaben Erfahrungen gesammelt hat und über die Jahre ihre eigene Planungsmethode entwickelt hat. Anhand dieser Methode, die in der Fallstudie erörtert wird, sollen sowohl empfehlenswerte Planungspraktiken als auch Fehlermöglichkeiten aufgezeigt werden.

Gebäudeevaluierung: Obwohl die Organisation über viel Erfahrung in bezug auf die Planung verfügt, befaßt sie sich erst seit kurzem mit der Gebäudeevaluierung. Daher wird in der Fallstudie besonders darauf eingegangen, aus welchen Gründen die Organisation sich mit der Gebäudeevaluierung befaßt und wie sie durchgeführt wird.

3.2 Die Beziehung zwischen Aufgaben des Facility Managements und Analyse der Nutzer-Anforderungen

3.2.1 Ziele

Facility Manager sollten:

- verstehen, wie Gebäudeevaluierungen zur Effizienz der Organisation beitragen können,
- in der Lage sein, die Bedeutung der Gebäudeevaluierungen anderen Personen innerhalb der Organisation nahezubringen.

3.2.2 Die Bedeutung der Gebäudekonzeption

Die Konzeption eines Gebäudes spielt eine große Rolle, da es von ihr abhängen kann, wie leistungsfähig eine Organisation ist. Zur grundlegenden Funktion eines Gebäudes gehört, daß es den Nutzern die Grundelemente zur Verfügung stellt, die sie für die Ausführung ihrer Tätigkeiten benötigen. Diese Grundelemente sind: Schutz vor Witterungseinflüssen, Licht, Heizung und sanitäre Anlagen. Zusätzlich bieten Gebäude Raumbereiche, durch die bestimmte Tätigkeiten unterstützt und andere behindert werden können. In welchem Maße Bewegungsfreiheit, ungehinderte Kommunikation und Ungestörtheit gegeben sind, hängt ganz von der Gebäudekonzeption ab. Ein Gebäude, das ohne Berücksichtigung dieser grundlegenden Anforderungen konzipiert wird, bietet wahrscheinlich kein gutes Arbeitsumfeld.

Die Konzeption von Arbeitsräumen muß jedoch nicht nur diesen Grundanforderungen genügen. Durch die jüngsten Veränderungen in der Bürotechnik und des Arbeitsklimas sowie des Wertewandels hat sich von den Organisationsstrukturen bis zur Arbeitsweise der Menschen viel gewandelt. Zur Bewältigung dieser Veränderungen sind demnach auch neue Strategien im Management erforderlich. Damit strategische Veränderungen zum Tragen kommen können, muß die Konzeption von Arbeitsumfeldern neu bedacht werden. Arbeitnehmer stellen heute weit höhere Ansprüche an ihren Arbeitsplatz als je zuvor. Das rührt daher, daß sie im Gegensatz zu früher über mehr Bildung und mehr berufliche Mobilität verfügen und stärker technisch orientiert sind. Sie befassen sich heutzutage stärker mit der Qualität des Arbeitslebens, und diese schließt die Gestaltung ihres Arbeitsumfeldes mit ein.

Die Planung des Arbeitsumfeldes wurde in der Vergangenheit relativ einfach gehandhabt. Ausschlaggebend waren die vom Geschäftsführer oder der Organisationsleitung formulierten Anforderungen und nicht die Bedürfnisse der Angestellten. Gebäude wurden so konzipiert, daß die Aufgaben effizient erledigt werden konnten, Bedürfnisse der Angestellten wurden dabei kaum beachtet. Organisationen, die ihre Angestellten nach ihren Vorstellungen fragten, waren dünn gesät.

Dagegen erfordert die Planung der sich heute ständig ändernden Arbeitsprozesse der Organisationen, daß sie die Bedürfnisse ihrer Angestellten gleichermaßen in ihre Überlegungen einbeziehen wie die Ziele der Organisation.

»Die Konzeption des Arbeitsumfeldes muß eine detaillierte Analyse des Unternehmens als soziale Organisation, des Verhaltens des einzelnen innerhalb dieses Sozialgefüges und des baulichen Rahmens beinhalten – ein komplexes System einzelner, miteinander verwobener Komponenten.«[3]

3.2.3 Wert der Benutzerkenntnisse/Einbeziehung der Benutzer

Zwar können Benutzer Druck auf Führungskräfte ausüben, damit diese ihre Anforderungen an die Gebäudekonzeption berücksichtigen, eine Organisation sollte sich jedoch darüber im klaren sein, daß ihr aus einer Beteiligung ihrer Angestellten an der Gebäudegestaltung eindeutige Vorteile entstehen. Und zwar hauptsächlich in zweierlei Hinsicht:

- Organisationsentwicklung
- Verbesserung der baulichen Anlagen

Organisationsentwicklung: Durch Beteiligung werden die Benutzer dazu ermutigt, Entscheidungen über ihr eigenes Arbeitsumfeld zu treffen. Angestellte machen die Erfahrung, daß ihr Standpunkt Beachtung findet, was das Gefühl der persönlichen Verantwortung fördert. Dadurch sind die Angestellten stärker motiviert, ihre Arbeit gut zu machen. Wenn die Benutzer in die Konzeption eines Objekts miteinbezogen werden, kann das zu einem besseren Verständnis und höherer Akzeptanz der endgültigen Gestaltung beitragen. Im Gegensatz dazu kann ein Übergehen der Angestellten ablehnende oder feindliche Gefühle gegenüber dem neuen Arbeitsumfeld und den dafür Verantwortlichen fördern.

Verbesserung der baulichen Anlagen: Es liegt auf der Hand, daß Benutzer einiges über die Gebäude wissen, in denen sie arbeiten. Sie können sachkundig Auskunft über die gebäudetechnischen und operativen Funktionen eines baulichen Objekts geben. Daher ist es sinnvoll, sie in die Planung von Renovierungs- und Modernisierungsmaßnahmen oder von neuen Gebäuden einzubeziehen. Beim Erfassen des Ist-Zustands können die Benutzer die Problembereiche benennen, die sich auf ihre Tätigkeit ungünstig auswirken und den Führungskräften damit die notwendigen Informationen für Verbesserungen an die Hand geben. Gleichzeitig helfen die Benutzer der Organisation, bei der Planung neuer Gebäude Kosten einzusparen, indem sie deutlich machen, welche Konzeptionen in der Vergangenheit Probleme verursacht haben.

3.2.4 Die Bedeutung von Gebäudeevaluierungen für Organisationen

Wie bringen Organisationen in Erfahrung, ob ihre Gebäude und Anlagen ihren Zielen und den Anforderungen der Benutzer förderlich sind? Der Schlüssel hierfür liegt in der regelmäßigen Durchführung von Gebäudeevaluierungen. In vielen Organisationen sind jedoch die Bewertungsmethoden nicht besonders gut entwickelt. Organisationen verfügen oft bei einzelnen Geräten – wie beispielsweise einem Fotokopiergerät – über weit mehr Informationen als in bezug auf ihre Gebäude. Organisationen, die ihre sonstigen Vermögenswerte relativ gut verwalten, können häufig mit nur sehr wenig Informationen über die Effizienz ihrer Gebäude aufwarten. So ist es durchaus möglich, daß Organisationen, die über Daten für einzelne Bereiche wie die Energiekosten verfügen, keine Informationen darüber haben, wie sich die Effizienz der Energieversorgung auf das Wohlbefinden der Beschäftigten auswirkt. Und selbst wenn Organisationen über solche Informationen verfügen, ist es unwahrscheinlich, daß sie es schon einmal versucht haben, von ihrem aktuellen Bedarf ausgehend ihren geschätzten mittelfristigen Bedarf zu ermitteln.

Die Erkenntnis, daß Gebäude die Effizienz von Organisationen und das Wohlbefinden der Beschäftigten beeinflussen können, macht die Einführung einer routinemäßig durchgeführten Gebäudebewertung zu einer dringenden Aufgabe.

»Gebäude und Anlagen stellen ein neues, bislang ungenutztes Gebiet zur Optimierung der Effizienz einer Organisation dar.«[4]

3.2.5 Facility Management und Gebäudeevaluierung

Verständlicherweise kann die Gebäudeevaluierung am besten von der Abteilung durchgeführt werden, die für die Gebäudeverwaltung einer Organisation zuständig ist, nämlich von der FM-Abteilung. Alle Dienstleistungsgruppen innerhalb von Organisationen sind heutzutage aufgefordert, darzulegen, wie ihre Arbeit der Organisation hilft, ihre Ziele zu erreichen. Bei den meisten Organisationen machen die Gebäude und Anlagen einen wesentlichen Bestandteil der Vermögenswerte, aber auch einen wesentlichen Anteil der laufenden Kosten aus. Deshalb müssen Facility Manager ihre Ausgaben offenlegen und begründen.

Wenn das FM-Team über keine zuverlässigen und vergleichbaren Daten bezüglich Effizienz und Kosten der Gebäudeverwaltung verfügt, ist es in seiner Fähigkeit, die allergrundlegendsten Entscheidungen zu treffen, wie auch in seiner Fähigkeit, seine Forderungen stichhaltig zu begründen, beeinträchtigt. Außerdem kann es ohne solche Informationen seine Effizienz schwer nachweisen. Der Rechenschaftsbericht gegenüber der Geschäftsleitung ist leichter und überzeugender, wenn Folgen von Entscheidungen aufgezeigt werden können. Das FM-Team sollte beispielsweise in der Lage sein nachzuweisen, daß neue Planungsprozesse und -verfahren bzw. Richtlinien für die Raumaufteilung die Kosten oder die Renovierungshäufigkeit verringert und außerdem dazu beigetragen haben, das Gebäude besser an die Veränderungen innerhalb der Organisation, einen neuen Führungsstil oder eine drastische Veränderung der Unternehmensgröße anzupassen.

3.2.6 Einsatz und Nutzen von Gebäudeevaluierung

Gebäudeevaluierungen bieten Organisationen Gelegenheit, unter verschiedenen Gesichtspunkten zu prüfen, inwieweit ein bestimmtes bauliches Objekt ihren Anforderungen genügt. Im allgemeinen dienen Bewertungen zweierlei Zielen:

- die bestehende Situation zu verbessern; bekannt unter dem Begriff *Post-occupancy evaluation* (Abk. *POE*, dt. Analyse nach Belegung der Räumlichkeiten)
- einen Beitrag zur Konzeption künftiger Gebäude, auch Planung oder *Briefing* genannt, zu leisten.

Diese beiden Begriffe werden in Abschnitt 3.3 und 3.4 eingehend behandelt; die nachfolgende Liste von Anwendungsmöglichkeiten möchte lediglich eine Vorstellung von der Vielfalt individueller Situationen vermitteln, in denen Gebäudebewertungen zum Tragen kommen können.

Gebäudeevaluierungen können wertvolle Hilfen bieten, wenn Organisationen schrumpfen oder expandieren, wenn sie renovieren, modernisieren oder neu bauen. Wenn sie sich zwischen Leasing oder dem Kauf neuer Gebäude und Anlagen entscheiden müssen, sind Leistungs-und Kostendaten von unschätzbarem Wert. Sie können eine Vorstufe für die Architektenplanung darstellen und als Leitfaden bei der Suche nach der geeigneten Konzeption verwendet werden. Die Entscheidung darüber, welchen Bedarf ein neues Gebäude decken soll, ist schwer zu treffen, wenn noch nicht einmal festgestellt worden ist, worüber ein Unternehmen gegenwärtig verfügt.

Für die langfristige Strategieplanung liefert die Gebäudeevaluierung Informationen darüber, wie Gebäude beschaffen sein müssen, damit sie sich den künftig erwarteten Entwicklungen der Organisation anpassen können. Kenntnisse darüber, welche Gebäude den Anforderungen schlecht und welche ihnen besser entsprechen, sind für die langfristige Strategie von großer Bedeutung.

Entscheidungen im Bereich der Raumbelegungsverwaltung erfordern vergleichbare sowie zuverlässige Daten. Welche Gebäude oder Gebäudeteile des aktuellen Bestands sind für bestimmte Unternehmensbereiche am besten geeignet? Welche Gebäude decken den Bedarf dieser Abteilung für die kommenden Jahre am besten ab, so daß Arbeitsunterbrechungen und Kosten, die mit Umzügen oder Renovierungsarbeiten verbunden sind, minimiert werden?

Gebäude-Leistungsdaten können ebenfalls für Entscheidungen im Zusammenhang mit dem Gebäudebetrieb und der Instandhaltung von Nutzen sein. Welche Gebäudetypen oder -ausrüstungen erfordern den geringsten Instandhaltungsaufwand, gewährleisten die effizienteste Energieversorgung und sind am wenigsten stör- und reparaturanfällig? Welche lassen sich am leichtesten reinigen? Welche Reinigungs- und Instandhaltungsstrategien sind für bestimmte Gebäudetypen am besten geeignet?

Die aufgeführten Beispiele vermitteln eine Vorstellung von den verschiedenen Möglichkeiten, eine Gebäudeanalyse nutzbringend einzusetzen. Ihre Ergebnisse können für bereits bestehende Gebäude, künftige Planungen bzw. die Ermittlung der Kosten oder der Zufriedenheit der Benutzer verwendet werden.

Fallstudie: Nutzen der Evaluierung

Die Organisation war in den letzten Jahren in viele Bauprojekte involviert, die sowohl Renovierungs- und Modernisierungsmaßnahmen als auch Neubauten zum Gegenstand hatten. Die Vorgehensweise war insofern typisch, als sich die Projektleiter nach Abschluß der Bauarbeiten stets direkt ihrem nächsten Projekt zuwandten. Traten nach der Inbetriebnahme Probleme auf, setzte sich ein Angestellter des Krankenhauses mit dem Projektleiter in Verbindung, und die Störung wurde so gut wie möglich behoben. Formale Verfahren zur Erfassung solcher Störungen existierten nicht, und deshalb machten die verschiedenen Projektleiter ähnliche Fehler bei anderen Projekten wieder. Das konnte nur deshalb passieren, weil die Organisation bei Baumaßnahmen ein lineares Vorgehen verfolgte, anstatt ein zyklisches, das es der Organisation ermöglicht hätte, aus ihren Fehlern zu lernen.

In informellen Gespräche innerhalb der FM-Abteilung wurde deutlich, daß das fehlende Feedback kostspielig werden konnte. Wenn man auftretende Probleme nicht schnell erkannte, konnten sie sich in den anderen dreißig Krankenhäusern wiederholen. Daher wurde beschlossen, ein formelles Evaluierungsprogramm zur Erkennung und Erfassung von Fehlern auf die Beine zu stellen, um eine Wiederholung der Fehler zu vermeiden. Außerdem sollten diese Gutachten dazu dienen, erfolgreiche Konzeptionen besonders herauszustellen, damit sie wieder verwendet würden. Der Facility Manager machte den Vorschlag – ausgehend von den im Zuge der Evaluierung gesammelten Daten – Richtlinien für die Erstellung eines Modellkrankenhauses auszuarbeiten, an denen alle künftigen Neubau- und Renovierungsprojekte gemessen werden könnten.

Kommentar

Ursprünglich hatte sich die Organisation dazu entschlossen, ein Evaluierungsprogramm auf die Beine zu stellen, um zu vermeiden, daß kostspielige Fehler bei der Planung weiterer Krankenhäuser wiederholt würden. Die Facility Manager stellten jedoch fest, daß die Evaluierungen nicht nur über negative sondern auch über positive Aspekte Aufschluß boten, also multifunktional waren.

3.3 Planung *(Briefing)*

3.3.1 Ziele

Facility Manager sollten dazu in der Lage sein:

- eventuelle Kommunikationsprobleme zu erkennen, die den Planungsprozeß behindern können, und ihnen abzuhelfen
- den Planungsprozeß erfolgreich zu leiten
- die Informationen auszumachen, die zur Erstellung des Anforderungskatalogs benötigt werden

3.3.2 Bedeutung des *Briefing* (Planung)

Jede Organisation kommt früher oder später zu dem Punkt, an dem sie es für notwendig erachtet, einen Anforderungskatalog an sein Gebäudekonzept zu erstellen. Das mag zum Beispiel dadurch ausgelöst werden, daß ein Unternehmen neue, speziell konzipierte Gebäude und Anlagen erstellen oder die bereits existierenden Räumlichkeiten optimieren möchte. Wie in Abschnitt 3.2 erläutert, zählt die Gebäudekonzeption zu den Faktoren, die die Leistungsfähigkeit einer Organisation stark beeinflussen. Wenn also neue Bauvorhaben geplant werden und die Organisation ihr Geld in ein Gebäude investiert, das ihren Anforderungen entsprechen soll, sollte Zeit und Arbeit in den Planungsprozeß investiert werden.

Ein Anforderungskatalog beinhaltet im mindesten eine Zusammenstellung der Kunden-Forderungen an ein neues Gebäude, an ein Renovierungs- und Modernisierungsvorhaben oder eine Raumgestaltung, in jedem Fall aber mehr als nur eine Auflistung des Flächenbedarfs. Wenn als Planungsergebnis ein Gebäude entstehen soll, das in jeder Hinsicht den Erwartungen entspricht, müssen darüber hinaus noch andere Aspekte berücksichtigt werden, die sich folgendermaßen untergliedern lassen:

- Kommunikation und Beziehung zwischen den Beteiligten
- Leitung des Planungsprozesses
- Informationsfluß während des Planungsprozesses

Diese drei Aspekte werden im folgenden eingehender betrachtet.

3.3.3 Kommunikation und *Briefing* (Planung)

Viele Probleme während des Planungsprozesses sind auf eine schlecht funktionierende Kommunikation zwischen den Beteiligten zurückzuführen. Es kommt zu Mißverständnissen zwischen Auftraggebern und Planern, was letztendlich dazu führen kann, daß das fertiggestellte Gebäude den Erwartungen des Auftraggebers nicht entspricht. Die folgende Auflistung stellt eine Art Leitfaden dar und macht verschiedene Vorschläge, wie man die am häufigsten auftretenden Kommunikationsprobleme lösen oder von vorne herein vermeiden kann.

Konflikte durch die Organisationsstruktur des Auftraggebers

Die Bezeichnung ›Auftraggeber‹ ist irreführend, da sich dahinter in Wirklichkeit meist nicht eine Person, sondern eine ganze Organisation, die sich aus verschiedenen Einheiten zusammensetzt, verbirgt. Ein Anforderungskatalog muß demnach die Forderungen jeder einzelnen Abteilung berücksichtigen, wenn das Projekt erfolgreich abgewickelt werden soll. Angesichts der Vielzahl der Beteiligten befürchten Architekten bzw. Projektplaner möglicherweise, daß sie widersprüchliche Informationen erhalten. Darum empfiehlt es sich, daß die Organisation einen Vertreter bestimmt, der für die Koordinierung aller Anforderungen des Auftraggebers zuständig ist. Diese Aufgabe kann am besten ein Facility Manager wahrnehmen.

Kenntnisstand des Auftraggebers

Mangelnde Erfahrung des Auftraggebers ist ein weiterer Punkt, der Schwierigkeiten verursachen kann. In mehreren Untersuchungen wurden die Kommunikationsmuster zwischen Auftraggebern und Fachleuten während des Planungsprozesses analysiert.[5-7] Dabei wurde festgestellt, daß der Beitrag, der von den Parteien bei den Planungsgesprächen geleistet wurde, in erheblichem Maße davon abhing, wieviel Erfahrung der Auftraggeber bereits im Bauwesen gesammelt hatte. In Fällen, in denen er bei Projektbeginn noch nicht über einschlägige Erfahrungen verfügte oder noch nie etwas mit dem Baugewerbe zu tun hatte, war die Tendenz zu beobachten, daß der Berater (Architekt, Baukostensachverständiger, Bauingenieur usw.) die Gespräche dominierte. Bei den bauerfahrenen Auftraggebern dagegen waren die Rollen vertauscht. Es ist also wichtig, zu Beginn eines Vorhabens festzustellen, über wieviel Erfahrung ein Auftraggeber bereits verfügt. Bei Verhandlungen mit einem Auftraggeber ohne einschlägige Erfahrung muß der Berater, um Mißverständnissen vorzubeugen, darauf achten, daß die Beteiligten eine gemeinsame Sprache sprechen.

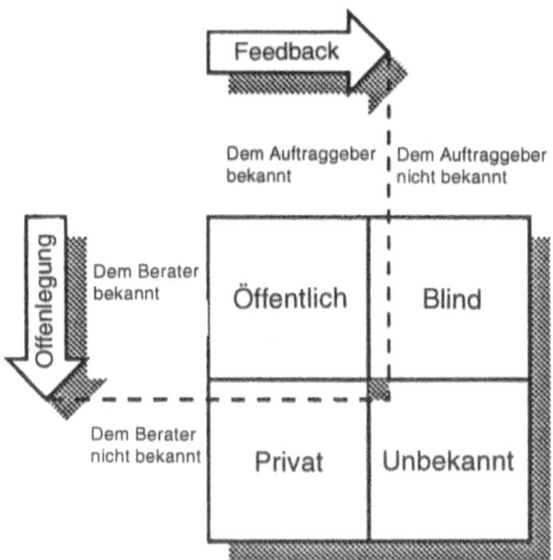

Abbildung 3.3 Johari Window für den Planungsprozeß

Welcher Nutzen durch eine verbesserte Kommunikation zwischen den Beteiligten erreicht werden kann, ist in Abbildung 3.3 mit Hilfe des *Johari Window*[8] dargestellt.

Der ›öffentliche‹ Ausschnitt steht für die Anforderungen, die der Auftraggeber dem Planungsteam zu Beginn spontan mitteilt. Der ›blinde‹ Ausschnitt stellt den Bedarf des Auftraggebers dar, den der Berater (Architekt, Ingenieur usw.) im partnerschaftlichen Dialog mit dem Auftraggeber feststellt. Der ›private‹ Ausschnitt steht für die Informationen, die der Auftraggeber – absichtlich oder unabsichtlich – nicht offenlegt, bis sich eine solide Vertrauensbasis gebildet hat. Der ›unbekannte‹ Ausschnitt deckt die Informationen ab, die anfangs beiden Parteien verborgen sind, die aber, ist eine gute Arbeitsbeziehung erst einmal hergestellt, in gemeinsamen Gesprächen von selbst an den Tag kommen. Je mehr Informationen ein Berater über einen Auftraggeber hat, desto klarer wird wahrscheinlich der endgültige Anforderungskatalog sein, da er speziell auf seine Organisation zugeschnitten sein wird.

Bildung eines Planungsteams

Da Gebäude zu immer komplexeren Gebilden werden, wird es immer unwahrscheinlicher, daß eine einzelne Person über das gesamte Wissen verfügt, um Planung und Konzeption eines neuen Gebäudes bewältigen zu können. Daher werden die meisten Projekte von Planungsteams bearbeitet, insbesondere auch wenn Anforderungen verschiedener Beteiligter von seiten des Auftraggebers befriedigt werden müssen. Planungsteams werden zahlenmäßig immer stärker, daher ist die Kommunikation innerhalb des Teams genauso wichtig wie die Kommunikation zwischen Planern und Auftraggeber. Folgende Berufsgruppen können während des Planungsprozesses konsultiert werden:

- Architekten
- Projektleiter
- Baukostenexperten
- Bauingenieure
- Städteplaner
- Maschinenbauingenieure
- Vermessungsingenieure
- Elektrotechnikingenieure
- Innenarchitekten
- Landschaftsarchitekten

Die Wahl des Planungsteams hat entscheidenden Einfluß auf den Projekterfolg. Die Auftraggeber sollten sich die Zeit nehmen, ein geeignetes Team zusammenzustellen und versuchen, im Team eine Ausgewogenheit von Fachkompetenz und Teamfähigkeit herzustellen.

»Primäres Ziel der Auftraggeber sollte sein, zunächst den eigenen Bedarf zu ermitteln und dann ein Planungsteam aufzustellen, das ihre ›Philosophie‹ vertritt. Auftraggeber, die ein Team wählen, das die Dinge ganz anders sieht, als sie selbst, laufen Gefahr, daß sich die Dinge in eine ganz andere Richtung entwickeln und sie durch die Aktivität des Planungsteams in den Hintergrund gedrängt werden. Der Auftraggeber hat die Wahl und sollte sie für sich nutzen.«[9]

Mangelnde Einbeziehung der Endverbraucher

An dem Bauprozeß sind normalerweise drei Parteien beteiligt: Planer, Auftraggeber und Benutzer. Herkömmlicherweise fließt die Kommunikation zwischen Benutzern und den anderen beiden Parteien nur spärlich.[10] Planer und Auftraggeber treffen die Entscheidungen für die Benutzer, ohne sich eigens darüber zu beraten. Daher überrascht es nicht, daß die Benutzer häufig der Meinung sind, das neue Gebäude entspreche nicht ihren tatsächlichen Anforderungen. So werden nach Abschluß eines Bauvorhabens Nachbesserungen vorgenommen, die als zusätzliche Kosten zu Buche schlagen. Daraus hat man die Schlußfolgerung gezogen, daß die Benutzer in den Planungsprozeß einbezogen werden sollten. Es wurden zahlreiche Planungsvorhaben, bei denen die Benutzer an der Gebäudeevaluierung beteiligt waren, untersucht. Daraus hat sich ergeben, daß die Benutzer im allgemeinen mit Gebäuden zufriedener waren, wenn sie am Entscheidungsprozeß beteiligt worden waren.[7]

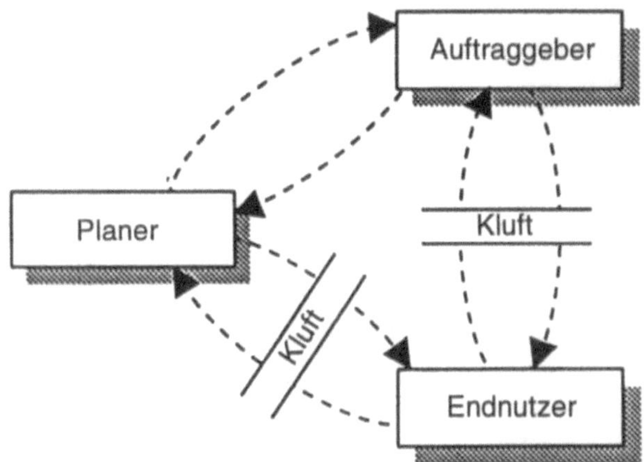

Abbildung 3.4 Die Kluft zwischen Planer-Vorstellungen und Benutzeranforderungen

Zusammenfassung

(1) Innerhalb der FM-Abteilung ist eine Person als Projektleiter zu benennen. Letzterer ist dafür zuständig, alle Anforderungen des Auftraggebers zu koordinieren und die Verbindung zu den Beratern herzustellen. Dadurch wird vermieden, daß die Berater widersprüchliche Informationen erhalten.

(2) Falls der Facility Manager nicht über Erfahrungen im Bauwesen verfügt, sollte er sicherstellen, daß die Berater dies wissen. Der Facility Manager darf jedoch in keinem Fall zulassen, daß die Berater die Kontrolle über das Vorhaben übernehmen und die Organisation im schlimmsten Fall ein Gebäude erhält, daß für ihren Bedarf ungeeignet ist.

(3) Der Facility Manager sollte das Planungsteam sorgfältig auswählen und sicherstellen, daß jedes Teammitglied seinen Aufgabenbereich genau kennt.

(4) Der Facility Manager sollte sicherstellen, daß die Benutzer befragt werden, damit das neue Gebäude bzw. die renovierten Räume sowohl ihren Anforderungen als auch denen der Führungsebene entsprechen.

Fallstudie: Kommunikation

In den letzten Jahren hat die Organisation mit einer Reihe von Bauberatern zusammengearbeitet. Da Krankenhäuser Spezialgebäude sind, bestand die Unternehmenspolitik darin, gute Berater, die schon mit den Besonderheiten der Planung im Bereich der Medizinischen Versorgung vertraut waren, erneut zu beauftragen. Da jedoch die Beraterfirmen nur im Abstand von einigen Jahren konsultiert wurden, waren die einzelnen Berater früherer Projekte häufig nicht mehr greifbar, weil sie in der Zwischenzeit zu anderen Beratungsfirmen gewechselt hatten. Die neuen Berater mußten daher wiederum den gleichen Lernprozeß durchlaufen.

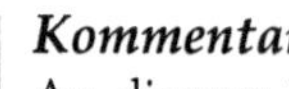 **Kommentar**
An diesem Beispiel wird deutlich, welch wichtige Rolle die Kommunikation innerhalb des Planungsteams spielt. Die Organisation hat sich darauf verlassen, daß die
Beraterfirmen über die erforderlichen Kenntnisse verfügten, tatsächlich verfügten jedoch nur einzelne Berater über sie.

3.3.4 Verwaltung des Planungsprozesses

Das *Briefing* (Planung) ist kein von vorne herein festgelegter Ablauf. Jeder, der mit der Erstellung von Anforderungskatalogen zu tun hat, hat einen etwas anderen Ansatz oder
setzt unterschiedliche Akzente. Außerdem stellt jedes Projekt andere Anforderungen,
deshalb muß ein Planungsmodell jeweils an die besondere Situation angepaßt werden.
Dies läßt sich an folgenden Beispiele veranschaulichen:

- Herkömmlicher Planungsprozeß
- Stufenförmiger Planungsprozeß

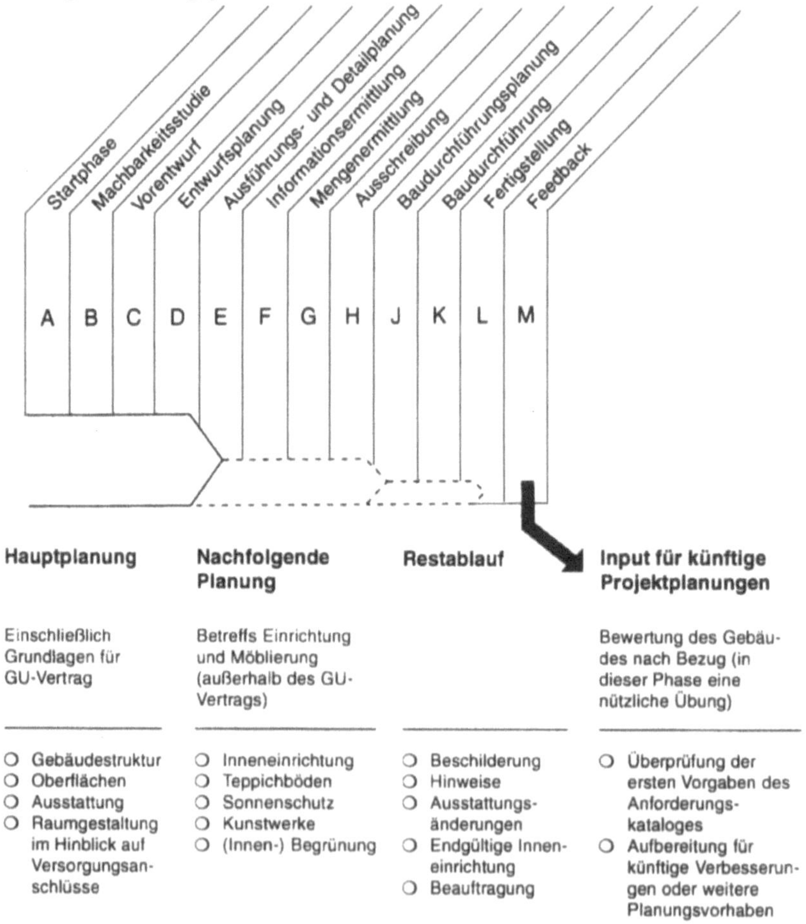

Abbildung 3.5 Erstellung des Anforderungskataloges gemäß RIBA-Arbeitsplan

Herkömmlicher Planungsprozeß

Der in Abbildung 3.5 aufgeführte *RIBA*-Arbeitsplan stellt den Bauprozeß und den mit ihm verbundenen Planungsprozeß dar, der im Vereinigten Königreich allgemein Anwendung findet (andere Länder wenden ähnliche Verfahren an).[10]

Demnach wird die Planung hauptsächlich in den vier Anfangsphasen entwickelt: Startphase, Machbarkeitstudie, Vorentwurfs- und Entwurfsplanung. Welche Schritte die einzelnen Phasen umfassen, geht aus Tabelle 3.1 hervor.[11]

Für die Auftraggeber und Facility Manager stellt der *RIBA*-Arbeitsplan eine wertvolle Arbeitshilfe dar, da er die einzelnen Schritte erläutert, die sie vollziehen sollten. Die vorgeschlagene Methode ist jedoch nicht sehr realistisch. Aus ihr geht nicht deutlich genug hervor, daß der Auftraggeber dazu angehalten werden sollte, regelmäßige Bewertungen durchzuführen.

Nachträgliche Änderungen oder Bewertungen werden zwar erwähnt, es wird aber nicht darauf hingewiesen, daß der Auftraggeber möglicherweise in einem relativ fortgeschrittenen Planungsstadium gezwungen sein könnte, einige seiner Forderungen zu überdenken. Eine völlige Übereinstimmung zwischen der Konzeption eines Gebäudes und dem Anforderungskatalog läßt sich nicht immer erreichen. Es können Konflikte zwischen Platzanforderungen auftreten oder das Budget läßt es möglicherweise nicht zu, alle Leistungsanforderungen in die Tat umzusetzen.

Außerdem ist zu bedenken, daß die Benutzer durch die Ermittlung von Planungsdaten dazu angeregt werden, sich über ihre Arbeitssituation Gedanken zu machen. Beispielsweise könnten die Benutzer beim Nachdenken über ihre Anforderungen sich die Frage stellen, wie sinnvoll ihre Arbeitsorganisation eigentlich ist und sich dazu entschließen, Arbeitsabläufe zu verändern. Wird dann der Anforderungskatalog wie in unserem Beispiel zu früh festgeschrieben, kann das dazu führen, daß keine größeren Veränderungen in den

Tabelle 3.1 Ablaufschema gemäß Phase A - D des RIBA-Arbeitsplanes

Aufgabe des Auftraggebers	Material für den Anforderungskatalog	Aufgaben des Fachberaters
Stufe A: Startphase		
• Feststellung des Baubedarfs • Einrichtung einer Unterstützungsstruktur (Arbeitsgruppe, Ausschuß oder Vertretung) • Ernennung der Berater • Beginn der Gespräche mit den Beratern • Bereitstellung von Informationen für den allgemeinen Anforderungskatalog	• Dokumentation der Vorgänge, die für die Durchführung der Baumaßnahme entscheidend waren • Detaillierte Informationen über den Auftraggeber, die Beratungsfirmen und das Personal • Terminplan für das Projekt *Entwurf des Anforderungskatalogs* • Entscheidungen über Vorgehensweise • Projektziel und Aufgabenstellung • Nähere Informationen über den Standort und die Dienstleistungen • Grundlegende Information über die Gebäudeanforderungen und das Kostenlimit	• Vorgespräche mit Beratung und Bewertung von Gebäuden oder Standorten • Überprüfung des Entwurfs für den Anforderungskatalog

<table>
<tr><td colspan="3">Stufe B: Machbarkeitsstudie</td></tr>
<tr>
<td>

- Durchführung von Benutzerstudien
- Prüfung der Ergebnisse der Machbarkeitsstudien, der Analysen und Berichte
- Entwurfsvorbereitung

</td>
<td>

- Möglichst detaillierte Zusätze/Ergänzungen zum Anforderungskatalog in bezug auf Standortbedingungen, Platzbedarf, interne Abhängigkeiten und Aktivitäten, Innenausstattung, operative Faktoren
- Genauere Informationen über die Finanzplanung des Auftraggebers

</td>
<td>

- Begutachtung und Überprüfung von Standort und örtlicher Lage
- Konsultierung von Behörden
- Durchführung von Machbarkeitsstudien und Untersuchungen über die Leistungsmerkmale des Anforderungskatalogs
- Beratung über die Einhaltung der Kosten- und Zeitvorgaben
- Erarbeitung erforderlicher Informationen, Anleitung und Unterstützung bei der Ermittlung von Planungsdaten

</td>
</tr>
<tr><td colspan="3">Stufe C: Vorentwurf</td></tr>
<tr>
<td>

- Entgegennahme und Bewertung von Entwürfen und Berichten
- Entgegennahme und Genehmigung der Planungsentwürfe und des Kostenrahmens

</td>
<td>

- Änderungen und Ergänzungen des Anforderungskatalogs als Ergebnis der Bewertungen
- Fertiggestellte Raumdatenblätter

</td>
<td>

- Erste Entwurfszeichnungen zu Analysezwecken
- Vervollständigung der Planungsentwürfe und des Kostenplans
- Abschluß der informellen Verhandlungen mit den Behörden

</td>
</tr>
<tr><td colspan="3">Stufe D: Entwurf</td></tr>
<tr>
<td>

- Entgegennahme und Genehmigung (bei positiver Bewertung) der gesamten Entwurfs- und Kostenplanung
- Anweisungen für die Vorbereitung der Präsentationszeichnungen
- Anträge auf behördliche Genehmigung

</td>
<td>

- Ergänzungen und detailliertere Beschreibungen
- Darstellungen u.a. für Möblierung und Ausstattung von Sonderräumen und -bereichen

</td>
<td>

- Vorbereitung der gesamten Entwurfsplanung und Kostenermittlung
- nach Genehmigung: Vorbereitung der Präsentationszeichnungen, perspektivischen Darstellungen und/oder Gebäudemodelle
- Einholen der Zustimmung zur Planung

</td>
</tr>
<tr><td colspan="3">Nach Abschluß von Stufe D sollten Anforderungskatalog und Entwurfsplanung vollständig übereinstimmen.</td></tr>
</table>

Arbeitsabläufen mehr vorgenommen werden können. Bei dieser Methode wird der Auftraggeber dazu angehalten, so früh wie möglich ein Maximum an Informationen zu sammeln. Der Anforderungskatalog kann dadurch zu schnell ins Detail gehen. Zu detaillierte Anforderungskataloge können jedoch kreative Lösungen, die in einem frühen Planungsstadium nicht absehbar waren, verhindern.

Tabelle 3.1 enthält Lösungsvorschläge für diese Problematik.

Stufenförmiger Planungsprozeß

Diese Methode sieht Schritte vor, die mit der herkömmlichen vergleichbar sind, die Bedeutung der Evaluierung wird jedoch explizit gemacht. Die stufenförmige Methode wurde vom *Stichting Bouwresearch* (dt. Forschungsstelle für Bauwesen) in Rotterdam als Ergebnis eines Forschungsprojekts über kundenbezogene Planung entwickelt.[12] Das grundlegende Prinzip dieses Systems besteht darin, daß die Planung in jeder Phase jeweils nur ein Minimum an Information enthält, gerade soviel, wie notwendig ist, um die nächste Planungs-

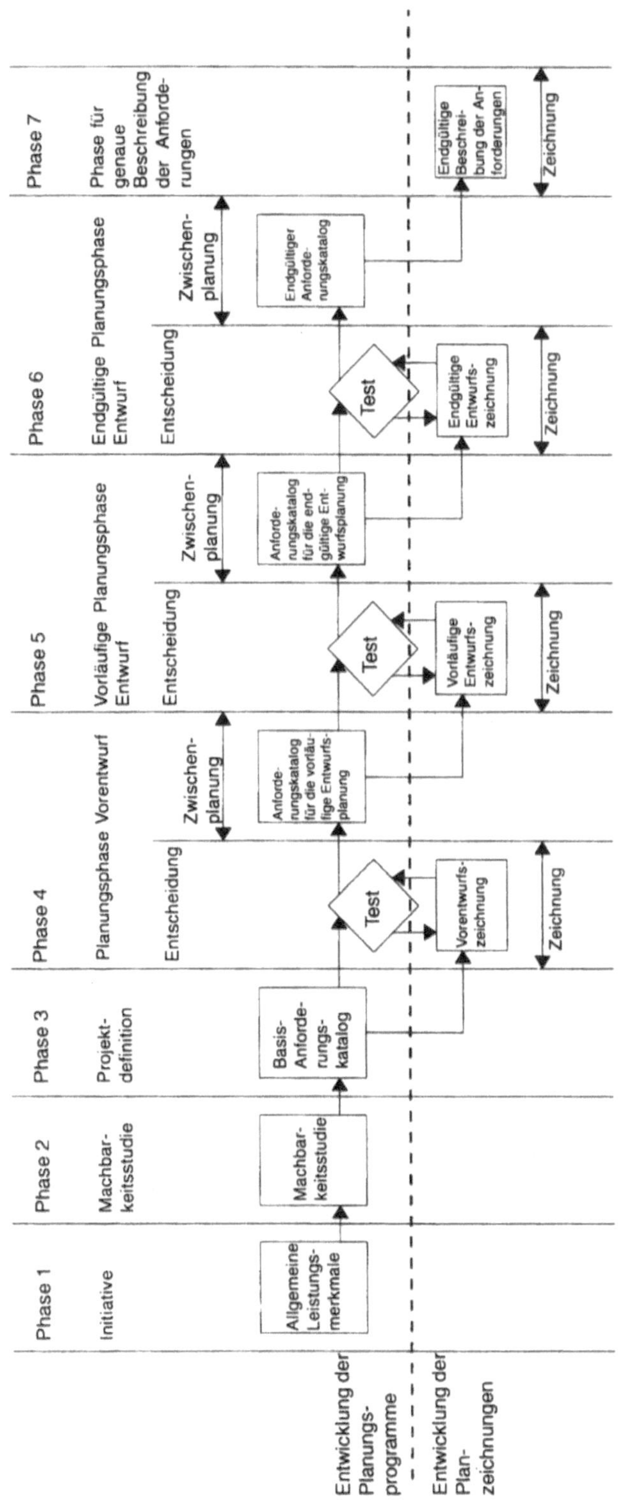

Abbildung 3.6 Stufenförmiger Planungsprozeß

stufe zu erreichen. Dadurch ist das Projekt in der Anfangsphase noch sehr allgemein gehalten und wird mit jeder Phase zunehmend ausgearbeitet (vgl. dazu Abbildung 3.6). Für den Aspekt Standort/Raumbeziehungen bedeutet das zum Beispiel, daß in den einzelnen Phasen folgende Punkte betrachtet werden:

- *Phase 1:* Beziehung vorgeschlagener Standort – übrige Stadt
- *Phase 2:* Beziehung vorgeschlagener Standort – unmittelbare Nachbarschaft
- *Phase 3:* Beziehung der Abteilungen untereinander
- *Phase 4:* Beziehung der Personen und Räume innerhalb einer Abteilung
- *Phase 5:* Beziehung Mobiliar – Arbeitsbereich

Eine solche stufenförmige Entwicklung bietet eine Reihe von Vorteilen für Auftraggeber und Benutzer. Die Unterteilung in mehrere Phasen ermöglicht es den Beteiligten, sich nach und nach mit Problemstellungen vertraut zu machen und neue Möglichkeiten, die Neubauten oder renovierte Gebäude ihnen bieten können, zu erkennen, auch im Hinblick auf Optimierungen der eigenen Organisationsstrukturen. Außerdem können Benutzer und Auftraggeber ihre Anforderungen in strategisch günstigen Momenten einbringen, anstatt gezwungen zu sein, alle Möglichkeiten bereits in der Startphase zu berücksichtigen.

Dies einzelnen Stufen des Planungsprozesses müssen genau eingehalten werden; es ist unbedingt zu vermeiden, daß Auftraggeber Forderungen zum falschen Zeitpunkt einbringen. Wenn Entscheidungen in wichtigen Planungsfragen getroffen worden sind, sollten sie nicht mehr geändert werden. Um den Planungsablauf überwachen zu können, müssen die richtigen Fragen zum richtigen Zeitpunkt gestellt werden. Diese Vorgehensweise entspricht einem wechselseitigen Austausch von Interessensvertretungen. Bei der stufenweisen Planung haben Auftraggeber und Nutzer Gelegenheit, das neue Gebäude mehrfach zu beurteilen und, falls notwendig, Änderungen vorzunehmen, bevor die Planung endgültig feststeht.

Zusammenfassung

Der Facility Manager sollte ein stufenweise gegliedertes Planungsprogramm durchführen, bei dem die Planung regelmäßig überprüft wird, damit sichergestellt ist, daß in jeder Phase die Planung mit den Anforderungen der Organisation übereinstimmt.

Fallstudie: Verwaltung des Planungsprozesses

Die folgende Beschreibung gibt einen Überblick über den Ablauf eines Planungsprozesses der betreffenden Organisation. Die verschiedenen Planungsphasen sind in Abbildung 3.7 dargestellt.

Im Normalfall *stellt* der Krankenhausdirektor den Bedarf *fest* (1), das Krankenhaus zu optimieren, und kontaktiert die Facility Manager auf Regionalebene, um mit ihnen den erforderlichen Umfang der Arbeiten zu besprechen. Ihre Vorschläge werden dem *Corporate Facility Manager* (dt. etwa: Facility Manager auf Unternehmensebene) übermittelt, der einen *Projektleiter* (2) bestimmt. Dieser erarbeitet zusammen mit dem Krankenhausdirektor die *Machbarkeitsstudie,* in der auch der finanzielle Aufwand aufgezeigt wird (3).

Nach Verabschiedung der Machbarkeitsstudie erstellt der Projektleiter mit Unterstützung des Krankenhausdirektors und der Oberschwester ein *allgemeines Strategie-*

papier, in dem beschrieben wird, welche Teile des Krankenhauses aus welchem Grund (4) verändert werden sollen.

Danach finden Gespräche mit den betreffenden Abteilungsleitern statt, damit der Projektleiter sich eine Übersicht über die Aktivitäten der verschiedenen Abteilungen machen kann. Ein Strategiepapier wird verfaßt, aus dem hervorgeht, wie die Abteilung funktionieren soll. Der Projektleiter erarbeitet dann den grundlegenden Anforderungskatalog, der in einer Reihe von Sitzungen getestet wird, um sicherzustellen, daß der Lösungsansatz grundsätzliche Zustimmung findet (5).

Anschließend werden die Abteilungsleiter aufgefordert, die Raumdatenblätter für ihre Abteilung auszufüllen, aus denen der Bedarf an Räumen und Ausstattung hervorgeht. Der Projektleiter prüft diese Anforderungen anhand eines Dokuments, das *Health Building Notes* (dt. etwa: Richtlinien zu baulichen Einrichtungen im Bereich der medizinischen Versorgung) genannt wird, in dem sowohl empfohlene Abmessungen für bestimmte Räume als auch Vergleiche mit bestehenden Krankenhäusern aufgeführt sind. Alle Informationen fließen dann in den vorläufigen Anforderungskatalog ein, auf dessen Grundlage der Projektleiter eine vorläufige Entwurfszeichnung anfertigt, aus der Lage und Abmessungen der Räume hervorgehen (6).

In dieser Planungsphase lassen die Abteilungsleiter relevante Teile des Anforderungskatalogs am Schwarzen Brett aushängen, damit die Angestellten ihre Meinung zu den Vorschlägen äußern können. Falls erforderlich, wird der Katalog ergänzt und in eine *endgültige Fassung* gebracht. Erst in dieser Phase wird ein Architekt hinzugezogen, der Präsentationszeichnungen erstellt. Außerdem wird ein Baukostenexperte zu Kostenfragen konsultiert (7).

Der endgültige Anforderungskatalog und die Entwurfszeichnung werden dann auf Regional- und Unternehmensebene zur Revision vorgelegt. Werden sie genehmigt, wird die Entwurfszeichnung zur *Vorbereitung der Ausschreibung* im Detail ausgearbeitet (8).

Kommentar

Die Organisation hat über mehrere Jahre hinweg ein Verfahren entwickelt, einen Anforderungskatalog in mehreren Stufen zu erstellen, was gewährleistet, daß die Standpunkte aller Beteiligten berücksichtigt werden. Folgt der Projektleiter dieser Vorgehensweise, wird er nicht mehr auf einmal mit allen Informationen überladen. Die Beschäftigten haben in der dafür geeigneten Phase Gelegenheit, ihre Meinung zu äußern. Zur allgemeinen Strategieplanung dürfen sich nur der Krankenhausdirektor und die Abteilungsleiter äußern, während das Pflegepersonal in bezug auf die Funktion spezieller Räumlichkeiten befragt wird. Dieses Vorgehen ist mit dem an anderer Stelle beschriebenen stufenförmigen Planungsprozeß vergleichbar.

3.3.5 Während des Planungsprozesses benötigte Informationen

Wenn die Vorgehensweise für die Planung feststeht, muß festgelegt werden, welche Daten ermittelt werden müssen. Jedes Bauvorhaben stellt andere Anforderungen, manchmal möchte eine Organisation nur ihre bestehenden Büroräume renovieren, manchmal soll ein anspruchsvolles Bauwerk für den neuen Hauptsitz entstehen. In beiden Fällen muß eine bestimmte Menge an Daten erhoben werden, um einen guten Anforderungskatalog erstellen zu können, damit die Organisation das Gebäude erhält, das ihren Erwartungen entspricht. Dieser Abschnitt stellt eine Art Leitfaden für die Informationsermittlung dar, die Facility Manager während des Planungsprozesses durchführen sollten.

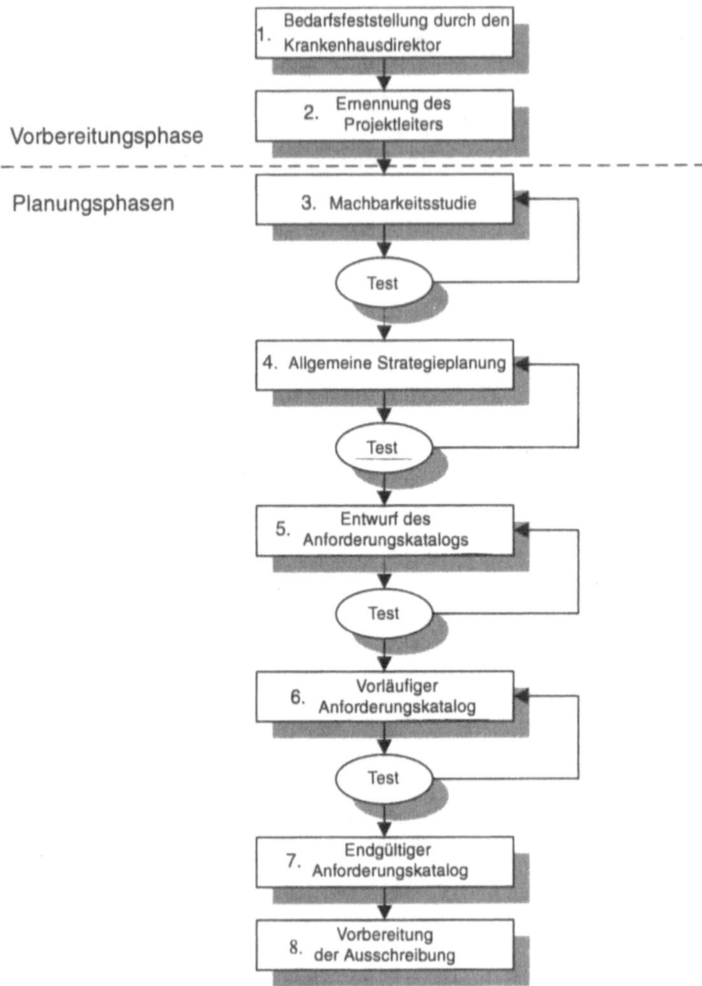

Abbildung 3.7 In Fallstudie angewandte Planungsmethode

Es werden vier Bereiche unterschieden, für die möglicherweise Informationen gewonnen werden müssen:

- Organisationsbelange
- Äußere Einflüsse
- Der Einzelne und sein Arbeitsstil
- Räumliche Gegebenheiten

Diese Bereiche werden in Tabelle 3.2 detailliert dargestellt. Die Listen erheben keinen Anspruch auf Vollständigkeit, sie sind vielmehr als Erinnerungsstütze oder Checkliste gedacht, mit deren Hilfe man sich vergewissern kann, daß kein Punkt vergessen worden ist. Künftiger Bedarf sollte ebenso bedacht werden wie die aktuellen Bedürfnisse.

Es soll an dieser Stelle darauf hingewiesen werden, daß unterschiedliche Methoden der Informationsermittlung existieren. Da es sich dabei um die gleichen Methoden handelt, die auch für die Evaluierung angewendet werden, sind die entsprechenden Beispiele erst in Abschnitt 3.5 beschrieben.

Der Auftraggeber dürfte in der Lage sein, zu den meisten Punkten die benötigten Informationen selbst zusammenzutragen. Für bestimmte Spezialbereiche dürfte es jedoch erforder-

Tabelle 3.2 Daten, die während der Planung zu sammeln sind

Organisationsbelange
• *Künftige Pläne/ Ziele:* Welche Pläne hat die Organisation für die Zukunft? Sind bereits Initiativen ergriffen worden, von denen die Angestellten keine Kenntnis haben? Erwägt die Geschäftsführung Strukturanpassungen innerhalb der Organisation, die einen Arbeitskräfteabbau nach sich ziehen? Wenn ja, wie wird sich dies auf den Flächenbedarf auswirken?
• *Feststehende Zwänge:* Welche Entscheidungen stehen bereits vor Planungsbeginn fest? Welche Geldmittel stehen für das Projekt zur Verfügung? Welche Zeitspanne ist für das Projekt vorgesehen? Wieviele Menschen sollen im Gebäude untergebracht werden? Wird das alte Mobiliar weiterverwendet? Eine Aufstellung der bereits getroffenen Entscheidungen wird es den Facility Managern ermöglichen, sich auf die Bereiche zu konzentrieren, in denen Entscheidungen noch ausstehen.
• *Unternehmenskultur:* Jede Organisation hat eine andere Unternehmenskultur, die die Arbeitsweise der Organisation beeinflußt. Diese Unternehmenskultur zeigt sich im täglichen Tun der Führungskräfte und der Beschäftigten: darin, wie die Beschäftigten miteinander interagieren, wer welche Entscheidungen trifft, wie die einzelnen ihre Zeit/ihren Raum nutzen. Sie liefert den Schlüssel für Befragunge beispielsweise im Hinblick darauf, ob ähnliche Meinungen geäußert werden oder ob widersprüchliche Standpunkte eingenommen werden. Auch die Methoden der Informationserhebung können von ihr abhängen. In einem Unternehmen kann es sinnvoll sein, Informationen aus Einzelbefragungen zu benutzen, in anderen dagegen wird man sich üblicherweise auf die Ergebnisse quantitativer Untersuchungen stützen.
• *Organisationsstruktur:* Das Planungsteam muß wissen, wie eine Organisation strukturiert ist. Welche Entscheidungen werden auf welcher Ebene getroffen? Wer ist wem Rechenschaft schuldig? Diese Informationen können ausschlaggebend dafür sein, von welchen Personen zu welchen Fragestellungen Daten ermittelt werden.
• *Angestellte:* Voraussagen über die mittelfristige Beschäftigtenzahl stellen natürlich eine Notwendigkeit dar. Es ist jedoch auch hilfreich zu wissen, welche Art von Beschäftigten in einer Organisation arbeiten. Sind die Angestellten Fachkräfte, die sehr hohe Erwartungen an ihren Arbeitsplatz haben?
• *Image-Erwartungen:* Organisationen möchten der Außenwelt gegenüber vielleicht ein besonderes Image vermitteln und stellen daher bestimmte ästhetische Anforderungen an ihr Firmengebäude.
Äußere Einflüsse
• *Gesetze und Vorschriften:* Es ist erforderlich, alle Rechtsvorschriften zu kennen, die sich auf die Konzeption eines Gebäudes auswirken können. Dazu gehören u. a. Bebauungspläne, Umweltgesetzgebung und Brandschutzbestimmungen.
• *Neue Technologien:* Die Technologie ist einem ständigen Wandel unterworfen. Was heute Standard ist, kann morgen schon überholt sein. Organisationen sollten in ihre Überlegungen miteinbeziehen, welche Änderungen in den nächsten Jahren zu erwarten sind, damit die Konzeption des neuen Gebäudes eine Anpassung an den Wandel gestattet, ohne daß größere bauliche Veränderungen vorgenommen werden müssen.
• *Erwerbstätigenstruktur:* Voraussagen nach ist in den nächsten zehn Jahren ein Wandel der Erwerbstätigenstruktur zu erwarten. So wird es wahrscheinlich mehr weibliche Erwerbstätige geben, was vielleicht zu erhöhten Sicherheitsanforderungen am Arbeitsplatz führen wird. Andererseits kann eine Zunahme an älteren Arbeitnehmern dazu führen, daß Belange wie Gesundheit, Fitneß, Beleuchtung und Raumtemperatur berücksichtigt werden müssen.
• *Aktionen und Absichten des Wettbewerbs:* Wie steht die Organisation im Vergleich mit ihren Wettbewerbern da? Sind ihre Gebäude und Anlagen in bezug auf die Aufgabenerfüllung besser ausgestattet? Wenn ja, wäre es dann auch denkbar, daß sie Kunden bzw. Angestellte anziehen? Man kann auch aus den Erfahrungen des Wettbewerbs lernen; hat sich sein Service durch sein neues Gebäudemanagement verbessert?

Der Einzelne und sein Arbeitsstil

- *Arbeitsplatzanalyse:* Was machen die einzelnen Angestellten genau? Arbeitsplatzbeschreibungen sind nützlich, wenn man nachvollziehen will, wie die Angestellten innerhalb einer Organisation arbeiten.
- *Zufriedenheit am Arbeitsplatz:* Wie zufrieden sind die Beschäftigten mit ihrer momentanen Umgebung? Ermöglicht ihnen ihr unmittelbares Arbeitsumfeld, effizient und produktiv zu arbeiten oder haben sie nur gelernt, sich an eine Umgebung anzupassen, die von Anfang an schlecht konzipiert war?
- *Kommunikation und Abteilungsanordnung:* Wer kommuniziert mit wem, wo, wann und wie oft? Unterstützt das Umfeld die Kommunikation oder behindert es sie eher? Sind die richtigen Abteilungen/Leute nebeneinander untergebracht?
- *Anforderungen an Fläche, Mobiliar und Ausstattung:* Welche Möbel und Ausstattung braucht der einzelne, um seine Aufgabe zu erfüllen? Wurde für die einzelnen Aufgaben genügend Fläche reserviert?

Räumliche Gegebenheiten

- *Vorhandene Baupläne:* Sie stellen ein nützliches Vergleichsinstrument dar. Sie können dazu dienen, den vorgeschlagenen Flächenbedarf mit der bisherigen Flächennutzung zu vergleichen. Kann eine Abteilung ihren Wunsch nach doppelt soviel Fläche wie bisher rechtfertigen?
- *Flächenstandards:* Der Flächenbedarf aller geplanten Bereiche sollte erfaßt werden. Räume für übergeordnete Zwecke, wie Besprechungszimmer, Aufenthaltsräume usw. dürfen nicht vergessen werden.
- *Mobiliar und Ausstattung:* Können Teile des existierenden Mobiliars im geplanten neuen Gebäude wiederverwendet werden? Welche können in ihrer jetzigen Form Verwendung finden, welche müssen umgearbeitet werden?
- *Informationstechnologie: Bestand, Art und Vielseitigkeit:* Auch hier ist eine Inventarliste erforderlich, um den aktuellen Bestand festzustellen. Was soll in das neue Gebäude mit umziehen? Sind für bestimmte Geräte besondere Raumbedingungen erforderlich?
- *Verkehrsflächen:* Dieser Punkt bezieht sich auf Menschen und Objekte. Wie breit müssen die Flure sein? Krankenhausflure müssen beispielsweise breit genug sein, um Kranke problemlos transportieren zu können. Wie sieht es mit Rampen, Treppenhäusern, Aufzügen und Lastenaufzügen aus?
- *Verkehr und Parkplätze:* Wie häufig finden Lieferungen statt? Wird eine spezielle Laderampe benötigt? Wieviele Parkplätze werden für die Angestellten benötigt? Wieviele Beschäftigte benutzen die öffentlichen Verkehrsmittel?
- *Infrastruktur des Umfelds:* Informationen über die Gegend, in der das Gebäude entsteht, sind entscheidend dafür, welche Dienstleistungen am Standort selbst angeboten werden. Es ist auch wichtig zu wissen, welche Änderungen die Umgegend in nächster Zeit erfahren wird. Ist ein öffentlicher Parkplatz geplant? Gibt es in der Umgebung so viele Restaurants, Cafés oder Imbißstände, daß eine Cafeteria im Haus kaum in Anspruch genommen würde?
- *Gebäudegestaltung:* Faktoren in bezug auf die bevorzugte Form, Größe, Materialien, Farbe, Proportionen und Stil eines Gebäudes (Innen- und Außengestaltung).

---

lich sein, auf das Know-how von Fachberatern zurückzugreifen. Diese Bereiche sind in Tabelle 3.3 aufgeführt, so daß der Auftraggeber sicherstellen kann, daß sie berücksichtigt werden.

Tabelle 3.3 Informationen, die vom Fachplaner in der Planungsphase berücksichtigt werden müssen

---

Vom Fachmann zu berücksichtigen

- *Lastannahmen:* Nutzlasten, Windlasten, maximale Toleranzen für Bauteildeformationen
- *Brandschutz:* Rechtsvorschriften; Fluchtwege, Feuerlöschanlagen und -ausrüstungen; Eindämmung der Flammenausbreitung
- *Kontaminationsschutz:* Belüftung, Feuchtigkeit, Abdichtungen gegen Kontamination und andere Verunreinigungen, Sicherheitseinrichtungen
- *Heizen/ Kühlen:* Thermische Faktoren, Temperaturanforderungen
- *Beleuchtung:* Natürliche und künstliche Beleuchtung, Notbeleuchtung, Anzeigenbeleuchtung
- *Schalldämmung und Raumakustik:* Faktoren, die die Schalldämmung beeinflussen; Lärmschutz
- *Energiebedarf:* erforderliche Medien, Notstromversorgung, Bedarf an Solarenergie
- *Wartungsbedarf:* Wartungsprogramme, Bau-, Material- und Anlagenqualität.

Zusammenfassung

(1) Der Facility Manager muß für die folgenden vier Bereiche Informationen sammeln:
(a) Organisationsbelange
(b) Äußere Einflüsse
(c) Der Einzelne und sein Arbeitsstil
(d) Räumliche Gegebenheiten
(2) Der Facility Manager muß prüfen, ob Fachplaner alle relevanten Spezialinformationen geliefert haben.
(3) Er muß sicherstellen, daß die erhobenen Daten Aufschluß über den künftigen wie über den aktuellen Bedarf geben.

Fallstudie: Ermittlung von Planungsdaten

Um zu gewährleisten, daß Dienstleistungen im Haus optimal erbracht werden, begutachten die Krankenhausdirektoren ständig ihre Einrichtung, um festzustellen, welche Bereiche optimiert werden können. In einem besonderen Fall wurde es für einen Krankenhausdirektor einmal immer schwieriger, genügend Personal für die beiden Operationssäle seines Hauses zur Verfügung zu stellen, die separat mit Personal versorgt werden mußten, da sie übereinander lagen. Die FM-Abteilung wurde damit beauftragt, das Problem zu untersuchen und Lösungen vorzuschlagen. Während ihrer Untersuchungen entdeckte sie, daß das örtliche *National Health Hospital* einen Reinluftbereich besaß, eine Einrichtung, über die das betreffende Krankenhaus nicht verfügte. Die FM-Abteilung machte deshalb den Vorschlag, daß zum Erhalt der Wettbewerbsfähigkeit eine solche Einrichtung zusätzlich zu jedweder Renovierungs- und Modernisierungsmaßnahme geschaffen werden müsse.

Kommentar

Dieses Beispiel macht deutlich, daß externe Faktoren genauso berücksichtigt werden müssen wie interne. Wenn die Organisation diesen Bedarf an einem Reinluftbereich nicht erkannt hätte, hätten Fachärzte ihre Patienten in Zukunft womöglich nur noch ins *National Health Hospital* überwiesen.

3.4 Post-Occupancy Evaluation (POE – Analyse nach Belegung der Räumlichkeiten)

3.4.1 Ziele

Facility Manager sollten:

- eine Vorstellung davon haben, welche Einsparungspotentiale für eine Organisation in der Durchführung von Gebäudeevaluierungen liegen
- in der Lage sein, sich die nötigen Kenntnisse anzueignen, um selbständig Gebäudeevaluierungen durchführen zu können.

3.4.2 Gebäudeevaluierungs-Systeme

Es gibt verschiedene Methoden der Gebäudeevaluierung, die sich prinzipiell in zwei Kategorien unterteilen lassen: benutzer- oder expertenbezogene Systeme. Das erste System nimmt die Gebäudebenutzer zum Ausgangspunkt für die Bewertung, wie gut sich ein Gebäude für ihre Zwecke eignet. Methoden dieser Art werden auch *Post-Occupancy Evaluation* (Analyse nach Belegung der Räumlichkeiten) genannt. Das zweite System beruht auf einer Begutachtung durch Sachverständige und deckt logischerweise mehr Bereiche ab, unter anderen: Bereitstellung von Informationstechnologie, Expansion der Organisation, Änderungen des Arbeitsstils der Beschäftigten, Energieeffizienz.

Da dieses Buch auf empfehlenswerte Praktiken im Facility Management ausgerichtet ist, werden in diesem Abschnitt nur *POE*-Methoden beschrieben, die im Gegensatz zu den Bewertungsmethoden, welche die Fachplaner anwenden, von der FM-Abteilung selbst eingesetzt werden können. Facility Manager sollten jedoch wissen, daß auch hier Unterstützung seitens Experten gebraucht werden kann, wenn nämlich durch die *POE* Probleme zutage treten, für deren Lösung Fähigkeiten benötigt werden, die nur außerhalb der Organisation zu finden sind.[13] Es wurden mehrere verschiedene Expertensysteme entwickelt, eine Auswahl davon wird in *The Total Workplace*[3] beschrieben.

3.4.3 POE-Methoden

Die Gebäudebenutzer beklagen sich häufig darüber, daß ihr Arbeitsplatz nicht so konzipiert ist, daß er all ihren Arbeitsanforderungen entspricht. Gebäude werden von Experten konzipiert, die davon überzeugt sind, zu wissen, auf welche Weise Menschen Gebäude nutzen. Leider trifft das aber nur selten wirklich zu, und oftmals übersehen die Planer Einzelheiten, die für die Benutzer wichtig wären. Bei der *Post-Occupancy Evaluation*-Methode wird der Schwerpunkt auf die Zufriedenheit der Benutzer gelegt.

Tabelle 3.4 Nutzen der POE

Kurzfristiger Nutzen
• Gebäudeprobleme werden erkannt und gelöst.   • Vorausschauendes Facility Management, das innerhalb kurzer Zeit auf Benutzervorstellungen reagieren kann.   • Optimierte Flächennutzung und Feedback über die Gebäudeleistung.   • Positive Einstellung der Gebäudebenutzer durch ihre aktive Einbeziehung in den Evaluierungsprozeß.   • Verständnis für die Auswirkungen von Mittelkürzungen auf die Leistungsfähigkeit.   • Fundiertere Entscheidungen und besseres Verständnis der Auswirkungen von Gebäudekonzeptionen.
Mittelfristiger Nutzen
• Anpassung an Veränderungen und Expansion der Organisation einschließlich Umnutzungen bestehender Gebäude sind bereits vorgesehen.   • Signifikante Einsparungen bei der Projektdurchführung und während des gesamten Lebenszyklus' eines Gebäudes.   • Die Verantwortlichkeit für die Gebäudeleistung liegt bei professionellen Planern und Eigentümern.
Langfristiger Nutzen
• Die Gebäudeleistung wird langfristig optimiert.   • Datenbanken, Standards, Kriterien und Leitfäden für die Planung werden optimiert.   • Die Meßbarkeit der Gebäudeleistung wird durch die Quantifizierung verbessert.

Die *Post-Occupancy Evaluation (POE – Analyse nach Belegung der Räumlichkeiten)* umfaßt mindestens eine formelle Bewertung eines Gebäudes nach seiner Fertigstellung durch seine Benutzer und dient der Erkennung von Bereichen, die die Benutzeranforderungen nicht erfüllen. Seiner Bezeichnung zum Trotz ist die *POE* auch ein nützliches Instrument für die Planung neuer Gebäude und Anlagen, da die durch die Analyse gewonnenen Daten auch für den Planungsprozeß eines neuen Gebäudes genutzt werden können (vgl. Abschnitt 3.2).

Der durch Anwendung der *POE* erzielte Nutzen macht sich kurz-, mittel- und langfristig bemerkbar (siehe Tabelle 3.4)[14]

Es sind viele verschiedene *POE*-Methoden entwickelt worden. Die folgenden drei Beispiele haben wir ausgewählt, weil sich an ihnen die verschiedenen Techniken und Einsatzmöglichkeiten der *POE* zeigen lassen. Anhand dieser Beispiele dürfte der Facility Manager in der Lage sein, seine eigene *POE* durchzuführen.

- Partielle Beteiligung der Benutzer
- Vollständige Beteiligung der Benutzer
- *POE* durch Führungskräfte

Partielle Beteiligung der Benutzer

Das folgende Modell wurde von Preiser *et al.*[13] entwickelt. Bei diesem *POE*-Modell werden die Benutzer nur partiell in den Evaluierungsprozeß einbezogen. Die Evaluierung wird von erfahrenen Fachleuten vorgenommen, und die Benutzer beteiligen sich nur daran, wenn sie von den Fachleuten dazu aufgefordert werden.

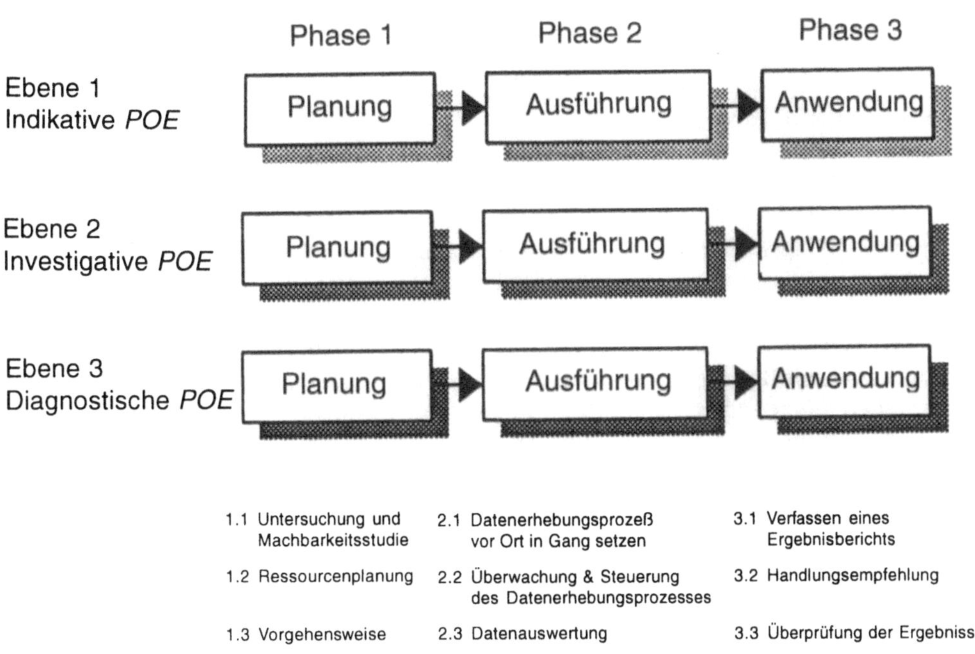

Abbildung 3.8 Preisers POE-Prozeßmodell

Bei diesem Modell werden drei verschiedene Aufwandsebenen vorgeschlagen (Abbildung 3.8). Der jeweilige Aufwand richtet sich nach den verfügbaren finanziellen Mitteln, der Zeit, Arbeitskraft und dem gewünschten Ergebnis. Alle drei Ebenen bestehen jedoch aus denselben Verfahrensschritten: Planung, Ausführung und Anwendung.

Ebene 1: Indikative *POE*

Diese Form der *POE* zeigt im Ergebnis die Stärken und Schwächen eines Gebäudes in bezug auf seine Gesamtleistung auf. Sie wird normalerweise von einer erfahrenen Führungskraft durchgeführt, die vorzugsweise mit dem zu analysierenden Gebäudetyp vertraut sein sollte. Da sie in kurzer Zeit erstellt wird, müssen die Daten schnell und leicht zugänglich sein. Zu den gängigen Datenerhebungsmethoden zählen: Analyse von Archivmaterial, Durchsicht von Evaluierungsmaterial und Befragung der Beschäftigten. Die Ergebnisse werden in Form eines kurzen Berichts vorgestellt, in dem das Ziel der Untersuchung, die angewandten Datenerhebungsmethoden, die Ergebnisse und Empfehlungen dargelegt werden.

Ebene 2: Investigative *POE*

Der Anstoß, auf dieser Ebene fortzufahren, wird häufig durch ein Problem gegeben, das im Zuge einer rein indikativen *POE* erkannt worden ist. Es handelt sich dabei zumeist um ein Problem, das offensichtlich detaillierter untersucht werden muß, bevor eine Lösung vorgeschlagen werden kann. Im Unterschied zur indikativen Methode, bei der die mit der Untersuchung betraute Person aus Zeitgründen selbst Urteile fällt, werden bei diesem System kompliziertere Datenerhebungsmethoden angewendet. Zunächst sichten die Fachleute die Fachliteratur über den Stand der Technik und untersuchen vergleichbare Gebäude, die erst vor kurzem fertiggestellt wurden. Diese werden dann mit dem zu beurteilenden Gebäude verglichen, um herauszufinden, warum Probleme aufgetreten sind und welche Lösungen sich anbieten. Die Ergebnisse werden normalerweise in Form eines Gutachtens vorgelegt, in dem die untersuchte Problematik und die Handlungsempfehlungen erläutert werden. Zur Veranschaulichung der Ergebnisse können Pläne und Fotografien beigefügt werden.

Ebene 3: Diagnostische *POE*

Diese *POE*-Methode zielt nicht nur auf die Optimierung des zu evaluierenden Gebäudes ab, sondern will auch Einfluß auf die künftige Konzeption vergleichbarer Gebäude nehmen. Dabei werden verschiedene Methoden angewendet, einschließlich Fragebögen, Gutachten, Beobachtungsreihen und physikalische Messungen. Diese Verfahren ermöglichen einen Vergleich anderer Objekte mit dem Gebäude. Eine diagnostische *POE* dauert im Mindestfall gut und gerne mehrere Monate. Die Ergebnisse einer solchen Untersuchung dienen langfristigen Zielen. Mit ihnen soll nicht nur ein einzelnes Gebäude, sondern ein bestimmter Gebäudetyp optimiert werden.

Vollständige Beteiligung der Benutzer

Bei dieser *POE* werden die Benutzer vollständig an der Untersuchung beteiligt. Erfahrene Fachleute sind zwar auch im Spiel, ihre Aufgabe besteht jedoch eher darin, die Beteiligten durch den Prozeß zu begleiten, als selbst Urteile zu fällen. Ein Beispiel für diese *POE*-Methode findet sich bei Kernohan *et al.*[15] Jede *POE* enthält als Kernstück immer die gleichen drei Schritte, auf die später im einzelnen eingegangen wird:

- Einführungsbesprechung
- Bestandsaufnahme vor Ort
- Große Auswertungsrunde

Grundlegend für den Prozeß ist auch die Beteiligung folgender Gruppen an der Untersuchung:

- *Teilnehmergruppen* nehmen die Gebäudeanalyse vor. Die Teilnehmergruppen vertreten die verschiedenen Interessen, die Nutzer und Anbieter an einem Gebäude haben. Dazu gehören üblicherweise Benutzer, Besucher, Eigentümer, Mieterorganisationen, Hersteller, Händler und Wartungsfirmen. Aus jeder dieser Interessensgruppen werden Vertreter ausgewählt und in kleine Gruppen zusammengefaßt, die sich an der Untersuchung beteiligen. Jede Teilnehmergruppe beteiligt sich an den drei zentralen Aktivitäten unter dem Blickwinkel ihres besonderen Interesses.
- *Betreuer (Facilitators)* helfen den Teilnehmern bei der Durchführung ihrer Evaluierung. Sie sind ausschließlich dafür da, die Teilnehmer bei ihrer Urteilsfindung zu unterstützen. Weder evaluieren sie selbst das Gebäude, noch nehmen sie eine andere Form von Analyse vor. Die Betreuer sind rundum neutral. Das vorliegende Kapitel geht von der Voraussetzung aus, daß Mitarbeiter der FM-Abteilung die Rolle der Betreuer übernehmen (vgl. nächsten Abschnitt über die Schulung der Betreuer). Teilnehmer und Betreuer können daran beteiligt sein, Evaluierungen in die Wege zu leiten oder die Ergebnisse zu verfolgen, ihre Haupttätigkeit ist jedoch die Evaluierung selbst. Ausschließlich die Teilnehmergruppen und die Betreuer sind mit den Vor-Ort-Aktivitäten des allgemeinen Evaluierungsprozesses befaßt.
- *Führungskräfte* genehmigen die *POE*. Führungskräfte sind normalerweise nicht mit Vor-Ort-Tätigkeiten befaßt, sie können aber in einer der Teilnehmergruppen vertreten sein. Sie haben eine administrative unterstützende Funktion. Sie können eine Evaluierung in die Wege leiten, befürworten und genehmigen. Sie haben die Aufgabe, dafür zu sorgen, daß die Ergebnisse in konkrete Maßnahmen umgesetzt werden, und müssen diesen Prozeß fortlaufend steuern.

Schulung der Betreuer

Die Fähigkeiten, die jemand braucht, um eine Gebäudeevaluierung zu betreuen, können in der Praxis erworben werden. *Betreuer* brauchen jedoch besondere soziale und kommunikative Fähigkeiten. Sie müssen gut zuhören können und in der Lage sein, während der Evaluierung von ihrer persönlichen oder beruflichen Einstellung zu abstrahieren. Es sollte ihnen bewußt sein, daß die Teilnehmergruppe die Gebäudeevaluierung vornimmt und nicht sie.

Vor der ersten Betreuung einer Teilnehmergruppe ist es hilfreich, einen Testlauf in der FM-Abteilung durchzuführen. Dabei sollen die drei generellen Evaluierungsschritte durchgespielt werden, wobei es empfehlenswert ist, sich auf wenige Räume zu beschränken. Versuchen Sie aus den Fragen, die bei der Begehung aufgeworfen werden, ein paar Empfehlungen zu formulieren. Diese Übung bietet Ihnen die Möglichkeit, sich in die Rolle des Mitglieds einer Teilnehmergruppe zu versetzen.

Der generelle Evaluierungsprozeß

Der generelle Evaluierungsprozeß ist in Abbildung 3.9 dargestellt. Darin werden die drei bereits erwähnten zentralen Schritte hervorgehoben, die bei jeder Evaluierung gleicher

Weise durchgeführt werden. Die anderen Schritte sind wahrscheinlich bei jeder Evaluierung anders. Daher sollen die zentralen Schritte an dieser Stelle beschrieben werden, die anderen Schritte werden später eingehend untersucht werden.

(1) ***Einführungsbesprechung***: Die *Betreuer* treffen sich mit der Teilnehmergruppe, um den Evaluierungsprozeß und die Vorgehensweise bei der Begehung des Gebäudes sowie der Auswertung zu erläutern. Die Gruppenmitglieder werden aufgefordert, ihr vorrangiges Interesse am Gebäude zu nennen und diejenigen Punkte anzusprechen, die sie für wichtig halten. Anschließend wird die Route für die Begehung gemeinsam festgelegt, wobei sichergestellt wird, daß alle wichtigen Bereiche eingesehen werden können. Es muß nicht jede Gruppe die gleiche Strecke absolvieren. Es liegt auf der Hand, daß verschiedene Gruppen sich auch um verschiedene Aspekte kümmern können.

(2) ***Bestandsaufnahme vor Ort***: Jede Teilnehmergruppe macht zusammen mit ihrem *Betreuer* einen Rundgang durch das Gebäude und folgt dabei dem zuvor vereinbarten Streckenverlauf. Die Gruppenmitglieder sollten ihre Eindrücke vom Gebäude schon während des Rundgangs äußern. Der *Betreuer* kann das Gespräch mit üblichen offenen Fragen in Gang halten, sollte aber direkte Fragen vermeiden – diese Form der Evaluierung zielt darauf ab, die Meinung der Benutzer in Erfahrung zu bringen, nicht

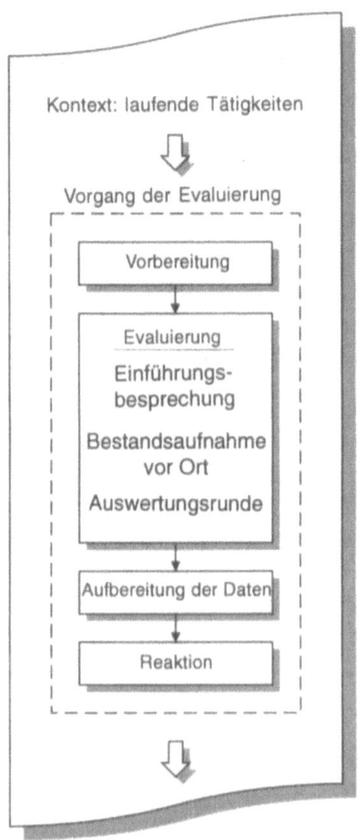

Abbildung 3.9 Der generelle Evaluierungsprozeß

die des *Betreuers*. Punkte, die in der Diskussion aufgeworfen wurden, werden schriftlich festgehalten, um sie bei der Auswertungsrunde weiter zu vertiefen.

(3) *Auswertungsrunde*: Bei dieser Gesprächsrunde werden alle Themen diskutiert, die beim Rundgang zur Sprache gekommen sind. Es ist dabei sicherlich hilfreich, wenn der *Facilitator* während der Besprechung – beispielsweise auf einem Flip Chart – Aufzeichnungen macht, auf die man sich später beziehen kann. Die Teilnehmergruppe sollte sich auf eine Prioritätenfolge ihrer Interessen einigen, damit die wichtigsten Probleme zuerst behandelt werden. Das ist natürlich besonders dann wichtig, wenn nur begrenzte finanzielle Mittel zur Verfügung stehen.

Betreuer-Leitfaden

Der Facility Manager dürfte nun das notwendige Wissen für die Durchführung der drei zentralen Schritte der *POE* besitzen. Die anderen Schritte hängen davon ab, welches Ergebnis das Projekt liefern soll.

In Tabelle 3.5 werden Aufgaben aufgeführt, die eventuell in den Phasen vor und nach den zentralen Schritten zu behandeln sind. Sie werden auf den folgenden Seiten ausführlich erläutert werden.

Bei der Vorbereitung der Ist-Analyse kann sich die in Abb. 3.5 aufgeführte Checkliste als dabei hilfreich erweisen, keine wesentlichen Aspekte zu vergessen.

(1) *Vorbereitung*: Es muß geklärt werden, zu welchem Zweck die Ist-Analyse durchgeführt werden soll und bei wem die Verantwortlichkeit liegt. Jede Ist-Analyse sollte stets auf ein bestimmtes Ziel ausgerichtet sein. Überprüfen Sie daher im Vorfeld, welche Resultate erwartet werden. Kontrollieren Sie noch einmal Zeit- und Kostenplan, wer für die Erstellung der Gutachten aufkommt usw. Sie sollten es anstreben, am Ende der Ist-Analyse einige Mittel bereits zur Verfügung zu haben, so daß bestimmte Probleme sofort in Angriff genommen werden können. Ist für die Beteiligten nach einer Ist-Analyse keine Veränderung zu erkennen, werden sich sowohl Nutzer als auch Geschäftsleitung fragen, wozu sie überhaupt an der Analyse teilgenommen haben.

(2) *Zusammenstellung von Interessengruppen:* Aus praktischen Gründen ist es anzuraten, die an der Ist-Analyse Beteiligten in kleine Gruppen von 3 bis 7 Personen einzuteilen. Alle sollten in der Lage sein zu verstehen, was auf der gemeinsamen Baubegehung gesagt wird. Man kann die Gruppe als homogene oder aber als heterogene Interessengruppe mit konkurrierenden Ansichten zusammenstellen. Von letzterem ist jedoch abzuraten – es sei denn der *Facilitator* (*Betreuer*) ist sehr erfahren, da möglicherweise zu viele unterschiedliche Ansichten aufeinanderprallen, oder Hemmungen vorhanden sind, vor Unbekannten die eigene Meinung zu äußern. Und mancher Mitarbeiter fühlt sich vielleicht eingeschüchtert, wenn sich der Vorgesetzte in der gleichen Gruppe befindet.

(3) *Festlegung der Zuständigkeit einzelner Betreuer*: Normalerweise sollte eine Ist-Analyse vor Ort von mindestens *zwei Betreuern* durchgeführt werden: Einer der beiden führt die Gruppe durch das Gebäude, während der andere sich Notizen macht. Legen Sie im Vorfeld fest, wer welche Aufgabe übernimmt. Gibt es darüber hinaus jemanden, der von den Problembereichen Fotos oder Dias machen kann?

(4) *Erstellung eines Arbeitsplanes*: Vor der Ist-Analyse sollte unter allen Umständen ein Arbeitsplan aufgestellt werden. Dies soll gewährleisten, daß keine Aspekte der Ist-Analyse unberücksichtigt bleiben. Überprüfen Sie, ob alle Beteiligten am Tag der Ist-

Tabelle 3.5 Checkliste der Betreuungsaufgaben

Vorbereitung		✓
Allgemeiner Rahmen	Zweck der Evaluierung Einholen der Genehmigung für die Durchführung der Evaluierung Vorlaufzeit für die Planung der praktischen Ausführung Kostenabschätzung und Klärung, wer für die Kosten aufkommen wird Sicherstellung einer finanziellen Reserve für die Feinabstimmung	☐ ☐ ☐ ☐ ☐
Vorbereitungen vor Begehung	Allgemeines Wissen über das Gebäude und seine Benutzer in Erfahrung bringen Auswahl der Interessensgruppen für die Teilnahme an der Evaluierung Verteilung der Betreueraufgaben Vorbereitung des Arbeitsplans	☐ ☐ ☐ ☐
Vorbereitungen vor Ort	Besprechung mit dem bzw. den Abteilungsleitern vor Ort Rundgang, um sich mit den örtlichen Gegebenheiten vertraut zu machen Vorbereitung eines Besprechungsortes	☐ ☐ ☐
Evaluierung (generelle Kernbestandteile) **(wiederholt sich für alle Evaluierungsgruppen)**		
Einführungsbesprechung	Begrüßen Sie die Teilnehmer und erläutern Sie Ziele und Aufgaben Stecken Sie den Rahmen für den Ablauf der Begehung ab Ermuntern Sie die Teilnehmer, Fragen zu stellen und ihre Meinung zu äußern Entscheiden Sie, welche Teile des Gebäudes begangen werden Überprüfen Sie, ob alle Teilnehmer den Ablauf verstanden haben	☐ ☐ ☐ ☐ ☐
Begehung des Gebäudes	Setzen Sie das Gespräch unterwegs fort, halten Sie es in Gang Notieren Sie jeden angesprochenen Punkt Listen Sie vor der Auswertungsrunde die Themen für alle sichtbar auf	☐ ☐ ☐
Auswertungsrunde	Wiederholen Sie kurz die Punkte, die bei der Einführung und bei der Begehung angeschnitten wurden Diskutieren Sie die Punkte Leisten Sie Hilfestellung bei der Ausarbeitung von Empfehlungen Legen Sie eine Rangfolge der Empfehlungen fest	☐ ☐ ☐ ☐
Aufbereitung der Daten und Reaktion		
Vorbereitung von Maßnahmen	Sichten und gruppieren Sie die Informationen der Evaluierungsgruppen Dokumentieren Sie die Ergebnisse der Bestandsaufnahme in einer Datenbank, einem Bericht oder beidem Ebnen Sie den Weg für eine abschließende Bewertungsrunde (wenn sie gewünscht wird) Klären Sie ab, welche Mittel für Maßnahmen zur Verfügung stehen	☐ ☐ ☐ ☐

Analyse freigestellt sind. Legen Sie fest, in welcher Reihenfolge Sie mit den Gruppen arbeiten möchten. Stellen Sie sicher, daß die betroffenen Vorgesetzten über den Terminplan und die einzelnen Termine Bescheid wissen, zu denen ihre Mitarbeiter an der Ist-Analyse mitwirken. Lassen Sie rechtzeitig einen Raum für die einzelnen Sitzungen reservieren.

(5) *Nachbereitung der Ist-Analyse*: Es empfiehlt sich sehr, im Anschluß an die Ist-Analyse ein Gutachten zu erstellen, aus dem die Beteiligten ersehen können, daß ihre Vorschläge sorgfältig aufgenommen wurden. Allerdings sollte nicht jede Bemerkung, die irgendwann im Gesamtverlauf gefallen ist, im Gutachten aufgeführt sein. Ein typisches Gutachten könnte folgendermaßen aufgebaut sein:

(a) Deckblatt
(b) Inhaltsangabe
(c) Resultat der Ist-Analyse
(d) Kurze Abhandlung über die Entstehung des Gebäudes
(e) Foto, Skizze und Beschreibung des Gebäudes
(f) Zentrale Vorschläge, die in der Auswertungsrunde geäußert wurden
(g) evtl. Fotos, um Vorschläge oder spezielle Probleme zu veranschaulichen.

Manchmal genügt ein Gutachten, um sich die notwendige Unterstützung für eine Maßnahme zu sichern. In diesem Fall ist es wichtig, alle Beteiligten über jede beschlossene Maßnahme auf dem laufenden zu halten. Meistens findet jedoch eine Auswertungsrunde statt, um die Umsetzung der Vorschläge abzustimmen.

Vor der Auswertungsrunde ist es ratsam, mit den zuständigen Entscheidungsträgern darüber zu sprechen, was sie von den Vorschlägen halten. Es wäre reine Zeitverschwendung, in einer Auswertungssitzung Lösungsvorschläge vorzustellen, wenn sich die Entscheidungsträger zu einem späteren Zeitpunkt mit großer Wahrscheinlichkeit gegen sie entscheiden.

Bewährt hat sich außerdem, vor Beginn einer Auswertungsrunde Kopien des Gutachtens zu verteilen, so daß jeder sehen kann, welche Themen auf der Tagesordnung stehen.

(6) *Auswertungsrunde*: Ziel und Zweck einer Auswertungsrunde ist es, die Lösungsvorschläge zu diskutieren und eine Einigung zu erzielen. Die verschiedenen Vorschläge sollten in der Runde noch einmal genannt und z. B. für alle an der Wand sichtbar gemacht werden, so daß sich jeder während der Sitzung auf sie beziehen kann.

Im Laufe der Auswertungsrunde sollten die Beteiligten mit Hilfe der *Betreuer* festlegen, welche Vorschläge Priorität haben. Natürlich kann es zu einem Spannungsfeld zwischen den verschiedenen Gruppen bezüglich der Wichtung einzelner Punkte kommen. Sie sollten daher darauf achten, daß keine Gruppe die Auswertungsrunde dominiert. Als Endergebnis wird ein Katalog von Prioritäten angestrebt, dem alle zustimmen. Wenn möglich sollten Sie die Auswertungsrunde mit der Vorankündigung schließen, welche Schritte sofort in Angriff genommen werden können. Hat die Geschäftsführung bereits grünes Licht für die Lösung bestimmter Probleme gegeben, sollten Sie dies den Mitarbeitern unbedingt mitteilen, denn dies vermittelt ihnen den Eindruck, daß der Unternehmensleitung viel daran gelegen ist, Problembereiche zu beseitigen. Zum Schluß sollten Sie die Kommunikationswege aufzeigen, über die das Betriebspersonal bei weiteren Maßnahmen auf dem laufenden gehalten wird.

POE als Management-Instrument

POEs dienen nicht nur dazu, äußere Mißstände zu beheben, sondern sind auch – und dies sollte man nicht unterschätzen – ein Instrument des Managements. Bei *POEs* kann der Ermittlungs- und Abstimmungsvorgang selbst ebenso wichtig sein wie die dabei gesammelten Informationen. Wie bereits in vorausgegangenen Kapiteln aufgezeigt, kommen Facility Manager nicht umhin festzustellen, wie positiv sich die Mitwirkung und das Feedback der Beteiligten auswirken. Mit *POEs* kann man das Vertrauen und die Unterstützung der Mitarbeiter gewinnen, was sich in einer größeren Kooperationsbereitschaft der Betroffenen niederschlägt.

PEOs können auch dabei helfen, allgemeine Management- oder Personalprobleme aufzudecken. »Es ist eine psychologische Tatsache, daß der Mensch oft ganz unbewußt sein sichtbares oder physisches Umfeld für Probleme verantwortlich macht, die nicht-physische oder unsichtbare Ursachen haben.«[16] Wenn ein Facility Manager sich mit Beschwerden eines Angestellten über sein Arbeitsumfeld befaßt, ohne die Hintergründe zu beleuchten, läuft er möglicherweise Gefahr, viel Geld für Maßnahmen auszugeben, die nicht die eigentlichen Probleme lösen können. Einer Beschwerde über schlechte Luft könnte zum Beispiel Unzufriedenheit mit den beengten Platzverhältnissen zugrunde liegen. In diesem Fall würde die Anschaffung einer moderneren Klimaanlage an dem eigentlichen Problem vorbeigehen. Hegt ein Facility Manager den Verdacht, daß äußere Probleme nicht der eigentliche Grund für die Beschwerden sind, sollte er Nachforschungen anstellen. Hier hat es sich bewährt, kleine Gruppensitzungen zu organisieren, in deren Verlauf den Betroffenen die Gelegenheit gegeben wird, ihre Probleme in der Runde zu diskutieren. Auch hier genügt vielleicht bereits die Einbindung der Betroffenen, um die Situation zu entschärfen. Wenn man Menschen die Möglichkeit gibt, ihre Probleme in einer zwanglosen Atmosphäre zu besprechen, ist die Wahrscheinlichkeit groß, daß sich eventuelle Personalprobleme als solche erkennen lassen. Stellt es sich jedoch heraus, daß eine Beschwerde auf begründeten Tatsachen beruht, obliegt es selbstverständlich dem Facility Manager, die notwendigen Schritte einzuleiten.

Zusammenfassung

(1) **POEs** können verschiedenen Zwecken dienen. Es ist Aufgabe des Facility Managers, das Ziel einer Ist-Analyse zu definieren, bevor er sich für die dafür geeignete Vorgehensweise entscheidet. Zielt das *POE* darauf ab,
  – die äußeren Arbeitsbedingungen zu verbessern?
  – die Unterstützung des Betriebspersonals durch ihre aktive Einbindung zu gewinnen?
  – Informationen zu sammeln, um sie für zukünftige Bauvorhaben zu verwerten?

(2) Nimmt das Betriebspersonal an einem *POE* teil, sollte der Facility Manager sicherstellen, daß sichtbare Veränderungen folgen, denn anderenfalls wird das Betriebspersonal sein Vertrauen in das Facility Management verlieren.

(3) Vor Durchführung eines *POE* sollte der Facility Manager überprüfen, inwieweit alle einzelnen Schritte bei der Planung berücksichtigt wurden. Abbildung 3.10 kann als Orientierungshilfe für die wichtigsten Schritte dienen, welche bei allen in diesem Abschnitt beschriebenen *POE*-Methoden Gültigkeit besitzen.

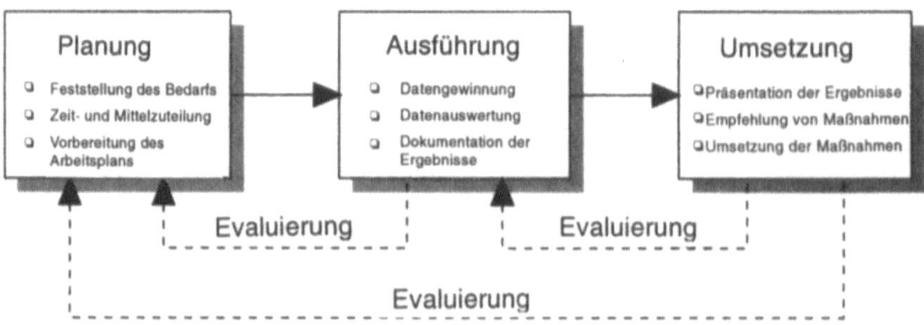

Abbildung 3.10 Diagramm: Zusammensetzung des Evaluierungsprozesses

(4) Der Prozeßablauf mit *POE* sollte, ähnlich wie der Planungsprozeß (*Briefing*), als zyklisches Verfahren betrachtet werden, wie in Abb. 3.10 angedeutet. Wenn Informationen nach einem bestimmten Stadium zu fehlen scheinen, sollte der Facility Manager einen Schritt zurückgehen, um sich die notwendigen Informationen zu beschaffen. Nach Ende eines *POE*s sollte der Facility Manager außerdem seine Arbeit noch einmal Revue passieren lassen, um zu erkennen, wo eine Optimierung der Abläufe möglich gewesen wäre.

Fallstudie: *POE (Analyse nach Belegung der Räumlichkeiten)*

Wie bereits gesagt (Abschnitt 3.2.7, Fallstudie – Nutzen der Evaluierung), hatte die FM-Abteilung keine formellen *Feedback*-Verfahren (Evaluierungsverfahren) eingeführt, um die Meinung der Benutzer zu neuen Bauvorhaben in Erfahrung zu bringen. Probleme, die bei eben fertiggestellten Objekten auftraten, wurden unmittelbar angegangen, wenn sie mitgeteilt wurden; bei Abschluß eines Projektes aber bemühte man sich nie darum, die Meinung der Benutzer in Erfahrung zu bringen.

1996 sollten jedoch fünf größere Renovierungs- und Modernisierungsvorhaben durchgeführt werden; aus diesem Anlaß entschieden die Facility Manager, daß dies der richtige Moment sei, ein offizielles *POE*-Programm (Programm für die Analyse nach Belegung der Räumlichkeiten) einzuführen. Das würde nicht nur sicherstellen, daß alle Probleme erfaßt würden, sondern auch der FM-Abteilung Erkenntnisse darüber verschaffen, welche Lösungen die Benutzer bevorzugten. Bis dahin hatten die drei Projektleiter – obwohl sie zusammen in einem Raum arbeiteten – jeweils einen eigenen Ansatz, der bei den anderen nicht unbedingt auf Zustimmung stieß. Der Facility Manager machte den Vorschlag, ausgehend von den im Zuge der Evaluierung gesammelten Daten, Richtlinien für die Erstellung eines Modellkrankenhauses auszuarbeiten, an denen alle künftigen Neubau- und Renovierungsprojekte gemessen werden könnten; damit wäre für den Einzelfall ein einheitlicherer Ansatz gewährleistet.

Um an den verschiedenen Standorten vergleichbare Informationen erheben zu können, wurde eine homogene Vorgehensweise vereinbart. Für jeden neuen oder renovierten Raum sollte vom entsprechenden Abteilungsleiter zusammen mit dem Projektleiter ein Fragebogen ausgefüllt werden. Der Abteilungsleiter sollte dabei stellvertretend für die ganze Abteilung handeln und vorab alle Probleme bzw. guten Lösungen in seiner Abteilung besprechen. Ein Projektleiter wurde damit beauftragt, einen Fragebogen für die *POE* zu entwerfen. Nachdem er ein neunseitiges Formular zusammengestellt hatte, empfahl er einen Pilotversuch, um herauszufinden, ob der Fragebogen leicht zu handhaben war und nützliche Informationen erbringen würde. Es wurde jedoch beschlossen, daß dies unnötige Zeitverschwendung sei, und deshalb führte der Projektleiter umgehend die erste Erhebung in einem der fünf betroffenen Krankenhäuser durch.

Es stellte sich sehr bald heraus, daß der Fragebogen viel zu umfangreich war, da die Beantwortung der Fragen bezüglich eines einzigen Raumes allein schon mehr als eine Stunde in Anspruch nahm. Außerdem erwiesen sich viele Fragen als unnötig, und es wurde deutlich, daß die Nutzer meinten, zu jedem angeführten Punkt Fehler finden zu müssen, auch wenn eigentlich keine Probleme bestanden. Hätte man diesen Fragebogen beibehalten, dann hätte die Erhebung allein in einem Krankenhaus Wochen dauern können! Der Projektleiter entwarf also mit Hilfe des Fragebogenautors einen neuen dreiseitigen Fragebogen, der eher einen Ausschnitt aus den Benutzer-Anforderungen ermitteln sollte und nicht darauf abzielte, alle Fragenkomplexe komplett abzudecken (vgl. Anhang).

Wenn auch die Evaluierungen noch nicht abgeschlossen sind, so sind doch schon eine Reihe von Punkten aufgefallen, die bei künftigen Planungen verbessert werden könnten. Im OP-Bereich ist es beispielsweise von entscheidender Bedeutung, daß der Bereich weitgehend staub- und schmutzfrei gehalten wird. Diese Anforderung wurde jedoch in verschiedener Hinsicht nicht berücksichtigt; festgestellt wurden überflüssige Fußleisten, über Putz verlegte Rohrleitungen und abbröckelnder Wandputz, weil die Flure für die Liegendtransporte zu eng ausgelegt waren.

Darüber hinaus wurden Probleme in einer Röntgenabteilung ausgemacht, in der mehrere Räume einfach zu klein waren und deshalb nicht vorschriftsmäßig benutzt werden konnten. Das schlimmste war jedoch, keine sanitären Anlagen in der Nähe der Patienten vorzusehen, denen Barium verabreicht wird.

Kommentar

Diese Fallstudie zeigt, wie wichtig die Planungsphase in einer *POE* ist. Durch den Verzicht auf einen Test und die dadurch notwendige Erstellung eines neuen Fragebogens hat die FM-Abteilung Zeit und Mittel vergeudet.

Die aufgezeigten Mißstände mögen relativ unerheblich erscheinen, wenn sie jedoch in allen 30 Krankenhäusern der Organisation auftreten, kann es sehr teuer werden, Abhilfe zu schaffen.

3.5 Datenermittlung: Methoden, Auswertung und Präsentation

3.5.1 Ziele

Der Facility Manager sollte:

- mit den verschiedenen Methoden der Datenermittlung vertraut sein
- Vor- und Nachteile der verschiedenen Methoden überblicken
- wissen, wie er an die Auswertung der Daten herangeht
- die verschiedenen Techniken für die Präsentation der Ergebnisse kennen.

3.5.2 Kontext

Ermittlung und Auswertung von Daten spielen sowohl in der Planung als auch bei der Evaluierung eine wichtige Rolle. Ohne ausreichende Daten kann man keine fundierten Entscheidungen treffen. Die in diesem Kapitel beschriebenen Methoden können in beiden Fällen angewendet werden.

3.5.3 Datenerhebungsmethoden

Die verschiedenen Datenerhebungsmethoden, die in diesem Abschnitt behandelt werden, sind in Tabelle 3.6 aufgeführt. Die jeder Methode zugeordneten Vor- und Nachteile

Tabelle 3.6 Datenerhebungsmethoden

Standard-Fragebögen	Vorteile	• Liefert quantitative Daten • Ermöglicht rasche Befragung eines breiten Querschnitts der Angestellten • Ermöglicht eine statistische Auswertung von Untergruppen
	Nachteile	• Sondiert keine Reaktionen • Erhellt keine komplexen, nicht-statistischen Zusammenhänge • Fördert weder eine positive Einstellung noch Vertrauen in das Vorgehen
Einzel-interviews	Vorteile	• Sondiert Reaktionen • Erzeugt eine positive Einstellung • Erhellt komplexe Zusammenhänge
	Nachteile	• Liefert keine quantitativen Daten • Ermöglicht keine rasche Befragung eines breiten Querschnitts der Angestellten • Zeitaufwendig und teuer
Struktu-rierte Beobach-tung	Vorteile	• Überprüft Informationen aus Erhebungen und Interviews • (Falls systematisch ermittelt:) Erzeugt quantitative Daten • Liefert Anschauungsmaterial zur Unterstützung von Interviews und Erhebungen • Ermöglicht Zugang zu Sachverhalten, die Angestellte schwer verbalisieren können
	Nachteile	• Erhellt nicht, warum etwas eintritt • Fördert keine positive Einstellung, es sei denn, in Verbindung mit Einzelinterviews
Spuren-suche	Vorteile	• Unaufdringlich • Keine teure Datenermittlung
	Nachteile	• Erhellt nicht, warum etwas eintritt
Sichten von Literatur	Vorteile	• Liefert Informationen über andere Gebäude • Regt die Vorstellungskraft an
	Nachteile	• Erhellt nicht, wie gut ein Gebäude tatsächlich funktioniert • Erfordert Zeit
Informa-tionsreisen	Vorteile	• Liefert Informationen über bestehende Gebäude • Regt die eigene Vorstellungskraft an
	Nachteile	• Vor- und Nachbereitung erfordert viel Zeit • Erhellt keine komplexen Zusammenhänge
Auswer-tung von Archiv-material	Vorteile	• Unaufdringlich • Keine teure Datenermittlung • Überprüft andere Informationsquellen
	Nachteile	• Erhellt nicht, warum etwas eintritt • Ermöglicht keine detaillierte Untersuchung einer Problematik • Ermöglicht keine genaue Interpretation der Daten
Simulation	Vorteile	• Spielt »Was-wäre-wenn«-Möglichkeiten durch • Liefert Reaktionen zu neuen Konzepten oder Entwürfen • Zerstreut Zweifel an der Wirksamkeit • Vermeidet teuere Fehler • Regt die Vorstellungskraft an • Erzeugt Begeisterung
	Nachteile	• Liefert kein vollkommen realistisches Ergebnis

werden kurz erläutert, so daß der Facility Manager schnell die Methode herausfinden kann, die für eine besondere Situation am besten geeignet ist.

Diese Liste ist keineswegs erschöpfend, die aufgeführten Techniken sind jedoch ausgewählt worden, weil sie zu den nützlichsten und verbreitetsten Datenerhebungsmethoden gehören.[9]

Bevor Sie mit einem Datenerhebungsprogramm beginnen, lohnt es sich, die folgenden Punkte in Erinnerung zu rufen:

- Wenn Sie mehrere Methoden anwenden, erzielen Sie wahrscheinlich bessere Ergebnisse als mit einer Technik allein. Durch strukturierte Beobachtung wird beispielsweise nur deutlich, was vor sich geht, nicht jedoch die Gründe dafür.
- Die Informationen sollten nicht nur in bezug auf die aktuelle Situation gesammelt werden. Organisationen sind einem ständigen Wandel unterworfen, daher sollten mögliche Anforderungen der Zukunft bereits berücksichtigt werden.

Standard-Fragebögen

Fragebögen gehören zu den klassischen Mitteln, Daten zu gewinnen. Sie werden oft eingesetzt, um durch den Vergleich der Antworten zu bestimmten Fragegruppen Übereinstimmungen zwischen Personengruppen festzustellen. Durch die Auswertung der Fragebögen können genaue digitalisierbare Daten ermittelt werden, mit denen sich Tabellen, Grafiken usw. herstellen lassen.

Vor der Erstellung eines Fragebogens sollten die Wissenschaftler Vorstudien, zum Beispiel Einzelinterviews durchführen. Dadurch kann der Wissenschaftler feststellen, wie die Befragten auf spezielle Fragen antworten; Befragte reagieren nicht immer so, wie man es erwartet hat. Danach kann ein Standard-Fragebogen zusammengestellt werden. Der fertige Fragebogen sollte einem Test unterzogen werden, um festzustellen, wie die Befragten darauf reagieren. Mögliche Schwierigkeiten könnten so erkannt und der Fragebogen entsprechend geändert werden. Es ist hilfreich, sich immer wieder klar zu machen, daß Angestellte viel zu tun haben und ihre Zeit nicht dafür opfern möchten, seitenlange Fragebögen auszufüllen. Deshalb sollten Fragebögen so kurz und so einfach wie möglich gehalten sein. Hilfreich ist eine kurze Erläuterung am Anfang, welchem Zweck der Fragebogen dient. Wenn die Befragten sehen, daß die Ermittlung ihnen nützen wird, füllen sie den Fragebogen wahrscheinlich eher aus.

Mit Hilfe von Fragebögen erhobene Daten eignen sich gut dafür, Tendenzen aufzuzeigen, gehen aber nicht genug in die Tiefe, um nachweisen zu können, warum etwas eingetreten ist. Ein vollständigeres Bild der speziellen Situation, die man erhellen möchte, lassen sich durch Kombination dieser Methode mit der strukturierten Beobachtung und dem Einzelinterview erreichen.

Einzelinterviews

Mit Hilfe von Einzelinterviews läßt sich erschöpfender feststellen, wie Einzelne oder Gruppen eine bestimmte Situation beurteilen.

Vor der Durchführung der Einzelinterviews ist es ratsam, einige grundlegende Fragen zu klären. Es sollte festgestellt werden, welche Punkte situationsrelevant sind. Es ist beispielsweise denkbar, einen Fragebogen im Vorfeld der Erhebung auszugeben, durch dessen Auswertung bereits einige Problempunkte herausgearbeitet werden können. Nach diesen Voruntersuchungen wird ein ›Leitfaden für die Durchführung der Interviews‹ erarbeitet, in dem die Punkte aufgeführt sind, die während des Interviews behandelt werden sollen. Im Verlauf des Interviews kann der Interviewer weitergehende Fragen stellen, um bestimmte Punkte besser zu klären oder mehr in die Tiefe zu gehen. Er sollte jedoch sicherstellen, daß er die Antworten nicht in irgendeiner Weise beeinflußt – seine Aufgabe ist es, das Gespräch in Gang zu halten, ohne es zu lenken.

Strukturierte Beobachtung

Es gibt verschiedene Methoden der strukturierten oder auch direkten Beobachtung. Eine sowohl systematische als auch quantitative Technik ist unter der Bezeichnung *Behavioural mapping* (Verhaltens-Landkarte) bekannt. Dabei zeichnet ein Beobachter auf, wo und wann in einer spezifischen Situation bestimmte Verhaltensweisen auftreten. Die Beobachtung wird einen Tag, eine Woche oder einen Monat lang fortgesetzt. Anhand der Aufzeichnungen entwirft der Beobachter ein Bild davon, welche Bereiche eines Gebäudes von welchen Angestellten in welcher Weise und zu welchen Zeiten benutzt werden. Wenn beispielsweise ein Aufenthaltsraum am Ende eines Flurs im Gegensatz zu dem Aufenthaltsraum, der mitten in einem stark frequentierten Bereich liegt, kaum benutzt wird, könnte der Facility Manager überlegen, ob dieser Raum nicht produktiver für einen anderen Zweck genutzt werden kann.

Spurensuche oder versteckte Beobachtung

»Beobachtung greifbarer Spuren bedeutet, räumliche Umgebungen systematisch auf Hinweise abzusuchen, die auf eine vorausgegangene Handlung hinweisen, die nicht zu dem Zweck unternommen worden ist, von Beobachtern wahrgenommen zu werden.« [9]

Spuren können unabsichtlich hinterlassen werden (zum Beispiel »Trampelpfade« in Grünflächen) oder bewußte Veränderungen darstellen, die Benutzer in ihrer Umgebung vorgenommen haben (zum Beispiel das Anbringen eines Vorhangs in einem offenen Durchgang). An solchen Spuren können die Beobachter festmachen, wie die Beschäftigten das Umfeld, in dem sie leben bzw. arbeiten, eigentlich nutzen. Facility Manager könnten durch solche Beobachtungen erfahren, in welchem Umfang die Beschäftigten ihr Arbeitsumfeld usw. verändern, um es ihren besonderen Bedürfnissen anzupassen.

Diese Methode ist unaufdringlich und nicht teuer. Sie hat aber auch Nachteile, denn ohne die Benutzer zu befragen, könnte der Beobachter falsche Schlüsse ziehen. Deshalb sollte auch diese Methode in Verbindung mit einer anderen eingesetzt werden. Die Beobachtungen können in Form von kommentierten Diagrammen, Zeichnungen, Fotos und Berechnungen festgehalten werden.

Die Spuren lassen sich in vier Kategorien unterteilen:

* Nebeneffekte der Nutzung
* Nutzungsanpassungen
* Persönliche Anzeichen
* Hinweise für die Öffentlichkeit

Beispiele für die verschiedenen Arten von Spuren sind in Tabelle 3.7 aufgelistet.

Literaturrecherche

Mit Hilfe dieser Methode kann der Auftraggeber bzw. Planer vergleichbare Gebäude und Organisationen ausmachen und nützliche Informationen darüber erhalten, wie Kollegen ähnliche Aufgabenstellungen angepackt haben. Planer können dieses Datenmaterial auch dafür benutzen, die Reaktionen des Auftraggebers auf verschiedene architektonische Gestaltungsweisen zu testen, bevor erste konkrete Planungsschritte unternommen werden.

Tabelle 3.7 Greifbare Spuren

Nebeneffekte der Nutzung	**Diese Spuren geben dem Facility Manager Hinweise darauf, ob die Benutzer einen Raum für die Zwecke benutzen, für die er ursprünglich konzipiert war.**
Abnutzung	Teile der Umgebung können Abnutzungserscheinungen aufweisen, was ein Anzeichen dafür ist, daß das Umfeld stärker benutzt wird als ursprünglich geplant. Inoffizielle Fußpfade quer durch Grünflächen lassen darauf schließen, daß bei der ursprünglichen Konzeption nicht berücksichtigt worden ist, wie häufig Angestellte von einem Gebäude zu einem anderen gehen müssen.
»Hinterlassenschaften«	Dabei handelt es sich um zurückgelassene Gegenstände, die Rückschlüsse darauf zulassen, wie die Benutzer ein Umfeld nutzen. In einem Waschraum hinterlassene Zigarettenkippen können darauf hinweisen, daß ein separates Raucherzimmer benötigt wird. Liegengelassene Gegenstände helfen zu unterscheiden zwischen Räumen, die in der geplanten Weise genutzt werden und solchen, in denen ungeplante Aktivitäten stattfinden.
Fehlende Spuren	Fehlende Abnutzung oder Spuren können ein Hinweis auf Bereiche sein, die zu wenig benutzt werden. Wenn in einem Aufenthalts- bzw. Erfrischungsraum keinerlei benutzte Tassen, Zeitungen usw. herumliegen, könnte das ein Hinweis für den Facility Manager sein, daß dieser Raum besser genutzt werden könnte.
Nutzungsanpassungen	**Wenn Angestellte sich durch ihre Umgebung daran gehindert fühlen, das zu tun, was sie tun möchten, verändern sie diese; sie übernehmen dann die Rolle des Gestalters. Die Spuren solcher Anpassungen sind für Facility Manager und Planer von Bedeutung, weil sie ihnen zeigen, wie Angestellte ihren Arbeitsplatz gestalten würden, wenn man sie nur fragte.**
Ergänzung	Häufig werden einem eingerichteten Arbeitsumfeld neue Gegenstände hinzugefügt, mit denen neue Tätigkeiten ausgeübt werden können. Solche Veränderungen können mit der neuen Funktion eines Raumes zu tun haben, oder damit, daß bestimmte Tätigkeiten ursprünglich für zu kostenintensiv befunden und deshalb nicht eingeplant worden waren. Bequeme Stühle und ein niedriger Tisch sind vielleicht nachträglich aufgestellt worden, um interne Besprechungen am Arbeitsplatz abhalten zu können, anstatt dafür einen Konferenzraum zu blockieren
Trennung	Große Räume können nachträglich in kleinere unterteilt worden sein. Beispielsweise kann ein Großraumbüro in Parzellen unterteilt worden sein, um so eine ungestörtere Arbeitsatmosphäre herzustellen.
Zusammenlegung	Eventuell wurden Räume dem gestiegenen Bedarf an Bewegungsfreiheit und Kommunikation zwischen Bereichen angepaßt, die nach der ursprünglichen Konzeption räumlich voneinander getrennt waren. Beispielsweise kann eine Tür zwischen zwei Büros deshalb ständig (halb) offenstehen, weil die Nutzer der Büros als Team zusammenarbeiten.
Persönliche Anzeichen	**Menschen verändern ihr unmittelbares Umfeld, um ihm ihren individuellen Stempel aufzudrücken. Ein Arbeitsplatz, der eine solche persönliche Prägung nicht zuläßt, kann dazu beitragen, daß der Beschäftigte unzufrieden mit seinem Umfeld ist, was sich nachteilig auf das Bild, das er von seiner Organisation hat, auswirken kann.**
Persönliches	In Arbeitsumgebungen wird häufig eine Teil des Platzes für persönliche Dinge wie Familienfotos oder Urkunden benutzt. Facility Manager sollten diesen Aspekt bei neuen Projektplanungen im Auge haben.
Erkennungsmerkmal	Menschen kennzeichnen ihr persönliches Umfeld, um sich gegenseitig schneller finden zu können. Wenn Angestellte provisorische Namensschilder an Trennwänden usw. angebracht haben, kann das nahelegen, in künftigen Planungen standardmäßig festangebrachte Namensschilder vorzusehen.

Hinweise für die Öffentlichkeit	**Die Flächen eines Gebäudes können dazu dienen, auf ihnen Hinweise für die breite Öffentlichkeit anzubringen.**
Offizielle Hinweise	Wie häufig erscheint der Name der Organisation im oder am Gebäude? Welche Rolle spielt das Firmenzeichen für die Organisation? Werden Besucher durch Hinweise auf private Räume davon abgehalten, in bestimmte Bereiche vorzudringen?
Inoffizielle Hinweise	Sind im Gebäude und auf dem Gelände der Organisation inoffizielle, handgeschriebene Wegweiser auszumachen? Dies könnte auf eine unzureichende offizielle Beschilderung hinweisen.

Informationsreisen

Diese Datenerhebungsmethode ermöglicht es Nutzern, Auftraggebern und Planern, aus den Erfahrungen anderer zu lernen. In gewisser Weise sind Informationsreisen *POEs* (Analysen nach Belegung der Räumlichkeiten) bezogen auf fremde Gebäude und Einrichtungen. Besuche bei vergleichbaren Organisationen und die Besichtigung ihrer Gebäude schärfen den Blick dafür, wie andere Gebäude geplant wurden, die ähnlichen Zwecken dienen. Informationsreisen können Probleme mit einem bestimmten Gebäudetyp oder einer bestimmten Lösung zutagefördern und Planer und Auftraggeber davor bewahren, bei künftigen Projekten ähnlich teure Fehler zu machen. Ein auf dem Foto beeindrukendes Gebäude muß vom Standpunkt der Nutzer aus betrachtet nicht unbedingt auch gut funktionieren. Es liegt auf der Hand, daß es unmöglich ist, allzuviele Gebäude zu besichtigen; versuchen Sie, die zu sehen, die mit ihrem am besten vergleichbar sind.

Auswertung von Archivmaterial

Auch diese zwar kostengünstige Methode der Datenermittlung bezieht sich eher auf den Ist-Zustand einer Situation als auf die Gründe der Entstehung. Ausgangsmaterial für die Datenermittlung ist das Archivmaterial, das die Organisation im Zuge ihrer regulären Archivhaltung gesammelt hat. Krankmeldungen, Fluktuation und Abwesenheitsquoten können als Indikatoren für die Beurteilung der Zufriedenheit der Nutzer mit einem Gebäude herangezogen werden. Könnte die alte Heizungs-, Belüftungs- oder Klimaanlage dafür verantwortlich sein, wenn beispielsweise in einem Gebäude die Fluktuation höher ist als in einem anderen? Von allen Methoden ist diese wahrscheinlich die am wenigsten aussagekräftige und sollte nur dazu benutzt werden, um die Ergebnisse einer anderen Methode zu verifizieren.

Simulation

Die Simulation ist keine geeignete Methode für eine erste Datenermittlung, sie kann jedoch ein nützliches Instrument sein, wenn man neue Vorschläge testen will. Die Simulationstechnik umfaßt Fotografien, Modelle, Zeichnungen, Muster in Originalgröße, Computerzeichnungen, Spielszenen und Videoanimationen. Für welche Technik man sich entscheidet, hängt von den verfügbaren Mitteln ab. Man sollte jedoch die Kosten für eine Simulation in Beziehung setzen zu den Kosten, die eine größere Fehlentscheidung verursacht. Einen maßstabsgetreuen Prototypen eines Büroarbeitsplatzes herstellen zu lassen mag kostenaufwendig erscheinen, aber es ist besser, in dieser Phase ein negatives Feedback zu bekommen, als 40 neue Arbeitsplätze einrichten zu lassen, die den Anforderungen der Benutzer nicht gerecht werden.

Fallstudie: Nutzung einer Kombination verschiedener Datenerhebungsmethoden

Eine der Abteilungen der Firmenzentrale war der Auffassung, daß sie durch eine bessere Raumflächennutzung Kosten einsparen könne. Deshalb wurde ein externer Berater für Raumnutzung damit beauftragt, ein alternatives Konzept vorzuschlagen. Bevor man sich für irgendein Konzept entscheiden konnte, mußte man in Erfahrung bringen, wie die Fläche derzeit genutzt wurde; deshalb führten die Berater eine *Post Occupancy Evaluation* (Analyse nach Belegung der Räumlichkeiten) durch.

Im Zuge ihrer Evaluierung wendeten die Berater vier verschiedene Datenerhebungsmethoden an:

- Fragebögen: Alle Mitarbeiter wurden gebeten, einen kurzen Fragebogen auszufüllen, mit dem die allgemeinen Trends innerhalb der Abteilung festgestellt werden sollten.
- Tagebuch führen: Ein Querschnitt der Mitarbeiter wurde gebeten, eine Woche lang Tagebuch zu führen. Man wollte damit Aufschluß darüber erhalten, wie sie ihre Zeit nutzten und wie oft sie sich an ihrem eigenen Arbeitsplatz oder anderswo aufhielten.
- Interviews: Ein Querschnitt der Mitarbeiter wurde befragt, um einige Punkte detaillierter zu untersuchen.
- Erfassung der Raumnutzung: Diese konzentrierte sich auf die Einzelbüros und sollte Aufschluß darüber geben, wie häufig sie nicht besetzt waren.

Nach Abschluß der Ermittlung konnten die Berater mit Hilfe der *POE* feststellen, welche Räume und Bereiche zu wenig genutzt wurden. Sie konnten der Abteilung daraufhin Vorschläge für eine verbesserte Raumausnutzung unterbreiten.

Kommentar

Durch die Kombination verschiedener Methoden konnten die Berater feststellen, in welchen Räumen bzw. Bereichen Kapazitäten nicht genutzt wurden; viel wichtiger war jedoch, daß sie die Gründe dafür erfragen konnten. Hätten sie ausschließlich Fragebögen benutzt oder Beobachtungen angestellt, hätten sie womöglich andere Schlußfolgerungen gezogen. Die Folge wäre ein anderes Raumnutzungskonzept gewesen, das den Anforderungen der Abteilung nicht entsprochen hätte.

3.5.4 Datenauswertung

Das oberste Ziel der Datenauswertung ist die Interpretation der ermittelten Daten, aus der sich sinnvolle Empfehlungen für bestehende und künftige Gebäude ableiten lassen. Es gibt verschiedene Methoden, die Daten auszuwerten. Für die meisten *POEs* und Planungsvorhaben liefern jedoch schon recht einfache Verfahren gute Ergebnisse.

Man darf die Auswertung der Daten nicht auf die letzten Projektphasen verschieben; sie muß bereits frühzeitig mitbedacht werden, da sie die Arbeit in allen Phasen des Prozesses beeinflussen wird. Facility Manager sollten schon zu Beginn feststellen, in welcher Form die Daten präsentiert werden sollen, da sich dies auf die Ermittlungs- und Aufbereitungsmethode auswirken wird. Will ein Manager der Organisation die Ergebnisse beispielsweise in Form von Diagrammen vorlegen, dann sollten Fragebögen eingesetzt werden, damit die quantitativen Daten so aufbereitet werden können, daß es möglich ist, sie in Form von Diagrammen darzustellen. Budget- und Zeitplanung müssen ebenfalls bedacht werden, wenn man sichergehen will, daß die Datenaufbereitung reibungslos durchgeführt werden kann.

Nach der Erhebung können die Daten in unterschiedlicher Weise analysiert werden, entweder manuell oder computergestützt. Die einfachste Form besteht darin, beispielsweise bei Fragebögen einfach auszuzählen, wieviele Befragte sich in gleicher Weise äußern. Will das Projektteam jedoch kompliziertere Auswertungen vornehmen, kann einfache Statistiksoftware eingesetzt werden. Die Wahl der Auswertungsmethode hängt davon ab, was mit dem Ergebnis geschehen soll.

Versuchen Sie bei der Interpretation der Ergebnisse die Bereiche zu unterscheiden, in denen die Befragten übereinstimmende bzw. abweichende Antworten gaben. Wenn die Mehrheit der in demselben Gebäude untergebrachten Beschäftigten sich über die herrschende Hitze beschwert, gibt es mit hoher Wahrscheinlichkeit tatsächlich ein Problem. Sind jedoch zu einem Fragenkomplex widersprüchliche Angaben gemacht worden, gilt es herauszufinden, wie diese Widersprüche zustande kommen. Das kann bedeuten, daß man die Daten überprüfen oder zusätzliche Daten erheben muß. Versuchen Sie, nach Abschluß der Datenauswertung Prioritäten so festzusetzen, daß die problematischsten oder wichtigsten Angelegenheiten zuerst behandelt werden.

3.5.5 Präsentationstechniken

Nach Abschluß der Datenermittlung und -auswertung müssen die Ergebnisse in der geeigneten Form präsentiert werden. Die Wahl der Präsentationsform hängt davon ab, für wen die Informationen bestimmt sind. Manchmal wollen die Organisationen die Ergebnisse in Form eines Gutachtens, das sie an ihre Führungskräfte verteilen. Andere wollen eine Vorführung mit Overheadfolien oder Flip Charts. Die Facility Manager sollten sich genau überlegen, welche Präsentationsform für ihre Organisation am besten geeignet ist. Unabhängig von der gewählten Form sollte man jedoch folgende Punkte beachten:

- Versuchen Sie Prioritäten festzulegen, damit die wichtigsten Belange zuerst behandelt werden.
- Stellen Sie die Ergebnisse in einfacher, übersichtlicher Form vor; zu detaillierte Präsentationen verstellen dem Leser bzw. Zuhörer die Sicht für die eigentlich wichtigen Ergebnisse.
- Mit Hilfe von Charts und Wandtafeln lassen sich die Punkte schnell und leicht abarbeiten.
- Der Einsatz von Fotos oder Videos kann nützlich sein, um Problembereiche in bestehenden Gebäuden zu veranschaulichen.

3.6 Literatur

1 Preiser, W., Vischer, J. & White, E. (1991) *Design Intervention: Toward a More Humane Architecture*. Van Nostrand Reinhold, New York.

2 Sanoff, H., (1968) *Techniques of Evaluation for Designers*. Raleigh, NC: Design Research Laboratory, School of Design, North Carolina State University, USA.

3 Moleski, W.H. & Lang, Jon T. (1986) Organisational goals and human needs in office planing. In: Wineman J.D. (ed.) *Behavioral Issues in Office Design*, Van Nostrand Reinhold, New York, p. 40.

4 Becker, F. (1990) *The Total Workplace*. Van Nostrand Reinhold, New York, p. 263.

5 Gameson, R. (1991) Clients and professionals: the interface. In: *Practice Management. New Perspectives for the Construction Professional*, eds. P. Barrett & A.R. Males. E. and F.N. Spon, London, p. 165-174.

6 Newmann, R., Jenks M., Bacon V. & Dawson, S. (1981) Brief Formulation and the Design of Buildings. Oxford Brookes University, Oxford.

7 Farbstein, J. (1993) The impact of the client organization on the programming process. In: W.F.E. Preiser, *Facility Programming*, Van Nostrand Reinhold, New York, p. 383-403.

8 Bedjer, E. (1991) From client's brief to end use: the pursuit of quality. In: P. Barrett & A.R. Males, *Practice Management: New Perspectives for the Construction Professional*, E. and F. N. Spon, London, p. 193-203

9 Powell J. (1991) Clients, designers and contractors: the harmony of able design teams. In Barrett, P. & A.R. Males, *Practice Management: New Perspectives for the Construction Professional*, E. and F. N. Spon, London, p. 137-148.

10 Zeisel, J. (1984) *Inquiry By Design*. Cambridge University Press, Cambridge.

11 Salisbury, F. (1990) *Architect's Handbook for Client Briefing*. Butterworth Architecture, London.

12 Spekkink, D. & Smiths, F.J. (1993) *The Client's Brief: More Than a Questionnaire*. Stichting Bouwresearch, Rotterdam, The Netherlands.

13 Bruhns, H. & Isaacs, N. (1992) The role of quality assessment in facilities management. In: *Facilities Management: Research Directions*, (ed. P. Barrett) Department of Surveying, Salford University, 105-115.

14 Preiser, W.F.E., Rabinowitz, H. Z. & White, T. E. (1988) *Post-Occupancy Evaluation*. Van Nostrand Reinhold, New York.

15 Kernohan, D., Gray, J., Daish, J. & Joiner, D. (1992) *User Participation in Building Design and Management*. Butterworth Architecture, Oxford.

16 Ellis, P. (1987) Post-occupancy evaluation. *Facilities*, 5.11, 12 -14.

Anhang: POE-Datenblätter

Datum	POE-Datenblätter	Zeichen
	Allgemeine Daten	
Gebäude und Abteilung		
Raumbezeichnung/ Nr.		
Zweck des Raums		
Kurze Beschreibung		
Ist die Raumgröße angemessen?		
Lage innerhalb der Abtlg.		
Allgemeine Eignung		
Namen der Nutzer		
	Skizze des Raums	

Zusätzliche Bemerkungen der Nutzer	Anmerkungen des Betreuers

Datum	POE-Datenblätter	Zeichen
	Wandoberflächen	
Beschreibung		
Eignung		
Strapazierfähigkeit		
Wartung		
Gestaltung		
	Bodenbeläge	
Beschreibung		
Eignung		
Strapazierfähigkeit		
Wartung		
Ästhetische Gesichtspunkte		
	Deckenoberflächen	
Beschreibung		
Eignung		
Strapazierfähigkeit		
Wartung		
Ästhetische Gesichtspunkte		
	Türen	
Beschreibung		
Eignung		
Strapazierfähigkeit		
Wartung		
Ästhetische Gesichtspunkte		

Datum	POE-Datenblätter	Zeichen
	Fenster	
Beschreibung		
Eignung		
Strapazierfähigkeit		
Wartung		
Ästhetische Gesichtspunkte		
	Beleuchtung	
Beschreibung		
Eignung		
Strapazierfähigkeit		
Wartung		
Ästhetische Gesichtspunkte		
	Stromversorgung, Kommunikationseinrichtungen und Sicherheit	
Bezeichnung	Beschreiben Sie Anzahl und Lage folgender Einrichtungen: Stromversorgungs-anschlüsse, Datenanschlüsse, Telefonbuchsen, Brandmeldeeinrichtungen usw.	
	Einrichtung und Ausstattung	
Bezeichnung	Welche Einrichtungs- und Ausstattungselemente enthält der Raum? Stehen sie an einem geeigneten Platz? Besteht in diesem Raum Bedarf an weiterer Einrichtung/Ausstattung?	

Kapitel 4

Contracting-out (Vergabe interner Leistungen an externe Dienstleister)

4.1 Einleitung

4.1.1 Zielsetzung

Dieses Kapitel möchte dem Facility Manager Hilfestellung bieten, bei der Vergabe von Leistungen an externe Dienstleister gleichbleibend effiziente Entscheidungen zu treffen. Umfangreiche Studien haben belegt, daß Facility Manager oft nur konkrete wirtschaftliche und betriebliche Faktoren hinzuziehen, wenn sie auf diesem zunehmend wichtigen Gebiet tätig werden und Entscheidungen treffen. Dieses Kapitel wird belegen, daß das zu einseitig ist, und plädiert dafür, die mindestens ebenso wichtigen, nicht-faßbaren Größen Organisationskultur oder äußeres Umfeld in den Entscheidungsfindungsprozeß miteinzubeziehen.

Ist der Facility Manager bereit, Entscheidungen des *Contracting-out* unter diesen Gesichtspunkten zu betrachten, muß er die altbekannten Vorstellungen über die Fremdvergabe von Aufträgen fallenlassen und statt dessen lernen, andere Blickwinkel und Vorgehensweisen anzunehmen. Das vorliegende Kapitel wird daher mehr von Argumenten geprägt sein als die anderen, um dem Leser bei der erforderlichen Umorientierung Hilfe zu leisten. Erst wenn der Facility Manager nachvollziehen kann, warum dieser ganzheitliche und komplexe Ansatz beim *Contracting-out* sinnvoller ist, wird er effizientere Entscheidungen treffen können.

4.1.2 Zusammenfassung der einzelnen Abschnitte

- *Abschnitt 4.1* stellt eine kurze Einführung in die Zielsetzung dieses Kapitels dar.
- *In Abschnitt 4.2* wird versucht, das *Contracting-out* in bezug auf die Gesamtheit der FM-Leistungen zu verstehen. Zunächst wird die verwendete Terminologie erläutert und danach analysiert, welche Einflüsse dazu führen, Leistungen fremdzuvergeben und welche Faktoren dabei für den Erfolg maßgeblich sind. Ausmaß, Umfang und Potential des *Contracting-out* werden genauer untersucht und im Anschluß daran wird erläutert, warum es so wichtig ist, den Unterschied zwischen managementspezifischen und operativen Leistungen zu erkennen.
- *In Abschnitt 4.3* wird ausgeführt, warum es ein Fehler ist, Facility Management nur als einen Bereich zu betrachten, der mit dem Kerngeschäft der Organisation nichts zu tun hat. Der Leser soll dazu ermutigt werden, eine offenere Herangehensweise zu wählen. Diese wird als grundlegende Voraussetzung für eine volle Ausschöpfung des potentiellen Mehrwerts betrachtet, der durch Facility Management erzielt werden kann.

- ***In Abschnitt 4.4*** wird versucht, Kriterien aufzustellen, die die Entscheidung, ob FM-Leistungen an externe Dienstleister vergeben oder aber durch interne Mitarbeiter erbracht werden, erleichtern sollen. Bei diesem Entscheidungsfindungsprozeß sollte man strukturiert und weniger intuitiv vorgehen.
- Der Anhang beschreibt zwei Organisationen in Form einer Fallstudie.

4.2 Contracting-out im FM-Kontext

4.2.1 Zielsetzung

Abschnitt 4.2 soll Facility Managern die wichtigsten Informationen zum besseren Verständnis des *Contracting-out* an die Hand geben. Zunächst wird erläutert, was unter dem Begriff *Contracting-out* zu verstehen ist. Danach folgt eine Auflistung der Leistungen, die im Bereich des Facility Managements für eine Fremdvergabe in Frage kommen. Anschließend wird diskutiert, ob es besser ist, FM-Leistungen einzeln oder gebündelt zu vergeben. Zum Abschluß dieses Abschnitts wird erläutert, wie das *Contracting-out*-Potential einer Organisation ermitteln werden kann.

4.2.2 Begriff

Terminologie

Zunächst muß die in diesem Kapitel verwendete Terminologie geklärt werden. Gegenstand dieses Kapitels ist das *Contracting-out*. Dieser Begriff bezeichnet allgemein den Vorgang, bei dem der Nutzer einer bestimmten Organisation einen externen Dienstleister vertraglich damit beauftragt, eine Leistung zu erbringen, welche anderenfalls von internen Mitarbeitern hätte erbracht werden können.

Vielen Lesern wird als Bezeichnung dieses Vorgangs der Begriff *Outsourcing* geläufiger sein. In diesem Kapitel wird *Outsourcing* jedoch nur für eine bestimmte Form des *Contracting-out* verwendet: Es bezeichnet den speziellen Vorgang, bei dem der Nutzer einer bestimmten Organisation einen externen Dienstleister vertraglich damit beauftragt, eine Leistung zu erbringen, welche *zuvor* von internen Mitarbeitern erbracht worden war. Mit diesem Schritt *überträgt* der Nutzer die Verantwortung für Vermögenswerte, die Mitarbeiter und die Durchführung der Leistung an den Dienstleister. Auch andere synonym verwendete Fachbegriffe haben – ähnlich wie *Outsourcing* - eigentlich eine engere Bedeutung, die sich jedoch im Laufe ihres allgemeinen Gebrauchs verloren hat.

Dieses Kapitel möchte den Lesern in erster Linie aufzeigen, welche Bedeutung die Fremdvergabe von Leistungen für das Facility Management hat, da sich die diesbezüglichen Entscheidungen zweifellos auch auf andere Managementbereiche der Organisation und nicht zuletzt das Kerngeschäft selbst auswirken können. Im Anschluß werden zum besseren Verständnis der Thematik kurz die Gründe für die derzeitige Popularität des *Contracting-out* im FM-Bereich analysiert. Im folgenden Abschnitt schließt sich eine Übersicht über Ausmaß und Umfang von Leistungsvergaben an.

Was hat zu der plötzlichen Zunahme bei der Vergabe von Leistungen geführt?

In den 80er Jahren begannen die Organisationen aus makroökonomischen Gründen, deren Erläuterung den Rahmen dieses Kapitels sprengen würde, an allen Ecken und Enden Arbeitsplätze zu rationalisieren. Große Organisationen vergaben immer mehr Leistungen an Fremdfirmen. Etwa zu diesem Zeitpunkt trat das Facility Management als neues Fachgebiet in Erscheinung, und der Bereich *Contracting-out* wurde mehr und mehr aus dem Kerngeschäft herausgenommen und dem Facility Management zugeordnet, welches als Gebiet betrachtet wurde, das nicht zum Kerngeschäft gehört. Die Begriffe Kerngeschäft und Nicht-Kerngeschäft werden hier in einem allgemeinen Sinn verwendet. Diese Aufteilung von Organisationsbereichen wird später noch eingehend besprochen werden.

Flexibilität bei unternehmerischen Entscheidungen wurde zur zentralen Voraussetzung, wollte man den wechselnden Anforderungen des Marktes gerecht werden. Das Facility Management, d. h. die verwaltungstechnische Koordination vieler Serviceleistungen, die zuvor ohne Abstimmung aufeinander ausgeführt worden waren, konnte zwar oft Probleme lösen, schuf jedoch auch häufig neue. Durch hausinterne Durchführung aller vorstellbaren FM-spezifischen Dienstleistungen wuchs vielerorts ein aufgeblasener Koloß heran. Große Apparate dieser Art sind nicht unbedingt für ihre Flexibilität bekannt, da man meint, Probleme durch die Einstellung neuer Mitarbeiter lösen zu können. Auf ihrer Suche nach einer Verbesserung der FM-Produktivität stellten einige Organisationen fest, daß die Vergabe von Leistungen an Dritte der Gefahr entgegenwirken konnte, daß der FM-Bereich sich zu stark aufblähte und inflexibel wurde. Aufgrund des stärkeren Wettbewerbs – und nicht zuletzt angesichts der weltweiten Rezession – waren die Organisationen einem wachsenden Druck unterworfen, die laufenden Gesamtkosten zu reduzieren und sich auf die Aufgaben des Kerngeschäfts zu konzentrieren. Die Vergabe von Leistungen an externe Unternehmen bot die offensichtliche Lösung für diese Probleme, da auf diese Weise sowohl eine Effizienzsteigerung als auch eine Kostenminimierung erreicht werden konnten. Aus Sicht der externen Dienstleister hat sich die wachsende Akzeptanz von *Contracting-out*-Strategien seitens der Nutzer als äußerst vorteilhaft erwiesen.

4.2.3 Art und Menge der fremdvergebenen Leistungen

Tendenzen bei der Fremdvergabe von Leistungen

Die meisten, wenn nicht sogar alle FM-Leistungen können von dritter Seite, d. h. von einer externen Organisation erbracht werden. Des weiteren vergeben die meisten, wenn nicht alle Unternehmen einige der auszuführenden FM-Leistungen nach außen, meist sogar regelmäßig. Hiermit ist jedoch nicht die Fremdvergabe von einmaligen Projekten gemeint, wie größere Baumaßnahmen oder die Auswahl eines neuen Firmengeländes.

Bezüglich der Menge der fremdvergebenen Leistungen ist die Tendenz zu Fremdvergaben immer größeren Ausmaßes zu beobachten. Laut einer Umfrage, die die *Computer Services Corporation* (dt. etwa: Verband der EDV-Unternehmen) 1992[1] unter den Verantwortlichen für Informationssysteme in europäischen Unternehmen durchführte, planten 71 % von ihnen einige der informationstechnologischen Leistungen bis 1995 an externe Unternehmen zu vergeben, gegenüber 36 % im Jahre 1990/91. Damit sollte der Wert fremdvergebener IT-Leistungen von 1,6 Milliarden US-Dollar im Jahre 1990 auf ca. 10 Milliarden US-Dollar im Jahr 1996 ansteigen.

Darüber hinaus steigt der Umfang der fremdvergebenen Leistungen. Gemäß einem von P&O in Auftrag gegebenen Gutachten haben 70 % der Facility Manager in Großbritannien zwischen 1988 und 1990 zunehmend verschiedene Leistungen an externe Dienstleister vergeben. Laut Gutachten umfaßten die vergebenen Leistungen:

»Ein breites Spektrum an Serviceleistungen, Instandhaltung der Gebäude und Anlagen, Innenbegrünung, Pflege der Außenanlagen, Sicherheit, Gebäudereinigung, Versorgung mit Speisen und Getränken, Verkaufsservice, Stellenbesetzung im Bereich Sekretariat, Telefondienst, Empfang, Poststelle, Botendienste, Transporte – im Prinzip alle Aktivitäten einer Organisation, die nicht zum Kerngeschäft gehören.«[2]

Möchte man das immer häufiger zu beobachtende Phänomen des *Contracting-out* genauer analysieren, muß man sich mit den beiden Bestandteilen beschäftigen, aus denen sich der Bereich des Facility Managements zusammensetzt:

- Nutzer und dazugehörige Komponenten
- Beteiligte und entsprechende Funktionen

Nutzer und dazugehörige Komponenten

Bei der Untersuchung des nutzerrelevanten FM-Leistungensspektrums müssen zunächst die Hauptkomponenten des Nutzer-Bereichs herauskristallisiert werden. Es handelt sich hierbei um:

- Gebäude und Anlagen
- Serviceleistungen
- Informationstechnologische Leistungen/Informationstechnologie

Diese Komponenten werden zur Unterstützung des Kerngeschäfts in einem koordinierten FM-System zusammengeführt und aufeinander abgestimmt. In Abbildung 4.1 wird dieser Vorgang veranschaulicht, wobei an dieser Stelle noch vorläufig zwischen den Bereichen Kernbereich und Nicht-Kernbereich unterschieden wird. Mit der Komponente Personal, die als zusätzlicher Faktor in das Modell aufgenommen wurde und dort ebenfalls das Kerngeschäft unterstützt – allerdings nicht (notwendigerweise) als Bestandteil der FM-Abteilung – wird die Mitwirkung anderer Funktionsbereiche angedeutet.

Interessanterweise ist momentan zu beobachten, wie sich eine vierte Komponente des FM-Marktes zu etablieren beginnt: der Bereich der *Infrastruktur*. Dieser Bereich ist vor allem für Stadt- und Gemeindeverwaltungen und andere Behörden von Bedeutung und umfaßt zum Beispiel Aufgabenstellungen wie Straßenbeleuchtung usw. Es wird sich zeigen, ob diese Klassifizierung von den Personen, die in der FM-Praxis stehen, akzeptiert werden wird; auf alle Fälle zeigt sich hier besonders deutlich die *dynamische* Natur des Facility Managements.

Aus Abbildung 4.2 sowie den Tabellen 4.1 und 4.2 sind die Leistungsbereiche ersichtlich, die in der Regel durch große Unternehmen abgedeckt werden. Die in Abbildung 4.2 vorgenommene, detailliertere Unterscheidung hätte natürlich auch in den beiden Tabellen vorgenommen werden können, d. h. jeder Unterpunkt ließe sich nochmals in einzelne Unterbereiche zerlegen. Die Abbildungen sind, so betrachtet, ein Hinweis auf den Umfang des Facility Managements – und daher auf das Potential, das sich hinter dem Phänomen des *Contracting-out* verbirgt. Facility Manager werden aufgrund ihrer Orts- und Betriebskenntnisse diese Listen sicherlich um organisationstypische Leistungen ergänzen können.

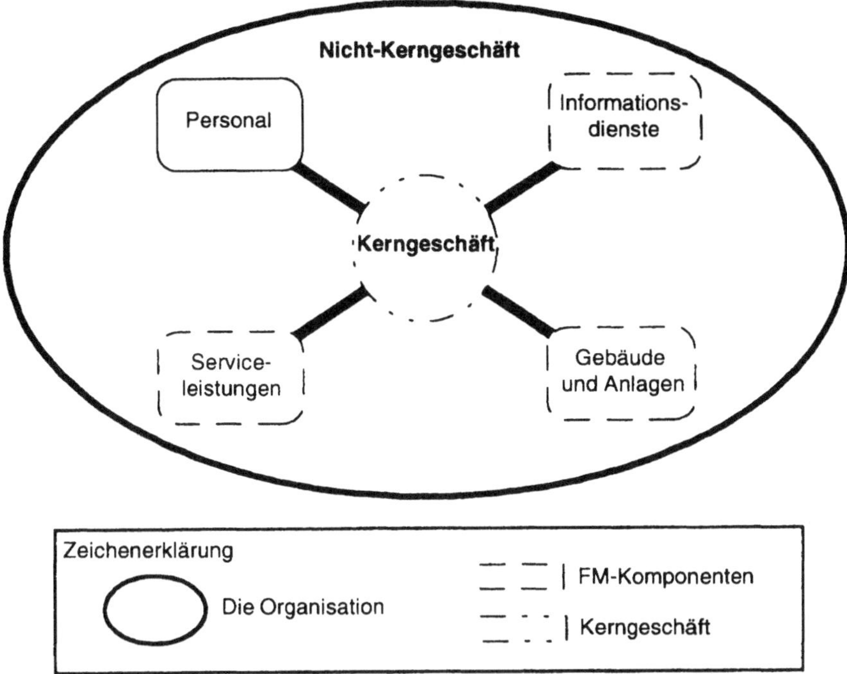

Abbildung 4.1 Unterstützung der Organisation durch das Facility Management

Doch wie bereits oben betont, ist diese Gliederung und Auffächerung von Leistungen innerhalb der drei FM-Unterbereiche trotz ihrer Anschaulichkeit nur eine von mehreren Sichtweisen. Ein anderer Blickwinkel, mit dem neue Erkenntnisse gewonnen werden können, konzentriert sich auf die Rolle der *Beteiligten.*

Beteiligte und entsprechende Funktionen

Bei der Vergabe von Leistungen an externe Dienstleister kommen managementspezifische und operative Funktionen zum Tragen:

- *Management-Funktionen* werden von den sogenannten Denkern erfüllt, d. h. Managern und Planern, Unternehmensberatern u.a., deren Tätigkeitsfeld vom Organisieren und strategischen Planen über Personalentscheidungen bis zu Führungs- und Kontrollfunktionen in der Organisation reichen.
- *Operative bzw. ausführende Funktionen* werden von den sogenannten Ausführenden erbracht, wie Handwerkern, Facharbeitern oder technischem Personal, d. h. sie sind für die operativen Aspekte der zu erbringenden Leistungen zuständig.
- Für jede Management-Funktion läßt sich eine entsprechende *operative* Funktion bestimmen.

Abbildung 4.3 soll veranschaulichen, wie sich beim Facility Management ein strategischer, taktischer sowie überwachungstechnischer Bereich unterscheiden läßt und letzterer wieder die Verbindung zu den ausführenden Aspekten des operativen Facility Managements

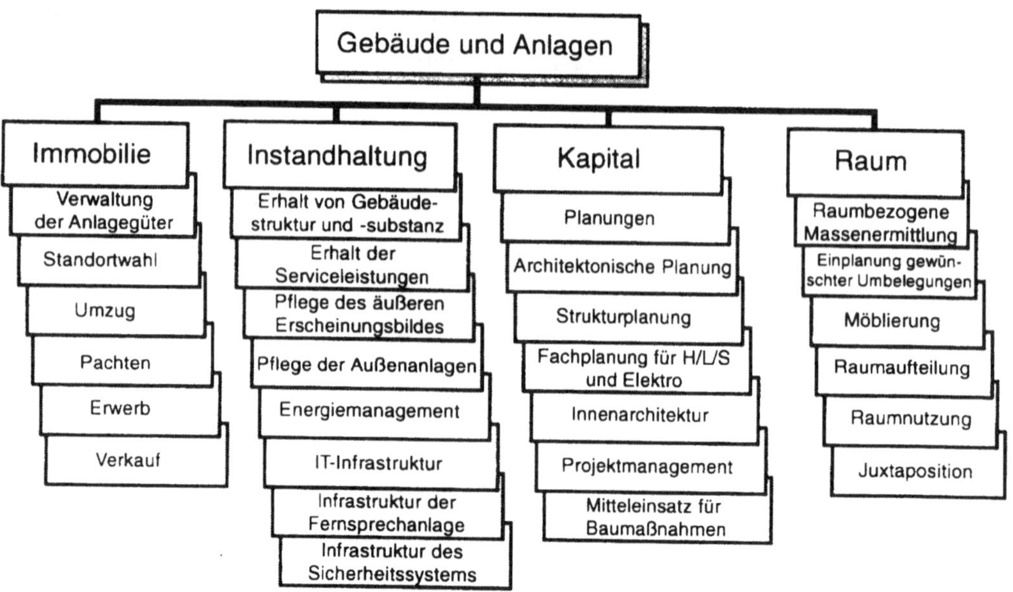

Abbildung 4.2 Die gebäude- und anlagenrelevanten Komponenten des Facility Managements

Tabelle 4.1 Die Servicekomponenten des Facility Managements

Serviceleistungen	
• Boten- und Kurierdienste • Fuhrpark • Versorgung mit Speisen und Getränken • Empfang • Allgemeine hauswirtschaftliche Leistungen • Bürotechnische Arbeiten • Möblierung	• Müllentsorgung • Lichtpauserei • Sicherheit • Büromaterial • Reisevorbereitungen und -organisation • Verkaufsservice

Tabelle 4.2 Die IT-Komponenten des Facility Managements

Informationstechnologische Leistungen	
• Datennetz • Integration verschiedener Systeme • Systeme zur Übertragung von Sprache und Daten • Netzwerkverwaltung	• Verwaltung der Leitungsführung • Planungs- und Entwurfsstudien • Softwareentwicklung

schafft. Es gibt keine klare Grenze zwischen Denkern und Ausführern – besonders bei der Überwachung zu erbringender Leistungen ist sie mehr oder weniger stark verwischt. So ist in manchen Fällen die Vertragsfirma auf der ausführenden Seite für die Überwachung zuständig, in anderen Fällen wieder nicht. Die Unterscheidung zwischen Management und operativem Bereich im FM-Kontext wird im weiteren Verlauf des Kapitels für das *Contracting-out* von *besonderer* Bedeutung sein.

Unterscheidet man Leistungen nach ihrer Funktion, lassen sie sich als fließender Übergang zwischen Management-Funktionen am einen Ende und operativen Funktionen am

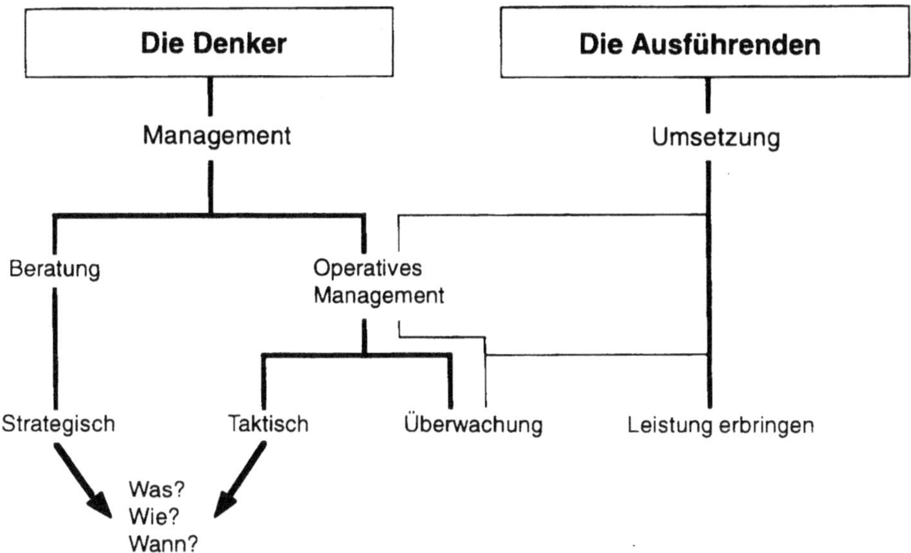

Abbildung 4.3 Die Funktionsweise des Facility Managements

anderen Ende der Skala beschreiben. Die in Abbildung 4.4 abgebildete Strichlinie zeigt, wie stark sich die Anforderungen an managementspezifische und operative Fähigkeiten bei der Bereitstellung jeder beliebigen Dienstleistung voneinander unterscheiden. Eine reine Beratungstätigkeit im Rahmen eines Raumplanungsprojekts würde beispielsweise keine handwerklichen Fertigkeiten erfordern (siehe Abbildung 4.4), sie entspräche der FM-Leistung 9 im Schaubild. Müssen jedoch Einrichtungsgegenstände verstellt werden, wären daran wohl vor allem Arbeiter beteiligt und kaum Kontrollen erforderlich – im Schaubild wäre dies z. B. eine FM-Leistung 4 oder 5.

Im nächsten Abschnitt wird die Frage behandelt werden, welche Möglichkeiten es gibt, einzelne FM-Verträge zu bündeln.

4.2.4 Bündelung einzelner FM-Verträge

Die Vergabe von Leistungen an externe Dienstleister kann verschiedene Formen annehmen. Das theoretische Extrem in die eine Richtung wäre die Vergabe einer einzigen Leistung an eine Fremdfirma, während alle anderen Leistungen intern erbracht werden. Es kann nun vom *Contracting-out* immer stärker Gebrauch gemacht werden, bis schließlich alle FM-Leistungen mittels *Einzelverträgen* an externe Dienstleister vergeben werden. Der nächste Schritt wäre nun, einzelne Verträge *zu bündeln* und die jeweiligen Leistungen als Paket bei einem einzigen Vertragspartner in Auftrag zu geben. Dieser Vorgang wird gemeinhin *Bundling* (Bündeln) genannt. Und schließlich könnten mehrere Leistungsbündel an denselben Vertragspartner (Dienstleister) fremdvergeben werden. In Abbildung 4.5 wird dieses Spektrum möglicher Kombinationen anhand eines einzigen FM-Bereiches, den gebäudebezogenen Leistungen, veranschaulicht.

Im Schaubild werden die Leistungen entweder den Denkern, d. h. dem Management-Bereich, oder den Ausführenden, d. h. dem operativen Bereich, zugeordnet. Dem Modell

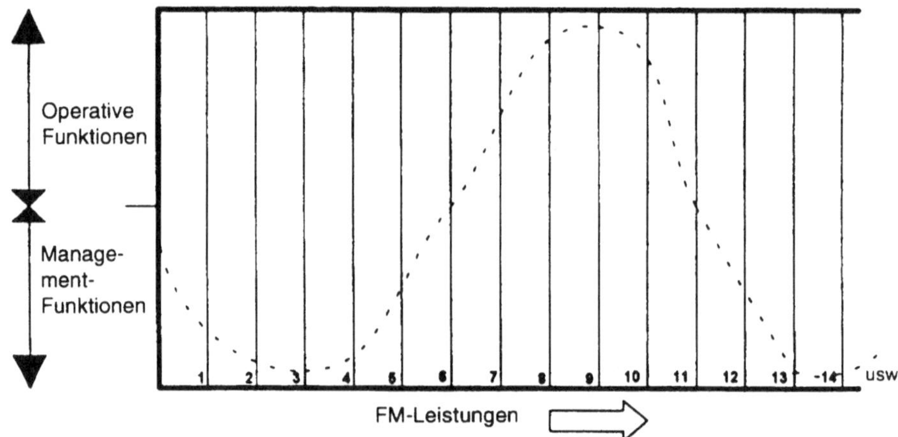

Abbildung 4.4 Unterscheidung zwischen managementspezifischen und operativen Funktionen

liegt bereits die Vorstellung zugrunde, daß operative und managementspezifische Leistungen eher in getrennten Leistungspaketen zusammengefaßt werden. Konsequent zu Ende gedacht würde dies zu einer Zusammenlegung aller operativen Leistungen zu einem einzigen Leistungspaket und zu einer Zusammenfassung aller managementspezifischen Leistungen zu einem anderen Paket führen. Man sollte sich jedoch dessen bewußt sein, daß Abbildung 4.5 die möglichen Alternativen nur andeuten möchte. Aus den oben aufgelisteten zahlreichen FM-Teilbereichen, die auf den Umfang des Facility Managements und somit auch des *Contracting-out* schließen lassen, geht deutlich hervor, daß Abbildung 4.5 erheblich erweitert werden könnte.

Werden alle FM-Leistungen an einen einzigen Dienstleister vergeben, d. h. alle managementspezifischen *und* alle operativen Funktionen in einem Vertrag zusammengefaßt, spricht man in der Regel vom sogenannten *Total facilities management* (Komplettvergabe), kurz *TFM*. Erfahrungen in diesem Bereich haben gezeigt, daß *TFM* normalerweise nur ein theoretisches Phänomen ist und in der Praxis keinen Platz hat. Es ist nur schwer vorstellbar, daß ein einziges Dienstleistungsunternehmen sachgerechte Leistungen von der Leistungskontrolle (*Audit*) und der Rechtsberatung bis zur Gebäudereinigung und Versorgung mit Speisen und Getränken erbringen kann. Unter dem Begriff *TFM* sollte daher ein Kontinuum verstanden werden, auf dem unterschiedlich viele Leistungen – sowohl aus dem Bereich des Managements als auch aus dem operativen Bereich – zusammengelegt werden und an dessen äußerstem Ende keine Leistungen mehr durch interne Mitarbeiter erbracht werden, was jedoch eher der Theorie als der Praxis entspricht.

Im folgenden Abschnitt wird das Potential des *Contracting-out* und die realistische Möglichkeit, es auszuschöpfen, betrachtet.

4.2.5 Das Potential des *Contracting-out* aus Sicht des Nutzers

Das in der Fremdvergabe von Leistungen steckende Potential besteht darin, ein optimales Gleichgewicht zwischen im Haus erbrachten und nach außen vergebenen FM-Leistungen zu erreichen. Entsprechend der oben angewandten Methode kann auch hier zwischen managementspezifischen und operativen Funktionen unterschieden werden.

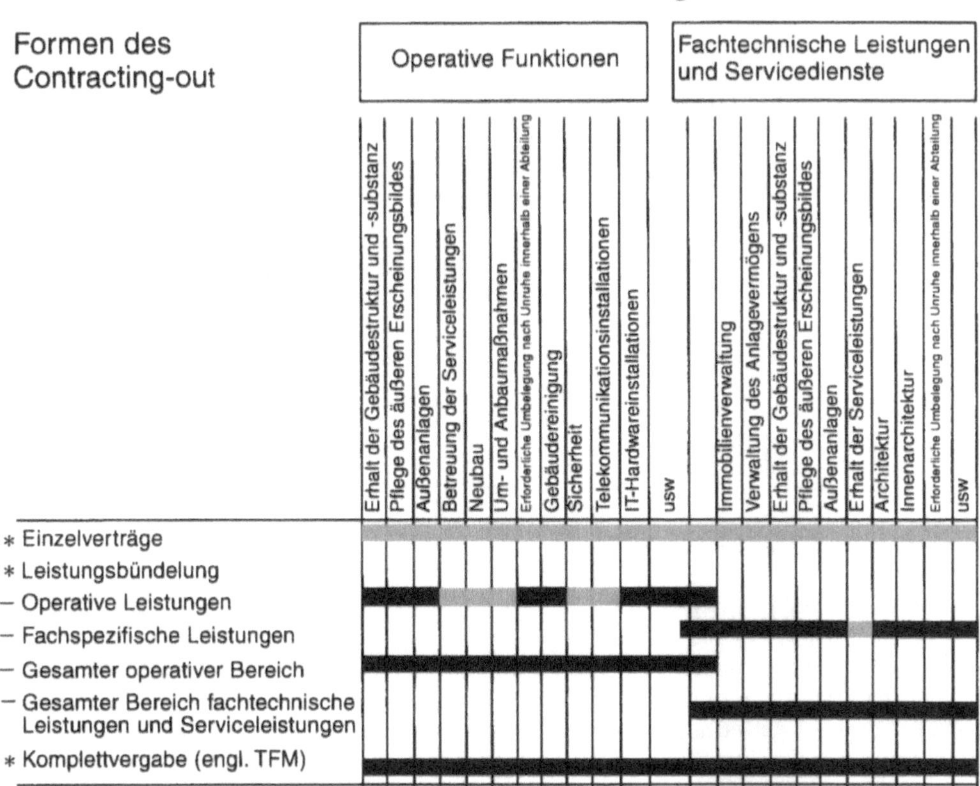

Abbildung 4.5 Alternativen bei der Vergabe gebäudebezogener Leistungspakete

So wird die minimalste, interne Managementfunktion möglicherweise durch einen Mitarbeiter erbracht, der dies völlig unwissentlich als Teil seiner Arbeit tut. Hierunter könnte beispielsweise der *Bursar* (Finanzbeauftragter) einer Privatschule fallen, der neben seinen Hauptaufgaben noch für eine große Anzahl anderer Bereiche zuständig ist, die mit seinem eigentlichen Beruf nur peripher zu tun haben (siehe Fallstudie 2 in Kapitel 1). In vielen Organisationen werden eigentumsspezifische Angelegenheiten an die Sekretärin der Geschäftsleitung delegiert, während sich die Leiter der Personalabteilung häufig um die Besetzung des Hausmeisterpostens kümmern müssen. Von diesem Blickwinkel aus betrachtet spielt jeder Nutzer eine gewisse – wenn auch noch so kleine – managementrelevante Rolle im Facility Management, selbst wenn er nur die Schnittstelle zum *TFM*-Vertragspartner darstellt. Das andere Extrem wäre ein Team mit vielen Facility Managern, die einzelnen Abteilungen vorstehen und verschiedene Aufgabenfelder betreuen. Ein Beispiel hierfür sind die großen technischen Teams, die von den *County councils* (Grafschaftsräte) in den 70er Jahren beschäftigt wurden. Doch auch hier ist es nur theoretisch vorstellbar, daß alle anfallenden Leistungen durch Mitarbeiter im Haus abgedeckt werden, vor allem wenn man davon ausgeht, daß auch Leistungen wie die Leistungskontrolle (*Audit*) zum Facility Management dazugehören. Das Schaubild in Abbildung 4.6 soll das beschriebene Kontinuum veranschaulichen. Es muß hier jedoch darauf hingewiesen werden, daß sich dieses Kontinuum auf ein *Potential* bezieht. Je mehr Leistungen zu einem gegebenen Zeitpunkt im Hause erbracht werden, desto größer ist – unter gleichbleibenden Bedingungen – das Potential, das dem Nutzer für eine Fremdvergabe von Leistungen zur Verfügung steht.

Im nächsten Abschnitt wird in kurzer Form auf ein weiteres Konzept eingegangen, dessen Verständnis eine wichtige Voraussetzung dafür ist, die richtigen Entscheidungen bezüglich der Ressourcen zu treffen, die für den FM-Service erforderlich sind.

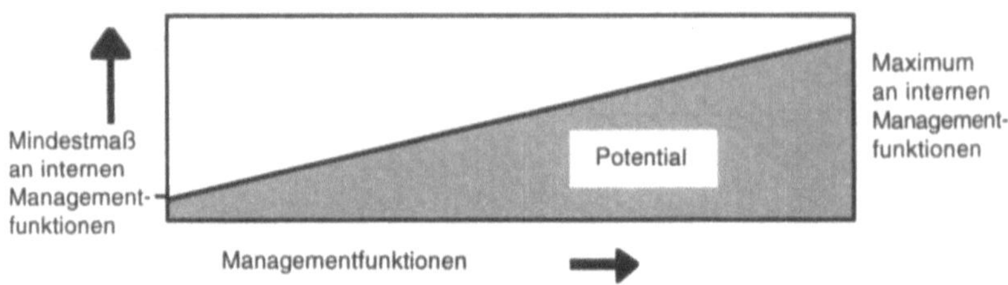

Abbildung 4.6 Potential des Contracting-out

4.3 Nur eine Nebenfunktion?

4.3.1 Zielsetzung

Häufig wird die Meinung vertreten, daß Facility Management nur Leistungen zum Gegenstand hat, die nicht zum Kerngeschäft gehören. Ziel dieses Abschnittes ist es, diese Ansicht kritisch zu hinterfragen und aufzuzeigen, daß diese einengende Sichtweise einer Optimierung des Facility Managements und insbesondere der Fremdvergabe von Leistungen im Wege steht.

4.3.2 Kerngeschäft

Facility Management wird gemeinhin definiert als koordinierte Verwaltung aller Unternehmensaufgaben, die nicht zum Kerngeschäft gehören. Ein tiefergehendes Verständnis des Facility Managements und folglich der Möglichkeiten des *Contracting-out* ist dadurch aber nur bedingt möglich. Das folgende Beispiel unterstreicht die Einseitigkeit dieser Definition.

Beispiel

Das unternehmerische Ziel der in Fallstudie 1 beschriebenen Organisation (genauere Angaben siehe Anhang) besteht in der Bereitstellung von medizinischen Leistungen.

Die Versorgung mit Speisen und Getränken in Fallstudie 1 ist sowohl für die Angestellten als auch die Kunden (d. h. die Patienten) vorgesehen.

Ein Patient, der sich zu einer medizinischen Behandlung entschlossen hat, betrachtet die Leistungen eines Privatkrankenhauses, die zum Kerngeschäft gehören, im allgemeinen als selbstverständlich. Er geht davon aus, daß die im Operationsraum bereitliegenden Instrumente ihrem Nutzungszweck entsprechen, für ihn sieht eine Röntgenmaschine im Prinzip wie jede andere aus und über die Sterilisationsgeräte in der Klinik denkt er wahrscheinlich überhaupt nicht nach. Der Patient erwartet schlicht und einfach eine gute medizinische Betreuung.

Auch beim Krankenhausessen erwartet der Patient eine bestimmte Qualität. Auf diesem Gebiet kennt er sich schließlich aus und wird folglich mit gewissen Erwartungen ins Krankenhaus kommen. Die Zufriedenheit der Kunden (d.h. Patienten) wird in diesem Fall wahrscheinlich eher von der Erfahrung mit dem Krankenhausessen (und anderen hotelähnlichen Serviceleistungen wie Zimmerreinigung und Pforte) abhängen als von der medizinischen Versorgung – es sei denn der Heilungsprozeß tritt nicht wie erwünscht ein.

Ist die Versorgung mit Speisen und Getränken nun eine Leistung, die zum Kerngeschäft gehört oder nicht?

Beispiel

Bei den in Fallstudie 2 beschriebenen Bürogebäuden (genauere Angaben siehe Anhang) ist die Catering-Funktion hauptsächlich für die Versorgung der Unternehmensmitarbeiter mit Speisen und Getränken verantwortlich. Auf den ersten Blick also eine eindeutige Serviceleistung.

Das Catering-Personal ist jedoch auch für die Bewirtung von Kunden zuständig, die sich zu Besuch in der Firma aufhalten, und bereitet das Mittag- bzw. Abendessen für die Geschäftsführer vor, an denen auch häufig Gäste teilnehmen. Die Erwartung an diese Leistung, die eine Mischung aus Notwendigkeit und Gastfreundlichkeit ist, wird von den Kunden auf demselben Niveau angesetzt, wie das Ansehen, das die Firma bei ihnen genießt. Gehört sie nun zum Kerngeschäft oder nicht?

Rational betrachtet beschreibt das zweite Beispiel wahrscheinlich eine Serviceleistung – jedoch liegt der Fall hier nicht so klar wie es auf den ersten Blick scheint. Im ersten Beispiel ist das Catering jedoch eindeutig ein zentraler Faktor für die Zufriedenheit der Kunden. Gehört es deshalb zum Kerngeschäft oder nicht? Und welche Auswirkungen haben die Fragen (a) Wie wird die Leistung ausgeführt/verwaltet? und (b) Welche Ressourcen sind für die Leistung vorgesehen?

Betrachtet man das Kerngeschäft einmal von einem völlig neuen Blickwinkel, läßt sich die Antwort auf diese Fragen leichter finden. Definiert man das Kerngeschäft einfach als das Element einer Organisation, durch das sie Gewinne erzielt, so trifft dies auf einen *Teil* der in Fallstudie 1 beschriebenen Catering-Leistung zu. Vom Gewinn her betrachtet, ist beispielsweise – im Falle der *Britisch Airport Administration* (Britische Flughafenverwaltung) – der Verkauf in den Flughäfengeschäften lukrativer als die Verwaltung der Flughäfen, obwohl dies ja Kerngeschäft der *BAA* ist. Doch ist der Verkauf in den Läden Teil des Kerngeschäfts? Betrachtet man eine Funktion nur noch unter dem Aspekt, ob sie zum Kerngeschäft gehört oder nicht, wird es immer schwieriger, zu eindeutigen Resultaten zu kommen. Hält man an dieser Alles-oder-nichts-Sicht der Dinge fest, bleibt ein Großteil des Optimierungspotentials der Leistungen ungenutzt. Sinnvoller ist es, die Bereiche Kerngeschäft und Nicht-Kerngeschäft als Kontinuum zu betrachten. Unter diesem Blickwinkel könnte man beispielsweise die Verwaltung der Flughäfen als *Daseinsberechtigung* einer Organisation wie der *BAA* betrachten, doch nur als einen Teil ihres Kerngeschäfts. Abbildung 4.7 veranschaulicht diese Philosophie.

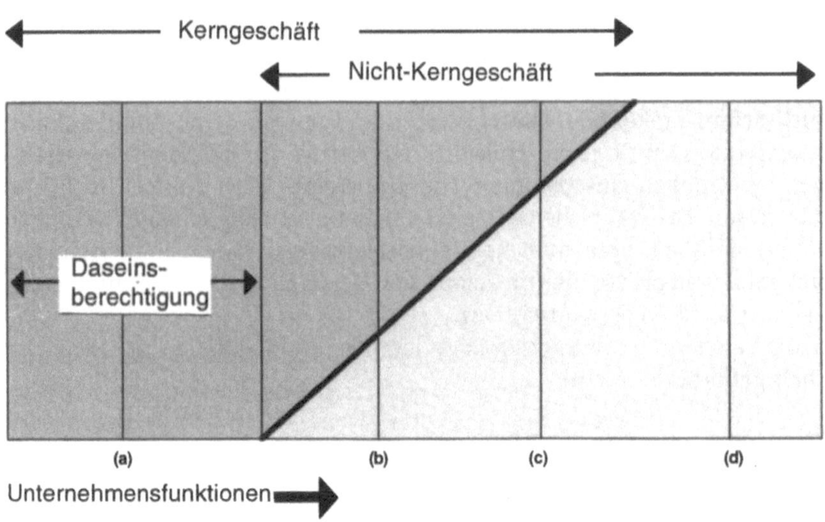

Abbildung 4.7 Das Kontinuum Kerngeschäft/Nicht-Kerngeschäft

Im Schaubild gibt es eine willkürliche Schnittstelle zwischen Kerngeschäft und Nicht-Kerngeschäft. Das Besondere daran ist, daß diese Schnittstelle nicht als vertikale Trennungslinie gezeichnet ist. Dies verdeutlicht die Vorstellung, daß unternehmensspezifische Funktionen:

- vollständig zum Kerngeschäft gehören können
- überhaupt nicht zum Kerngeschäft gehören können
- teils zum Kerngeschäft gehören können, teils nicht.

Bezogen auf das Diagramm können Funktionen, die vollständig zum Kerngeschäft gehören, als Daseinsberechtigung der jeweiligen Organisation betrachtet werden. Und um auf die Fallstudien zurückzukommen, besteht die Existenzberechtigung bei Fallstudie 1 eindeutig in der Bereitstellung von Leistungen der medizinischen Versorgung. Daher könnte die Leistung in Punkt (a) von Abbildung 4.7 beispielsweise in pflegerischen Diensten oder der Bereitstellung eines Operationssaales bestehen. Das Catering (b) in Fallstudie 1 wird eher als zum Kerngeschäft gehörig beurteilt, jedoch nicht als die Daseinsberechtigung der Krankenhäuser. Das Catering (c) in Fallstudie 2 hingegen gehört der Tendenz nach nicht zum Kerngeschäft.

Das Wichtige hierbei ist, daß das Facility Management – und folglich auch das Potential für die Vergabe von FM-Leistungen an externe Dienstleister – mehr als nur reine Serviceleistungen (bzw. Aktivitäten, die nicht zum Kerngeschäft gehören) abdecken kann, wie anhand des Schaubilds demonstriert. Dies bedeutet, daß das Potential erweiterbar ist und daß mit Hilfe dieses flexiblen Ansatzes diese Leistungen mithelfen können, höhere Gewinne zu erzielen. Um das Bild zu vervollständigen, könnte sich Punkt (d) in Abbildung 4.7 auf die Wartung von Apparaten und elektrischen Geräten sowie Maschinen beziehen, d. h. eine Leistung, die in den Augen der meisten Nutzer zu den Serviceleistungen des Nicht-Kerngeschäfts gehört.

Es läßt sich also feststellen: Eine strenge Trennung zwischen Kerngeschäft und Nicht-Kerngeschäft kann verhindern, daß sich das volle Potential des Facility Managements entwickeln und zum Mehrwert der Organisation beitragen kann. Somit verhindert sie auch effiziente Entscheidungen im Bereich der Ressourcenplanung.

Nachdem nun besprochen wurde, welche Aspekte beim *Contracting-out* eine Rolle spielen und wie wichtig es ist, zwischen dem managementspezifischen und operativen Bereich zu unterscheiden, wird sich Abschnitt 4.4 nun damit befassen, wie man eine effiziente Entscheidung für oder gegen die Vergabe einer Leistung trifft.

4.4 Entscheidungsprozeß des Facility Managements bei der Auftragsvergabe

4.4.1 Zielsetzung

In diesem Abschnitt soll ein Rahmen für Entscheidungen vorgestellt werden, der es Facility Managern ermöglicht: erstens, sich zu entscheiden, ob sie eine bestimmte Aufgabe oder Leistung an externe Dienstleister vergeben möchten und zweitens feststellen zu können, ob die Fremdvergabe einer Leistung mit dem Umfeld oder der Kultur der Organisation in Einklang steht. Im folgenden wird davon ausgegangen, daß diese beiden Abschnitte des Entscheidungsfindungsprozesses nacheinander ablaufen. Dies wird nur angenommen, um die Abläufe präziser beschreiben zu können. Es steht wahrscheinlich außer Frage, daß ein Facility Manager sich keine weiteren Gedanken über die Fremdvergabe einer bestimmten Leistung machen würde, wüßte er, daß das organisiationsspezifische Umfeld dies ohnehin nicht erlauben würde.

Durch Hinweise auf das Kapitel über den Entscheidungsfindungsprozeß (Kapitel 7) soll dem Facility Manager nicht nur geholfen werden, einen strukturierten Ansatz an *Contracting-out*-Entscheidungen zu finden, sondern ihm auch das lebenswichtige Kommunikationsmittel – die sog. Managementsprache – zur Seite gestellt werden, mit deren Hilfe er mit anderen Facility Managern effizient in Kontakt treten kann. Somit untermauert das Kapitel über Fremdvergabe die Notwendigkeit, bei der Entscheidungsfindung eher strukturiert als intuitiv vorzugehen. Dabei werden diejenigen Aspekte in den Mittelpunkt gestellt, die bei einer Entscheidung berücksichtigt werden müssen, wenn diese allgemein akzeptiert werden soll.

4.4.2 Die Schwachstellen des intuitiven Ansatzes

Die Vergabe von Leistungen an externe Dienstleister, also das *Contracting-out*, ist ein relativ neues Phänomen. Eine Folge davon ist, daß es bislang relativ wenig Langzeitdaten von Organisationen gibt, die über die Effizienz des *Contracting-out* über einen gewissen *Zeitraum* hinweg Auskunft geben könnten. Wird beispielsweise ein Vertrag typischerweise für drei Jahre vergeben, wäre ein geeigneter Zeitraum mindestens die Länge der Vertragsdauer. Danach könnte man Bilanz ziehen, sowohl im Hinblick auf die ursprüngliche Entscheidung, Leistungen nach außen zu vergeben, *als auch* bezüglich der Entscheidung, ob man, sobald der Vertrag abgelaufen ist:

- den Vertrag bei demselben Dienstleistungsunternehmen verlängern soll
- einen Vertrag bei einem anderen Dienstleister abschließen sollte
- die Leistung wieder im Haus erbringen sollte.

Bis mehr Daten hierüber zur Verfügung stehen, können Dienstleister Argumente anführen, die schwer zu widerlegen sind. Daher ist es sehr riskant, an diese Entscheidungen allzu intuitiv heranzugehen, d. h. die Fremdvergabe von Dienstleistungen als entweder vorteilhaft oder unvorteilhaft für eine Organisation zu betrachten. Es wird gezeigt werden, daß eine solche Vereinfachung gefährlich ist und ein anderer Ansatz gewählt werden sollte. Dies bedeutet nicht, daß die Vorteile bzw. Nachteile des *Contracting-out* nicht eine wichtige Rolle bei FM-Entscheidungen im Bereich der Ressourcenplanung spielen. Genau das tun sie, doch ist das noch nicht alles.

Für eine umfassende Analyse müssen die Kräfte untersucht werden, die eine Fremdvergabe begünstigen, *und* diejenigen, die sie behindern. Der Einfachheit halber wird im folgenden von zwei großen Faktor-Kategorien die Rede sein, die beim Entscheidungsfindungsprozeß zusammenspielen:

- Primäre Vorteile bzw. Nachteile des *Contracting-out*
- Sekundäre Kräfte, die *Contracting-out* begünstigen bzw. hemmen

4.4.3 Primäre Vorteile und Nachteile des Contracting-out

In Tabelle 4.3 und 4.4 werden die bislang erkannten Vor- und Nachteile des *Contracting-out* aufgelistet, und zwar in der Reihenfolge, in der sie Studien und entsprechender Literatur zufolge am häufigsten auftreten.

Tabelle 4.3 Vom Nutzer wahrgenommene Vorteile des Contracting-out, Reihenfolge gemäß Wichtung

Reihen-folge gemäß Wichtung	Kategorien potentieller Vorteile
1	Kostenreduzierung/Umfangreiche Einsparungen
2	Konzentration auf Kerngeschäft/Strategische Aufwertung der Leistung
3	Präzisere Personalplanung/Verringerung des Raumbedarfs
4	Produktivitätssteigerung/Effizienz bei Betriebsabläufen
5	Erhöhte Flexibilität/Gleichförmige Arbeitsauslastung
6	Keine überholten Verfahren/neueste Technologie/Fachwissen/Kenntnisse der neuesten gesetzlichen Verordnungen
7	Kompensation von fehlenden Fachkenntnissen/von fehlender Spezialausrüstung
8	Wertsteigerung (ohne zusätzliche Ausgaben)/Qualität/Leistung für Geld
9	Entlastung des Managements
10	Weiterentwicklung der Organisation
11	Schnelles Erbringen der Leistung/Kurze Reaktionszeit
12	Optimierung der Kontrollmöglichkeiten seitens des Managements/Angestrebtes Leistungsniveau
13	Leistungsservice aus einer Hand/eine Rechnung/Vertragsfirma fungiert als Schutzschirm zwischen Nutzer und Dienstleister
14	Stärkere Verantwortlichkeit/Überwachung des Leistungsniveaus/Verringerung des Nutzerrisikos
15	Optimale Auslegung der technischen Ausstattung
16	Unterstützung des Nutzers, sich auf dem Markt Wettbewerbsvorteile zu verschaffen
17	Keine Belastung durch operative Tätigkeit
18	Keine Kapitalaufwendungen/Neueste Technologie für geringste Kapitalaufwendung
19	Steuervorteil

Zu dieser Liste müssen noch einige wichtige Hinweise hinzugefügt werden:

- Die Kategorien bestehen aus subjektiv wahrgenommenen Vor- und Nachteilen, d. h. eigens gemachte Erfahrungen spiegeln eventuell nicht die vorgenommene Wichtung wider. Im Prinzip könnte man die Liste der Vorteile als die Argumentationsstrategie eines Dienstleisters ansehen, der seine Leistungen an den Mann bringen möchte. Die Liste mit den Nachteilen wäre dementsprechend die Palette an Vorurteilen, die ein skeptischer Nutzer gegen die Fremdvergabe von Leistungen vorbringen würde. Beide Sichtweisen haben ihre Berechtigung, was nun fehlt, ist ein strukturierter Ansatz.
- Es könnte der Eindruck entstehen, daß sich die Tabellen widersprechen. So besteht der Hauptvorteil des *Contracting-out* erfahrungsgemäß in der kosteneffizienten Bereitstellung von FM-Leistungen. Die Erfahrung hat aber auch gezeigt, daß der Hauptnachteil des *Contracting-out* darin besteht, daß es nicht immer kosteneffizient ist.

Tabelle 4.4 Vom Nutzer wahrgenommene Nachteile des Contracting-out, Reihenfolge gemäß Wichtung

Reihenfolge gemäß Wichtung	Kategorien potentieller Nachteile
1	Vorgebliche Einsparungen = Geweckte Hoffnungen/Kosteneffizienz nicht immer gegeben
2	Arbeitsplatzprobleme - Verlagerung von Nutzer auf externen Dienstleister/Konflikt zwischen Mitarbeitern, die entlassen werden, und denjenigen, die bleiben/Gewerkschaften/Entlassungen
3	Mangelnde Kontrollmöglichkeiten der Dienstleistungsunternehmen
4	Risiko der Auswahl eines inkompetenten Dienstleisters/Markt kann keine Dienstleister mit ausreichender Kompetenz bieten
5	Personalprobleme - Loyalität gegenüber Benutzer
6	Vertraulichkeit organisationsinterner Daten/Sicherheitsproblematik
7	Neue (andere) Probleme für das Management
8	Strategische Steuerung schwieriger/Strategische Angelegenheiten können von operativen nicht getrennt werden
9	Strategisches Risiko/ Mögliche Gefährdung der Nutzer-Organisation bei Fremdvergabe zentraler Leistungen
10	Verlust von internem Know-How und Fachkompetenzen
11	Verträge, die die Organisation langfristig binden
12	Kapazität des Dienstleisters
13	Läuft Kultur der Nutzer-Organisation zuwider
14	Verlagerung der Zuständigkeit an Dienstleister
15	Interne Lösungsmöglichkeit wird ignoriert/Interne Ressourcen durchaus ausreichend
16	Engagement des Dienstleisters
17	Verfügbarkeit des Dienstleisters
18	Gewährleistete Kontinuität durch den Dienstleister
19	Versteckte Kosten
20	Erforderlicher Zeitaufwand für Contracting-out-Entscheidungen
21	Keine unabhängige Beratung durch Dienstleister (Hersteller)
22	Einarbeitungszeit des Dienstleisters
23	Längere Reaktionszeiten auf Probleme
24	Fehlende Flexibilität
25	Tendenz des Nutzers, seine Entscheidung, Leistungen zu vergeben als richtig zu rechtfertigen
26	Steuernachteil (steuerpflichtiges Honorar für die Erbringung der Leistung gegenüber abschreibungsfähigen Anlagewerten)
27	(Risiko-Konzentration/Risiko-Anhäufung) Alles auf eine Karte setzen

Die beiden aufgeführten Tabellen geben eine umfassende Übersicht über die vielfältigen Faktoren und Aspekte, die bei der Entscheidung über eine Leistungsvergabe eine Rolle spielen. Die Vor- und Nachteile des *Contracting-out* decken jedoch nur die Hälfte der Möglichkeiten ab.

Beispiel

Auf Fallstudie 2 bezogen kann die Tatsache, daß der interne Catering-Service angesichts der hohen Lohnnebenkosten zu einer wachsenden finanziellen Belastung wurde, als Argument gegen eine interne Abdeckung dieser Funktion betrachtet werden. Es ist nicht möglich, die Fremdvergabe dieser Leistung als vorteilhafte Alternative darzustellen, da keine konkreten Vorteile für das Unternehmen genannt werden können.

In diesem Beispiel sind die Vorteile des *Contracting-out* und die Nachteile der internen Ressourcenbeschaffung nicht gegeneinander austauschbar, führen jedoch zu dem gleichen Ergebnis. Parallel dazu sind auch die Nachteile des *Contracting-out* und die Vorteile der internen Ressourcenbeschaffung nicht unbedingt gleichzusetzen, wie das nächste Beispiel belegt.

Beispiel

Die Krankenhäuser einer Region aus Fallstudie 1 vergaben Leistungen, die in der Regel von einem Techniker für Sterilisationsgeräte erbracht werden, an ein externes Unternehmen, jedoch nicht aus wirtschaftlichen Überlegungen, sondern da es nicht möglich war, einen entsprechenden Fachmann für diese Stelle zu finden, d. h. hier zeigt sich eine Schwachstelle der internen Ressourcenbeschaffung.

Als Hilfestellung für den Entscheidungsfindungsprozeß bietet es sich daher an, die Alternativen in einer Art Matrix darzustellen (siehe Abbildung 4.8).

Vorteile des Contracting-out	Nachteile des Contracting-out
Nachteile der internen Ressourcenbeschaffung	Vorteile der internen Ressourcenbeschaffung

Abbildung 4.8 Matrix der primären Faktoren

Diese primären Größen der verschiedenen Vor- und Nachteile sind, wie sich im Vergleich zu den sekundären begünstigenden Faktoren zeigen wird:

- vorhersehbar, d. h. ihrer Natur nach vorhersehbar, wenn auch nicht in ihrer Wirkung auf einen bestimmten Nutzer
- unkompliziert

Im wesentlichen kann man davon ausgehen, daß die *primären* Faktoren die Entscheidungen im Bereich der Ressourcenplanung *direkt* beeinflussen, die *sekundären* hingegen zufällig Vor- bzw. Nachteile mit sich bringen, d. h. nur Nebenprodukte einer Entscheidung sind.

Beispiel

In Fallstudie 1 wurde die Überprüfung der Elektroanlagen an externe Firmen vergeben, da auf diese Weise die Leistung effizienter erbracht werden konnte, d. h. aus einem *primären* Vorteil heraus. Zuvor hatte man versucht, die Überprüfungstätigkeit, die in allen 32 Krankenhäusern vorgenommen werden mußte, durch einen Elektriker im Hause abzudecken. Doch die Kombination von Überstunden, Übernachtungen vor Ort und längere Abwesenheit von zu Hause wirkte sich nicht nur dahingehend aus, daß die Leistungen grob unzureichend erbracht wurden, sondern führte auch dazu, daß es aufgrund der inhumanen Arbeitszeiten immer schwieriger wurde, diesen Posten zu besetzen. Die Fremdvergabe der Leistung an einzelne Dienstleistungsunternehmen vor Ort löste dieses Problem.

In diesem Fall nahmen die Vorteile des *Contracting-out direkten* Einfluß auf die Entscheidungen im Bereich der Ressourcenplanung, d. h. sie sind ihrer Natur nach *primäre* Größen.

Beispiel

Die Krankenhäuser einer Region aus Fallstudie 1 vergaben Leistungen, die in den Bereich eines Technikers für Sterilisationsgeräte fallen, an ein externes Unternehmen. Die Krankenhausleitung hatte sich dagegen ausgesprochen, da es in ihren Augen sowohl wünschenswert als auch vorteilhaft wäre, diese Techniker direkt zu beschäftigen.

Doch aufgrund verschiedener Faktoren, u.a.

(1) allgemeiner Mangel an qualifizierten Technikern für Sterilisationsgeräte und
(2) unattraktive Arbeitsbedingungen (verglichen mit den Arbeitsbedingungen bei Firmen, die sich auf bestimmte Arten der Instandhaltung spezialisiert haben) z. B. lange Anfahrtzeiten zu den einzelnen Krankenhäusern, Wartung einer kleinen Anzahl von klinischen Sterilisationsgeräten und andere Tätigkeiten, für die ein Techniker für Sterilisationsgeräte eigentlich überqualifiziert ist

konnte keine geeignete Person für diese Stelle gefunden werden.

Im Prinzip wurde die Leistung vergeben, da man keine andere Wahl hatte. Doch wie sich herausstellte, war dies für die Organisation sogar von Vorteil, da diese Lösung die kosteneffizientere war.

Die erzielten Einsparungen können als ein sekundärer Vorteil bzw. positiver Nebeneffekt betrachtet werden, da die Entscheidung kostenunabhängig erfolgte.

4.4.4 Sekundäre Kräfte, die Contracting-out begünstigen bzw. hemmen

Die Matrix in Abbildung 4.8 deutet auf die Vielfalt der Variablen hin. Die Vor- bzw. Nachteile können zwar vorherbestimmt werden; wie sie sich jedoch auf eine bestimmte Organisation auswirken, wird davon abhängen, welche Wechselbeziehungen sie mit anderen begünstigenden oder hemmenden Kräften eingehen.

Beispiel

Die Organisation aus Fallstudie 1 vergab einige ihrer Wäschereileistungen an externe Dienstleister, obwohl dies *teurer* war, als sie im Hause zu behalten. Den größten Anteil ihrer Leistungen im Bereich der klinischen Sterilisationsgeräte blieb im Haus, obwohl dies *teurer* war, als die Leistung an eine Fremdfirma zu vergeben.

An Fallstudie 1 wird deutlich, daß es primäre Vor- und Nachteile sowie sekundäre Vor- und Nachteile beim *Contracting-out* gibt. Primäre Vor-/Nachteile sind Faktoren, die eine so große Rolle spielen, daß sie Entscheidungen beeinflussen, d. h. es sind *dynamische Faktoren*. Sekundäre Vor-/Nachteile sind dagegen ein Ergebnis der Entscheidung, anstatt daß sie einen Einfluß auf das Ergebnis haben.

Beispiel

Die Organisation aus Fallstudie 1 spielte mit dem Gedanken, die *Verwaltung* der sog. Hoteldienste (vor allem den Catering-Bereich) nach außen zu vergeben, die *operativen* Leistungen jedoch im Hause zu behalten. Es stellte sich heraus, daß diese Lösung keinen Erfolg haben würde, doch man wurde sich der Trennung zwischen dem Managementbereich und dem operativen Bereich als einer wichtigen Variablen deutlicher bewußt.

- Die Organisation (als Dienstleister im Bereich der medizinischen Versorgung) war sich der wechselseitigen Beziehung zwischen ihren Mitarbeitern und den Kunden/Patienten deutlich bewußt. Es war von je Bestandteil der Unternehmenskultur, daß das Personal, das mit den Patienten in regelmäßigem Kontakt stand, fest angestellt war. So konnte der erforderliche persönliche Service gewährleistet werden. Folglich wurden »regelmäßiger Patientenkontakt« und »unregelmäßiger Patientenkontakt« zu wichtigen Variablen.
- Die Organisation hatte 32 Krankenhäuser mit einer durchschnittlichen Belegschaft von lediglich 100 Angestellten pro Standort, die in drei Schichten arbeiteten. Vereinfacht gesprochen bestand jede Schicht aus ca. 30 bis 35 Mitarbeitern. Dadurch erinnerte die Arbeit im Krankenhaus eher an eine Kette von kleinen Läden als einen großen Supermarkt.
- Die geographische Besonderheit dieser Organisation war ebenfalls ein wichtiger Faktor. Da die Standorte so weit auseinander liegen und im ganzen Land verstreut sind, bot sich den einzelnen Krankenhäusern kaum Gelegenheit zu einer Zusammenarbeit. Diese Kennzahlen, d. h. die Anzahl der Standorte plus die Größe der Belegschaft an jedem Standort können als »Größe der Unternehmung« bezeichnet werden und stellen eine weitere Variable dar. Hinzukommt bei kleinen Standorten eine weitere Variable von großer Bedeutung, nämlich das zahlenmäßige Verhältnis zwischen Mitarbeitern von Fremdfirmen zu internen Mitarbeitern.

In Abbildung 4.9 soll eine Struktur dargestellt werden, die einer Entscheidungsfindung im Bereich der Ressourcenplanung zugrunde gelegt werden kann und sowohl die primären wie auch die sekundären Faktoren berücksichtigt. Am Schaubild erscheinen die fünf Variablen des oben dargelegten Beispiels als die begünstigenden Faktoren. Jede der Variablen wird nacheinander auf die Hoteldienste angewandt. Sie treten nun im Schaubild als Einflußfaktoren auf die ressourcenspezifischen Entscheidungen in Erscheinung:

I_1 **Einfluß der Trennung zwischen Managementbereich und operativem Bereich**: Die Vergabe der Verwaltung der Hoteldienste stellte sich als unbefriedigend heraus, und man entschied sich, diese Methode der Ressourcenbeschaffung zu verwerfen. Es besteht jedoch nach wie vor die Möglichkeit, die operativen Teile dieser Leistungen an externe Dienstleister zu vergeben.

I_2 **Einfluß des regelmäßigen Patientenkontakts**: Für die Organisation aus Fallstudie war es nicht akzeptabel, Leistungen an Fremdfirmen zu vergeben, bei denen ein enger Kontakt zu den Patienten bestand, d.h. sie verwarfen die Fremdvergabe von operativen Diensten mit regelmäßigem Patientenkontakt, und ließen es offen, die übrigen operativen Leistungen nach Ermessen durch externe Dienstleister abzudecken.

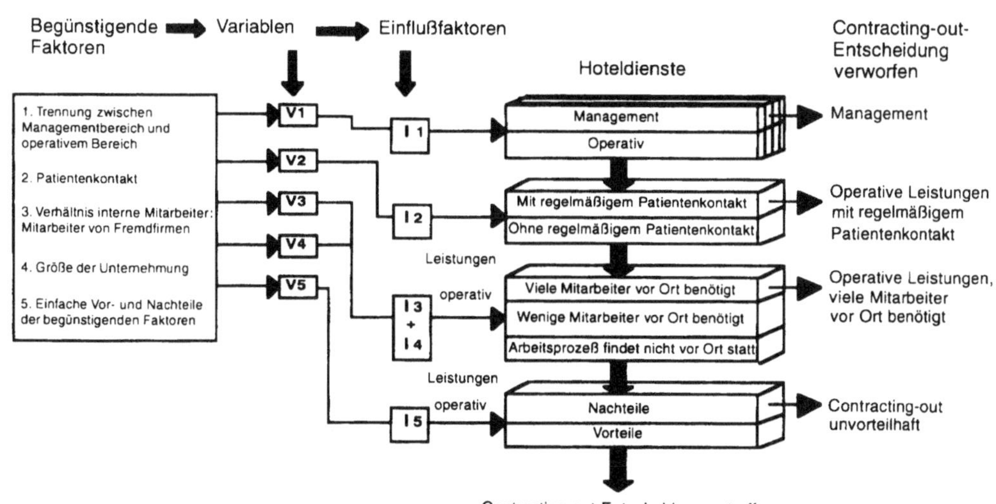

Abbildung 4.9 Schaubild zur Entscheidungsfindung beim Contracting-out

$I_{3\text{-}4}$ **Einfluß des zahlenmäßigen Verhältnisses zwischen internen Mitarbeitern und Mitarbeitern von Fremdfirmen**: Dieser Faktor bewirkte bei Fallstudie 1 eine Entscheidung gegen die Fremdvergabe, da hier für die personelle Abdeckung der operativen Leistungen sehr viele Mitarbeiter der Fremdfirma vor Ort hätten arbeiten müssen, und zwar eine überproportionale Anzahl im Verhältnis zur Gesamtbelegschaft des jeweiligen Krankenhauses.

Eine Fremdvergabe der Leistung ist – nach Einsatz der Einflußfaktoren als eine Art Filter – nur noch in zwei Fällen vorstellbar:

- Man benötigt wenig Mitarbeiter vor Ort (im Verhältnis zur Gesamtzahl der Mitarbeiter) zur Bereitstellung von operativen Leistungen ohne regelmäßigen Patientenkontakt.
- Die Leistung (z. B. ein operativer Arbeitsablauf) wird nicht direkt vor Ort erbracht.

I_5 Der letzte Filter im Entscheidungsfindungsprozeß, d. h. die primären Vor- und Nachteile des *Contracting-out*, wird nun auf diese beiden verbleibenden Fälle angewandt.

Dieser Ansatz läßt sich auf jede beliebige Situation anwenden und ermöglicht eine Entscheidung, bei der auf den ersten Blick erkennbar ist, ob es nun vorteilhaft ist, die Leistung zu vergeben, wobei die Entscheidung dann noch unter dem Aspekt des organisationsinternen Klimas betrachtet werden muß.

4.4.5 Analyse der Stimmungslage der Nutzer im Hinblick auf Ressourcenentscheidungen des Facility Managements

Als nächstes muß untersucht werden, wie der Nutzer der *Contracting-out*-Politik seiner Organisation gegenübersteht. Die sekundären Variablen legen zusammengenommen das *Klima* gegenüber einer Fremdvergabe fest, welches *durch* den Nutzer selbst repräsentiert wird. Das Klima reicht von einer Stimmung, die für eine *Contracting-out*-Entscheidung empfänglich bzw. mit ihr vereinbar ist (d. h. ein freundliches Klima) bis zu einer Stimmung, die mit ihr unvereinbar ist (d. h. ein ablehnendes Klima). In Abbildung 4.10 ist diese Vorstellung durch ein Kontinuum veranschaulicht, in dem verschiedene Stufen unterschieden werden können: eine Fremdvergabe läßt sich *nicht durchsetzen*, eine Fremdvergabe ist *eventuell* vorstellbar, eine Fremdvergabe *sollte* stattfinden, eine Fremdvergabe *muß* stattfinden.

Das durch die Nutzer repräsentierte Klima weist parallel hierzu folgende Stufen auf: ablehnendes Klima, neutrales Klima und freundliches Klima. Diese Phasen entsprechen auch einer Reihe von Faktoren, die auf die *Contracting-out*-Entscheidung einen großen Einfluß nehmen können:

- Das eine Extrem ist die unvermeidliche Ablehnung (z. B. aufgrund einer Entscheidung des Unternehmens gegen eine Fremdvergabe).
- Die nächste Stufe wäre eine Art Duldung, d. h. die Nutzer geben weder zu erkennen, daß sie für noch daß sie gegen eine Fremdvergabe sind.
- Weiter ginge es mit einer Unterstützung von Nutzerseite aus, d. h. sie beginnen, die Fremdvergabe einer Leistung als die von ihnen favorisierte Lösung aktiv zu unterstützen (z. B. wenn der Vorstand prinzipiell die Entscheidung fällt, daß FM-Leistungen nach Möglichkeit an externe Dienstleister vergeben werden sollen, oder wenn die Regierung die Politik verfolgt, ihre Ministerien nach wirtschaftlichen Gesichtspunkten zu überprüfen).
- Das Extrem am anderen Ende der Skala wäre schließlich die Forderung der Nutzer nach der Fremdvergabe von Leistungen (z. B. aufgrund einer strategischen Unternehmensentscheidung).

Die Unterteilung des Kontinuums wird durch die S-förmige Linie dargestellt, die an beiden Enden der Skala mit den horizontalen Achsen parallel laufen. Die genaue Unterteilung wird je nach organisationsspezifischem Umfeld etwas anders verlaufen – in jedem

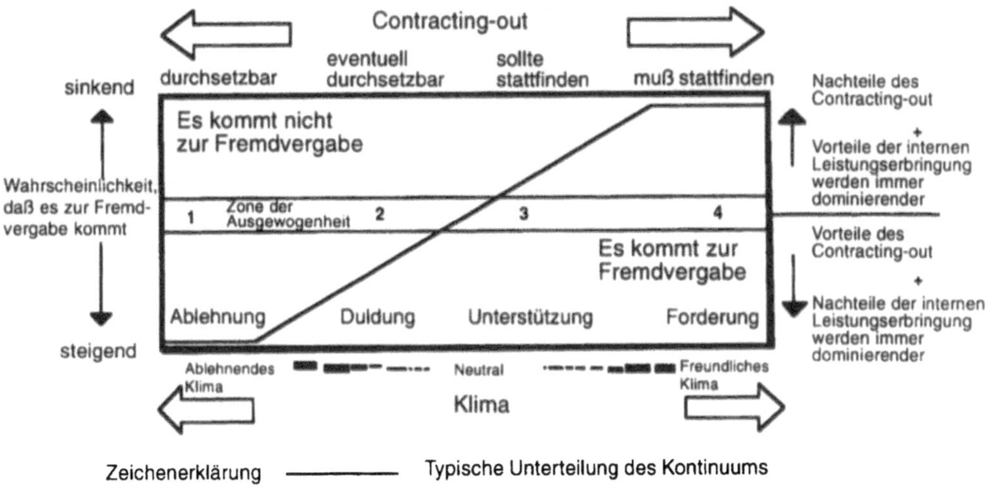

Abbildung 4.10 Zusammenspiel von Nutzerklima und Vorteilen/Nachteilen des Contracting-out

Falle wird man jedoch beobachten, daß es oberhalb der Trennungslinie nicht zur Fremdvergabe kommt und unterhalb der Linie die Leistung vergeben wird. Zur Funktionsweise des Modells ein Beispiel: Geben die Nutzer eine duldende Haltung zu erkennen (z. B. *Contracting-out* wird als Strategie akzeptiert, jedoch nicht aktiv gefördert) und die Vor- und Nachteile gleichen sich in etwa aus, ist diese Situation im Schaubild wahrscheinlich über der Trennungslinie angesiedelt, und es wird nicht zur Fremdvergabe der Leistung kommen. Wäre das Klima unterstützender, könnte man diese Situation im Schaubild eher unterhalb der Trennungslinie ansiedeln, d.h. die Leistung würde wahrscheinlich vergeben werden.

An Punkt 1 im Schaubild schreibt beispielsweise die vom Nutzer verfolgte Strategie vor, daß eine Fremdvergabe nicht in Frage kommt. So verfolgt zum Beispiel der Vorstand die Politik, die ja somit die Organisationskultur reflektiert, daß FM-Leistungen durch interne Mitarbeiter erbracht werden müssen. An Punkt 3 findet eine Fremdvergabe wahrscheinlicher statt, wenn das Klima unterstützend ist, als an Punkt 2. *Contracting-out* wird an Punkt 4 sozusagen aufgezwungen, z. B. durch eine strategische Grundsatzentscheidung des Vorstands oder die Vergabe der FM-Leistungen selbst, oder aber durch die von der Regierung vorgegebenen Zielsetzungen für die zentralen Regierungsstellen

Anhand der folgenden Beispiele soll gezeigt werden, wie mit Hilfe dieses Schaubilds die Endergebnisse der Fallstudien analysiert werden können.

Beispiel

Nachdem die Organisation von Fallstudie 1 aus ihren Fehlern, nämlich der Vergabe der Catering-Verwaltung, gelernt hat und als Folge daraus eine Unterteilung in managementspezifischen und operativen Bereich vorgenommen hat, liegt es nun auf der Hand, daß das Klima gegenüber einer Vergabe der Verwaltungsfunktion recht ablehnend ist. Mit anderen Worten: ein *Contracting-out* wird als Möglichkeit ausgeschlossen, da auf Unternehmensebene eine entsprechende strategische Entscheidung gefällt wurde. Diese Situation ist daher in Abbildung 4.11 auf der linken Seite des Kontinuums angesiedelt.

Zudem hat es sich im Hinblick auf Fallstudie 1 gezeigt, daß eine Vergabe managementspezifischer Leistungen unvorteilhaft ist und zudem der Unternehmenspolitik zuwiderläuft. Den Erfahrungen zufolge liegt die Leistung im Balancebereich zwischen Vor- und Nachteilen mit einer Tendenz zu den Nachteilen. Demzufolge ist die beschriebene Situation irgendwo zwischen dem mittlerem Bereich und der oberen Achse anzusiedeln.

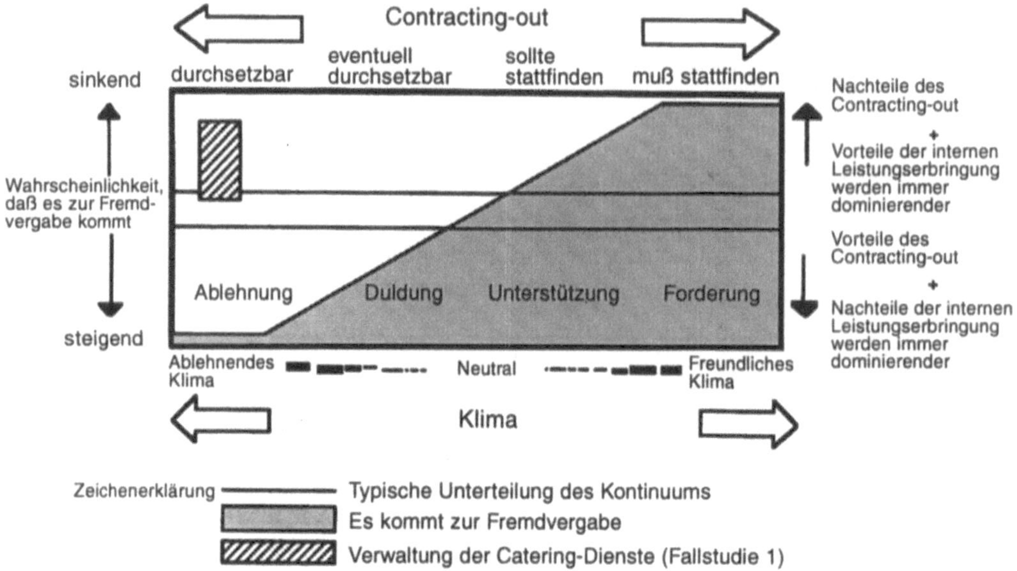

Abbildung 4.11 Verwaltung der Catering-Dienste nach Fallstudie 1

Beispiel

In der Organisation aus Fallstudie 1 könnten einige der *operativen* Leistungen im Bereich Hoteldienste an externe Dienstleister vergeben werden. Mit anderen Worten: Es besteht keine übergreifende Politik, die dies verbietet. Einzelne Leistungen dieses Bereichs, z. B. Catering-Dienste, Fensterreinigung usw. unterlagen *unterschiedlichen* Variablen und bildeten so eine Art Mikroklima. Als *individuelle* Leistungen betrachtet unterlagen sie daher einem ganzen Spektrum an Nutzerklimata, wie in Abbildung 4.12 dargestellt. Die Vergabe der Catering-Dienste und der Fensterreinigung an externe Dienstleistungsunternehmen traf auf ein ablehnendes Klima, das aufgrund der Entscheidung seitens des Unternehmens entstanden war, Patienten nur mit fest angestellten Mitarbeitern in Kontakt kommen zu lassen, wie groß die Vorteile des *Contracting-out* auch sein mochten. In bezug auf den Pförtnerdienst existierten keine primären Vor- oder Nachteile, doch vertrat das Unternehmen die Ansicht, daß Tätigkeiten, die eine ganztägige Anwesenheit im Unternehmen erforderten, durch eigene Firmenangestellte abgedeckt wurden. Dies entspricht einem ablehnend bis neutralem Klima gegenüber einer eventuellen Vergabe dieser Leistung. Bezüglich der Reinigung von Wäsche und anderen Textilien hatte das Nutzerklima keine konkreten Vorstellungen (d. h. ein neutrales Klima existierte), sie wurden entsprechend der Prioritäten der einzelnen Standorte personell unterschiedlich abgedeckt. Die verbleibenden vier Leistungen wurden mittels einzelner Verträge in einem mehr oder weniger neutralen Klima vergeben (d. h. die Nutzer hatten keine Vorgaben, die das Ergebnis anderer Einflüsse gewesen waren). Hier sprachen eindeutige Vorteile für eine Vergabe an Fremdfirmen, darunter sogar primäre begünstigende Faktoren wie die effiziente Bereitstellung von Fachkenntnissen und Spezialausrüstung, Ermöglichung von Teilzeit-Leistungen sowie Aktivitäten, die nicht im Krankenhaus selbst sondern in Spezialeinrichtungen erbracht werden müssen, usw. Aufgrund der Dominanz dieser Vorteile wurden die Leistungen unterhalb der Linie in den Bereich »Es kommt zur Fremdvergabe« eingetragen. Die Position der operativen Hoteldienste geht zusammen mit der Verwaltung der Hoteldienste aus dem Schaubild deutlich hervor

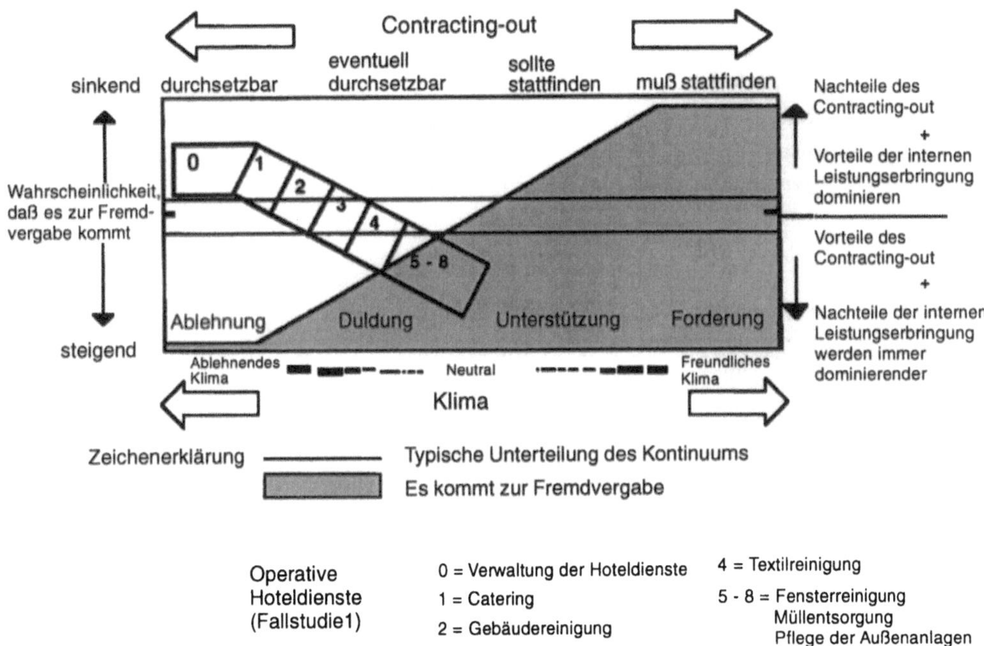

Abbildung 4.12 Verwaltung der Hotel-/hotelähnlichen Dienste nach Fallstudie 1

4.5 Zusammenfassung

In diesem Kapitel wurde ein Ansatz lokalisiert und entwickelt, mit dessen Hilfe Probleme des *Contracting-out* gelöst werden können. Hierzu ist es nötig, daß die Facility Manager einen neuen Blickwinkel bezüglich ihrer Managemententscheidungen einnehmen, bei dem ein breites Spektrum an »weichen« und »harten« Variablen sowohl mitbedacht als auch miteinbezogen werden. In Abschnitt 4.2 und 4.3 wurde der Kontext für diese neue Sichtweise vorbereitet und die vorherrschende Praxis hinterfragt, den Aufgabenbereich des Facility Managements auf Service-Leistungen bzw. Leistungen, die nicht zum Kerngeschäft gehören, zu beschränken. Begründet wurde dies damit, daß eine solche Definition das enorme Potential des Facility Managements außer acht lasse, welches erheblich zur Wertsteigerung der Kerngeschäft-Aktivitäten einer Organisation beitragen könne. Die Ausweitung des Aufgabenfeldes des Facility Managements in eine strategischere Richtung konnte einen wichtigen FM-Kontext schaffen, der die Grundlage für Betrachtungen von *Contracting-out*-Angelegenheiten bilden sollte.

In Abschnitt 4.4 wurde ein Entscheidungsfindungsprozeß für den Bereich des *Contracting-out* erarbeitet, bei dem sowohl die jeweiligen Vor- und Nachteile der Fremdvergabe einer bestimmten Aufgabe oder Leistung berücksichtigt werden, als auch ganz allgemein die Verträglichkeit einer solchen Vergabe mit dem Umfeld bzw. Kultur der Organisation. Diese beiden Elemente des Entscheidungsfindungsprozesses werden in Schaubildern in Abbildung 4.9 und Abbildung 4.10 dargestellt und durch Fallstudien veranschaulicht und erläutert. Durch die Modelle kann ein Facility Manager die jeweilige *Contracting-out*-Problematik in einen übergreifenden, organisationsspezifischen Kontext stellen und so eine ganzheitlichere und ausgewogenere Entscheidung fällen, ob die Leistung vergeben werden soll oder nicht. Schließlich sollte der Facility Manager nicht vergessen, Ressourcen für die Bereitstellung von Überwachungs- und Feedbackmechanismen vorzusehen, denn nur so kann gewährleistet werden, daß man die Ergebnisse der letztendlichen Entscheidung langfristig überprüfen und das dabei Gelernte in spätere Entscheidungsprozesse einfließen kann, die zukünftige *Contracting-out*-Optionen betreffen.

4.6 Literatur

1 *Information Week* (1992) Share of (IT) contracts by country, 33 June, p. 42.
2 Association of Facilities Managers (1990) Contracting-out – the P&O way. *AFM Newsletter*, (27), December.

Anhang: Beschreibung der Organisationen aus den Fallstudien

Fallstudie 1
Beschreibung der Organisation

Die in Fallstudie 1 beschriebene Organisation ist ein in der medizinischen Versorgung tätiges Unternehmen, welches in Form eines gemeinnützigen Zusammenschlusses organisiert ist. Die Organisation umfaßt 32 über ganz England und Schottland verteilte Kliniken mit chirurgischen Abteilungen (plus einer Uniklinik) und ist aus verwaltungstechnischen Gründen in vier Regionen zu je acht Krankenhäusern plus einem *Daycare Centre* (dt. Tagesheim) aufgeteilt. In jedem der Krankenhäuser werden sämtliche medizinischen Leistungen angeboten, von der Beratung über die Diagnose bis zur Behandlung sowohl für ambulante als auch stationäre Patienten.

Die folgenden Eckdaten beschreiben die Situation des Unternehmens:

- Es gibt 200 Krankenhäuser im privaten Sektor. BUPA ist mit 30 Standorten (jedoch ca. 2.000 Betten im Vergleich zu 1.300 der beschriebenen Organisation) der größte Mitbewerber auf dem Markt. Fünf Betreiber halten 50 % dieser Krankenhäuser, die übrigen werden als Einzelunternehmen geführt.

- Im Jahre 1992 beschäftigte die Organisation ca. 3.700 Mitarbeiter, was 3.100 Vollzeitarbeitsplätzen entspricht.
- Die Betriebsausgaben beliefen sich im Jahre 1991 auf ca. 8 Millionen Pfund.
- Die Kapitalaufwendungen beliefen sich im Jahre 1991 auf 4,6 Millionen Pfund.
- Im Jahre 1991 beliefen sich die Rückstellungen und Aufwendungen für Anlagegüter auf 6,7 Millionen Pfund.
- Die Organisation besitzt alle Gebäude, die sie nutzt, mit Ausnahme einer Lagerhalle, einer Werkstatt und dem Firmensitz, welche sie anmietet.
- Ein typischer Eckwert für Instandhaltungsausgaben sind 11,5 Millionen Pfund (1989).
- Die geplanten Mittel für Renovierungs- und Modernisierungsmaßnahmen sowie Kapitalaufwendungen beliefen sich zusammen auf 7,3 Millionen Pfund plus Aufwendungen für Arbeiten geringen Umfangs mit 4,2 Millionen Pfund.
- Das Anlagevermögen umfaßt ca. 100 Millionen Pfund.
- Abschreibungszeitraum für die Gebäude: 60 Jahre
- Seit 1982 wurde von der Organisation kein Krankenhaus mehr neu gebaut.
- Aufgrund ihrer zahlreichen Standorte umfassen die Vermögenswerte der beschriebenen Organisation 32 Abteilungen für die Untersuchung von Patienten, 50 Röntgenapparate, 5 Computertomographen und 70 Operationssäle.

Wie ist die FM-Abteilung im vorliegenden Fall organisiert?

Folgende Aspekte fallen in den Zuständigkeitsbereich der FM-Abteilung:

- Kapitalplanung und Kapitalentwicklung, einschließlich dem Kauf und Verkauf von Grundstücken und Gebäuden
- Gebäudeinstandhaltung
- technische und elektrische Wartung
- Verwaltung der Hoteldienste
- Verhandlungen mit den Versorgungsunternehmen
- Einkauf von speziellen Systemen, z.B. Rufmeldeanlage, Feuermelder, medizinische Gasversorgung usw.
- Einkauf und Instandhaltung von allgemeinen krankenhausspezifischen Einrichtungsgegenständen und Geräten
- Einkauf und Wartung der medizinischen, chirurgischen und diagnostischen Instrumente und Apparate
- Einkauf der medizinischen und chirurgischen Verbrauchsgegenstände, einschließlich Prothesen
- Einkauf und Instandhaltung der bürospezifischen Einrichtungsgegenstände, Ausrüstung und Büromaterial
- Einkauf und Wartung der Telefonanlagen, Datennetze und Computer.

Die Funktion des Facility Managements ist folgendermaßen definiert:
»Die koordinierte Planung und Verwaltung der elf Funktionen, um zu gewährleisten, daß jedes der 32 Krankenhäuser so geplant, ausgestattet und instandgehalten wird, daß die Krankenhausmitarbeiter, die eine ganze Reihe von Versorgungslei-

stungen für die Patienten organisieren und erbringen, optimal unterstützt werden.«
(aus: *Director of Planning and Facilities – internal paper used for training purposes*, dt.
Planungs- und Gebäudeverwalter – interne Unterlagen für Ausbildungszwecke)

Fallstudie 2
Beschreibung der Organisation

Die in Fallstudie 2 beschriebene Organisation ist ein international tätiges Wirt-
schaftsprüfungs- und Steuerberatungsunternehmen, das in 110 Ländern der Welt
670 Niederlassungen hat und weltweit ca. 70.000 Mitarbeiter beschäftigt. Das Kerngeschäft besteht in der Bereitstellung professioneller Buchhaltungsleistungen, einschließlich Steuerberatung. In Großbritannien gibt es 27 Niederlassungen, sechs davon in London. Die Beschäftigten in Großbritannien stellen zusammen ca. 7.000
Mitarbeiter, von denen die Hälfte in der Hauptstadt angesiedelt ist.

Für dieses Kapitel wurde die Studie auf die Standorte der beschriebenen Organisation in London beschränkt.

Wie ist die Organisation aus Fallstudie 2 strukturiert?

Die beschriebene Organisation ist ein Wirtschaftsprüfungs- und -beratungsunter-
nehmen, das Teil einer Holding ist. Die englischen Niederlassungen sind rechtlich
betrachtet Partner der Holding.

Die Organisation belegt in London insgesamt 14 Gebäude, die aus organisatorischen Gründen als sechs Standorte betrachtet werden, da sie miteinander in Verbindung stehen. Diese sechs Standorte werden zu zwei sog. Arealen zusammengefaßt,
nämlich nördliches London und südliches London. Ersteres befindet sich in der City,
letzteres in der City of Westminster am südlichen Ufer der Themse. Die in einem
Areal liegenden Standorte sind so nah beieinander, daß sie per Fuß zu erreichen
sind. Sie befinden sich auf einem Areal von ca. 73.000 m², die Gebäude wurden alle
zwischen Ende der 60er und Anfang der 80er Jahre gebaut. Alle Gebäude sind ange-
mietet.

Wie ist die FM-Abteilung im Falle der Londoner Niederlassung von
Fallstudie 2 organisiert?

Bei der vorliegenden Organisation fällt die Gesamtheit der Serviceleistungen in den
Zuständigkeitsbereich des Facility Managements. In London wird diese FM-Abteilung *Central Support Services* (dt. Zentrale Serviceleistungen) genannt und muß dem
Verwaltungsleiter für Großbritannien Bericht erstatten, welcher wiederum einem der
drei Geschäftsführer gegenüber verantwortlich ist.

Die *Central Support Services* umfassen 175 Personen, von denen ca. 60 von Fremdfirmen gestellt werden. Das Jahresbudget, das vom Verwaltungsleiter kontrolliert
wird, beläuft sich für das Jahr 1993 auf ca. 34 Millionen Pfund (einschließlich der
Aufwendungen für Miete, Gemeindesteuern und Nebenkosten).

Die Catering-Leistungen in London unterstehen dem *Client services manager* (dt.
Kundendienste-Manager), der wiederum dem *General services manager* (dt. Allge-
meine-Dienste-Manager) untersteht.

Kapitel 5
Computergestützte Informationssysteme

5.1 Einleitung

5.1.1 Inhaltspunkte des Kapitels

Dieses Kapitel untersucht den Einsatz computergestützter Informationssysteme (kurz: CIS), welche zur Unterstützung der FM-Funktionen innerhalb von Organisationen konzipiert sind. Allerdings wird es sich dabei *nicht* um die organisationsinterne Verwaltung oder Installation von Informationstechnologie (gängige Abkürzung: IT) bzw. der betreffenden Anlagen drehen. Das Thema Kabelmanagement, Workstation-Planung usw. wird im vorliegenden Kapitel also nicht behandelt werden. Zur Zeit haben viele Facility Manager Probleme, die über die nicht unerheblichen Probleme bei der Einführung effizienter rechnergestützter Informationssysteme hinausgehen. Diese Probleme haben im allgemeinen zwei Ursachen: Zum einen wissen FM-Manager nicht genug darüber, wie Informationstechnologie FM-Leistungen unterstützen kann, und zum anderen sind sie bei der Entwicklung computergestützter Informationssysteme planlos und inkonsequent vorgegangen. Diese Fehler werden hier zur Sprache kommen. Es wird aufgezeigt werden, warum es so wichtig ist, ein CIS zu entwickeln und einzusetzen, in dem organisationsspezifische, personelle und technische Faktoren und Ressourcen ganz im Sinne eines dauerhaft effizienten Facility Management zum Tragen kommen.

Das Kapitel setzt zudem voraus, daß Facility Manager in der Regel *Benutzer* von CIS und nicht ausgebildete Programmierer sind. Das Kapitel zielt daher in erster Linie darauf ab, dem Facility Manager den wirtschaftlichen Aspekt von Informationssystemen und -technologie aufzuzeigen, wobei die enthaltenen technischen Einzelheiten den Facility Manager auch in die Lage versetzen dürften, sich bei Bedarf mit Experten dieses Gebiets (z. B. Systemanalytikern und Programmierern) verständigen zu können.

5.1.2 Zusammenfassung der einzelnen Abschnitte

Dieses Kapitel hält Antworten zu verschiedenen Fragestellungen bereit. Man erhält hier einen generellen Überblick über die verschiedenen Aspekte des Einsatzes von computergestützten Informationssystemen im Rahmen des Facility Managements sowie konkrete Hinweise und Tips zur Entwicklung der Systeme. Das Kapitel unterteilt sich in vier Abschnitte: Nach der Einleitung kommen diejenigen Leser auf ihre Kosten, die an der allgemeinen Bedeutung von Daten und Informationen für Facility Management interessiert sind. Der dritte Abschnitt wendet sich an diejenigen Facility Manager, die sich Ratschläge für die Entwicklung eines Informationssystems erhoffen. Im letzten Abschnitt wird schließlich eine Fallstudie durchgeführt, anhand derer viele der Punkte aus den beiden ersten Abschnitten veranschaulicht werden. Hier nun eine Zusammenfassung der drei Abschnitte:

- **Abschnitt 5.2** In diesem Abschnitt wird erläutert, warum es für Facility Manager unerläßlich ist, das Potential der Informationstechnologie in ein Informationssystem zu integrieren und fest zu verankern, wenn sie das enorme Potential der Informationstechnologie für sich nutzen wollen. Ein weiteres Thema ist die Bedeutung, welcher der Ausrichtung von CIS auf den Entscheidungsfindungsprozeß zukommt, wobei besonderes Gewicht auf die Fähigkeit der Systeme gelegt wurde, sich dem Informationsbedarf des Facility Managers anzupassen, welcher je nach Entscheidungsart variieren kann.
- **Abschnitt 5.3** In diesem Abschnitt wird ein Vorgehensmodell für den Entwurf eines CIS vorgestellt, in der organisationsspezifische, technische und personelle Variablen in einen sogenannten *Lifecycle*-Entwurfsprozeß (dt. etwa: Nutzungszyklus) einfließen, der aus Systemdefinition und -beschreibung, Systementwicklung, Systemeinführung und Systempflege besteht. Es wird zur Sprache kommen, wie stark sich Facility Manager auf fertige Software-Lösungen verlassen, gleichzeitig jedoch betont, daß Facility Manager auch beim Einsatz solcher Anwendungspakete unbedingt darauf achten sollten, daß alle Stufen des Entwurfsprozesses konsequent durchlaufen werden.
- **Abschnitt 5.4** Im Rahmen der in diesem Abschnitt durchgeführten Fallstudie wird eine Bewertungsmethode beschrieben, mit deren Hilfe in Frage kommende Softwarepakete für computergestütztes Facility Management (CAFM) analysiert werden. Die Leser werden darauf hingewiesen, daß sie die beschriebene Vorgehensweise nicht blindlings übernehmen sollten, sondern sich auch an anderen guten Praxisbeispielen orientieren können. Es werden im Gegenteil für die Fallstudie selbst Verbesserungsvorschläge gemacht. Die Fallstudie kann jedoch einen durchaus nützlichen Hintergrund bilden, vor dem einige der im Verlauf des Kapitels beschriebenen Konzepte und Mechanismen durchgespielt werden können. Dies soll den Leser motivieren, eine eigene Bewertungsmethode für Software-Lösungen zu entwickeln, die seinen individuellen Bedürfnissen am besten entspricht.

5.2 Information, Informationstechnologie und Informationssysteme beim FM

5.2.1 Computergestützte Informationssysteme – Definition und Bedeutung

Ein computergestütztes Informationssystem (CIS) integriert organisationsspezifische, personelle und technische Ressourcen und gewährleistet dadurch die effiziente Ermittlung, Speicherung, Gewinnung, Weitergabe und Verwendung von Informationen. Hochqualitative Systeme liefern innerhalb kürzester Zeit sachgerechte und präzise Informationen, wodurch FM-Leistungen, die eventuell sehr vielfältig und unübersichtlich sind, in eine strukturierte Managementtätigkeit überführt werden, die ausdrücklich auf die strategische Unternehmenspolitik ausgerichtet ist. Dies eröffnet folgende Möglichkeiten:

- Effizientere Nutzung von Informationen auf allen Führungsebenen
- Optimierung der Entscheidungsfindung

- Imagegewinn bei der Unternehmensspitze
- Optimierung der Lernkapazität und -fähigkeit

Dies wird sich letztendlich sowohl auf die Qualität als auch die Kosten von FM-Leistungen positiv auswirken. Dieses Argument ist natürlich von besonderer Bedeutung, wenn man erreichen möchte, daß das FM nicht mehr ausschließlich als Gemeinkosten-Verursacher betrachtet wird, sondern als wichtiger Garant für langfristige Wettbewerbsvorteile, von denen die Organisation als Ganze profitiert.

5.2.2 Informationstechnologie – Gleichbedeutend mit Informationssystemen?

Informationssysteme und Informationstechnologie sind nicht gleichzusetzen. Dieses Mißverständnis ist nachweislich einer der Hauptgründe, warum die oft erheblichen Investitionen sowohl in Informationssysteme als auch in Informationstechnologie nicht den erwünschten Erfolg bringen. Der Mitinhaber eines Immobilienverwaltungsunternehmens berichtete beispielsweise, daß der Großteil der vom Unternehmen innerhalb der vergangenen zehn Jahre getätigten IT-Investitionen die Erwartungen bezüglich des Nutzens in keiner Weise erfüllt hatte. Dafür machte er vor allen Dingen verantwortlich, daß die Systeme aufgrund ihrer beachtlichen Leistungsmerkmale erworben wurden und man nicht geprüft hatte, ob sie ein auf den Bedarf der Organisation abgestimmtes Informationssystem unterstützen können. Dieses Fiasko hatte zur Folge, daß das Unternehmen lange Zeit keine Lust verspürte, neue IT-Versuche zu starten, und daher seine Wettbewerber heute durch den effizienzsteigernden Einsatz von IT einen erheblichen Vorsprung gewonnen haben. Um größeren wirtschaftlichen Schaden abzuwenden, haben die Teilhaber nun beschlossen, Ressourcen erheblichen Umfangs für ein besser konzipiertes IT-Programm bereitzustellen.

Facility Manager sollten Informationssysteme immer nur mit Blick auf den Aufbau eines bestmöglichen *Informationsrahmens* bewerten, dessen Erstellung in den FM-Bereich fällt und mit dessen Hilfe Entscheidungsfindungsprozesse optimiert werden sollen. Informationstechnologie ist dem Informationssystem dagegen noch unterzuordnen, da es hier nur um den effizienten Einsatz von Werkzeugen zur leichteren Bedienung und zur Unterstützung des Informationssystems geht. Diese verallgemeinernde Abgrenzung vernachlässigt allerdings allzu leicht die produktive Wechselwirkung zwischen beiden Elementen: Informationstechnologie bedient nicht nur computergestützte Informationssysteme und unterstützt nicht nur wirtschaftliche Abläufe, sondern besitzt auch gleichzeitig das Potential, neue Möglichkeiten zur Durchführung organisationsspezifischer Maßnahmen zu entwerfen. Wird diese Interaktion richtig gesteuert, kann sie zu erheblichen Produktivitätssteigerungen der FM-Komponenten in der Wertekette einer Organisation führen. Erstgenannte Begriffsdefinition kann jedoch als Grundlage dazu dienen, computergestützte Informationssysteme für Facility Management besser zu verstehen und zu entwickeln.

5.2.3 Informationstechnologie – Anwendung bei FM-Leistungen

Der Facility Manager ist heute mit einem immer unübersichtlicherem Angebot an Informationstechnologie und Softwareanwendungen konfrontiert, die dafür konzipiert sind, ihn in seiner Rolle zu unterstützen. Es gibt beispielsweise Softwarepakete, welche die Belegungsplanung, die Gebäudebeheizung und -belüftung, Inventarverwaltung und das Kapitalprojektmanagement unterstützen. Im ganzen IT-Wirrwarr kann jedoch die Informationstechnologie als solche dahingehend definiert werden, daß sie eine oder mehrere der folgenden zentralen Fähigkeiten besitzt, die mit dem *Handling* der Informationenen zu tun hat: Information*serfassung*, Information*sspeicherung*, Information*sbearbeitung* und Information*sverbreitung*. Computergestütztes Zeichnen (Computer-Aided Design), bekannt als CAD, ermöglicht es beispielsweise dem Facility Manager, Zeichnungen und damit verknüpfte Informationen zu erfassen, zu speichern, zu bearbeiten und zu verbreiten. Diese Möglichkeiten sind deshalb von besonderem Nutzen, weil der Facility Manager auf diese Weise einen kompletten Satz von Bestandsplänen der jeweiligen Organisation stets auf den neuesten Stand bringen und standardisieren kann. Viele CAD-Systeme können darüber hinaus mit Datenbanken verknüpft werden, so daß beispielsweise ein bestimmtes Möbel in einer Zeichnung an eine Datenbankbeschreibung gekoppelt sein kann mit Informationen über Größe, Eigenschaften, Kosten usw. Die meisten CAFM-Systeme sind im wesentlichen ein CAD-System, das durch eine Datenbank ergänzt ist und eine Reihe von Funktionen enthält, mit deren Hilfe verschiedene Standardleistungen wie Raumplanung und Inventarmanagement ausgeführt werden können.

An dieser Stelle soll noch einmal darauf hingewiesen werden, daß die Einführung einer solchen Informationstechnologie nicht mit der Einführung eines hochqualifizierten Informationssystems gleichzusetzen ist. IT-Einsatz ohne übergreifende Richtungsvorgabe durch ein Informationssystem führt in den allermeisten Fällen dazu, daß ziellos allzu umfangreiches, redundantes Informationsmaterial gesammelt wird. Dies ist jedoch – im Hinblick auf die hohen IT-Kosten – nicht nur eine viel zu teure Lösung, auch der Entscheidungsfindungsprozeß leidet erheblich, da Führungskräfte entweder Entscheidungen auf falschen Informationen aufbauen oder aufgrund der Informationsflut gewissermaßen vor lauter Bäumen den Wald nicht sehen können. Wird zuviel Information gewonnen, kann dies auf die Notwendigkeit hindeuten, das Informationssystem einer Kosten-Nutzen-Analyse zu unterziehen. Der Facility Manager hat hierbei darauf zu achten, daß zwischen eingesetztem Kapital plus laufenden Kosten für das Informationssystem und dem Wert der gewonnenen Information ein Gleichgewicht erhalten bleibt. Er sollte beispielsweise Informationssysteme, über deren Anschaffung beraten wird, wie eine wirtschaftliche Investition beurteilen und parallel dazu sicherstellen, daß der größtmögliche Nutzen – sozusagen die Rendite – von bereits eingesetzten Systemen erbracht wird.

Wie oben bereits angesprochen, sollte man Informationssysteme sowie die sie unterstützende Informationstechnologie sinnvollerweise mit Blick auf den FM-Entscheidungsfindungsprozeß auswählen. Das betreffende Informationssystem sollte daher nicht nur Daten aus dem Zuständigkeitsbereich des Facility Managers enthalten, sondern auch mit allen organisationsspezifischen Größen gefüttert sein, die einen indirekten oder direkten Einfluß auf das Erbringen von FM-Leistungen haben. Ein solcherweise integriertes Informationssystem, welches das gesamte FM-Leistungsspektrum abdeckt, hilft dem Facility Manager seinen Platz in der Organisation einzunehmen und zu erkennen, wie FM-Funktion und all die anderen organisationsspezifischen Elemente zusammenspielen. Diese Integration ist nur möglich, wenn der Facility Manager Informationssysteme und -technologie entwickelt, anhand derer es möglich ist, zwischen verschiedenen Entscheidungsfindungsprozessen und den hierzu benötigten Informationen zu unterscheiden. Gegen Ende von Kapitel 1 wurde ein Rahmenmodell entworfen, in welchem die sechs dargestellten Wechselbeziehungen veranschaulichen sollen, wie dieses Ziel zu erreichen ist.

5.2.4 Der Organisationskontext von Informationen – Spezielle Informationsanforderungen des Facility Managers

Es kann nicht genug betont werden, daß Informationssysteme den verschiedenen Entscheidungen des Facility Managers Rechnung tragen sollten. Die Art der Entscheidungen hängt stark davon ab, auf welchen Ebenen der Facility Manager Entscheidungsbefugnisse besitzt, ob auf strategischer, managementbezogener oder operativer Ebene. Auf der strategischen Ebene werden eine bestimmte Anzahl *zielorientierter* Entscheidungen gefällt, die aufeinander abgestimmt sein müssen. Sie bestimmen das zukünftige FM-Leistungsangebot und sind gewissermaßen ein strategischer Prüfstein, an dem die Fortschritte des FM-Teams bezüglich der vorgegebenen Strategie gemessen werden können. Die operative Ebene bezieht sich auf die *aufgabenorientierten* Entscheidungen, die zur Umsetzung der strategischen Pläne benötigt werden. Auf der dazwischen angesiedelten managementbezogenen Ebene werden *verantwortungsorientierte* Entscheidungen getroffen, welche die anderen beiden Ebenen unterstützen und ihnen den Weg ebnen. Die so entstehende Verflechtung von strategischer und managementbezogener Ebene ist ein Garant dafür, daß die tatsächlichen Ergebnisse mit den strategisch erwünschten Zielen übereinstimmen. Auf diesen drei Ebenen findet man die logische Summe aller Entscheidungen, die zur Steuerung und Überprüfung aller FM-Leistungen erforderlich sind.

Bei dieser Darstellung der Rolle des Facility Managers wird schnell klar, daß es unterschiedliche Informationsanforderungen gibt, je nachdem wo die Entscheidung im strategisch-operativen Entscheidungskontinuum anzusiedeln ist. Es sei an dieser Stelle auf Kapitel 7 hingewiesen, in dem zum Thema Entscheidungsfindung die Merkmale managementbezogener Entscheidungen ausführlich besprochen werden und eine aufschlußreiche Checkliste erstellt wird, die auf jede beliebige Problemsituation angewandt werden kann (siehe Tabelle 7.2). In Kapitel 1, in dem es um aktuelle Praxisbeispiele des Facility Managements geht, wurde bereits die Notwendigkeit hervorgehoben, einen effizienten Informationsfilter-Mechanismus zu entwickeln, um zu vermeiden, daß Funktionseinheiten Facility Manager mit unverarbeiteter Information in einem solchen Ausmaß überhäufen, daß diese – statt sich mit den wichtigeren *strategischen* Problemen auseinanderzusetzen – bis über beide Ohren damit beschäftigt sind, *operative* Probleme zu lösen. Beim Auftreten solcher Informationsverarbeitungskonflikte ist es ratsam, den Umgang mit Informationen zu systematisieren und dafür zu sorgen, daß sich Funktionseinheiten nur noch in Ausnahmefällen an den Facility Manager wenden. Dieser Punkt ist sehr wichtig, wenn Facility Manager sich um einen ganzheitlichen Ansatz bemühen, indem sie strategische und operative Aspekte ihrer Tätigkeit integrieren. Wie aus diesem Kapitel hervorgeht, kann ein sinnvolles EDV-gestütztes Informationssystem folglich nur entwickelt werden, wenn der Facility Manager Angelegenheiten in operative und strategische Entscheidungstypen einteilen kann.

Die meisten Versuche zum Einsatz von Informationstechnologie im Bereich des Facility Managements wurden bis dato interessanterweise in erster Linie auf operativer Ebene unternommen, z. B. Einführung von Computersystemen für Inventarverwaltung oder Instandhaltung. Auf strategischer Ebene wurden weit weniger Anstrengungen unternommen. Wenn der oben beschriebene Denkansatz jedoch korrekt ist, hängt die langfristige Effizienz des FM vom durchdachten IT-Einsatz auf strategischer Ebene ab.

5.2.5 Computergestützte Informationssysteme – Entwicklung

Es wurde die Behauptung aufgestellt, daß die erfolgreiche Entwicklung und Nutzung entscheidungsorientierter CIS für die Leistungsstärke des Facility Managements von zentraler Bedeutung ist. Doch beim Versuch, diese Vision in die Praxis umzusetzen, stößt man auf eine große Anzahl organisationsspezifischer, technischer und personeller Schwierigkeiten. So hat der Spruch »Information ist Macht« im Zusammenhang mit Informationssystemen eine ganz besondere Bedeutung, da die Errichtung oder Anpassung von Informationssystemen auf die organisationsinternen Machtstrukturen großen Einfluß nehmen können. Diesem Einfluß setzen machtorientierte Organisationsmitglieder oder -funktionsbereiche oft Widerstand entgegen, da sie ihren Informationsvorsprung und damit auch ihre Machtposition verteidigen wollen. Doch auch diese Hürden könnten genommen werden, wenn der Facility Manager bei allen Aspekten des Entwurfs, der Entwicklung und Einrichtung von Informationssystemen ganz bewußt organisationsspezifische, technische und personelle Faktoren berücksichtigen würde. Dieser *Lifecycle*-Ansatz mit seinen vielfältigen Perspektiven kann eine sehr erfolgversprechende Vorgehensweise darstellen, an der sich der Facility Manager orientieren kann. Von diesem Ansatz handelt der nächste Abschnitt.

5.3 Entwicklung computergestützter Informationssysteme

5.3.1 Einleitung

Wie bereits angeraten, sollten organisationsspezifische, personelle und technische Faktoren während des Entwurfsprozesses des rechnergestützten Informationssystems integriert werden. Abbildung 5.1 veranschaulicht ein in dieser Hinsicht geeignetes Vorgehensmodell. Der Facility Manager sollte sich darüber im klaren sein, daß der Entwurfsprozeß nicht streng linear verläuft und es von jeder beliebigen Systementwicklungsstufe aus Sprünge in die eine oder andere Richtung geben kann. Wenn die Angaben im System beispielsweise darauf hinweisen, daß die angestrebte Lösung zu teuer sein wird, kehrt man im Entwurfsprozeß möglicherweise zum Anfang zurück und definiert die Ziele ein wenig bescheidener. Dieses Vorgehensmodell ist deshalb so effizient, weil es mit großer Flexibilität vorgibt, wie man ein umfassendes organisations- bzw. funktionsspezifisches Informationssystem entwickelt, und zwar bis zu Ratschlägen für den Kauf eines bestimmten Softwarepakets. Dieser Abschnitt wird sich im folgenden nur noch mit der konkreten Anwendung dieses Vorgehensmodells auf ein bestimmtes Projekt beschäftigen, da festgestellt wurde, daß dieser Aspekt für Facility Manager in der Praxis am interessantesten ist.

Die Leser mögen Ähnlichkeiten zwischen den Prozeßstufen dieses Systementwurfs und dem Basismodell des Problemlösungsprozesses in Kapitel 7 zum Thema Entscheidungsfindung (siehe Abbildung 7.1) feststellen. Diese Parallelen sind kein Zufall, da der *Lifecycle*-Ansatz bei der Entwicklung von computergestützten Informationssystemen im Grunde genommen darauf beruht – und dadurch motiviert ist – sicherzustellen, daß die IT-Lösung einer präzise beschriebenen Problemsituation gerecht wird.

Der Entwurfsprozeß	Entwurfsvariablen		
	Organisation (Rollen, Beziehungen)	*Menschen* (Bedürfnisse und positive Erwartungen)	*Technik (Akzeptable Schnittstelle zwischen Mensch und Maschine)*
↓	↓ ↔ ↓ ↔ ↓		
Stufe 1: Systemdefinition und -beschreibung ❑ Analyse des aktuellen Informationssystems ❑ Definition der Anforderungen an das neue Informationssystem	Aufstellung präziser organisationsspezifischer, personeller und technischer Ziele für das neue Informationssystem		
↓	↓ ↔ ↓ ↔ ↓		
Stufe 2: Systementwicklung ❑ Entwurf eines neuen Informationssystems ❑ Entwicklung eines neuen Informationssystems	Auswahl und Entwicklung eines neuen Systems, welches den formulierten Zielen gerecht wird		
↓	↓ ↔ ↓ ↔ ↓		
Stufe 3: Systemeinführung ❑ Einrichtung eines neuen Informationssystems	Strategien zur Einrichtung des Systems		
↓	↓ ↔ ↓ ↔ ↓		
Stufe 4: Systempflege und Schulung ❑ Auswertung und kontinuierliche Leistungssteigerung	Integration der organisationsspezifischen, personellen und technischen Elemente im neuen Informationssystem mit dem Ziel größerer Leistungsfähigkeit		

Abbildung 5.1 Vorgehensmodell für den Entwurf computergestützter Informationssysteme

5.3.2 Das Projektteam

Bevor im nächsten Abschnitt eine kurze Beschreibung dieser Stufen folgt, muß geklärt werden, wer das Gesamtprojekt leiten soll. Die *Projektleitung* sollte möglichst von einem Team wahrgenommen werden, das aus drei Personengruppen besteht: Vertretern der FM-Abteilung (Anwender), Vertretern der Unternehmensleitung und – soweit durchführbar – des Informationssystemsmanagement (Management) sowie technischen Mitarbeitern (IT-Experten). Es sollte noch angemerkt werden, daß Leistungen aus dem Bereich Informationssysteme und IT immer öfter an externe Dienstleister vergeben werden. Wenn auf Fremdleistungen zurückgegriffen wird, sollte der Facility Manager folgende Punkte klären, um eine größtmögliche Effizienz sicherzustellen:

- *Zustimmung:* Die Unternehmensleitung muß das betreffende Projekt durchgängig und zuverlässig unterstützen.
- *Sachkenntnis:* Dem Facility Manager sollten ausreichende Sachkenntnisse über das Projekt zur Verfügung stehen, um die Dienste des externen Fachmanns in vollem Umfang ausschöpfen zu können.

- ***Erwartung:*** An die Dienste des externen Dienstleisters sollten realistische Erwartungen gestellt werden.
- ***Vorbereitung:*** Der Facility Manager sollte für den externen Fachmann im Vorfeld umfassende Informationen vorbereiten, z. B. bezüglich seines zukünftigen Arbeitsumfeldes und der zu erbringenden Tätigkeitsnachweise.
- ***Einbindung:*** Es ist wichtig sicherzustellen, daß die Arbeit des externen Dienstleisters in diejenige der Angestellten eingebunden wird, indem man die internen Mitarbeiter kontinuierlich darüber informiert, welche Aufgabe er hat und warum seine Dienste benötigt wurden.
- ***Identifizierung:*** Es ist von großer Bedeutung, daß der Facility Manager für die Arbeit des externen Fachmanns volle Verantwortung übernimmt, denn nur so werden die Lösungen auch von seinen Mitarbeitern akzeptiert werden. Es sollte dem Leser hier nochmals ans Herz gelegt werden, daß unter allen Umständen die Verantwortung für das Projekt an den *Auftraggeber* zu übertragen ist (vgl. Kapitel 6 ›Mitarbeiterführung bei Umgestaltungsmaßnahmen‹).

5.3.3 Stufe 1: Systemdefinition und -beschreibung

Die Systembeschreibungsstufe beschäftigt sich mit der Definition des Problems, dem das betreffende System gerecht werden muß, sowie mit einer ausführlichen Beschreibung der entsprechenden Lösung. Diese Stufe ist die wichtigste im Entwurfsprozeß, da es für das Projektmanagement-Team natürlich unerläßlich ist zu definieren, was es erreichen möchte. Doch obwohl es auf der Hand liegt, daß die Definition der Ziele eine unentbehrliche Voraussetzung für die Entwicklung eines neuen Informationssystems ist, wird dieser Schritt häufig übergangen.

Zunächst muß das Projektmanagement-Team die organisationsspezifischen Vorgaben für die Einführung eines neuen Systems genauer betrachten und bewerten. Möchte die FM-Abteilung vom betreffenden, neu eingeführten System profitieren, muß sie sich von Anfang an darüber im klaren sein, daß hierzu mehr als eine Investition in Computerkomponenten nötig ist. So muß im gesamten Verlauf des Entwurfsprozesses beispielsweise die wahrscheinliche Reaktion der Betroffenen auf die Veränderungen in ihrer Arbeitsroutine und der Organisationskultur bedacht werden. Darüber hinaus muß sofort von Projektbeginn an sichergestellt werden, daß der Entwurfsprozeß mit den Strategiezielen sowohl organisationsbezogen wie auch funktional vorsichtig in Einklang gebracht wird und mit der IT-Strategie des Unternehmens übereinstimmt.

Unter Berücksichtigung all dieser Aspekte sollte das Projektmanagement-Team eine umfassende Analyse des aktuellen Informationssystems in Auftrag geben. Hierdurch sollen in dieser Phase des Entwurfsprozesses klare und ganzheitliche Kenntnisse über das bestehende System gewonnen werden: Systemziele und -prozesse sollen bestimmt, seine Stärken und Schwächen identifiziert und sein Optimierungspotential erforscht werden. Es ist wichtig, daß der Facility Manager den Stellenwert einer solchen Analyse erkennt, ganz gleich ob sie auf konventionelle Art oder per Computer ausgeführt wird. Eine Organisation ließ zum Beispiel eine Untersuchung des FM-bezogenen Informationssystems eines alten Bürogebäudes durchführen, ursprünglich mit dem Hintergedanken, dieses System durch ein CAFM-System zu ersetzen. Durch die Untersuchung stellte sich jedoch heraus, daß das bestehende System, das auf manueller Verarbeitung der Information beruhte, die Erwartungen der Organisation völlig erfüllte und durchaus in der Lage war, die

Leistungen, die im Rahmen der betreffenden Gebäudekomplexität anfielen, sachgerecht bereitzustellen. Dieses Beispiel zeigt, daß es nicht zweckdienlich ist, EDV-gestützte Informationssysteme ohne vorherige Beschäftigung mit der aktuellen Situation einführen zu wollen, wenn sich daraus keine eindeutigen Vorteile ergeben. Funktioniert das konventionelle System der Datenverarbeitung, sollte man dabei bleiben. Wenn Computer die Papierarbeit unterstützen oder teilweise ersetzen, ist auch dagegen nichts einzuwenden; es ist jedoch wichtig, alle Möglichkeiten zu durchdenken und die Vor- bzw. Nachteile abzuwägen.

Obgleich die Analyse in der Regel von einem Systemanalytiker durchgeführt wird, sollte der Facility Manager nicht vergessen, daß – mag der Systemanalytiker auch ein Fachmann für IT-Systeme sein – diese Leute nicht unbedingt über die vielen Aufgaben, die zum gesamten Spektrum des Facility Managements gehören, auf dem laufenden sind. Es ist daher Aufgabe des Facility Manager, dem Systemanalytiker das bislang angewandte System genau zu erklären. Seine Sachkenntnisse können dabei ausschlaggebend sein, die vielfältigen Auswirkungen des Computerinformationssystems auf neu entstandene Funktionsbereiche vorherzusehen.

Auf der Grundlage seiner Kenntnisse des bestehenden Systems und in enger Zusammenarbeit mit dem Systemanalytiker sollte der Facility Manager die Anforderungen definieren, die das neue System erfüllen muß. Wie bereits oben dargelegt, müssen die Systemanforderungen mit den auf einer höheren Ebene angesiedelten Organisations- bzw. Funktionsanforderungen vorsichtig in Verbindung gebracht werden. Liegen die Systemanforderungen erst einmal definiert vor, sollte man sowohl konventionelle als auch computergestützte Alternativen hinzuziehen und nach ihrer Machbarkeit beurteilen. Folgende drei Testfragen sollten dem Facility Manager hierüber Aufschluß geben:

* ***Technischer Aspekt:*** Sind die konventionellen Systeme ausreichend? Ist die bereits vorhandene Hardware ausreichend? Kann man die benötigte Software besorgen oder erweitern?
* ***Wirtschaftlicher Aspekt:*** Werden sich die wirtschaftlichen Vorteile und die Kosten für das neue Informationssystem in etwa die Waage halten?
* ***Operativer Aspekt:*** Wird die Unternehmensleitung und die Belegschaft das System erfolgreich einführen und einsetzen?

Stufe 1 endet damit, daß der Systemanalytiker ein Gutachten über die Systemanforderungen vorbereitet und dem Projektmanagement-Team in einer Präsentation vorstellt. Das Gutachten stellt letztendlich sicher, daß die Anforderungen an das neue Informationssystem vollständig und präzise aufgeführt sind und das neue System in technischer, wirtschaftlicher und operativer Hinsicht machbar ist. Nachdem das Projektmanagement-Team das Gutachten überprüft und besprochen hat, sollte es zu einer abschließenden Entscheidung gelangen, ob weitere Schritte unternommen werden sollen und für welche Alternativen man sich in diesem Fall entscheiden wird. Eine mögliche Form für ein solches Gutachten ist aus Tabelle 5.1 ersichtlich.

5.3.4 Stufe 2: Systementwicklung

Der Prozeß

Auf der zweiten Stufe geht es traditionsgemäß um den bereits erwähnten Entwurf und die Entwicklung der Anwendungssoftware auf der Grundlage der in Stufe 1 erarbeiteten Systemanforderungen sowie die damit verbundene Systembeschreibung und – falls möglich – der Erwerb der Hardware. Diese Phase fällt in der Regel in den Bereich von Computerspezialisten, wie z. B. Systemanalytikern und Programmierern. Es hat sich jedoch gezeigt, daß es Facility Managern kleiner bis mittelgroßer Organisationen, die normalerweise fertige Softwarepakete kauften, nicht eben weiterhilft, selbst wenn die Anwendungen manchmal an den Kundenbedarf angepaßt werden können. Der Kauf von Software-Lösungen, die sozusagen von der Stange sind, verhindert zum großen Teil, daß das Pro-

Tabelle 5.1 Systemgutachten und -vorschlag

<table>
<tr><td>

(1) Titelseite
- Titel des Gutachtens und Referenzen
- Verfasser und Abteilung
- Erscheinungsdatum
- Verteilerliste

(2) Inhaltsangabe

(3) Zusammenfassung
- Ziele und Vorschläge
- Kosten
- Nutzen

(4) Empfehlungen
- Erforderliche Mangemententscheidungen
- Vorläufige Empfehlungen für den weiteren Verlauf

(5) Untersuchungsumfang
- Hintergrund
- Allgemeiner Rahmen
- Ziel der Untersuchung
- Ziele, denen der Systemvorschlag gerecht werden sollte
- Sicherheit und Leistungskontrolle
- Termin- und Budgetvorgabe

(6) Aktuelles System
- Untersuchtes System
- Beschreibung des Systems
- Problembereiche

</td><td>

(7) Systemanforderungen
- Beschreibung
- Vergleich unterschiedlicher Systeme und Gründe, ein System zu verwerfen
- Auswirkungen auf Managementebene
  - Umstrukturierung
  - bestimmte computerspezifische Ausstattung erforderlich
  - Supportdienstleistungen erforderlich
  - Weiterbildungsmaßnahmen
  Standort der neuen Computerkomponenten
  Personalplanung
  - Sicherheit und Leistungskontrolle
  - Betriebsplan

(8) Entwicklungs- und Installationsplanung

(9) Kosten
- bis dato
- bei Weiterverfolgen des Vorschlags
- Betriebskosten

(10) Nutzen
- Konkreter Nutzen
  - direkter (Personal, Ausstattung, Raum etc.)
  - indirekter (bessere Nutzung von Ressourcen usw.)
- nicht faßbarer Nutzen - Information (Qualität usw.)
  - Kontrolle

(11) Anhang

(12) Begriffsglossar

</td></tr>
</table>

grammierpotential dieser Stufe zum Tragen kommt. Es ist sehr wichtig, ausgehend von den Systemanforderungen eine genaue Systembeschreibung zu formulieren. Angesichts der Kompromisse, die bei Systemen, die nicht auf den individuellen Bedarf zugeschnitten sind, zwangsläufig eingegangen werden müssen, sollte der Facility Manager durch sorgfältige Vergleiche von Software-Lösungen besonderes Augenmerk darauf legen, daß die Systembeschreibung und die Beschreibung des gewählten Anwendungssoftwarepaketes optimal zusammenpassen.

Die Systementwurfsphase beinhaltet die konkrete Benennung der Systemanforderungen in Form einer Systembeschreibung, die folgende Punkte enthält:

- Vollständige Benennung aller Komponenten des neuen Informationssystems
- Zentrale Verarbeitungsmodule des Systems (für Bausteine, die in einem computergestützten FM-Paket enthalten sein sollten, siehe Tabelle 5.2)
- Input-, Verarbeitungs- und Outputfunktionen jedes Moduls
- Benötigte Speicherkapazität des neuen Informationssystems
- Systeminterne Kontrollmechanismen zum Schutz des Systems und der Daten vor Schädigung, unsachgemäßem Input und Output sowie vor dem Zugang unberechtigter Personen

Wurden all diese Punkte vom Projektmanagement-Team geklärt, kann nun der Kauf der Anwendungssoftware, der Systemsoftware und der Systemhardware veranlaßt werden. Im Idealfall wird zunächst die Anwendungssoftware und erst später die an ihr ausgerichtete, kompatible Hardware und Systemsoftware ausgesucht, um die Anwendungsprogramme möglichst effizient zu nutzen. Dadurch wird auch gewährleistet, daß das System bei wechselnden Systemanforderungen flexibel bleibt. In der Praxis wird die Situation jedoch meist so aussehen, daß das Projektmanagement-Team innerhalb bestehender organisationsinterner IT-Standards arbeiten muß und die Hardware ebenfalls vorgegeben ist. Auf Grund dieser Zwänge spielen beim Kauf der Komponenten Kompatibilität und Kompromiß eine größere Rolle als Optimierung. So sieht die Realität in den meisten Organisationen aus, und wir sollten sie nicht einfach widerwillig akzeptieren, sondern auch die Möglichkeit sehen, neue Realitäten in bestehende Systeme aufzunehmen und so ein effizientes Informationssystem zu schaffen.

Bislang wurde davon ausgegangen, daß keine allgemeingültige Regel für den Kauf von Software und Hardware existiert. Eine derartige Regel würde in der Tat je nach aktuellen Strategien, Strukturen und Arbeitsabläufen der jeweiligen Organisation anders lauten; dasselbe gilt für FM-Leistungen, die sich entsprechend den neuen Anforderungen kontinuierlich weiterentwickeln. Dennoch kann den Zuständigen ein Großteil der Unsicherheit in bezug auf diese Phase genommen werden. Zudem gibt es relativ allgemeine, gut durchdachte Ansätze, die eine praktische Hilfe beim Erwerb von Soft- und Hardware darstellen können. In der folgenden Aufzählung sind die Hauptpunkte genannt, die ein Projektteam klären sollte. Es versteht sich von selbst, daß die Aufzählung nicht vollständig ist. Sie möchte im Gegenteil dazu anregen, das System speziell im Hinblick auf das vorgegebene Informationssystemprojekt kritisch zu hinterfragen, und nicht als starre Checkliste zu verstehen. Viele der bei der Systemdefinitions- und Systembeschreibungsphase genannten Punkte werden bei dieser Aufzählung noch einmal in knapper Form auftauchen, so daß sich für den Leser ein vollständiges Bild des bisherigen Entwurfsprozesses von Informationssystemen ergibt.

Zentrale Überlegungen beim Kauf von Software

- *Organisationsinterne Veränderungen:* Der Facility Manager sollte sich dessen bewußt sein, daß die Anforderungen, seien sie auch noch so sorgfältig definiert, angesichts rascher Veränderungen im Organisationsumfeld kontinuierlich überprüft werden müssen. Die Software sollte daher flexibel genug sein, um ständig wechselnden Anforderungen gerecht zu werden. Ist die Software flexibel genug, um als single- sowie als multi-user Anwendung benutzt werden zu können?
- *Technologischer Fortschritt:* Der Facility Manager muß darauf achten, daß – angesichts der Geschwindigkeit technischer Veränderungen – die ausgewählte Hard- und Software einerseits neu genug sein sollte, um auf dem aktuellen Stand der Technik zu sein, und andererseits alt genug, um mit dem verwendeten Industriestandard kompatibel zu sein. Tut er dies, verringert er die Gefahr, an Hard- und Software zu geraten, die frühzeitig veraltet und für die dann kein Support oder aktualisierte Versionen mehr erhältlich sind. Der ausschließliche Einsatz bestimmter Marken, der von den Herstellern dieser Marken natürlich gefördert und erwünscht ist, kann dazu führen, daß die Kosten für den betreffenden Support bzw. den Erwerb aktueller Versionen in die Höhe treiben. Ein anderer Punkt ist, daß der Einsatz von unbekannten Produkten im Softwarebereich höhere laufende Kosten für die Mitarbeiterschulung verursacht.
- *Zwänge feststellen:* Der Facility Manager sollte Zwänge auf Organisationsebene (z. B. Budgeteinschränkungen), auf technischer Ebene (z. B. erforderliche Hardware und benötigtes Betriebssystem) und auf personeller Ebene (z. B. Auswirkungen auf Personalentscheidungen) identifizieren.
- *Vollständigkeit:* Der Facility Manager sollte wissen, daß einige Softwaresysteme als Komplettpaket verkauft werden, andere jedoch in Form von Modulen.
- *Nutzerreferenzen:* Der Facility Manager sollte sich mit den individuellen Bedürfnissen der Nutzer auseinandersetzen. Sind die Nutzer beispielsweise erfahren und bevorzugen befehlsgesteuerte Software? Oder sind sie unerfahren und arbeiten lieber mit menügesteuerter Software? Der Facility Manager sollte, wo immer es möglich und sachdienlich ist, die Benutzer in die Wahl der Software miteinbeziehen.
- *Funktionalität:* Der Facility Manager sollte sicherstellen, daß das Softwarepaket die benötigten Leistungsmerkmale und Fähigkeiten anbietet.
- *Systemkompatibilität:* Der Facility Manager sollte überprüfen, ob das betreffende Softwarepaket mit anderen wichtigen Systemen innerhalb der Organisation kommunizieren kann. Dies ist besonders wichtig, da FM schon seiner Definition nach den Zugang zu und die Integration von Daten aus vielerlei Quellen organisationsübergreifend erforderlich macht, z. B. von Daten wie Architektenzeichnungen, Personalakten und Instandhaltungsberichte. Ist die Anwendungssoftware prinzipiell mit Industriestandards kompatibel?
- *Systemanbieter:* Der Facility Manager sollte sich um eine gute Arbeitsbeziehung mit den jeweiligen Anbietern bemühen und sich die Zeit nehmen um sicherstellen, daß sie verstanden haben, wie der Bedarf der Organisation aussieht. Er sollte beispielsweise großen Wert darauf legen, eine gute Demonstration der Systeme zu erhalten, bei der die für den Facility Manager wichtigen Punkte zur Sprache kommen und nicht der Anbieter eine Standardshow präsentiert.
- *Support:* Der Facility Manager muß darauf achten, daß es für die Software vollständigen Support gibt. Gehören zum Softwarepaket beispielsweise eine ausführliche Dokumentation und Schulung? Wie lange gilt die Garantie?

- **Realismus:** Der Facility Manager sollte sich darüber im klaren sein, daß Software – vor allem Softwarepakete aus dem Regal – nicht alle Systemanforderungen erfüllen kann und Kompromisse gemacht werden müssen.
- **Betriebssysteme:** Der Facility Manager sollte sicherstellen, daß das Betriebssystem mit industriellen und organisationsinternen Standards, mit der Anwendungssoftware sowie der Hardware kompatibel ist. Außerdem sollte ausgebildetes Fachpersonal und eine Hotline des Herstellers zur Verfügung stehen, um bei der Lösung von Hardware- und Softwareproblemen mit Rat und Tat zur Seite zu stehen.
- **Hardware:** Der Facility Manager muß gewährleisten, daß die Software mit der existierenden Hardware und/oder eventuell neuer Hardware kompatibel ist.

Zentrale Überlegung beim Kauf von Hardware

- **Erweiterungsmöglichkeiten:** Der Facility Manager sollte auch zukünftige Anforderungen miteinkalkulieren. Zum Beispiel sollte er bedenken, wie viele Nutzer das System zur Zeit und für die nächsten drei bis fünf Jahre unterstützen muß und ob eine Vernetzung erforderlich sein wird.
- **Kompatibilität:** Der Facility Manager muß sicherstellen, daß die vorhandene Hardware neben der neu erworbenen Hardware weiterhin benutzt werden kann, d.h. daß sie kompatibel sind.
- **Betriebssystem:** Der Facility Manager sollte im Hinblick auf Softwarekompatibilität und -leistungsfähigkeit feststellen, welches Betriebssystem erforderlich ist.
- **Speicher:** Bei der Festlegung der angemessenen Hauptspeichergröße (RAM) sollte sich der Facility Manager daran orientieren, wieviel Speicher von der jeweiligen Softwareanwendung für einen reibungslosen Einsatz minimal benötigt wird.
- **Plattenspeicherkapazität:** Der Facility Manager sollte die erforderliche Systemgröße ermitteln, indem er den Speicherbedarf der Software feststellt.
- **Ausgabegeräte:** Der Facility Manage sollte feststellen, welche Drucker- bzw. Plottertypen benötigt werden, indem er Qualität, Menge und Art der Ausdrucke vorauszusagen versucht.
- **Standort:** Der Facility Manager sollte festlegen, wo die Hardware installiert werden soll.

Leasen, Mieten oder Kaufen?

Eine weitere Frage, die sich dem Projektteam stellt, ist, ob man die einzelnen Systemkomponenten leasen, mieten oder kaufen soll. Auch hier wird die Entscheidung möglicherweise schon durch organisationspolitische Vorgaben oder Budgetbeschränkungen vorweggenommen. Dennoch ist es von Nutzen, die Vor- und Nachteile (siehe Auflistung unten) jeder Option genau zu analysieren, da man so das eingesetzte Kapital und die laufenden Kosten eines Systems feststellen kann.

Miete

Vorteile:
- Die technische Ausstattung kann ohne größeren Kapitaleinsatz getestet werden. So läßt sich feststellen, ob sie sich bewährt und dazu beitragen kann, FM-Leistungen und FM-Produktivität zu optimieren.
- Händler bieten in der Regel einen Austausch von Systemkomponenten an für den Fall, daß sich die Anforderungen an das System ändern.

- Bei der Miete ist der geringste Soforteinsatz von Kapital erforderlich.
- Mit kurzfristigen Mietverträgen verhindert man ein Veralten der Ausrüstung.
- Die Instandhaltung der technischen Ausstattung wird in der Regel durch den Vermieter der Anlagen geleistet.

Nachteile:
- Die Miete ist in der Regel die teuerste Option, betrachtet man die gesamte Nutzungs-dauer.
- Die Steuervorteile sind nicht so groß wie bei geleasten oder gekauften Geräten.
- Abhängigkeit vom Vermieter der Anlagen im Hinblick auf Instandhaltung und Instand-haltungskosten

Leasing

Vorteile:
- Das Leasing ist eine Option, um ein Computersystem zu finanzieren. In den meisten Leasingverträgen ist eine Kaufoption nach Ende der Leasingdauer enthalten.
- Beim Leasing entstehen normalerweise recht günstige Steuervorteile.

Nachteile:
- Es ist teurer, etwas zu leasen, als es sofort zu kaufen.
- Zum Leasing gehört in der Regel ein kostspieliger Servicevertrag.
- Der Preis ist beim Leasing in der Regel schwerer auszuhandeln.
- Der Leasingpartner bietet in der Regel keinen Support an.

Kaufen

Vorteile:
- Der Kauf ist normalerweise die billigste Form, sich einen Computer anzuschaffen.
- Werden die Geräte gut verwaltet und gepflegt, haben sie eine lange Lebensdauer und können in einer expandierenden Organisation nach und nach zusätzliche Datenverar-beitungskapazität gewährleisten, bis neue Geräte angeschafft werden.
- Beim Kauf kann man alle steuerlichen Vorteile in Anspruch nehmen.

Nachteile:
- Support und Pflege der technischen Ausstattung muß vom Käufer geleistet werden.
- Ist die Ausstattung nicht mit zukünftigen Industriestandards kompatibel, hat sich der Käufer in eine äußerst gefährliche Abhängigkeit begeben.
- Die Ausrüstung kann – vom Stand der Technik gesehen – veralten.
- Beim Kauf wird in der Regel der höchste Soforteinsatz von Kapital erforderlich.
- Computer haben einen geringen Wiederverkaufswert.

Ein innovatives Lösungsbeispiel im Ratespiel Sollen-wir-nun-mieten-leasen-oder-kaufen? kann anhand einer Servicegesellschaft für Gewerbeflächen veranschaulicht werden. Das Unternehmen hatte kurze Zeit zuvor einen Vertrag über die Verwaltung eines Wohn-komplexes abgeschlossen, was für das Unternehmen einen nicht unerheblichen Schritt weg von seinem traditionellen Markt (d. h. die Verwaltung gewerblicher Objekte) bedeu-tete. Der Vertrag sah vor, daß das Unternehmen die Nebenkostenabrechnung überwachen sowie die Ausgaben registrieren und überprüfen sollte. Auf Grund der Größe des Wohnkomplexes stand schnell fest, daß ein manuelles Informationssystem nicht ausreichen würde und ein rechnergestütztes Informationssystem erforderlich wäre. Diese Entscheidung hatte zur Folge, daß das Unternehmen völlig neue Anwendungssoftware erwarb, da die bisherigen Informationssysteme des Unternehmens auf die Anforderungen der Gewerbeobjekt-Verwaltung ausgerichtet waren und nicht eingesetzt werden konnten. Es war nicht einfach, exakte Systemanforderungen zu formulieren, da das Unternehmen keine Erfahrungen mit den anfallenden Leistungen und Informationsflüssen hatte sammeln können. Über ein gewisses Know-how würde es erst nach Jahren der Erfahrung verfügen. Diese Situation erlebte man als ein echtes Dilemma – nach dem Motto: »Was war zuerst da, Huhn oder Ei?« – gewiß keine besonders gute Ausgangsposition, um über umfangreiche Ausgaben für neue Anwendungssoftware, eventuell erforderliche Betriebssystemsoftware und Hardware zu entscheiden. Ein weiterer Aspekt war, daß die Firma den Wohnraummanagement-Sektor als einen Wachstumsmarkt entdeckt hatte und nach einem System Ausschau hielt, das die erforderliche Flexibilität und Kapazität für eventuelle Erweiterungen bot.

Das Neue am Lösungsansatz des Unternehmens bestand nun darin, daß es sich an eine Wohnungsbaugesellschaft wandte, die ein geeignetes Informationssystem besaß, welches allerdings nicht genügend genutzt wurde. Die Wohnungsbaugesellschaft erklärte sich bereit, einen Teil der Systemkapazität und einige Fachleute aus dem Bereich zu vermieten. Das Unternehmen geht heute davon aus, daß diese Lösung nur von kurzfristiger Dauer sein wird, doch gibt ihm diese Konstellation genügend Zeit, um eine präzise Aufstellung der Anforderungen und eine Beschreibung des erforderlichen Informationssystems vorzunehmen, bevor es ein fertiges Softwarepaket erwirbt.

5.3.5 Stufe 3: Systemeinführung

Die Stufe der Systemeinführung kann – geht man hier unsachgemäß vor – dafür verantwortlich sein, daß ein normalerweise produktives System ohne Nutzen bleibt. In diesem Zusammenhang sei der Leser auf Kapitel 6 zum Thema Mitarbeiterführung bei Umgestaltungsmaßnahmen verwiesen, wo nachgelesen werden kann, wie der Umgestaltungsprozeß, der natürlich auch bei der Einführung eines neuen computergestützten Informationssystems gegeben ist, gesteuert werden kann. Hierbei ist es wichtig, daß der Facility Manager die Stufe der Systemeinführung unter allen Aspekten der Umsetzungsplanung und der sorgfältigen, im voraus erstellten operativen Unterlagen vorbereitet. Die Planung der Systemeinführung sollte im gesamten Verlauf des Entwurfsprozesses immer präsent sein und folgenden Punkten Rechnung tragen:

(1) Vorbereitung der Bestandspläne unter Berücksichtigung folgender Gesichtspunkte:
   - Festlegung der Zuständigkeit für Erstellung und Bearbeitung der Bestandspläne
   - Zeitplan für die Erstellung der Bestandspläne
   - Erstellung einer Bestandsgraphik, aus der die Lage der gesamten Gebäudeausstattung und der Verlauf der Kabelführung hervorgehen
   - Zeitplanung für eventuelle Umbauten
   - Eventuelle Aktualisierung von Grundrißplänen
   - Gesicherte Kabelverlegung
   - Sachgerechter Anschluß aller Computergeräte ans Netz

- Kritische Beurteilung umweltrelevanter Faktoren, wie Beheizung, Klimatisierung, Feuchtigkeitssteuerung, Staubfilterung, Beleuchtung und Raumakustik
- Berücksichtigung ergonomischer Faktoren, wie Bildschirm- und Tastaturhöhe sowie Ursachen für Blendung
- Zielsetzungen in Bezug auf Zugang und Sicherheit
- Hinzuziehen von Fremdfirmen, falls erforderlich
- Festlegen der Transportart des Systems zum gewünschten Standort
- Anbringen geeigneter Brandschutz- und Sicherheitseinrichtungen

(2) Vorbereitung eines Umsetzungsplanes, mit dem alle Betroffenen zufrieden sind
(3) Bestellung der benötigten Software und Hardware
(4) Bestellung der benötigten Kommunikationsverbindungen und Installationen
(5) Bestellung des gesamten benötigten Büromaterials und der Verbrauchsartikel
(6) Benachrichtigung aller Nutzer, die von der Systemeinführung betroffen sind
(7) Festlegung der Schulungsziele der Nutzer
(8) Festlegung, wer geschult werden muß
(9) Festlegung der Schulungsmethode
(10) Festlegung der Support-Anforderungen bei der Systemeinführung

Bei der Umsetzung eines neuen EDV-gestützten Informationssystems stehen dem Facility Manager vier unterschiedliche Vorgehensweisen zur Verfügung: direkte Umsetzung, parallele Umsetzung, schrittweise Umsetzung und stufenartige Umsetzung. Im folgenden wird jede Vorgehensweise genauer erläutert:

- ***Direkte Umsetzung:*** Bei dieser Methode wird die Veränderung auf einen Schlag durchgeführt. Zu einem festgelegten Termin wird das alte System gestoppt und das neue aktiviert. Diese Vorgehensweise eignet sich besonders für kleine Systeme. Das alte System auf einen Schlag durch das neue System zu ersetzen kann sowohl technische wie personelle Probleme aufwerfen.
- ***Parallele Umsetzung:*** Bei diesem Ansatz laufen altes und neues System noch eine gewisse Zeit parallel nebeneinander weiter. Diese Vorgehensweise ist die sicherste, da Arbeitsabläufe keinen Schaden nehmen, wenn bei dem neuen System Probleme auftreten. Auf der anderen Seite ist dies der bei weitem teuerste und bezüglich der Koordination schwierigste Ansatz.
- ***Schrittweise Umsetzung:*** Bei dieser Vorgehensweise wird ein neues System in aufeinander folgenden Schritten eingeführt, um sowohl die technischen Probleme als auch die abschreckende Wirkung, die der plötzliche Einsatz eines neuen Systems auf die Nutzer hat, abzumildern.
- ***Stufenartige Umsetzung:*** Hier wird ein neues System zuerst an einem Standort der Organisation und dann nacheinander an allen weiteren eingeführt. Dies erweist sich bei FM-Abteilungen als sinnvoll, die von verschiedenen Standorten aus arbeiten, besonders da durch diese Methode etwaige Probleme innerhalb des Systems ausgemerzt werden können, bevor es am nächsten Standort eingeführt wird.

5.3.6 Stufe 4: Systempflege und Schulung

Diese Stufe wird oft vernachlässigt, was zum einen daher rührt, daß für sie meist nur unzureichende finanzielle Mittel zur Verfügung stehen, und zum anderen mit der schlechten Angewohnheit von Unternehmensleitern zusammenhängt, sich am Ende eines Projekts zu verabschieden und zu denken, sie hätten ihre Aufgabe erfüllt, wenn ein System erst mal an Ort und Stelle ist. Dieses Verhalten hat zweierlei Konsequenzen: Erstens wird das eingeführte System wahrscheinlich nicht die Effizienzsteigerung bewirken, die es theoretisch bewirken könnte, und zweitens wird das Projektmanagement-Team um die Möglichkeit gebracht, aus dem Projekt zu lernen und diese Erfahrung in zukünftige Projekte einfließen zu lassen. Das Projektteam sollte sich daher der Wichtigkeit von Systempflege und Schulung bewußt sein und das Engagement und die Mittel aufzubringen versuchen, die erforderlich sind, um eine Ist-Analyse längere Zeit nach Systemeinführung sowie ein Programm zur Pflege des Systems zu erstellen.

Die Ist-Analyse nach der Systemeinführung ist eine formelle Bestandsaufnahme, in der festgestellt wird, ob das neue System die formulierten Ziele erfüllt oder ob dazu Systemveränderungen vorgenommen werden mußten. Dieser Prozeß ist in seiner Art der Bestandsaufnahme der Benutzer-Anforderungen, wie sie in Kapitel 3 dargestellt ist, ähnlich. Die Ergebnisse des Analyseprozesses werden schließlich in einem Gutachten über die neuen Systeme dokumentiert. Das Gutachten faßt zusammen, in welchem Umfang das System die zu Anfang festgelegten Ziele erfüllt, und enthält eine Aufzählung von Optimierungsmöglichkeiten für den zukünftigen Ausbau und Einsatz der Systeme. Darüber hinaus sollte das Gutachten eine Beurteilung des gesamten Entwurfsprozesses enthalten. Hier sollten Stärken und Schwächen des Prozesses deutlich herausgearbeitet sein und Veränderungsvorschläge unterbreitet werden, auf die man beim Entwurfsprozeß anderer Projekte eventuell zurückgreifen kann.

Die Systempflege beinhaltet die kontinuierliche Anpassung des Systems an die sich wandelnden Informationsbedürfnisse, gegebenenfalls Neuregelungen der Support- und Schulungspolitik und die Beseitigung auftretender Programm- und Hardwarefehler. Allein die Existenz dieser Stufe unterstreicht, daß effiziente Systeme nicht statisch sind, sondern sich kontinuierlich weiterentwickeln, da erst die häufige Nutzung eines Systems Möglichkeiten der Produktivitätssteigerung zutage treten läßt. Eines Tages wird das System jedoch aufgrund der organisationsinternen Veränderungen und des technischen Fortschritts veraltet sein und Bedarf an einem völlig neuen System entstehen. Hier findet man sich nun am Ausgangspunkt der CIS-Entwurfsmethodik wieder, da im nächsten Schritt Systemdefinition und -beschreibung in die Wege geleitet werden.

Fallstudie: Computergestütztes Facility Management – Beispiel für die Auswahl eines geeigneten Systems

Einleitung

Wie schon erwähnt, hängt ein erfolgreicher Einsatz der Informationstechnologie sehr stark von der bewußten und sorgfältigen Berücksichtigung organisationsinterner, technischer und personeller Variablen innerhalb eines *Lifecycle*-Entwurfsprozesses ab. In dieser Fallstudie, die in Abschnitt 5.1 bereits vorausschauend zusammengefaßt wurde, wird untersucht, in welchen Schritten eine Dienststelle der Gesundheitsbehörde vorging, um ein geeignetes CAFM-System zu finden, das die Durchführung umfangreicher Renovierungs-und Modernisierungsarbeiten an einem großen Krankenhaus unterstützen sollte. Die Stufe der Umsetzung und Instandhaltung wird nur kurz geschildert werden. Die Fallstudie bietet die Möglichkeit, viele der Ideen, die in den vorangegangenen drei Abschnitten besprochen wurden, miteinander zu verbinden.

Projektmanagement-Team

Ein Projektmanagement-Team wurde aus Vertretern der Gesundheitsbehörde und Mitarbeitern eines EDV-Beratungsunternehmens zusammengestellt. Die externen Fachberater hatte man aufgrund ihrer Sachkenntnisse im Bereich Facility Management allgemein und im Bereich rechnergestützte Informationssysteme im besonderen ausgewählt. Die Fachberater wurden angewiesen, bei der Auswahl, Anpassung und Installation eines FM-Systems behilflich zu sein, welches die vom Auftraggeber beschriebenen Anforderungen in bezug auf Flexibilität, Wirtschaftlichkeit und Benutzerfreundlichkeit erfüllte. Die Fachberater traten an diese Aufgabe mit dem Hauptziel heran, eine professionelle Leistung zu liefern, die auf effiziente und kostensparende Art und Weise den FM-Anforderungen des Auftraggebers – jetzt und in der Zukunft – entgegenkommen würde.

Systemdefinition und -beschreibung

Das Projektmanagement-Team stellte schnell fest, daß aufgrund der verfolgten Behördenpolitik sowie der Komplexität und Größe des Krankenhauses ein computergestütztes Informationssystem erforderlich wäre, d. h. eine manuelle Datenverarbeitung nicht ausreichen würde. Die Hauptaufgabe des Projektmanagement-Teams bestand in der Auswahl eines geeigneten CAFM-Pakets. Nach zahlreichen und umfassenden Gesprächen zwischen Vertretern der Auftraggeberseite und den externen Fachberatern, die sich mit den zu erbringenden FM-Leistungen sowie den organisationsinternen und funktionsspezifischen Entscheidungsfindungsabläufen beschäftigten, gelang es, detaillierte Systemanforderungen zu formulieren. Das Projektmanagement-Team war sich der Notwendigkeit bewußt, die Analyse mit Blick auf die Behördenpolitik vorzunehmen und sie ihr anzupassen. Aus der Behördenpolitik, welche über die Jahre hinweg ein bürokratisches Stückwerk-Dasein fristete, ergaben sich in der Tat erhebliche organisationsspezifische und technische Zwänge. So wurden in den einzelnen Gebäuden der Gesundheitsbehörde ganz unterschiedliche Software und Hardware sowie verschiedene Betriebssysteme eingesetzt. Dies konnte bei der Einführung neuer Betriebssysteme möglicherweise zu Problemen führen, da die neuen Komponenten mit der vorhandenen Hardware und Software inkompatibel sein könnten. Nachdem all diese Überlegungen in die Analyse eingeflossen waren, schloß diese Stufe mit der Formulierung bestimmter Systemanforderungen, welche unter anderem eine große Menge vorprogrammierter Module einschlossen. Beispiele vorprogrammierter Module dieser Art sind Tabelle 5.2 zu entnehmen.

Von Anfang an legte das Projektmanagement-Team außerdem größten Wert darauf, daß die externen Fachberater die Projektkosten genau im Auge behielten und überwachten. Hierzu gab der Fachberater die Kostenvoranschläge, Bestellungen und Rechnungen mitsamt einer Wichtung in eine Bewertungstabelle (*Spreadsheet*) ein. Ziel dieses Systems war die Überwachung der Gesamtausgaben, der Veränderungen

Tabelle 5.2 Empfehlenswerte CAFM-Softwaremodule

Modul	Anwendungsbereiche	Modul	Anwendungsbereiche
Flächenmanagement	• Ausstattung • Mobiliar • Flächenbewertung	Dringend erforderliche Instandhaltung	• Maßnahmenplanung • Drucken von Arbeitsaufträgen • Maßnahmenkontrolle • Liste aller ausgeführten Maßnahmen
Projektmanagement	• Planung • Terminplanung	Ersatzteilmanagement	• Inventar • Prüfung des Inventarbestandes • Einkauf benötigter Teile
Anlagenverwaltung	• Anlagenverzeichnis	Ressourcenplanung	• Ausstattung • Know-how • Arbeitskräfte • Unternehmensleitung
Präventive Instandhaltung	• Planung der Präventivmaßnahmen • Drucken von Arbeitsaufträgen • Maßnahmenkontrolle • Liste aller ausgeführten Maßnahmen • Bestandskontrolle • Mängelkontrolle • Analyse von Fehlfunktionen • Betreuung von Fremdfirmen • Budgetverwaltung	Zusatzleistungen	• Beratungsdienste • Schulung • Support • Instandhaltung/ Pflege

von Stückkosten im Laufe der Zeit, der Kostenentwicklung bei Neubestellungen und Austauschkomponenten.

Systementwicklung

Nachdem die Systemdefinition abgeschlossen war, wandte man sich der Erstellung einer Systembeschreibung zu – sowohl für die Software als auch für die sie unterstützende Hardware. In dieser abschließenden Systembeschreibung wurde festgelegt, daß das CAFM-Softwarepaket folgende Leistungsmerkmale besitzen sollte:

- Die Software sollte in einer portablen Programmiersprache (z. B. »C«) geschrieben sein, damit die Software nicht von der Hardware abhängig war.
- Das Paket sollte eine relationale Datenbank enthalten, die in einer flexiblen Sprache (z. B. einer SQL) programmiert war, um Querverweise und Selektion von Daten zu ermöglichen.
- Es sollte alle notwendigen Module enthalten und flexibel genug sein, um auch einem zukünftigen Bedarf gerecht zu werden.
- Es sollte leicht zu bedienen sein und leicht verständliche Bildschirmdarstellungen besitzen.
- Es sollte auch für Computerlaien leicht erlernbar sein.
- Die Eingabe einzelner Daten mußte unterstützt werden und eine Verbindung zwischen den Daten aller Module bestehen.
- Es mußte ein menügesteuertes CAD-Programm beinhalten, das es auch nicht CAD-geschulten Bedienern ermöglichen sollte, einfache Abfragen durchzuführen.

Darüber hinaus sollten folgende Elemente im Paket enthalten sein:

- Erstellung komplexer benutzerdefinierter Berichte
- Flexibles Modul für statistische Graphiken
- Gewisse DTP-Fähigkeit
- Bidirektionale Datenschnittstelle zwischen CAD-System und Datenbank

Nach der Aufstellung der Systembeschreibung wurden in einem fünfstufigen Auswahlverfahren die relevanten Daten ermittelt und mit der Systembeschreibung verglichen, um festzustellen, welches Softwarepaket das geeignetste wäre. Die fünf Stufen der Auswahlroutine sind ausführlich in Tabelle 5.3 beschrieben.

Für diese fünfstufige Routine wurde eine Bewertungstabelle (*Spreadsheet*) erstellt, deren Besonderheit darin besteht, Systembeschreibungsparametern und -anforderungen, die sich bewährt haben, eine bestimmte Punktzahl zuzuordnen. In Tabelle 5.4 sind ein paar der untersuchten Parameter und ihre jeweiligen Aspekte aufgelistet.

Tabelle 5.3 Fünfstufiges Verfahren zur Auswahl von Software

Stufe	Zu ergreifende Maßnahmen	Ergebnis der Stufe
1	Informationen über verschiedene Softwarepakete wurden aus allen Richtungen zusammengetragen. Informationsquellen waren Zusammenfassungen bestimmter Fachbücher, Werbung, Fachzeitschriften, Seminare, allgemeine Information und mündliche Empfehlungen.	Liste von ca. 40 Softwarepaketen
2	Mit den jeweiligen Softwarefirmen wurden Telefonate und Gespräche geführt, um genauere produktspezifische Informationen zu erhalten.	Überschlägige Kostenvoranschläge
3	Firmenbesuche und -demonstrationen bei den interessantesten acht Softwarefirmen. Bei diesen Besuchen konnten die Firmen besser eingeschätzt werden, z.B. bezüglich ihrer Politik in Sachen allgemeiner Softwareentwicklung und bezüglich laufender und geplanter Forschungs- und Entwicklungsprojekte.	Detaillierte Kostenvoranschläge
4	Demonstrationen vor Ort für das externe Beraterteam. Das Softwarepaket wird im konkreten Industrie- bzw. Geschäftsumfeld installiert und auf seine Bedienerfreundlichkeit, mögliche Probleme, seinen Nutzen für reale Bediener usw. hin begutachtet.	Vollständiges Gutachten für den Auftraggeber mit einer bereinigten Liste vorgeschlagener Softwarepakete
5	Demonstrationen der interessantesten drei Softwarepakete vor Ort für den Auftraggeber. Bei dieser Gelegenheit hat der Auftraggeber die Möglichkeit, das Softwarepaket im betreffenden Arbeitsumfeld laufen zu sehen.	Das gewählte Softwarepaket

Jeder Aspekt erhielt eine gewisse Punktzahl je nach Nutzen, Verfügbarkeit und Übereinstimmung mit der Systembeschreibung. Das hierbei verwendete Punktesystem war einfach. Erfüllte ein Paket eine bestimmte Bedingung erhielt es einen Punkt, anderenfalls keinen. Bei einigen Aspekten wurde eine Wichtung vorgenommen: War die Sprache, in der das Softwarepaket geschrieben war, besonders gut übertragbar, erhielt diese drei Punkte. Tabelle 5.5 veranschaulicht dieses Punktesystem.

Auf jeder Stufe wurde eine Analyse der neu ermittelten Daten durchgeführt und ein Blick auf die Gesamtpunktzahl geworfen. An Hand der Summe der erzielten

Punkte konnte schließlich ermittelt werden, wie groß die Eignung jedes einzelnen Paketes war. Die am wenigsten geeigneten Systeme wurden gestrichen, was die Liste der in Frage kommenden Programme erheblich schrumpfen ließ. Aus dieser dezimierten Liste wurde schlußendlich ein Softwarepaket ausgewählt. Format und Endresultat der Bewertungstabelle ist Tabelle 5.6 zu entnehmen.

Tabelle 5.4 Systembeschreibungsparameter

Parameter	Aspekte
Unternehmenstyp	Ingenieurwesen, QS, Maschinenschlosser und Elektro, Autohändler
Erfahrung vorheriger Jahr (Angabe der Dauer)	Manuelles FM CAFM Anwendungen der Gesundheitsbehörde
Betriebssystem	MS DOS MS Windows Xenix Unix usw.
Allgemeine Angabe	Programmiersprache Datenbanksprache Bildschirmdarstellung
Vorteile des System	CAD-gestützt Schnittstelle nur für CAD-Graphiken CAD-Schnittstelle mit Datenbankanbindung Erstellung komplexer benutzerdefinierter Berichte Statistische Graphiken - mit dabei Schnittstelle für den Austausch statistischer Graphiken mit anderen Programmen Import bzw. Export von Daten Barcode-Schnittstelle Schnittstelle mit Gebäudemanagementsystem

Tabelle 5.5 Punktesystem für die Bewertung von Systemparametern

Ist das Paket in einer übertragbaren Programmiersprache geschrieben?			
Hohe Übertragbarkeit	3	Mittlere Übertragbarkeit	2
Wird auf einer Reihe von Computern oder Computersystemen ohne irgendwelche oder mit nur geringfügiger Programmänderung eingesetzt. Es könnte zum Beispiel leicht von einem IBM-PC zu einem Macintosh-Rechner oder von einem Microsoft DOS-Umfeld auf ein Unix-System übertragen werden.		Das Paket könnte auf ein paar verschiedenen Computersystemen eingesetzt werden, allerdings wären erhebliche Programmänderungen erforderlich, die möglicherweise mit einem Kosten- und Zeitaufwand verbunden wären.	
Geringe Übertragbarkeit	1		
Ein Paket, das in dieser Sprache programmiert wurde, kann nur auf einem ganz bestimmten Computertyp eingesetzt werden. Falls die Übersetzung in eine andere Sprache benötigt wird, so ist dies mit hohem finanziellen und zeitlichen Aufwand verbunden.			

Tabelle 5.6 Bewertungstabelle für die Endauswahl der Software

Softwa-repaket	Betriebs-system DOS	Betriebs-system UNIX	Netz-werkfä-hig	CAD-gestützt	Bericht-genera-tor	usw.	Gesamt-summe
A	1	1	1	3	1	*	19
B	0	1	1	2	1	*	13
C	0	0	1	1	0	*	4

Systemeinführung

Seinem Vertrag nach war das externe Beraterteam nicht nur für die Auswahl des CAFM-Systems, sondern auch für die Umsetzung und den Einsatz des Systems in den ersten Wochen zuständig, bis der Auftraggeber im Alltag genug Erfahrung gesammelt haben würde, um nicht mehr auf die externen Leistungen angewiesen zu sein. Das Projektmanagement-Team war sich der Bedeutung einer erfolgreichen Installation bewußt, womit hier nicht nur die konkrete Installation des Systems, sondern auch die Steuerung der organisationsinternen und sozialen Auswirkungen der Systeminstallation gemeint sind.

Systempflege und Schulung

Die externen Fachberater legen großen Wert auf weiteren Support und Pflege des installierten Systems. Nachdem die Mitarbeiter eingeführt waren und eine Support-Übung absolviert hatten, richtete man eine Support-Infrastruktur ein, die Nutzern bei der Lösung vieler ihrer anfänglichen Probleme helfen sollte. Durch diesen Support waren die Nutzer in der Lage, jedes Problem schnell zu lösen und konnten sich wieder ihren anderweitigen Aufgaben zuwenden. Es wurden Vereinbarungen für die Systempflege getroffen, durch die Hardwareausfälle und Softwareaktualisierungen sowie Benutzersupport abgedeckt waren.

Schlußfolgerung

Das Auswahlverfahren für Computersoftware erwies sich als ein hilfreiches Instrument, um die Leistungmerkmale von Softwarepaketen auf die organisationsinternen Anforderungen abzustimmen. Dieses Verfahren ist vor allem deshalb interessant, weil die hier vorgeschlagene Struktur des Auswahlprozesses – wie später in Kapitel 7 zum Thema Entscheidungsfindungstechniken dargelegt – Facility Managern hervorragend helfen kann, Lösungen zu erstellen (wie im vorliegenden Fall CIS-Lösungen), welche die passenden Leistungsmerkmale haben und Erfolg versprechen. Es muß nicht betont werden, daß diese Vorgehensweise noch optimiert werden könnte. Man könnte beispielsweise argumentieren, das Verfahren sei vergleichsweise technikorientiert und ihm fehle die organisationsbezogene und soziale Dimension. Dennoch ist dieser Ansatz sicherlich ein wichtiger Schritt in die richtige Richtung und kann leicht an unterschiedliche organisationsspezifische Bedingungen angepaßt werden.

Teil 3

Fähigkeiten eines erfolgreichen Facility Managers

Mitarbeiterführung bei Umgestaltungsmaßnahmen

6.1 Einleitung

6.1.1 Der Wandel des Arbeitsumfelds

Das Schaffen und Erhalten eines Arbeitsumfelds, welches den zentralen Aufgaben des Unternehmens dient, ist vorrangiges Ziel des Facility Managers. Das Erreichen dieses Ziels an sich ist nicht ganz einfach und wird noch erheblich durch den immer rascheren Wandel aller Aspekte des Arbeitsumfelds erschwert. Ob es sich dabei nun um den gegenwärtigen Trend hin zu weniger hierarchischen, schlankeren und flexibleren Unternehmensstrukturen oder das schwindelerregende Tempo, in welchem Informationstechnologien veralten, handelt – der Facility Manager hat die wahrlich nicht beneidenswerte Aufgabe, nicht nur mit solchen Veränderungen Schritt zu halten, sondern sie konkret und erfolgreich in das Arbeitsumfeld zu integrieren. Die Fähigkeit, konstruktiv mit Veränderungen umzugehen, wird in den 90er Jahren und darüber hinaus zu den wichtigsten Fähigkeiten eines Facility Managers gehören.

6.1.2 Die menschliche Komponente bei Umgestaltungsmaßnahmen

Von Anfang an sollte ein Facility Manager das Ausführen von Umgestaltungsmaßnahmen gleichsetzen mit der *Führung von Mitarbeitern* bei Umgestaltungsmaßnahmen. Das Durchführen von Umgestaltungsmaßnahmen sollte sich nicht alleine auf administrative und technische Aspekte beschränken. Soll beispielsweise ein konventionelles Bürolayout durch eine offenere Bürokonzeption abgelöst werden, sind diese Aspekte zwar auch zu bedenken (wie optimale Gestaltung der Arbeitsplätze und Bereitstellung baurelevanter Leistungen), es muß jedoch auch der menschliche Faktor in diese Umgestaltung mit einbezogen werden. Die Mitarbeiter dürfen im beschriebenen Fall zum Beispiel nicht das Gefühl haben, daß:

- die Arbeitsatmosphäre, im Vergleich zu der in konventionellen Einzelbüros, unpersönlicher geworden ist
- sie durch zuviel Unruhe im Umfeld oder den Geräuschpegel abgelenkt werden
- ihnen die Privatsphäre fehlt.

Gleichermaßen sollte der Facility Manager bei der Einführung neuer Informationstechnologien folgende Faktoren in Betracht ziehen:

- *die Gestaltung der Arbeitsplätze im neuen Büro;* schlecht gestaltete Bildschirmarbeitsplätze können zum Beispiel erfahrungsgemäß zu Beschwerden und Erschöpfungszuständen bei den Mitarbeitern führen;
- *Unternehmensspezifische Umgestaltungsmaßnahmen, die sich aus der Einführung von Informationstechnologien ergeben;* beispielsweise Dezentralisierung der Unternehmensstrukturen;
- *die persönlichen Ängste, welche durch solche Veränderungen hervorgerufen werden;* die Einführung der Informationstechnologien kann in vielen Tätigkeitsbereichen zu Veränderungen der Arbeitsweise führen, die Arbeitsmoral der Betroffenen beeinflussen, Beziehungen unter Mitarbeitern beeinträchtigen und das Niveau der Arbeitsleistung verbessern (oder verschlechtern).

Durch diese Sachverhalte rückte bei den Entscheidungsträgern der eigentliche Umgestaltungs*prozeß* mehr ins Blickfeld und den Facility Managern wurde zunehmend bewußt, wie wichtig es ist, Nutzer zu autorisieren, auf die Art und Weise der Einführung von Informationstechnologie und deren Nutzung Einfluß zu nehmen. Durch diese Vorgehensweise können potentielle Vorteile der Informationstechnologie besser zum Tragen kommen, sowohl für den einzelnen als auch für das Unternehmen.

Anhand dieser Beispiele läßt sich verallgemeinernd sagen: Will der Facility Manager einen Umgestaltungsprozeß erfolgreich durchführen, so muß er die Belegschaft in den Umgestaltungsprozeß mit einbeziehen. Wie jedoch viele Facility Manager aus der Praxis nur allzu gut wissen werden, rufen Umgestaltungen (oder die zu deren Umsetzung angewandten Methoden) oftmals Widerstand bei den betroffenen Personenkreisen hervor. Der Grund hierfür liegt – wie oben angedeutet – darin, daß Umgestaltungsmaßnahmen von vielen Mitarbeitern naturgemäß als eine Bedrohung ihrer gegenwärtigen Arbeitsweise und ihres *Status quo* empfunden werden. Als beispielsweise die FM-Abteilung eines großen Unternehmens eine räumliche Umstrukturierung in einer der Abteilungen vorschlug, leistete die davon betroffene Belegschaft starke Gegenwehr. Dafür gab es zweierlei Gründe:

- *Eigeninteresse:* Viele Mitarbeiter sahen ihre *Gewohnheiten* und ihr *Sicherheitsgefühl* durch diese Umgestaltung bedroht. Einige fürchteten den Verlust eines Büros mit Fenster und die Umquartierung in die Mitte des Raumes; andere widersetzten sich der Vorstellung, ihr eigenes Büro zu verlieren und den Arbeitsplatz teilen zu müssen.
- *Unterbrechung des Arbeitsflusses:* Ein großer Teil der Belegschaft widersetzte sich der in ihren Augen nicht enden wollenden Flut an Umgestaltungsprozessen. Ein Mitarbeiter berichtete, fünf Mal in einem Jahr umgezogen zu sein, ein anderer sagte aus, jeder Umzug sei ein Alptraum gewesen. Er habe jeweils eine Woche durch Ein- und Auspacken verloren. Andere Angestellte gaben an, die vorherigen Umgestaltungen seien einfach über ihre Köpfe hinweg durchgeführt worden, und wieder andere sagten, es hätte keine Übergangsphasen zwischen den Umgestaltungsmaßnahmen gegeben.

6.1.3 Mitarbeiterführung durch Umgestaltungsziele

Dem Facility Manager sollte bewußt sein, daß der *Grad der Motivation* und die daraus resultierende *Arbeitsleistung* eines Mitarbeiters sinkt, je größer sein Widerwille gegen Umgestaltungsmaßnahmen ist. Für die Führung von Mitarbeitern bei Umgestaltungsmaßnahmen ist deshalb die wichtigste Zielsetzung für den Facility Manager:

»Das Optimierungspotential einer Umgestaltung auszuschöpfen, indem er im voraus sicherstellt, daß der Widerstand dagegen möglichst gering ausfällt.«

Weiterhin sollte dem Facility Manager bewußt sein, daß Umgestaltungsprozesse bei Mitarbeitern im allgemeinen »Motivationsschwankungen« auslösen, welche wiederum den Motivationsgrad und die Arbeitsleistung beeinflussen:

- Mitarbeiter neigen dazu, *übersteigerte Erwartungen* an die Resultate der Umgestaltungsmaßnahme zu stellen.
- Wenn sie schließlich die Einsicht bezüglich der Grenzen der an eine Umgestaltung geknüpften Erwartungen trifft, werden sie von einem *Gefühl der tiefen Verzweiflung* hinsichtlich des gesamten Entwicklungsprozesses übermannt.
- Mit der Zeit, sobald sie »ein Licht am Ende des Tunnels« zu erblicken beginnen, *gewinnen sie ihren Enthusiasmus wieder zurück.*

Angesichts dieser Stimmungsanfälligkeit – in Abbildung 6.1 grafisch dargestellt – sollte der Facility Manager versuchen, die Motivationsschwankungen der von den Umgestaltungsmaßnahmen Betroffenen (von $y^1 \rightarrow y^2$ und $y^4 \rightarrow y^3$) *aufzufangen* und dadurch den Umgestaltungsprozeß (von $x^1 \rightarrow x^2$) zu *verkürzen*. Dadurch wird letzten Endes nicht nur erreicht, daß Mitarbeiter schneller wieder zu ihrer Ausgangsleistung zurückfinden, es wird auch eine neue Basis für weitere Leistungssteigerungen geschaffen.

Die Zeit-Achse x bezieht sich auf die Dauer der *Mitarbeiterführung bei Umgestaltungsmaßnahmen* und weniger auf die Dauer der *Umgestaltungsmaßnahmen selbst*. Die Einführung einer neuen Software kostet den Facility Manager im Prinzip nicht viel Zeit, er muß jedoch das Betriebspersonal durch den Umgestaltungsprozeß führen, um sicherzugehen, daß es bereit ist, die neue Technologie auch anzunehmen. Diese bereits oben angesprochene Phase der *Mitarbeiterführung* ist ausschlaggebend dafür, ob die Vorteile der neuen Technologie für das Unternehmen vollständig zum Tragen kommen. Im allgemeinen be-

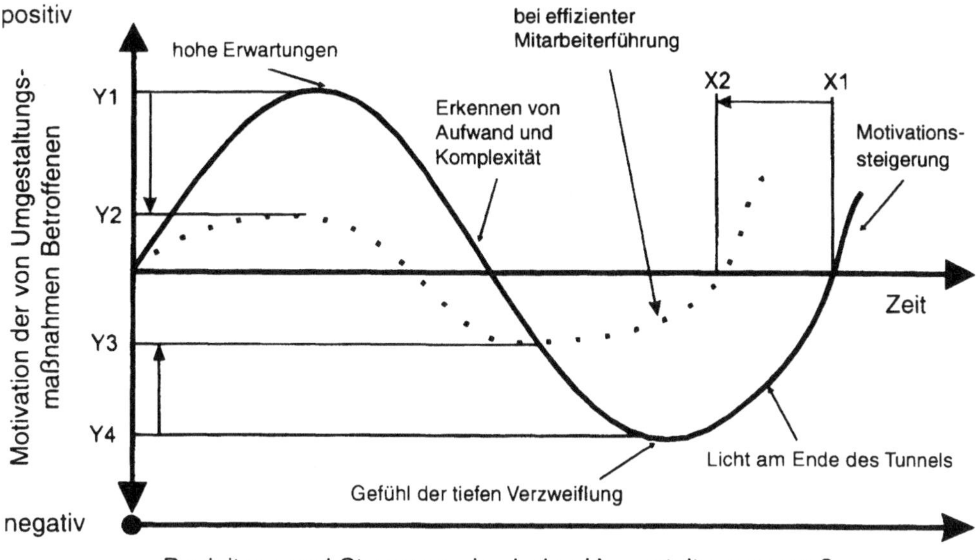

Abbildung 6.1 Auswirkung effizienter Mitarbeiterführung bei Umgestaltungsmaßnahmen

ginnt diese Phase vor der eigentlichen Maßnahme und kann lange darüber hinaus fortdauern. Eine verbesserte Führung der Mitarbeiter bei Umgestaltungsprojekten hat den willkommenen Nebeneffekt, daß der Facility Manager *weniger Zeit* für die Durchführung der Maßnahmen selbst benötigt.

6.1.4 Unternehmensspezifischer Ansatz zur Förderung der Mitarbeiterführung bei Umgestaltungsmaßnahmen

Es fällt oft sehr schwer, fest verwurzelte Denk- und Verhaltensweisen zu ändern. Menschen tendieren dazu, nach der Einführung von Veränderungen rasch zum Gewohnten zurückzukehren, wenn die Neuerungen nicht entsprechend untermauert und gestützt werden. So begannen die Angestellten eines Unternehmens nach der Einführung eines sog. *Hotelling*-Systems (jeden Morgen werden den Mitarbeitern vom sog. *Hotelling*-Personal zeitlich begrenzte Arbeitsplätze zugewiesen, es gibt keine festen Arbeitsplätze im Unternehmen) in ihre alten Verhaltensweisen zurückzufallen und einen *personenbezogenen* Arbeitsplatz anzustreben. Der Widerstand gegen diese Veränderung manifestierte sich beispielsweise in absichtlichen Falschangaben über die Dauer des Aufenthalts an einem bestimmten Posten, um über einen *dauerhaften* Arbeitsplatz zu verfügen, oder die durchgehende Besetzung freier Büroräume oder Arbeitsplätze, um ungestört zu sein. Um solchen Entwicklungen zuvorzukommen, ist der Facility Manager gut beraten, bei der Einführung von Umgestaltungsmaßnahmen innerhalb einer Gruppe von Angestellen (im folgenden Klientel genannt) die folgende Drei-Phasen-Strategie anzuwenden:

- Phase 1: *Auflösen* von bestehenden Verhaltensmustern, indem man Angestellten dabei hilft, die anberaumten Umgestaltungsmaßnahmen zu verstehen und zu akzeptieren.
- Phase 2: *Umsetzung* der Umgestaltungsmaßnahmen
- Phase 3: *Konservieren* der Umgestaltungen sofort nach ihrer Durchführung durch Verankerung und Zementierung.

Im *unternehmensspezifischen Ansatz zur Förderung der Mitarbeiterführung* findet sich diese Strategie für die erfolgreiche Durchführung von Umgestaltungsmaßnahmen wieder. Die Methodik des Ansatzes basiert auf folgenden Schritten:

- Schaffung des Bewußtseins innerhalb der Klientel, daß die Umgestaltung notwendig ist
- Bereitstellung der notwendigen Instrumente zur Feststellung der Erfordernisse bei der Umgestaltung
- Schaffung von Möglichkeiten zur aktiven Teilnahme, um die Solidarität innerhalb der Klientel hinsichtlich der Umgestaltungsmaßnahme zu stärken
- Einbringen managementspezifischer Fachkenntnisse für einen reibungslosen Ablauf der Projektdurchführung

Diese Elemente des unternehmensspezifischen Ansatzes zur Förderung der Mitarbeiterführung können auf den sog. Prozeß der Umgestaltungsdurchführung (Tabelle 6.1) übertragen werden. Es ist jedoch offensichtlich, daß die aufgeführten Phasen sich in der Praxis des öfteren vermischen und/oder die Reihenfolge eine andere ist. Der Einfachheit halber wird dieses Kapitel jedoch jede Phase als einen in sich abgeschlossenen Prozeß behandeln.

Tabelle 6.1 Phasen des unternehmensspezifischen Ansatzes zur Förderung der Mitarbeiterführung bei Umgestaltungsmaßnahmen

Phase	Beschreibung
Vorbereitung der Umgestaltung	Aufbau eines kooperativen Arbeitsverhältnisses zwischen Facility Manager und Klientel; erste Ermittlung der durch die Umgestaltung anvisierten Ziele und Festlegung der Vorgehensweise für den Umgestaltungsprozeß.
Informationserhebung hinsichtlich der umzugestaltenden Situation	Auswahl, Gliederung und Ausführung der Methoden zur Informationserhebung
Ermittlung und Aktionsplanung	Auswertung und Systematisierung der Informationen; Weiterleitung an die von der Umgestaltung Betroffenen und Entwicklung eines gemeinsamen Standpunktes hinsichtlich der notwendigen Umgestaltung; Erarbeitung eines entsprechenden Aktionsplans
Umsetzung und Bewertung der Umgestaltung	Ausführung der Aktionspläne und Verwertung der gewonnenen Erfahrungen

6.1.5 Die Rolle des Facility Managers innerhalb des Umgestaltungsprozesses

Der Facility Manager sollte seine Rolle darin sehen, die Klientel bei der Umgestaltungsmaßnahme zu unterstützen. Er sollte bestrebt sein, die Umgestaltung voranzutreiben, den Prozeß aber nicht kontrollieren. Durch die Schaffung dieser organisatorischen Pufferfunktion zwischen Facility Management und Klientel erhält die Klientel das Gefühl, Entscheidungen mit treffen zu können – und ein Verantwortungsgefühl und Engagement bezüglich des Gelingens der Umgestaltung stellt sich ein.

6.1.6 Zielsetzung und Aufbau des Kapitels

Ziel dieses Kapitels ist es, den Umgestaltungsprozeß in eine Reihe von Phasen zu untergliedern, welche dem Facility Manager eine gute Anleitung sein können, möchte er seine Mitarbeiter bei Umgestaltungsmaßnahmen *erfolgreich* führen. Jede der vier Phasen (dargelegt in Tabelle 6.1) wird der Reihe nach – unter Darlegung der entsprechenden Theorie, Beschreibung von Managementinstrumenten und erläuternden Fallstudien – behandelt werden. Die Phasen werden in folgende Unterpunkte gegliedert:

- *Zielsetzung:* Welches Ziel verfolgt die Phase?
- *Hintergrundüberlegungen und Kontext:* Wie fügt sich die Phase in den Gesamtprozeß der Mitarbeiterführung bei Umgestaltungsmaßnahmen ein?
- *Maßnahmen:* Welche Maßnahmen müssen innerhalb der Phasen durchgeführt werden?
- *Instrumente:* Welche Managementverfahren können zur Durchführung der Maßnahmen angewandt werden? Die hierbei genannten Verfahren sind nur als Anregung gedacht und können natürlich entsprechend der organisationsspezifischen Situation und der jeweiligen Umgestaltungsmaßnahme abgeändert oder verworfen werden.
- *INPUT:* Welche Information wird benötigt, um die Phase realisieren zu können?
- *OUTPUT:* Was ist das konkrete Resultat der Phase?

Fallstudie: Der Hintergrund
Die Organisation

Es handelt sich hier um ein größeres professionelles Dienstleistungsunternehmen.

Neues Raumprogramm

Die Fallstudie behandelt die Zusammenlegung und Umstrukturierung der Raumflächen einer Abteilung mit dem Zweck, eine größere Anzahl von Arbeitsplätzen einrichten zu können, die von mehreren Personen genutzt werden. Die Einrichtung von mehrfach genutzten Arbeitsumgebungen war in erster Linie eine Reaktion darauf, daß die Mitarbeiter dieser Abteilung häufig unterwegs, d. h. »im Außendienst« waren. Die anfallenden Kosten für eigene Arbeitsplätze dieser nicht-bürogebunden-arbeitenden Angestellten waren folglich für das Unternehmen nicht mehr zu rechtfertigen. Vor der Umgestaltungsmaßnahme war die Abteilung über drei Stockwerke in zwei verschiedenen Gebäuden verteilt. Insgesamt gab es circa 370 Mitarbeiter.

Umgestaltungsziele

Ziele der Umgestaltung waren:

- Durch Zusammenlegung der gesamten Abteilung auf einem Stockwerk die Kommunikation zu verbessern und die Produktivität zu erhöhen
- Kostensenkung durch Reduzierung des Raumbedarfs.

Hintergrund der Umgestaltung

Ein Teil der Abteilung war bereits 1989 auf mehrfach genutzte Arbeitsplätze hin umstrukturiert worden. Die Abteilungsmitglieder erlebten diese Umgestaltung nur passiv, die FM-Mitarbeiter hatten fast alles selbst in die Hand genommen. Das Ergebnis war, daß die 96 betroffenen Mitarbeiter sowohl mit dem *Prozeß* der Umgestaltung als auch mit dessen *Ergebnis* generell unzufrieden waren, da ihrer Meinung nach im Vorfeld zu wenig auf die Bedürfnisse der Nutzer eingegangen worden war und das neue Arbeitsumfeld ihrer Arbeitsweise nicht gerecht wurde.

6.2 Phase 1: Anregung zum Umgestaltungsprozeß

6.2.1 Zielsetzung

- Bestärkung der Klientel dahingehend, die Umgestaltung selbst anzustreben
- Festsetzung von Grundregeln für das Verhältnis zwischen Facility Manager und Klientel

6.2.2 Hintergrundüberlegungen und Kontext

Ausgangspunkt für jeden Umgestaltungsprozeß ist die subjektiv empfundene Notwendigkeit einer Veränderung. Dies kann eine Folge funktionaler Aspekte sein, wie z. B. der zusätzliche Platzbedarf für eine expandierende Abteilung, oder eher strategische Ursachen haben, wie die Zusammenlegung mehrerer Büros in einem neuen Gebäude. Auch wenn die Umgestaltung zwingend erforderlich ist, muß sich der Facility Manager unbedingt dessen bewußt sein, daß die Motivation zur Veränderung vorwiegend aus den Reihen der *Klientel* kommen sollte, um allzu großen Widerstand zu vermeiden. Mit anderen Worten: Die Führungskräfte der Klientel sollten das Gefühl haben, *sich selbst* für die Umgestaltung entschieden zu haben und nicht vom Facility Manager oder der Unternehmensleitung dazu gezwungen worden zu sein. Nichts stört Menschen mehr, als reine Befehlsempfänger zu sein, auch wenn sie im Prinzip wissen, daß die Sache selbst eine gute ist.

Um Mitarbeitern das Gefühl zu vermitteln, *aktiv* in die Umgestaltung *eingebunden* zu sein, muß der Facility Manager möglicherweise die Entscheidungsträger der Klientel davon *überzeugen*, daß die Umgestaltungsmaßnahmen in ihrem eigenen Interesse liegen. Ein Facility Manager importierte beispielsweise das *Hotelling*-Konzept aus den USA und wollte es in der Abteilung eines britischen Unternehmens in die Praxis umsetzen. Er machte das neue Raumnutzungskonzept auch in all den anderen Abteilungen bekannt und warb innerhalb des Unternehmens für die Vorteile des *Hotelling*-Konzepts, indem er sich sowohl der formellen Kommunikationskanäle als auch der Mundpropaganda bediente. So wurde erreicht, daß die Abteilungsleiter von sich aus an die FM-Abteilung mit der Bitte herantraten, das neue System in ihrer Abteilung einzuführen. Im Fall einer Gemeindeverwaltung, welche *Teleworking* (dt. etwa: standortunabhängiges Arbeiten mittels Datentransfer) einführen wollte, wurde im Gegensatz hierzu ein formellerer Weg gewählt, um die Verantwortlichen von den diesbezüglichen Vorteilen zu überzeugen: Man verteilte Informationsmaterial und stellte das Konzept des *Teleworking* in Fortbildungsveranstaltungen für Mitarbeiter und Führungskräfte vor.

Ist der Impetus zur Umgestaltung erst einmal vorhanden, sollten Facility Manager und die Entscheidungsträger der Klientel damit beginnen, ein Modell der Zusammenarbeit zu entwickeln. Die ersten Phasen dieser Zusammenarbeit stellen vielleicht den bedeutendsten Teil des Umgestaltungsprozesses dar, da sie für das Gesamtprojekt richtungsweisend sind. Gleich zu Beginn sollten sich Facility Manager und die Führungskräfte der jeweiligen Abteilung um eine Form der Zusammenarbeit bemühen, die auf kritischer Eigenprüfung und konstruktiver Problemlösung beruht und welche

- den Mitgliedern der Klientel hilft, Bereitschaft zur Umgestaltung zu entwickeln.
- es dem Facility Manager ermöglicht, etwas über die Arbeitskultur der Klientel und ihre Voraussetzungen zur Umgestaltung zu lernen.

In der Zeit dieser ersten Gespräche sollte es eine *Verhandlungsphase* geben, in welcher die Grundregeln für die Umgestaltungsmaßnahme festgelegt werden, über Erwartungen gesprochen wird und eine Einigung über die zentralen Umgestaltungsziele, Vorgehensweisen und den Zeitrahmen erzielt wird. Zudem sollte gemeinschaftlich gewährleistet werden, daß es bei dem zugeteilten Personal und den finanziellen Mitteln einen ausreichenden *Spielraum* gibt, um den Umgestaltungsplan ohne übermäßige Belastung der alltäglich anfallenden, laufenden Aktivitäten umsetzen zu können. Der Facility Manager muß zudem ein Auge auf die naturgemäße Tendenz der Betroffenen haben, am Beginn eines Umgestaltungsprozesses ein Übermaß an Enthusiasmus zu entwickeln, um dann im weiteren Verlauf jegliche Bewertungsmechanismen bezüglich späterer Ergebnisse der Umgestaltung zu vernachlässigen. Es ist ratsam, solche Mechanismen in dieser frühen Phase einzurichten. Dadurch werden beide Parteien nachhaltig festgelegt und dies verhindert, daß die

Entscheidungsträger der Klientel oder die Facility Manager Mittel, die eigentlich für die Bewertung vorgesehen waren, abziehen oder aber den Fokus der Bewertungsphase aus unternehmenspolitischen Gründen, die sich zwischenzeitlich ergeben haben mögen, abändern. Zusammengenommen ermöglichen die während der *Verhandlungsphase* getroffenen Entscheidungen dem Facility Manager und den Führungskräften der Abteilung eine bessere Abschätzung jener Probleme, welche später den Umgestaltungsprozeß gefährden können.

Probleme aufgrund mangelhafter Absprache in der Anfangsphase zwischen Facility Manager und Abteilungsleitung ergaben sich beispielsweise in einem Fall, bei dem in einem Umgestaltungsprozeß das vorhandene Büromobiliar durch Systemmöbel ersetzt werden sollte. Aus Sicht der Klientel bestand das Ziel der Umgestaltung darin, durch eine verbesserte Konzeption des Arbeitsbereichs die *Arbeits*produktivität zu steigern. Im Verlauf des Umgestaltungsprozesses entstanden Konflikte zwischen Klientel und Facility Manager, denn erst jetzt wurde der Klientel klar, daß der Facility Manager seinerseits den Erfolg der Maßnahme an der Steigerung der *Raumnutzungs*effizienz maß.

6.2.3 Maßnahmen

- Entwurf eines Plans für die Anfangsphasen des Umgestaltungsprozesses
- Aufbau einer erfolgreichen Beziehung mit der Abteilungsleitung der Klientel
- Festlegen zentraler Umgestaltungsziele
- Ausarbeitung einer Bewertungsmethode

6.2.4 Instrumente

Flußdiagramm zur Vorbereitung von Umgestaltungsmaßnahmen

Für den Facility Manager kann es hilfreich sein, den grob umrissenen Phasen des Flußdiagramms (Abbildung 6.2) zu folgen. Das Flußdiagramm enthält eine Reihe von Schritten, die bei der ersten Kontaktaufnahme beginnen und bei der Erstellung eines Plans bezüglich des weiteren Umgestaltungsprozesses enden.

Tabelle 6.2 Checkliste zum Arbeitsverhältnis

Fragen zum Arbeitsverhältnis	Antwort
Aus welchen Mitteln werden die entstehenden Kosten bezahlt?	
Wie werden vertrauliche Informationen behandelt?	
Wer genau ist der Auftraggeber?	
Welche Rolle spielt er?	
Wieviel Verantwortung für die Umgestaltung wird der Facility Manager, wieviel die Klientel übernehmen?Gemeinsam Verantwortung zu übernehmen ist schwierig.	
Welche Rolle spielt der Facility Manager?	

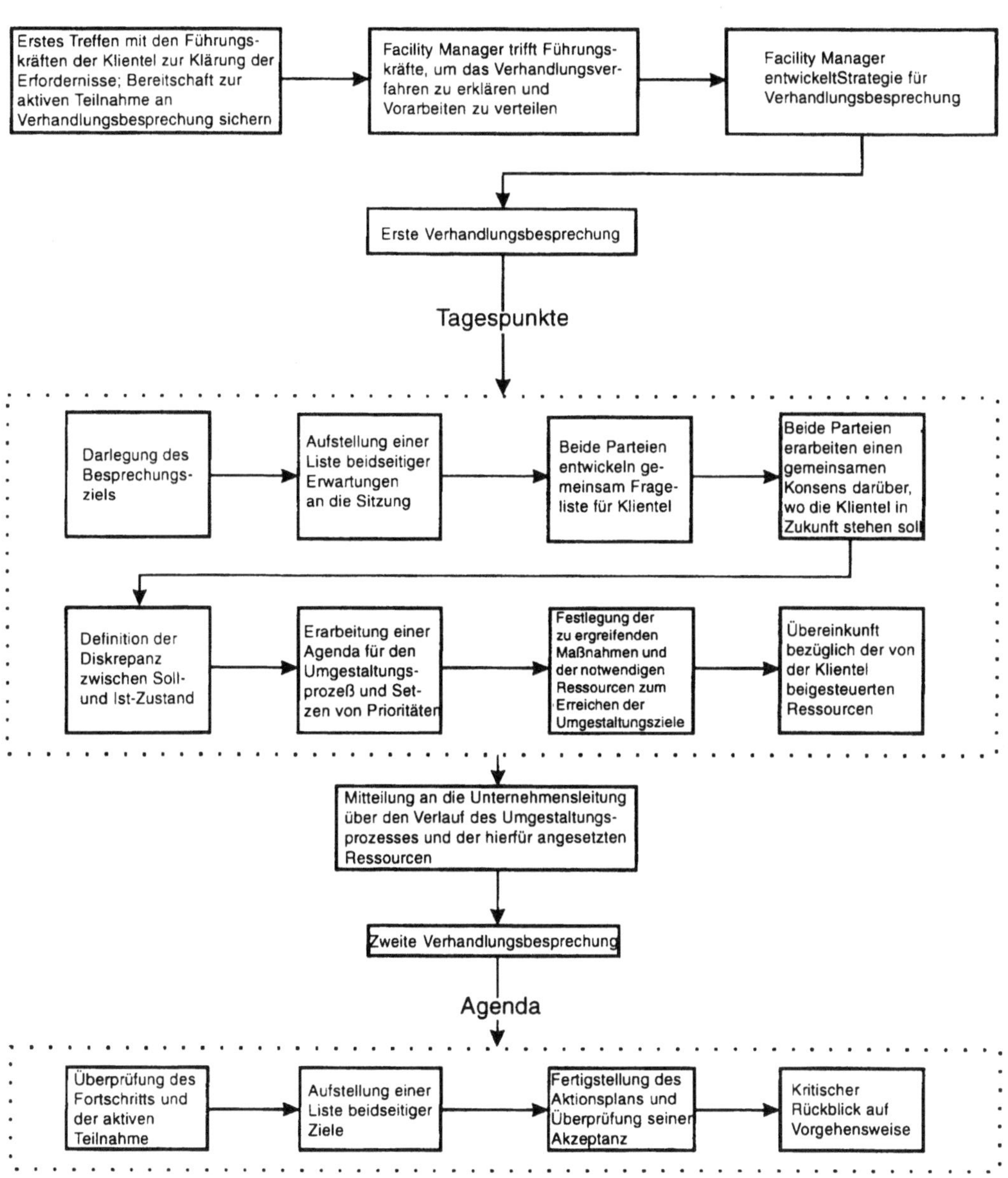

Abbildung 6.2 Flußdiagramm Vorbereitung von Umgestaltungsmaßnahmen

Checkliste für ein effizientes Arbeitsverhältnis zur Klientel

Der Facility Manager sollte sicherstellen, daß es bei den ersten Gesprächen mit den Entscheidungsträgern der Klientel hauptsächlich um den Aufbau eines effizienten Arbeitsverhältnisses geht. Aus Tabelle 6.2 ist ersichtlich, welche Punkte in dieser Phase abgeklärt werden sollten.

Checkliste für grundlegende Ziele der Umgestaltung

Eine hilfreiche Methode zur Aufstellung adäquater grundlegender Ziele für Umgestaltungsmaßnahmen ist es, die vorgeschlagenen Ziele anhand einer sog. *SMART*-Checkliste zu überprüfen (vgl. Kapitel 7 zum Thema ›Entscheidungsfindung‹). Die Führungskräfte der Klientel und der Facility Manager können mit Hilfe dieser Checkliste eine kritische Analyse zur Brauchbarkeit der vorgeschlagenen Umgestaltungsziele durchführen.

Checkliste zur Methodenbewertung

Möchte der Facility Manager sicherstellen, daß in dieser frühen Phase alle wichtigen Aspekte des Bewertungsprozesses berücksichtigt werden, kann ihm die in Tabelle 6. 3 dargestellte Checkliste eine wichtige Hilfe sein.

Tabelle 6.3 Checkliste zurMethodenbewertung

Fragen zur Bewertungsmethode	Antwort
Was soll bewertet werden?	
Warum ist es wichtig?	
Welche Vorteile gewinnt man durch die Beurteilung der Resultate?	
Wie hoch ist der Aufwand an Zeit und Geld?	
Wer wird die Bewertung durchführen?	
Wie soll der Umgestaltungsprozeß bewertet werden?	
Wann soll die Bewertung stattfinden?	
Was wird mit den Resultaten der Bewertung geschehen?	

6.2.5 Input

In dieser Phase besteht der *Input* aus den Informationen über die Klientel und die voraussichtliche Art der Umgestaltung. Diese Informationen erhält der Facility Manager gewöhnlich über informelle Kommunikationswege oder er greift auf Erfahrungen zurück, die er mit derselben (oder einer ähnlichen) Klientel oder vergleichbaren Umgestaltungsprozessen gesammelt hat.

6.2.6 Output

Nach der Vorbereitung der Umgestaltungsmaßnahmen stehen in der Regel umfassende Pläne für den Umgestaltungsprozeß zur Verfügung. Diese Pläne basieren jedoch auf *In-*

put-Informationen, die fast immer unvollständig sind. Soll der Umgestaltungsprozeß detaillierter geplant werden, werden mehr Informationen benötigt. Die diesbezügliche Informationssammlung stellt die nächste Phase des Umgestaltungsprozesses dar.

Fallstudie: Vorbereitung der Umgestaltung

Das Raumprojekt wurde sowohl von den Entscheidungsträgern der Klientel als auch von der FM-Abteilung als eine natürliche Weiterentwicklung der partiellen Umstellung auf mehrfach genutzte Arbeitsplätze gesehen, die bereits 1989 in Angriff genommen worden war. Als Folge der Unzufriedenheit über die mangelnde Beteiligung der Klientel bei der vorangegangenen Umgestaltung entschied sich die FM-Abteilung dafür, möglichst wenig in die erste Planungsphase einzugreifen, da man sich außerstande sah, sowohl die Bedürfnisse der Nutzer adäquat zu beurteilen als auch zu ermitteln, wie deren Arbeitsumfeld gestaltet sein sollte. Anstatt sich von den Mitarbeitern über deren Arbeitsweise *informieren zu lassen*, entschloß sich die FM-Abteilung, ihnen bei den Entscheidungen bezüglich ihres neuen Arbeitsumfeldes völlig freie Hand zu lassen.

Zu diesem Zweck wurde zu Beginn des Umgestaltungsprozesses eine solide kooperationsorientierte Managementstruktur vorgegeben. Zunächst wurde ein leitender Ausschuß (zusammengesetzt aus Vertretern der Abteilung selbst, der Personal- und FM-Abteilung) eingerichtet, welcher das Raumprojekt lenken sollte. Als zweiter Schritt wurden zwei zusätzliche Ausschüsse – ein Ausschuß für Gebäudebelegung und ein beratender Ausschuß – geschaffen, um die Nutzer in den Umgestaltungsprozeß zu integrieren und sie zu informieren. Im Gebäudebelegungsausschuß saßen Führungskräfte des Unternehmens, während der Beratungsausschuß von etwa 20 willkürlich ausgewählten Mitarbeitern der Abteilung gebildet wurde. Vorgesehen war, beiden Ausschüssen Kopien aller Berichte auszuhändigen, ihnen die Erörterung von Vorschlägen zu ermöglichen und eine gewisse Einflußnahme auf die Planung einzuräumen.

Zu den ersten Umgestaltungszielen, welche durch den leitenden Ausschuß festgelegt wurden, gehörte die Schaffung eines effizienten Büroumfeldes, in welchem aufgrund optimaler Raumbeschaffenheit und -größe gute Arbeitsbedingungen gegeben wären. Diesem anvisierten Umgestaltungsprozeß lag ein abgewandeltes Befragungs-*Feedback*-Verfahren zugrunde, wie es in Abbildung 6.3 veranschaulicht wird.

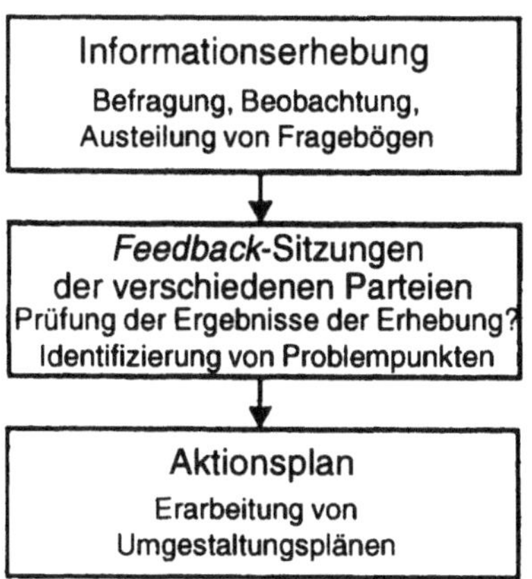

Abbildung 6.3 Vorbereitende Schritte beim Projekt Umgestaltung der Raumkonzeption

Erörterung

Das Verfahren der graduellen Umgestaltung ist bei Unternehmen weit verbreitet, wobei im vorliegenden Fall die Umgestaltung von 1989 den Weg für alle nachfolgenden Umgestaltungen größeren Ausmaßes bereitete. Dies ermöglicht der Unternehmensleitung, das immanente Risiko von Umgestaltungsmaßnahmen zu schmälern, indem man durch die Durchführung begrenzter Umgestaltungsmaßnahmen Möglichkeiten der Einschätzung und Beurteilung schafft und so aus gewonnenen Erfahrungen lernt, bevor das Unternehmen Umgestaltungen in größerem Maße vornimmt. Andererseits muß sich der Facility Manager dessen bewußt sein, daß eine solch graduelle Umgestaltung auch Gefahr laufen kann, lediglich ein fragmentarisches und nicht zielgerichtetes Ergebnis hervorzubringen. Deshalb sollten, wenn möglich, alle auszuführenden Umgestaltungen im Rahmen einer gründlich durchdachten, langfristig angelegten Strategie stattfinden.

Im vorliegenden Fall verschmelzen die unternehmensspezifischen Strategien und die FM-Strategien allmählich immer mehr zu einem Ganzen, wodurch eine stabilere Grundlage für gezielte graduelle Umgestaltungen geschaffen wird. In der Vergangenheit wurden die FM-Strategien sehr stark von der Unternehmenspolitik bestimmt, welche ohne Rücksicht auf ihre Auswirkung auf die Leistungsfähigkeit der unternehmensinternen FM-Abteilung aufgestellt wurde. Der einseitige Informationsfluß und die Dominanz der Unternehmensstrategie hatten oft zur Folge, daß bei der Gebäude- und Anlagenverwaltung inakzeptable Kompromisse eingegangen wurden. Seither haben sich die Zeiten jedoch geändert: Unternehmenspartner und Managementspitze erkennen zunehmend, welche strategische Bedeutung gebäude- und anlagenbezogenen Themen für die allgemeine Konkurrenzfähigkeit des Unternehmens haben. Infolgedessen nimmt die FM-Abteilung auf die Unternehmenspolitik vermehrt strategischen Einfluß und die Entwicklung der Unternehmens- und FM-Strategien laufen nahezu parallel, was für beide Seiten von Vorteil ist.

Beim hier beschriebenen Raumprojekt wurde der ausdrückliche Versuch unternommen, die Mitarbeiter der Abteilung in die Umgestaltung zu integrieren. Im Verlaufe dieser Umgestaltung profitierte man von den Erfahrungen, die man im Rahmen der Umgestaltung von 1989 bezüglich der Bedeutung aktiver Einbindung und Beteiligung gewonnen hatte. Wie jedoch der weitere Verlauf der Studie belegt, wurde das Angebot, sich am Umgestaltungsprozeß aktiv zu beteiligen, von der Belegschaft lediglich als symbolisches Zeichen gewertet, da sie in ihren Augen schlecht informiert war und nur unwesentliche Entscheidungsbefugnisse bezüglich der Gestaltung ihres Arbeitsumfelds hatte. Daher entwickelte sich unter den Mitarbeitern, bezogen auf das neue Arbeitsumfeld und den Umgestaltungsprozeß, ein ähnliches Gefühl der Unzufriedenheit wie bereits bei der Umgestaltung von 1989.

In dieser frühen Phase hätte man eventuell den Ursprung für später auftretende Probleme erkennen können, welche sich in drei eng verflochtene Bereiche gliedern lassen:

Unklare Verhältnisse bezüglich der Verantwortlichkeit
Die FM-Abteilung hatte sich alle Mühe gegeben, die Verantwortung auf die Betroffenen zu übertragen, versäumte es jedoch klarzustellen, in wessen Händen sie nun letztlich lag. Infolgedessen fragte die Belegschaft oft unruhig nach, wer denn nun das Raumprojekt leite und kontrolliere.

Es wäre hilfreich gewesen, hätte das Team aus FM-Mitarbeitern und Führungskräften einen *sichtbaren* Manager innerhalb der Klientel zum Projektleiter und zentralen Kontaktmann ernannt und dies allen Mitgliedern der Klientel bekanntgegeben.

Rein theoretische Übertragung der Entscheidungsgewalt

Im Verlauf des Umgestaltungsprozesses entstand bei den Mitarbeitern sehr schnell der Eindruck, daß die eigens eingerichtete managementspezifische Infrastruktur keine wirkliche Übertragung der Entscheidungsgewalt auf die Mehrheit der im Umgestaltungsprozeß Betroffenen zur Folge hatte. Sie hatten daher nicht das Gefühl, ihre Eingaben würden in positiver Weise zum Projekt beitragen oder sie könnten bestimmte Aufgaben innerhalb des Umgestaltungsprozesses relativ selbstbestimmt ausführen.

Dieses Problem ist äußerst schwer zu lösen. Der Facility Manager könnte fordern, eine das ganze Unternehmen umfassende, infrastrukturelle Umgestaltung vorzunehmen, ohne die eine partizipationsfreundliche Managementform nicht möglich sei und die eine Übertragung der Entscheidungsgewalt auf die Mitarbeiter erst ermögliche. Normalerweise ist eine derart umfassende Umgestaltung für einen Facility Manager natürlich nicht zu bewirken. Statt dessen wird er sich mit dem Versuch begnügen müssen, in Kooperation mit den Führungskräften der Klientel eine mehr als nur theoretische Übertragung der Entscheidungsgewalt auf die betroffenen Mitarbeiter zu bewerkstelligen.

Unzureichend präzisierte Umgestaltungsziele

Viele Beschäftigte fanden die Ziele des Raumprojekts nicht ausreichend spezifiziert. Es handle sich hierbei doch nur um»... ein weiteres bedeutungsloses Projekt, das sehe man schon an der vagen Zielsetzung.«

Andere sahen die offiziellen Ziele des Projektes als eine Ablenkung vom eigentlichen Motiv der Umgestaltungsmaßnahme – der Kostenminimierung. Diese Befürchtung wurde von einem Angestellten geäußert, der die gegenwärtige Stimmung seiner Kollegen widerspiegelte, als er unterstellte, bei der Umgestaltung ginge es »...mehr um eine Verkleinerung des Arbeitsraums für die Angestellten als um die Schaffung einer besseren Arbeitsumgebung«.

Hinzu kam, daß einfache Angestellte sich der Umgestaltung widersetzten, da sie befürchteten, die Umgestaltungsziele wirkten sich zu ihren Ungunsten aus, denn »man orientiert sich offensichtlich vorwiegend an denjenigen Mitarbeitern, die einen Großteil ihrer Arbeitszeit bei Kunden verbringen und daher nicht so viel Büroraum benötigen.«

Dieser Mangel an Vertrauen zur anfänglichen Zielsetzung spiegelte sich in der dürftigen Akzeptanz der Umgestaltung unter den Mitarbeitern wider. Sie identifizierten sich kaum oder gar nicht mit dem Projekt, zeigten kein Engagement und fühlten sich für die erfolgreiche Durchführung in keiner Weise verantwortlich. Bereits zu Anfang, d.h. bei der anfänglichen Zielsetzung der Umgestaltung, sollte der Facility Manager daher auf das richtige Gleichgewicht achten. Die Ziele sollten konkret genug sein, so daß sich die Belegschaft etwas bestimmtes vorstellen kann, nicht aber so spezifisch, daß sie sich im Verlauf des Umgestaltungsprozesses als unflexibel und einengend herausstellen. Davon abgesehen sollte die Zielsetzung realistisch sein. Es ist bei weitem besser, bezüglich der möglichen Vorteile eines Umgestaltungsprojektes für die Mitarbeiter zu untertreiben, als falsche Hoffnungen zu wekken. In diesem speziellen Fall unterlag das Projekt – was den Mitarbeitern allerdings nicht bekannt war – extremen Budgetbeschränkungen, wodurch das Erreichen der anvisierten Ziele von Anfang an konkret verhindert wurde.

6.3 Phase 2: Informationserhebung für den Umgestaltungsprozeß

6.3.1 Zielsetzung

• Sammlung von Informationen über die Klientel und die Umgestaltungssituation

6.3.2 Hintergrundüberlegungen und Kontext

Der weitere Verlauf des Umgestaltungsprozesses hängt in großem Maße von dem Informationsmaterial ab, das in dieser Phase zusammengetragen wird. Die Phase der Informationserhebung ermöglicht

• dem *Facility Manager*, sich einen Begriff von den Erfordernissen der Umgestaltung der Klientel zu machen;
• dem *Klientel*, etwas über den Umgestaltungsprozeß und die Rolle des Facility Managers zu lernen und eigene Vorstellungen davon zu entwickeln, wie der Umgestaltungsprozeß aussehen sollte.

Wie bei allen Phasen der Umgestaltung ist es bei der Informationserhebung wichtig, die Klientel dabei einzubeziehen, wie man diese Phase gestalten und konkret umsetzen kann. Die Beschäftigten der meisten Unternehmen empfinden Informationserhebung als »bürokratische Zeitverschwendung«. Schuld an dieser Einstellung sind vor allem die undurchsichtigen und unattraktiven Fragebögen und Befragungen, die früher viel zu häufig zum Einsatz kamen. Um dem entgegenzusteuern, sollte man Mitarbeitern soviel Vollmacht übertragen, daß sie überzeugt sind, jede ihrer Informationen werde sich positiv auf den Umgestaltungsprozeß auswirken und die Informationserhebung sei sowohl für das jeweilige Projekt als auch für sie selbst alles andere als unwichtig. Beispielsweise widersetzte sich ein Teil der Mitarbeiter der Befragung durch einen externen Fachberater über eine geplante Umgestaltung der Raumkonzeption, da sie sich davon abgeschreckt fühlten, daß der Name des früheren Kunden noch auf dem Fragebogen stand.

Die Phase der Informationserhebung kann kostspielig sein, und es ist dem Facility Manager anzuraten, den benötigten Umfang und zukünftigen Anwendungsbereich der zu ermittelnden Informationen nicht aus dem Auge zu verlieren. Es gibt vier grundlegende Methoden der Informationserhebung: Befragungen, Fragebögen, Beobachtungen und sekundäre Informationsquellen. Zur Optimierung der jeweiligen Vorteile scheint eine Kombination aller vier Methoden am effizientesten. Die richtige Reihenfolge erhöht hierbei die Produktivität und Qualität des Informationserhebungsprozesses und sollte nach folgendem Schema verlaufen:

- *Beobachtungen und sekundäre Informationsquellen:* Der Facility Manager kann sich von den Bedürfnissen der Klientel ein erstes Bild machen, indem er seine Informationen aus informellen Kommunikationskanälen bezieht, durch direkte Beobachtung und durch die Analyse unternehmensinterner Akten. Diese Informationen versetzen ihn in die Lage, seine Befragung konkreter und zielgerichteter durchzuführen.
- *Befragungen:* Anhand der wichtigsten Anhaltspunkte aus der Beobachtungsphase kann der Facility Manager in etwa feststellen, wo die Problembereiche bei der aktuellen Situation der Klientel liegen. Als zentrale Elemente der Informationserhebungsphase erlauben Beobachtung und Befragung zusammengenommen eine differenzierte Diagnose hinsichtlich der Klientel, deren Bedürfnisse, Probleme, internen Beziehungen und vieles mehr.
- *Fragebögen:* An diesem Punkt kann der Facility Manager nun Fragebögen entwickeln, welche auf die speziellen Erfordernisse des jeweiligen Umgestaltungsprozesses viel konkreter eingehen können, als wären sie glcich zu Beginn erstellt worden.

6.3.3 Maßnahmen

- Vorbereitung und Ausführung von Beobachtungen, Befragungen und Fragebögen in Zusammenarbeit mit der Klientel und einer effizienten Reihenfolge

6.3.4 Instrumente

Checkliste zur Bestimmung des Umfangs der Informationserhebung

Bei der Entscheidung über den erforderlichen Umfang der Informationserhebung können die in Tabelle 6.4 aufgeführten Fragen für den Facility Manager von Hilfe sein.

Checkliste für Befragungen

Für die terminliche Planung und Durchführung von Befragungen kann die Checkliste in Tabelle 6.5 zu Rate gezogen werden.

Checkliste für Fragebögen

Für die Zusammenstellung des Fragenkatalogs für mündliche Befragungen sowie das Erstellen schriftlicher Fragebögen können die in Tabelle 6.5 aufgeführten Punkte von Nutzen sein. Ein Hinweis zur Beantwortung der siebten Frage der Checkliste: Es ist fast immer zu empfehlen, einen Fragebogen auf einen Probelauf im kleineren Rahmen zu schikken.

6.3.5 Input

Ausgangspunkt der Phase der Informationserhebung sollte das harmonische Einvernehmen zwischen Entscheidungsträgern der Klientel und Facility Manager sein, welches aus den ersten Phasen des Umgestaltungsprozesses erwachsen ist.

Tabelle 6.4 Checkliste zur Bestimmung des Umfangs der Informationserhebung

Entscheidungskriterien	Antwort
Gibt es einen festgelegten, klar definierten Bereich, auf den sich der Umgestaltungsprozeß bezieht und für den gezielt Informationen ermittelt werden sollen?	
Gibt es bereits Informationsquellen, welche mit ausgeschöpft werden können, um den gegenwärtigen Aufwand der Informationserhebung zu reduzieren?	
Kann das Kosten-Nutzen-Potential für den veranschlagten Umfang der Informationserhebungsphase effizient ausgeschöpft werden?	
Gibt es genügend interne Fachkräfte und Ressourcen, um die geplante Informationserhebung durchzuführen?	
Können durch den beabsichtigten Aufwand Informationen ermittelt werden, die für die von Facility Manager und Klientel zu treffenden Entscheidungen relevant sind?	
Können eventuell mehrere Informationserhebungsmaßnahmen, die im Rahmen verschiedener organisationsinterner Umgestaltungsprojekte stattfinden, zum Zwecke der Kostenminimierung kombiniert werden?	

Tabelle 6.5 Checkliste für Befragungen

Checkliste für Befragungen	Anmerkungen
Leiten Sie die Befragungen so bald wie möglich - zu einem für beide Seiten geeigneten Zeitpunkt - in die Wege.	
Schaffen Sie eine angenehme Atmosphäre und ermuntern Sie den Befragten zur Kooperation.	
Nehmen Sie der Befragung von Anfang an alles Geheimnisvolle, indem Sie Zweck und Ziel nennen.	
Führen Sie die Befragung, wenn irgend möglich, am Arbeitsplatz des Befragten durch, sowohl aus psychologischen Gründen - denn hier fühlt er sich wohl - als auch aus praktischen Erwägungen, da sich hier bei Bedarf Dokumente und Akten in Reichweite befinden.	
Der Interviewer sollte darauf achten, daß nicht zu viele Fakten und Details gesammelt werden und diese für die Umgestaltungsmaßnahme auch wirklich relevant sind.	
Fachbegriffe sollten nur dann verwendet werden, wenn sie von allen Beteiligten verstanden werden, sonst kann es zu Mißverständnissen kommen, die in einer späteren Phase zu Problemen führen können.	

Tabelle 6.6 Checkliste für Fragebögen

Checkliste für Fragebögen	Antwort
Grundsätzliche Entscheidungen	
Welche Informationen werden genau benötigt? Wer genau sind die Ziel-Befragten?	
Entscheidung über den Inhalt der Frage	
Ist diese Frage wirklich notwendig? Wird die Antwort auf diese Frage die erforderlichen Informationen liefern?	

Entscheidungen bezüglich der verwendeten Formulierungen	
Sind die verwendeten Begriffe für alle Befragten eindeutig? Sind keine der verwendeten Begriffe oder Formulierungen in irgendeiner Art verfänglich oder irreführend? Schwingt Unausgesprochenes in der Frage mit?	
Entscheidungen bezüglich der verwendeten Fragetypen	
Ist diese Frage am besten als offene, multiple-choice- oder dichotome ja/nein-Frage zu stellen?	
Entscheidung bezüglich der Fragenfolge	
Sind die Fragen logisch angeordnet, so daß Fehler vermieden werden können?	
Entscheidungen bezüglich der Gestaltung des Fragebogens	
Ist der Fragebogen so gestaltet, daß das Ausfüllen keine Fragen aufwirft und Fehler beim Ausfüllen auf ein Minimum reduziert werden?	
Entscheidungen bezüglich eines Testlaufs	
Ist ein Testlauf notwendig, um Gestaltung und Inhalt auf ihre Funktionalität hin zu überprüfen?	

6.3.6 Output

Vermehrte Kenntnisse über die Arbeitsweise der Klientel sowie ein Ausbau der Beziehung zwischen Facility Manager und Mitgliedern der Klientel. Diese beiden Faktoren zusammengenommen waren für beide Parteien von Nutzen, als es darum ging, gemeinsam eine geeignete Lösung zu erarbeiten und einen realisierbaren Aktionsplan zu entwerfen.

Fallstudie: Informationserhebung hinsichtlich der Umgestaltungssituation

Im Gegensatz zur Umgestaltungsmaßnahme von 1989 engagierte der leitende Ausschuß dieses Mal einen externen Raumplaner für die Befragung und *Feedback*-Phase des Umgestaltungsprozesses und für den Entwurf verschiedener Raumgestaltungskonzepte. Die Informationen wurden mit Hilfe folgender Methoden ermittelt:

- An alle Mitglieder der Abteilung wurden *Fragebögen* ausgeteilt, um die bestehende Arbeitspraxis und die in ihren Augen erforderlichen Maßnahmen bei der Umgestaltung festzuhalten. Die Rücklauf lag bei 50 %.
- Mit 30 repräsentativen Mitarbeitern wurden *Befragungen* durchgeführt, die nur *teilweise vorgegeben* waren, um die Tätigkeiten der Nutzer, ihre Bedürfnisse und Präferenzen zu dokumentieren.
- An 43 Mitarbeiter wurden *Tagebücher* ausgeteilt, um mehr über ihre Arbeitsweisen zu erfahren.
- Über zwei Wochen hinweg wurde von 9 bis 17 Uhr jede Stunde *festgehalten, wie die Räume zum jeweiligen Zeitpunkt belegt waren*, um regelmäßige Arbeitsabläufe ausfindig zu machen.

Danach fertigte der Fachberater eine Zusammenfassung der Ergebnisse für die gemeinsamen *Feedback*-Sitzungen an.

Erörterung

Der Einsatz von externen Fachberatern ist eine Praxis, die bei Unternehmen in zunehmendem Maße zu beobachten ist. Im vorliegenden Fall versprach man sich folgende Vorteile von einem externen Raumplaner:

- Eine verbesserte Glaubwürdigkeit des Raumprojekts, da ein Fachberater das Gefühl von Objektivität und Fachkompetenz vermittelt.
- Die Ausschöpfung der internen Kapazitäten im Hinblick auf die vorhandenen Räumlichkeiten des Unternehmens.

Der Facility Manager sollte darauf achten, den externen Fachberater in den Umgestaltungsprozeß zu integrieren, denn soll dessen Einsatz optimal genutzt werden, darf er nicht isoliert arbeiten. Eine solche Integration weckt Engagement und Teilnahme auf beiden Seiten und gibt dem Unternehmen die Gelegenheit, sich von einem Experten beraten zu lassen, wie vorhandene Kapazitäten für zukünftige Umgestaltungsprozesse besser genutzt werden können. Lesen Sie mehr und Ausführlicheres über den Einsatz von externen Fachberatern in Kapitel 5, Abschnitt 5.3.2.

Als positiv war hierbei zu bewerten, daß der Berater verschiedene Methoden der Informationserhebung anwandte. Dies war insofern wichtig, als es ihm ermöglichte, bestehende Verhaltensweisen und Bedürfnisse der Nutzer aus vielen unterschiedlichen Blickwinkeln zu untersuchen, und dadurch sowohl das Spektrum als auch die Authentizität der gewonnen Information größer wurde. Nachteilig war jedoch, daß die Informationserhebungsphase von der Klientel nur unzureichend unterstützt wurde und die Reihenfolge der Ermittlungsmaßnahmen zu wünschen übrig ließ. Insgesamt lassen sich die Schwachstellen dieser Phase auf drei Problempunkte reduzieren:

Mangelnde Kooperation

Die Motivierung der Klientel im Hinblick auf einen Umgestaltungsprozeß ist mit einem Dominoeffekt zu vergleichen. Die geringe Bereitschaft der Klientel, am Umgestaltungsprozeß teilzunehmen, zeigte sich bereits in ihrer ablehnenden Reaktion während der Vorbereitungsphase. Das mangelnde Engagement steigerte sich noch in der Informationserhebungsphase, da die Mitarbeiter in ihren Augen nicht ausreichend in die Vorbereitung und Durchführung dieser Stufe mit einbezogen worden waren. Insbesondere fanden die Angestellten, daß die von dem Fachberater angewandten Methoden auf ihre speziellen Bedürfnisse nicht ausreichend abgestimmt waren, z. B. bei offensichtlich standardisierten Fragebögen und Befragungsmustern.

Mangelnde Einhaltung einer Reihenfolge

Die verschiedenen Informationserhebungsmethoden wurden gleichzeitig angewandt. Zugegebenermaßen herrschte starker Zeitdruck, doch der zusätzliche Aufwand, die Befragungsmaßnahmen in einer zweckmäßigen Reihenfolge durchzuführen, hätte sich durch die Gewinnung gezielter und sachdienlicher Informationen bezahlt gemacht, auf denen der Aktionsplan hätte aufgebaut werden können.

Mangelnde Auswertung des vorangegangenen Umgestaltungsprozesses

Bei den Gutachten und Befragungen konzentrierte man sich ausschließlich auf die aktuelle Bürosituation und gegenwärtigen Arbeitsabläufe und profitierte nicht vom wertvollen Erfahrungsschatz, den man bei der früheren *Mitarbeiterführung bei Umgestaltungsmaßnahmen* erworben hatte und nun hätte auswerten können. Dies hätte eventuell dabei geholfen, die Mitarbeiter – von ihrem Empfinden aus – stärker in den Umgestaltungsprozeß einzubinden; außerdem hätten hier wertvolle Informationen im Hinblick auf die Optimierung der Ermittlungs- und Aktionsplanungsphase integriert werden können.

6.4 Phase 3: Erarbeitung eines Aktionsplanes

6.4.1 Zielsetzung

- Ermittlung der Umgestaltungserfordernisse aus den gesammelten Informationen
- Erarbeitung eines geeigneten Aktionsplanes basierend auf solider Ermittlungsarbeit

6.4.2 Hintergrundüberlegungen und Kontext

Je stärker die Betroffenen in den Prozeß der Ermittlung und Aktionsplanung mit einbezogen werden, desto höher sind im allgemeinen die Erfolgschancen des Umgestaltungsprojektes. Dies sollte der Facility Manager bedenken, wenn er die gesammelten Informationen verarbeitet, zusammenfaßt und an die Klientel weiterleitet. Diese Rückmeldung sollte im Rahmen *mehrerer miteinander verknüpfter Feedback-Sitzungen* stattfinden, beginnend bei der Ebene der Abteilungsleitung bis zur untersten Angestelltenebene. Die gemeinsamen Sitzungen gewährleisten nicht nur, daß Problempunkte diskutiert und dadurch einer Lösung nähergebracht werden, sie können auch wirkliches Engagement für den Umgestaltungsprozeß auslösen.

Der Facility Manager sollte sich dessen bewußt sein, daß *Feedback*-Sitzungen häufig darunter am meisten zu leiden haben, daß eine gemeinsame Basis von Klientel und Facility Manager fehlt. Daraus entsteht im schlimmsten Fall eine *Kommunikationskluft*, die dafür verantwortlich ist, daß Repräsentanten der Klientel dann manchmal nicht mehr bereit sind, die ihnen vorgelegten Informationen, Gutachten oder Empfehlungen zu glauben. Um dieses Problem zu vermeiden, ist es anzuraten, die Sitzung von einem Mitglied der Klientel anstatt vom Facility Manager leiten zu lassen, so daß *die Informationen in die Hände der Klientel gelegt* werden. Hierzu sollte der Facility Manager eine Führungskraft der Klientel im Vorfeld über Inhalt und Ablauf der *Feedback*-Sitzung informieren, um so eine kooperative Atmosphäre entstehen zu lassen, in der sich innovative Kräfte und wirkliches Engagement entwickeln können. Bei der Sitzung sollte der Facility Manager anwesend sein, um Informationen zu erläutern, bei der Lösung von Umgestaltungsproblemen zu helfen und als eine Art Prozeßberater zu agieren, der den involvierten Parteien dabei zur Seite steht, ihre Arbeitsweise in der Sitzung zu überprüfen und kritisch zu hinterfragen.

Nachdem die ermittelten Informationen an die Klientel weitergeleitet und so lange geprüft und analysiert worden sind, bis man eine gemeinsame Lösung gefunden hat, sollten Facility Manager und Klientel diese in einen Aktionsplan umsetzen. Der Facility Manager muß an dieser Stelle darauf achten, daß der Aktionsplan sobald wie möglich entwickelt wird, denn der gesamte Umgestaltungsprozeß könnte Gefahr laufen, seine Richtung und seinen Schwung zu verlieren, wenn die Energie aus den *Feedback*-Sitzungen nicht sofort in die Ausarbeitung eines Aktionsplans geleitet wird.

Zentraler Bestandteil des Aktionsplans ist die zeitliche Festlegung der Abfolge von Maßnahmen, welche im Rahmen des Umgestaltungsprozesses ausgeführt werden müssen. Der Aktionsplan kann beispielsweise mit Hilfe eines Balkendiagramms oder eines Netzplans veranschaulicht werden, in dem die wichtigsten Meilensteine hervorgehoben sind. Auf diese Weise kann bei den Mitarbeitern der zur Umsetzung der Umgestaltungsziele notwendige Motivationsschub ausgelöst werden. Wichtig ist zudem, daß der Aktionsplan einen Kompromiß zwischen zu allgemeinen Formulierungen und zu großer Detailliertheit darstellt: Er sollte nicht so vage gehalten sein, daß er praktisch nutzlos ist, andererseits aber auch nicht so detailliert, daß die Mitarbeiter keinen Spielraum besitzen, um auf sich ergebende Veränderungen einzugehen. Beim Umzug eines großen Büros, der an 23 aufeinanderfolgenden Wochenenden durchgeführt werden sollte, stellte die FM-Abteilung beispielsweise sicher, daß die vorbereitenden Maßnahmen für den Umzug sorgfältig – aber flexibel – ausgearbeitet und festgelegt wurden, wobei man durch maßnahmenbezogene Checklisten und Terminvorgaben den Zeitplan des Aktionsplans sicherzustellen versuchte.

6.4.3 Maßnahmen

- Abhalten von *Feedback*-Sitzungen
- Erarbeitung möglicher Lösungen
- Aufstellung eines Aktionsplans

6.4.4 Instrumente

Tabelle 6.7 Checkliste für Feedback-Sitzung

Fragen zum Feedback	Antwort	✓
Wurde eine Einigung bezüglich der zu erhebenden Informationen und der Feedback-Methode getroffen?		
Ist zu erwarten, daß das Feedback mit den Erwartungen der Klientel übereinstimmt, die die Klientel infolge der in Punkt 1 erwähnten Einigung entwickelt hat?		
Wird das Feedback in einer gemeinsamen Sitzung erfolgen, in der eine offene Diskussion geführt werden kann?		
Sollte mehr Gewicht darauf gelegt werden, die Richtigkeit der Informationen zu überprüfen, als auf die Analyse ihrer Auswirkungen?		
In welchem Umfang darf während der Sitzung auf verwandte Themen eingegangen werden, oder ist es vorzuziehen, die Diskussion innerhalb der vorab gesteckten Grenzen zu halten?		
Ist die Feedback-Information sachdienlich und verständlich?		
Werden die Parteien in der Lage sein, sich die Informationen eigenständig zunutze zu machen?		
Wird die Sitzung so moderiert werden, daß sich die Klientel an der Problemlösung aktiv beteiligen wird, oder wird sie bei jeder vorgeschlagenen Umgestaltungsmaßnahme in die Defensive gehen?		

Checkliste für *Feedback*-Sitzungen

Anhand der in Tabelle 6.7 aufgeführten Checkliste kann der Facility Manager sicherstellen, daß die für den Erfolg der *Feedback*-Phase wesentlichen Punkte berücksichtigt werden.

Methoden zur Erarbeitung von Lösungsvorschlägen

Um innovative Lösungen für die Umgestaltungsmaßnahmen aufzuspüren, ist es ratsam, während der *Feedback*-Sitzungen auf kreative Methoden zurückzugreifen (vgl. Kapitel 7 zum Thema ›Entscheidungsfindung‹, Abschnitt 7.3.3).

Checkliste zur Aktionsplanung

Die in Tabelle 6.8 abgebildete Checkliste führt einige der wichtigsten Punkte an, welche der Facility Manager herausgreifen und bedenken sollte, möchte er den Erfolg der Planungsphase gewährleisten.

Tabelle 6.8 Checkliste zur Aktionsplanung

Fragen zur Aktionsplanung	Antwort	✓
Wurde der Aktionsplan genau protokolliert und eine Kopie an alle Mitglieder der Klientel verteilt?		
Wurden die einzelnen Zuständigkeitsbereiche und Termine festgelegt?		
Gibt es bereits Absprachen bezüglich Terminen, an denen die durchgeführten Maßnahmen noch einmal rückblickend besprochen werden?		
Haben die einzelnen Mitarbeiter genügend Zeit, um die ihnen zugewiesenen Aufgaben zu erfüllen?		
Werden die Mitarbeiter für das Erreichen der einzelnen Umgestaltungsziele belohnt?		

6.4.5 Input

Ausgangspunkt der Ermittlungs- und Aktionsplanungsphase ist die zusammenfassende Interpretation der während der Informationserhebungsphase gesammelten Daten, wobei die Interpretation gleichzeitig objektiv und doch zielgerichtet sein sollte.

6.4.6 Output

Ein Aktionsplan, welcher sich auf eine sorgfältige Überprüfung der ermittelten Informationen stützt. Dem Facility Manager muß jedoch bewußt sein, daß eine erfolgreiche Umgestaltung mehr erfordert als einen guten Aktionsplan. Nach seiner Erstellung muß der Aktionsplan in die Tat umgesetzt werden und später gründlich und zielgerichtet ausgewertet werden.

Fallstudie: Ermittlungs- und Aktionsplanungsphase

Gegen Ende der Informationserhebungsphase analysierte der Fachberater die Informationen, faßte sie zusammen und präsentierte sie während der *Feedback*-Sitzungen des leitenden Ausschusses und des Beratungsausschusses für Raumplanung der Klientel. Die übrigen Abteilungsmitglieder erhielten ein dreiseitiges Memorandum zur Information. Die letzen Vorbereitungen für die Raumkonzeption wurden innerhalb der folgenden Wochen gemeinsam von Facility Manager und leitendem Ausschuß unternommen. Die *Feedback*-Sitzung des leitenden Ausschusses umfaßte eine Präsentation durch den Fachberater, gefolgt von einer Diskussionsrunde und endete mit der Beauftragung des Beraters, verschiedene Grundrisse des Stockwerks zu erstellen. Die Sitzung des Beratungsausschusses beschränkte sich – abgesehen von der Präsentation durch den Fachberater – auf einen allgemeinen Rückblick auf bereits Erreichtes und eine Diskussion über die ersten Raumplanungsentwürfe und Vorschläge des leitenden Ausschusses.

Erörterung

Die Ermittlungs- und Aktionsplanungsphase des Raumprojektes war eine Hauptquelle der Unzufriedenheit seitens der Belegschaft und kann in nicht geringem Maß für das Wiedererstarken der Opposition gegen die Umgestaltungsmaßnahme verantwortlich gemacht werden. Viele Abteilungsmitglieder hatten den Eindruck, daß man sich hier wieder völlig vom Konzept der Nutzer-Beteiligung abwandte und der traditionell bürokratische Führungsstil neuen Einzug hielt. Auch fanden viele, daß die Führungskräfte der Abteilung die von ihnen selbst aufgestellten demokratischen Mechanismen umgangen hatten. Infolgedessen entstand bei den Angestellten der Eindruck, weder Planung noch Gestaltung des neuen Arbeitsumfelds beeinflussen zu können. Die Gründe für dieses Gefühl der Entfremdung von Ermittlungs- und Aktionsplanungsphase lassen sich im wesentlichen auf folgende Faktoren zurückführen:

Die Rolle des Fachberaters

Die Präsentation der Information wurde von einem externen Fachberater durchgeführt. Diese Vorgehensweise befand sich nicht im Einklang mit dem Konzept, die Informationen in die Hände der Klientel zu legen. Auch hier gilt demzufolge: Dem Facility Manager ist in diesem Zusammenhang zu raten, die Präsentation der Informationen an eine Führungskraft der Klientel zu übertragen, die er vor der *Feedback*-Sitzung über die ermittelten Ergebnisse sowie den Ablauf der Sitzung in Kenntnis setzen sollte. Im vorliegenden Fall hätte der Facility Manager den Berater bitten sollen, sich auf den Sitzungen zurückzuhalten und lediglich als Ansprechpartner bei informationsbezogenen Fragen und als Experte für Raumplanungsprobleme zur Verfügung zu stehen.

In den Augen vieler Mitarbeiter war dieser Mangel an aktiver Einbindung daran schuld, daß sie sich weder in der Lage noch bevollmächtigt sahen, etwas zur Ermittlungs- und Aktionsplanungsphase des Raumprojektes beizutragen. Besonders deutlich wurde dies im Beratungsausschuß für Raumplanung, in dem eines der Mitglieder folgendermaßen zitiert wurde:

»...der Beratungsausschuß traf sich nur zu einer einzige Sitzung, und auf dieser war von Anfang an klar, auf was der Berater hinauswollte. Alles war bereits entschieden: ein *Fait accompli*.«

Ein anderes Ausschußmitglied sagte hierzu:

»...dem Raumberatungsausschuß wurde vom Fachberater nahegelegt, wie er entscheiden sollte.«

Mogelpackung bei den Zielen des Raumprojekts

In dieser Phase des Umgestaltungsprozesses stellte sich bei vielen Mitarbeitern eine Desillusionierung hinsichtlich des Raumprojektes ein. Dieses Gefühl wurde sicherlich nicht dadurch abgemildert, daß die Führungskräfte der Abteilung ganz offensichtlich auf Ausreden zurückgriffen, um zu rechtfertigen, warum das Raumprojekt nicht die Erwartungen der Angestellten erfüllt hatte. Hier der Wortlaut eines internen Memorandums, welches nach Ende der *Feedback*-Sitzungen an alle Angestellten ausgegeben wurde:

»Es geht unter anderem um folgende Hintergründe: Die maßgeblichen Hindernisse für eine bessere Nutzung des Gebäudes stellen... Klimaanlage... Kabelkanäle und Steckdosen... Leitungsführung... dar. Schaut man sich an, wie groß diese Einschränkungen in ihrer Gesamtheit sind, wird die eingeschränkte Flexibilität des Gebäudes hinsichtlich seiner bestimmungsgemäßen Nutzung deutlich.«

Solche Grenzen der Raumplanung sind allseits bekannt – man hätte sofort zu Beginn des Projektes darüber sprechen sollen. Überhöhte Erwartungen der Mitarbeiter an die Umgestaltung hätten dadurch vermieden werden können. Die allgemeine Stimmungslage der Mitarbeiter in dieser Phase des Projekts wurde von einem Abteilungsleiter wie folgt zusammengefaßt:

»...die ganze Sache geht mir auf die Nerven: schon wieder falsche Versprechungen, schon wieder sind meine Leute demoralisiert und haben die Nase voll. Es wäre weitaus besser, uns zu sagen, daß wir demnächst auf der Treppe arbeiten müssen. Zumindest würden sie das glauben...«

Auf die Gefahr, daß das Raumprojekt von den Mitarbeitern nicht mehr ernst genommen werden kann, weist auch ein anderer Abteilungsleiter in einem internen Memorandum privater Natur hin:

»Ich habe große Bedenken, daß wir bei dem neuen Raumkonzept vielleicht zu schnell vorgehen möchten. Um sicherzustellen, daß bei der Umgestaltung größtmöglicher Nutzen aus den vorhandenen Räumlichkeiten gezogen wird und Optimierungen durchgeführt werden, die die *Glaubwürdigkeit* des Raumprojektes erst richtig untermauern, benötigt es viel Zeit.« (Betonung wurde hinzugefügt).

Es erübrigt sich festzustellen, daß zu diesem Zeitpunkt die Chancen für eine mitarbeiterbezogene Beteiligung am Raumprojekt an einem wirklichen Tiefpunkt angelangt waren. Facility Manager und Führungskräfte der Klientel hatten jegliche Begeisterung der Mitarbeiter für das Projekt eingebüßt. Von diesem Zeitpunkt an wurde aus der *Mitarbeiter-Führung bei Umgestaltungsmaßnahmen* gewissermaßen ein *Mitarbeiter-Drängen bei Umgestaltungsmaßnahmen*.

6.5 Phase 4: Umsetzung und Bewertung des Umgestaltungsprozesses

6.5.1 Zielsetzung

- Konkrete und effiziente Durchführung des Aktionsplanes
- Erfahrungen aus dem Umgestaltungsprozeß für zukünftige Projekte sammeln

6.5.2 Hintergrundüberlegungen und Kontext

Jeder Facility Manager weiß nur allzu gut, wie leicht die eigentliche Umsetzung des Aktionsplanes den gesamten Umgestaltungsprozeß zum Mißerfolg führen kann, wenn das, was in die Tat umgesetzt wird, weit entfernt von dem ist, was ursprünglich geplant war. Derartige Probleme bei der Umsetzung lassen sich häufig auf folgende Gründe zurückführen:

- Die Umsetzung dauert länger als eigentlich vorgesehen.
- Während der Umsetzungsphase tauchen grundlegende Probleme auf, die während der Ermittlungs- und Aktionsplanungsphase nicht einkalkuliert wurden.
- Versäumnis, der Klientel die von ihr auszuführenden Schritte zu erklären
- Mangelhafte Koordination und Kontrolle der durchzuführenden Umsetzungsaktionen
- Fehlender Erfolg bezüglich der Akzeptanz der auszuführenden Schritte bzw. der Motivation der Klientel
- Unzureichende Zuweisung von Ressourcen für den Umsetzungsprozeß
- Konkurrierende, sich oft widersprechende Anforderungen an den Facility Manager, welche ihn von der Umsetzungsphase ablenken.

All diese Probleme können zum Großteil im voraus vermieden werden, wenn Facility Manager und Klientel bei den vorangegangenen Phasen Umsicht bewiesen haben. Außerdem sollten die zentralen Begriffe des modernen Umgestaltungsprozesses, nämlich aktive Beteiligung und Übertragung von Entscheidungsgewalt, nicht aus den Augen verloren werden, denn nur so erhält man Engagement und Einsatz seitens der Klientel. Läßt man zu, daß sich Mitarbeiter an der detaillierten Planung der Umsetzung beteiligen, wird sich dies auf ihr Engagement sicherlich positiv auswirken. Ein Beispiel: In einem Unternehmen sollte ein Raumnutzungskonzept eingeführt werden, bei dem die individuelle Zuordnung von Raum aufgehoben wurde. Zwei Monate vor Durchführung der Umgestaltungsmaßnahme wurden die in gemeinschaftlicher Zusammenarbeit entwickelten Aktionspläne zur Prüfung und Kommentierung durch Mitarbeiter ausgehängt. Auf diese Weise konnte unter den Betroffenen wirkungsvolle Unterstützung für den Umsetzungsprozeß gewonnen werden.

Unabhängig davon, wie gut ein Aktionsplan ausgearbeitet ist, bleibt es kaum aus, daß unerwartete Probleme auftreten. Bei solchen Umsetzungsschwierigkeiten muß der Facility Manager unbedingt in der Lage sein, unverzüglich auf entsprechende Maßnahmen zur Bewältigung bzw. Lösung der Probleme zurückgreifen zu können. Je schneller eine korrigierende Maßnahme während des Umsetzungsprozesses ergriffen wird, desto eher kann eine negative Auswirkung auf den Umgestaltungsprozeß verhindert werden. Außerdem darf der Facility Manager nicht vergessen, der Klientel gegenüber sofort bei Auftreten der Probleme darzulegen, warum diese Korrekturmaßnahmen notwendig sind. Insbesondere sollte er sich darüber im klaren sein, daß die Mitarbeiter Zeit benötigen, um die ergriffenen Korrekturen zu verstehen und zu akzeptieren. Es kann passieren, daß Mitarbeiter sich von der Fülle und dem Ausmaß der Korrekturen überfordert fühlen. Aus diesen Gründen sollten Facility Manager und Klientel über Tempo und Umfang der Korrekturmaßnahmen sprechen.

Das Gelingen der Umsetzungsphase ist vor allem davon abhängig, ob es dem Facility Manager gelingt, mit der Klientel einen erfolgreichen wechselseitigen Informationsaustausch aufrechtzuerhalten.

Dieser sollte nicht auf traditionsgemäß einseitige Aktennotizen beschränkt sein, sondern auch folgende Verfahrensweisen beinhalten: *Feedbacks*, die vielen zugänglich sind, fortlaufende schriftliche Nachbearbeitung der Aktionspläne, tägliche und wöchentliche Lageberichte usw. Im Falle eines stufenweisen Büroumzugs legte der betreffende Facility Manager zum Beispiel großen Wert darauf, den durch die Umgestaltungsmaßnahme Betroffenen ein *Feedback* über den aktuellen Stand der Dinge zu geben. Regelmäßig wurden Rundschreiben verschickt, denen zu entnehmen war, wer wohin und zu welchem Zeitpunkt umzog und wie sich das neue Arbeitsumfeld gestaltete. Zudem wurde den umquartierten Mitarbeitern bei ihrer Ankunft in den neuen Büroräumen ein »Willkommenspäckchen« überreicht.

Der letzte Teil der Umsetzungsphase ist die *Bewertungs*phase. Diese ist von großer Bedeutung, um

- sicherzustellen, daß die Umgestaltung zur Zufriedenheit durchgeführt wurde
- Anfangsprobleme bei Umgestaltungsmaßnahmen abzufangen
- daraus Erfahrungen für zukünftige Umgestaltungsmaßnahmen zu sammeln
- kleinere Korrekturen, die sich im Verlauf der Umsetzung als notwendig herausstellen, durchzuführen
- die erzielten Ergebnisse der Umgestaltungsmaßnahme mit den Erwartungen zu vergleichen
- die Klientel von der Zweckmäßigkeit der Umgestaltung zu überzeugen

Dennoch wird diese Phase aus Mangel an Zeit und Geld oft übersprungen. Es ist natürlich schwierig – wenn nicht sogar unmöglich – beurteilen zu wollen, ob eine Umgestaltungsmaßnahme erfolgreich war, wenn die Ergebnisse keiner Bewertung unterzogen werden. Dieser gern begangene Fehler läßt sich vermeiden, indem man bei der anfänglichen Planung von Anfang an eine Bewertungsphase mit einkalkuliert (siehe Abschnitt 6.2). Sollen Informationen für die Bewertung ermittelt werden, greift man auf dieselben Methoden zurück, derer man sich bereits bei der anfänglichen Informationserhebung bedient hatte: Beobachtungen, Sekundärquellen, Fragebögen und Befragungen.

6.5.3 Maßnahmen

- Durchführung des Aktionsplans
- Bewertung der Umgestaltungsmaßnahmen und Lernen durch hierbei gewonnene Erfahrungen

6.5.4 Instrumente

Checkliste zum Informationsaustausch

Dem Facility Manager muß bewußt sein, welche Bedeutung dem Informationsaustausch während der Umsetzungsphase zukommt. Die in Tabelle 6.9 aufgeführten Richtlinien können dem Facility Manager eventuell dabei helfen, die von ihm beobachtete Kommunikationspraxis zu überprüfen.

Tabelle 6.9 Richtlinien für einen erfolgreichen Informationsaustausch

Richtlinien für einen erfolgreichen Informationsaustausch	Antwort
Wird im Verlauf der Umsetzungsphase ein wechselseitiger Informationsaustausch gefördert?	
Wird darauf hingewiesen, wie wichtig präzise Informationen und gegenseitiges Verstehen sind?	
Werden relevante Informationen wichtigen Teilnehmern am Umgestaltungsprozeß rechtzeitig übermittelt?	
Werden verschiedene Methoden angewandt, um Informationen zu vermitteln? Untermauern Sie schriftliche Nachrichten durch eine mündliche Bestätigung und umgekehrt.	
Wird die Gerüchteküche mit genügend sekundären Informationen versorgt, so daß für die Verdrehung oder Entstellung wichtiger Informationen kein Platz bleibt?	
Werden unterschiedliche Standpunkte zu einem bestimmten Thema ans Tageslicht geholt und geklärt?	
Wie entgegnet man der Tendenz bei Angestellten, beim Informationsfluß von unten nach oben negative Informationen auszuklammern? Gibt es Gegenmaßnahmen?	

Checkliste zur Bewertung

Facility Management und Klientel sollten, wenn irgend möglich, den Bewertungsprozeß gemeinsam durchführen, und zwar in der Form, in welcher er zu Anfang des Umgestaltungsprozesses festgesetzt worden ist (siehe Abschnitt 6.2).

6.5.5 Input

Voraussetzungen für die Umsetzungsphase sind zum einen die Unterstützung durch die Unternehmensspitze, die Bewertungsverfahren, welche zu Beginn des Umgestaltungsprozesses festgelegt wurden, sowie ein sorgfältig ausgearbeiteter Aktionsplan.

6.5.6 Output

Am Ende des Umgestaltungsprozesses sollte ein Ergebnis stehen, welches den ursprünglichen Zielsetzungen des Prozesses gerecht wird. Erfahrungen aus der Bewertungsphase des Umgestaltungsprozesses können sich außerdem auf lange Sicht bewähren, vor allem wenn Optimierungsmöglichkeiten bei der Durchführung späterer Umgestaltungsprojekte gesucht werden.

Fallstudie: Umsetzung und Bewertung

Für die Umsetzung wurde ein knapp bemessener Zeitrahmen vorgegeben, um die Störung für die Abteilung so gering wie möglich zu halten. Für die Durchführung der Umgestaltungsmaßnahmen wurden Büroeinrichtungen zeitweilig von mehreren Mitarbeitern gleichzeitig benutzt und vorübergehende Übergangsbereiche geschaffen. Die Bewertung des Umgestaltungsprojekts hatte die Form einer traditionellen *Post-Occupancy Evaluation* (dt. Analyse nach Belegung der Räumlichkeiten) und wurde von einem externen Fachberater zwei Monate nach der Umgestaltung durchgeführt. Das abschließende Gutachten, in dem die Arbeitsleistung der Mitarbeiter vor dem Hintergrund des neuen Arbeitsumfeldes erörtert wurde, zog folgende Bilanz:

»Die Gesamtproduktivität der Büromitarbeiter scheint infolge der Umgestaltung gelitten zu haben. Qualität und Quantität der erbrachten Arbeiten sowie die Konzentrationsfähigkeit der Angestellten an ihrem Arbeitsplatz wurden niedriger eingestuft als im alten Arbeitsumfeld.«

Erörterung

Im vorliegenden Fall war die Umsetzungsphase so kurz, daß sie für die Mitarbeiterführung bei Umgestaltungsmaßnahmen kaum ins Gewicht fiel. Die Bewertungsphase hingegen war von zentraler Bedeutung, da hier der Facility Manager ein *Feedback* erhielt, wie gut das Umgestaltungsprojekt durchgeführt worden war. Diese Informationen hätten sofort in Form von Optimierungsvorschlägen für zukünftige Umgestaltungsprozesse zum Tragen kommen müssen. Statt dessen schaute man bei der Bewertung vor allem auf die konkreten Ergebnisse des Raumprojektes, wie die allgemeine Zufrieden- bzw. Unzufriedenheit der Mitarbeiter und das gestalterische Endresultat; nur wenig Beachtung wurde Themen geschenkt, die sich um die Umgestaltung als *Prozeß* drehten. Die Möglichkeit, durch die im Umgestaltungsprozeß gewonnenen Erfahrungen kontinuierlich dazuzulernen, hätte wesentlich besser genutzt werden können, hätte man die Angestellten nach ihrer Meinung gefragt, was die Stärken und Schwächen des Umgestaltungsprozesses waren und wie man ihn hätte optimieren können.

6.6 Abschlußbemerkung

Das Bemerkenswerteste an der geschilderten Fallstudie ist der Umstand, welche Bedeutung die am Raumprojekt beteiligten Facility Manager der Mitarbeiterführung bei Umgestaltungsmaßnahmen zumaßen und welche Anstrengungen unternommen wurden, um auf diesem Gebiet bessere Resultate zu erzielen. Die Fallstudie dürfte gezeigt haben, daß – wie bei jeder neuerworbenen managementspezifischen Kompetenz – der Lernprozeß immer steinig ist und viele Fehler den Weg pflastern. Im beschriebenen Unternehmen ist diejenige Person, die weiterhin mit Engagement an der Vision einer steigenden Lernkurve festhält, auch wenn sich diese nicht durchweg nach oben bewegt, der Verwaltungsdirektor des Unternehmens. Er setzt sich für eine Unternehmenspolitik ein, auf deren Grundlage ein für den Facility Manager konstruktives und kreatives Klima entstehen könnte. Hier hätte er die Möglichkeit und Erlaubnis, die aktuelle Nutzung der Gebäude zu hinterfragen und mit neuen Formen der Vorbereitung und Durchführung von Umgestaltungsprojekten zu experimentieren. Entwickelt eine Organisation eine solche Fähigkeit und Voraussetzung zu umfassendem kontinuierlichem Lernen und innovativen Schritten, kann dies möglicherweise zu einem wichtigen Faktor für die Wettbewerbsfähigkeit des Unternehmens werden.

6.7 Literatur

1 Beer, M. (1986) *Organization Change and Development: A System View.* Goodyear, California.

Kapitel 7

Entscheidungsfindung

7.1 Einführung

7.1.1 Die Bedeutung der Entscheidungsfindung

Entscheidungen zu treffen ist ein fester Bestandteil der Aufgaben, die ein Facility Manager zu erfüllen hat. Facility Manager müssen kontinuierlich Informationen verarbeiten und sind im Hinblick auf ihr vielfältiges Arbeitsumfeld ständig als Entscheidungsträger gefragt. Die aus einer POE gewonnene Information muß beispielsweise analysiert werden und sollte dann in den Entscheidungsfindungsprozeß für die Raumplanungspolitik etc. einfließen. Streng genommen sind es diese Entscheidungen, die bei der Planung, Erstellung und Verwaltung der Gebäude und Anlagen einer Organisation richtungsbestimmend sind, und auf diese Weise die zentralen wirtschaftlichen Interessen des Unternehmens unterstützen.

Führungskräfte schauen in der Regel nur auf das *konkrete Resultat* einer Entscheidung. So wird die Entscheidung über die Installation eines Gebäudemanagementsystems beispielsweise oft nur unter dem Aspekt möglicher Einsparungen bei den Heizkosten betrachtet. Doch schaut man zu sehr auf das Entscheidungsergebnis, läuft man Gefahr, die Rolle der Entscheidungsfindung zu unterschätzen. Hier kann ohne Zögern behauptet werden, daß die Effizienz von Entscheidungen in erster Linie durch die Qualität des angewandten Entscheidungsfindungsprozesses bestimmt wird. Entscheidungen darüber, wie Belegungskosten reduziert werden könnten, sind beispielsweise nur so gut wie die bei der Ermittlung und Analyse der Belegungskosten angewandte Vorgehensweise. Die Optimierung des Entscheidungsfindungsprozesses bietet dem Facility Manager daher die ideale Möglichkeit, die Effizienz der zu treffenden Entscheidungen konsequent zu steigern.

7.1.2 Mythos und Realität der Entscheidungsfindung

Die Tätigkeit des Entscheidungsträgers ist – trotz ihrer zentralen Bedeutung – noch wenig erforscht und gibt daher Anlaß zu vielfältigen Spekulationen. Die Selbsteinschätzung eines Facility Managers bezüglich seiner Fähigkeit, die richtigen Entscheidungen zu treffen, wird stark davon beeinflußt, was in seinen Augen eine zufriedenstellende Entscheidung ist. Legt man einem Facility Manager nahe, sein Entscheidungsfindungsverfahren zu optimieren, wird er daher oft recht ablehnend reagieren. Welcher Leser dieses Kapitels würde beispielsweise zugeben, daß die Entscheidungen, die er trifft, nicht die richtigen sind?

Man hat festgestellt, daß die Entscheidungsfindung ein komplexer irrationaler Prozeß ist. Entscheidungen werden normalerweise unter folgenden zwei Umständen gefällt:

(1) *Der Entscheidungsträger wendet nur wenige technische Verfahren der Entscheidungsfindung an, wenn er seine Wahl trifft.* Facility Manager gehen zum Beispiel oft nicht systematisch vor, wenn sie feststellen möchten, wie sich Umbauten von Büroräumen auf andere Elemente des Gebäudes auswirken, wie etwa Installationsböden, Versorgungsanschlüsse in den Böden und Klimaanlagen.

(1) *Der Entscheidungsträger hat nicht genügend Informationen darüber, welche Alternativen es gibt und welche Vorzüge diese haben.* So versäumen es Facility Manager oft, alternative Lösungen bei der Gebäudeplanung und bei Möblierungen in Betracht zu ziehen. Statt dessen bleiben sie bei vorgegebenen organisationsinternen Standards, ohne sie zu hinterfragen. Bei einer solchen Haltung ist die Gefahr groß, daß individuelle Nutzerforderungen vernachlässigt werden, was dann möglicherweise zu all den Problemen führt, die auftreten, wenn Menschen sich Veränderungen widersetzen (vgl. Kapitel 6 zum Thema ›Mitarbeiterführung bei Umgestaltungsmaßnahmen‹ und Kapitel 3 zum Thema ›Bestandsaufnahme der Benutzer-Anforderungen‹ für weiterführende Information über die Bedeutung der Einbindung Betroffener).

7.1.3 Rationale Vorgehensweise bei der Entscheidungsfindung

Angesichts der Tatsache, daß der Prozeß der Entscheidungsfindung meist relativ irrational abläuft, ist es für den generellen Erfolg der FM-Abteilung von größter Bedeutung, daß ihr Führungspersonal rationale Verfahren der Entscheidungsfindung entwickelt und allgemein bemüht ist, ihre Produktivität auf dem Gebiet der Entscheidungsfindung zu steigern. Die Erfahrung hat gezeigt, daß ein rationaleres Vorgehen jegliche Entscheidungsfindung positiv beeinflußt und erhebliche Vorteile mit sich bringt, zum Beispiel:

- Schwer zu umreißende Probleme erhalten mehr Struktur.
- Verbesserte Fähigkeit des Facility Managers, Informationen zu verarbeiten
- Der Facility Manager erhält Hinweise auf die zentralen Aspekte des Problems, ihre Bedeutung und Wechselwirkungen.
- Scheuklappen können fallen und Probleme von neuen Perspektiven aus beurteilt werden.

So steht dem Facility Manager beispielsweise eine *strukturiertere* Grundlage für Energiemangement-Entscheidungen zur Verfügung, wenn er sich die systematischen Verfahren zur Gewinnung, Erfassung und Bewertung des Energieverbrauchs zunutze macht. Wenn sachdienliche Informationen beizeiten zur Verfügung stehen, kann der Facility Manager mehr Informationen *verarbeiten*, da er nicht erst relevante von irrelevanten Informationen unterscheiden muß. Da die Informationen bereits auf den Bedarf des Facility Managers ausgerichtet sind, kann er die *zentralen Faktoren* schneller identifizieren und leichter Tendenzen erkennen. Negative Tendenzen beim Heizölverbrauch können beispielsweise ein Indikator dafür sein, daß die Heizungs- und Lüftungsanlage überholt werden muß. Ein systematisches Vorgehen wird dem Facility Manager schließlich auch dabei helfen, sich mit Belegungskosten aktiv – nicht passiv – auseinanderzusetzen. Im Rahmen des Energiemanagements kann dies beispielsweise bedeuten, daß genauere Zeitpläne für präventive Instandhaltungsmaßnahmen erstellt werden und so kostspielige Ausfälle von energierelevanten Geräten minimiert werden können.

Facility Manager lehnen jedoch erfahrungsgemäß jegliche Rationalisierung des Entscheidungsfindungsprozesses ab. Sie behaupten, ihre Erfahrung reiche aus, um gute Entscheidungen treffen zu können. Eine solche Argumentation kann jedoch sehr gefährlich sein, denn:

»...frühere Erfahrungen mit dem Treffen von Entscheidungen sind keine Garantie dafür, daß diese Erfahrungen uns die bestmöglichen Vorgehensweisen bei der... Entscheidungsfindung und Problemlösung gelehrt haben. Aus Erfahrung zu lernen ist normalerweise eine recht willkürliche Angelegenheit. Zudem gibt es keine Garantie dafür, daß wir aus unseren Erfahrungen – seien sie auch noch so vielfältig – wirklich *lernen*. Es ist sogar durchaus möglich, aus seiner Erfahrung eindeutige Fehler und zweitklassige Vorgehensweisen zu lernen, so als würde man Golf spielen, ohne vorher bei einem Fachmann Unterricht genommen zu haben. Beim Golfspieler verhält es sich im Prinzip nicht anders als beim Manager: Nur durch die Aneignung systematischer Methoden können wir Situationen korrekt analysieren und aus den in diesen Situationen gewonnenen Erfahrungen tatsächlich etwas lernen.« [1]

Erfahrungen als völlig wertlos anzusehen wäre jedoch ebenfalls nicht richtig. Die Erfahrung hat eine ganz eigene zentrale Rolle innerhalb der Struktur rationalisierter Entscheidungsfindung. Der Facility Manager sollte die Entscheidungsfindung als einen Prozeß betrachten, der sich durchaus optimieren läßt, wenn man versucht, rationale Entscheidungsfindung und *intuitive* Eingebungen sowie den *gesunden Menschenverstand* miteinander zu vereinbaren.

7.1.4 Der Entscheidungsfindungsprozeß

Bei der Erarbeitung eines strukturierten Entscheidungsfindungsprozesses sollte der Facility Manager die Beziehung zwischen *Entscheidungsfindungsprozeß* und *Problemlösungsprozeß* bedenken. In diesem Kapitel soll der Entscheidungsfindungsprozeß als ein *Teil* des umfassenderen Prozesses der Problemlösung betrachtet werden. Der Entscheidungsfindungsprozeß konzentriert sich auf die meist von Managern ausgeführte Tätigkeit, Probleme zu erkennen und zwischen möglichen Lösungen zu wählen. Die Problemlösung geht noch weiter und beinhaltet auch die Umsetzung sowie die Nachsorge und Überprüfung der Lösung. Abbildung 7.1 veranschaulicht die Phasen des Problemlösungsprozesses und zeigt, welche der Phasen zur Entscheidungsfindung gehören und in diesem Kapitel hauptsächlich besprochen werden.

Der Entscheidungsfindungsprozeß beginnt mit der Untersuchung der Problemmerkmale, setzt sich in der Erarbeitung und Bewertung möglicher Lösungen fort und gipfelt in der Wahl einer bestimmten Option. Der Einfachheit halber soll hier jede Phase als eine abgeschlossene Stufe behandelt werden. Wie jedoch sicherlich jeder Leser bestätigen wird, gibt es keine klare Reihenfolge oder Abgrenzung der einzelnen Prozeßphasen. Der Hauptgrund, diesen Prozeß als eine Serie separater Phasen darzustellen, besteht darin, dem Facility Manager dabei zu helfen, keinen der wichtigsten Faktoren und notwendigen Schritte zu vergessen. Außerdem wäre es wünschenswert, wenn es so dem Leser leichter gelänge, auf jeder beliebigen Stufe einer Problemsituation in den Entscheidungsfindungsprozeß einzutreten. Der Facility Manager sollte jedoch berücksichtigen, daß im vorliegenden Prozeß nur analysiert wird, *was* er tun sollte; *warum* er dies tun sollte bzw. die Priorität der Problematik innerhalb der Organisation wird nicht genauer bestimmt. Hier kommen nun Erfahrungen und situationsbezogene Kenntnisse des Facility Managers zum Tragen.

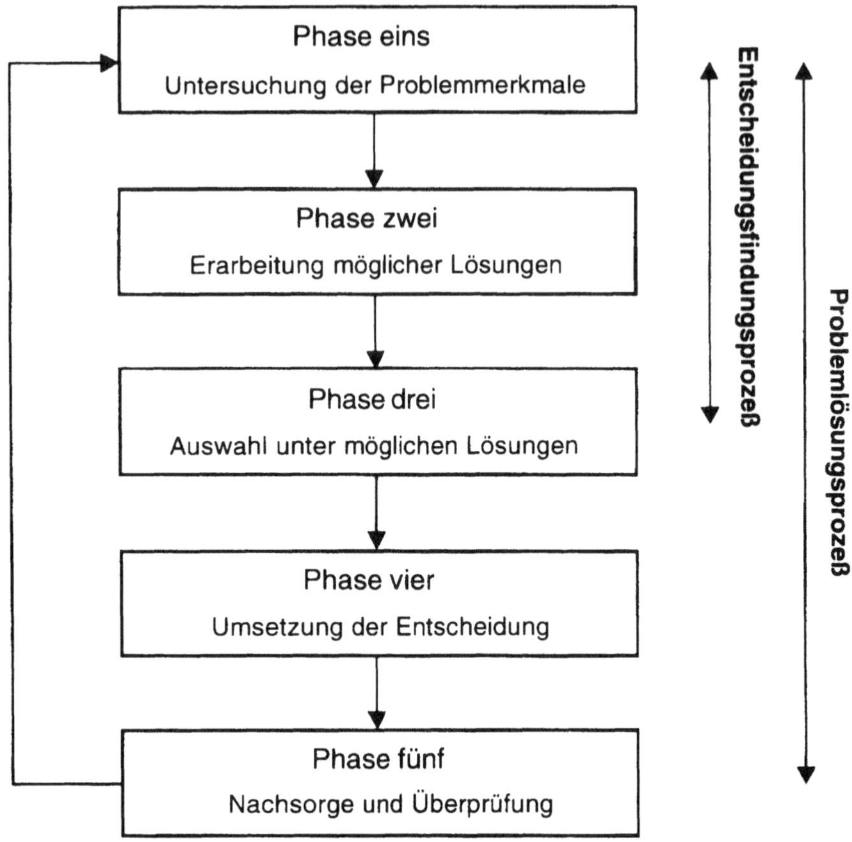

Abbildung 7.1 Basismodell des Problemlösungsprozesses

7.1.5 Kapitelaufbau

Im folgenden wird jede einzelne *Phase* des Entscheidungsfindungsprozesses nacheinander analysiert, wobei verschiedene Theorien, Managementinstrumente und relevantes Fallstudienmaterial herangezogen werden. Jede Phase wurde in einzelne *Schritte* unterteilt, die wiederum im Rahmen eines standardisierten Formats anhand mehrerer *Unterpunkte* untersucht werden. Diese Unterpunkte lauten:

- *Zielsetzung:* Welches Ziel verfolgt die Phase?
- *Hintergrundüberlegungen und Kontext:* Welchen Platz nimmt die Phase innerhalb des Gesamtprozesses der Entscheidungsfindung ein?
- *Maßnahmen:* Welche Maßnahmen müssen innerhalb der jeweiligen Phase durchgeführt werden?
- *Instrumente:* Welche Managementverfahren können zur Durchführung der Maßnahmen angewandt werden? Die hierbei genannten Verfahren sind nur als Anregung gedacht und können natürlich entsprechend der organisationsspezifischen Situation und des Entscheidungstyps abgeändert oder verworfen werden.

- *INPUT:* Welche Informationen werden benötigt, um die Phase realisieren zu können?
- *OUTPUT:* Was ist das konkrete Resultat der Phase?

7.2 Phase 1: Untersuchung der Problemstellung

7.2.1 Einleitung

Ziel dieser Phase ist es, dem weiteren Verlauf des Entscheidungsfindungsprozesses eine solide Basis zu verleihen und so die Gefahr zu verringern, daß unangemessene Lösungen entwickelt und/ oder organisationsinterne Ressourcen im Übermaß beansprucht werden. Die Untersuchung der Problemstellung gibt die prinzipielle Richtung vor und bietet die Grundlage für ein Mehrwertpotential, das dann zum Tragen kommt, wenn der Nutzen, d. h. der *Output* des Entscheidungsfindungsprozesses größer ist als der benötigte *Input* organisationsinterner Ressourcen. Die Schritte der Phase ›Untersuchung der Problemstellung‹ gehen aus Abbildung 7.2 hervor.

7.2.2 Schritt 1: Erkennen des Problems

Zielsetzung

- Effizientes Aufdecken von Problemen

Hintergrundüberlegungen und Kontext

Das Erkennen eines Problems besteht darin, daß Manager eine *problematische Divergenz* zwischen Ist-Zustand und Soll-Zustand feststellen (siehe Abbildung 7.3). Normalerweise entdeckt ein Manager Probleme, wenn:

- andere Erfahrungen als in der Vergangenheit gemacht werden
- ein Plan nicht eingehalten wird
- andere Mitarbeiter ein Problem für ihn darstellen
- seine Organisation mit der Konkurrenz zu kämpfen hat

So steckt vielleicht hinter der Entscheidung umzuziehen der ursprüngliche Wunsch, Erweiterungsmöglichkeiten zu schaffen, steigende Belegungskosten zu reduzieren. Möglicherweise hat sich auch der Markt, auf dem die Organisation tätig ist, verändert.

Alle aufgedeckten Probleme lassen sich auf einem Kontinuum einordnen. Am einen Ende befinden sich die sogenannten *Opportunity*-Probleme (dt. etwa: Probleme mit der Möglichkeit zur Wertsteigerung), deren Lösung nicht von Sachzwängen motiviert ist, sondern angestrebt wird, um eine relativ stabile Situation zu optimieren. Am anderen Ende der Skala befinden sich die sogenannten *Crisis*-Probleme (dt. Krisenprobleme), die dann entstehen, wenn in einer kritischen Situation sofort Abhilfe geschaffen werden muß. Ein recht anschauliches Beispiel ist die Beziehung zwischen geplanter und wartungsmäßiger Instandhaltung. Geplante Instandhaltung kann als *Opportunity*-Problem am einen Ende des Kontinuums betrachtet werden, während die wartungmäßige Instandhaltung am entgegengesetzten Ende einzuordnen ist.

Angesichts des rasanten Wandels, dem eine Organisation heutzutage ausgesetzt ist, ist eine steigende Tendenz dahingehend zu beobachten, daß Probleme erst entdeckt werden, wenn sie sich dem Ende der Skala nähern, das für Krisenprobleme reserviert ist. Ziel des Facility Managers ist es also, Problemerkennungsmechanismen zu entwickeln, die eine frühe Entdeckung von Problemen ermöglichen, so daß das Problem auf der Skala näher bei

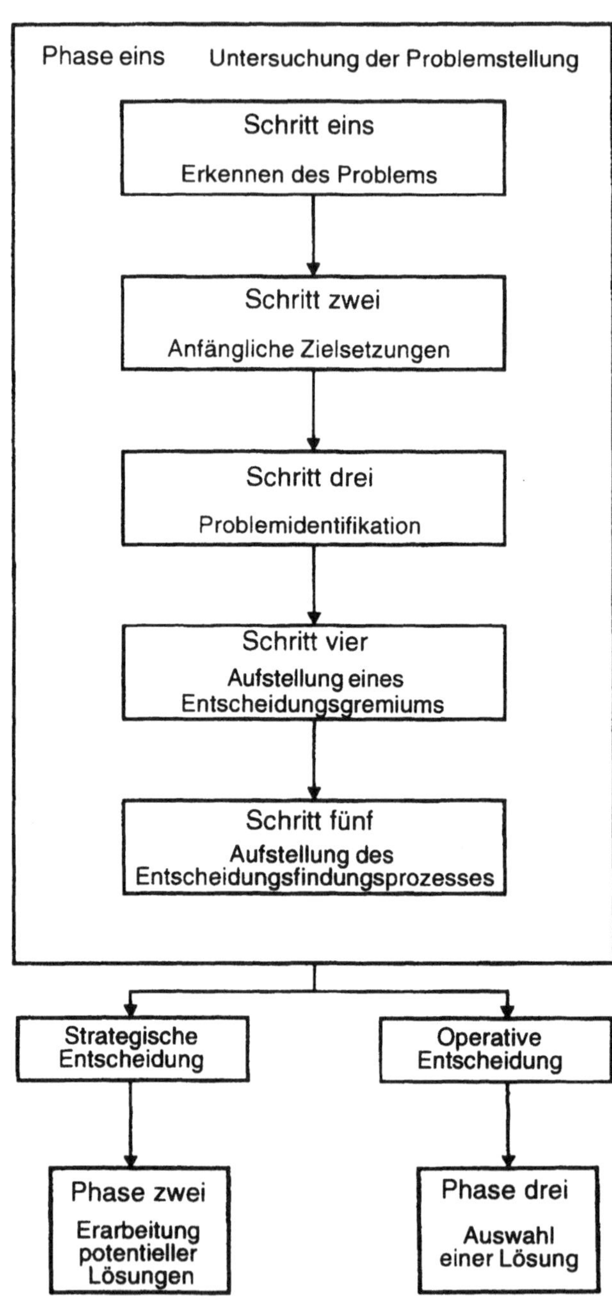

Abbildung 7.2 Phase ›Untersuchung der Problemstellung‹

den *Opportunity*-Problemen, als bei den *Crisis*-Problemen zu liegen kommt. Gelingt ihm dies, hat der Facility Manager mehr Zeit, um hochwertige Lösungen zu erarbeiten. Auf das Beispiel geplante versus wartungsmäßige Instandhaltung bezogen bedeutet dies, daß alle Facility Manager in der Regel bestrebt sind, im Hinblick auf mittel- bis langfristige Kostenersparnisse mehr geplante Instandhaltungsmaßnahmen durchzuführen.

Maßnahmen

* Gründliche Durchsuchung des Organisationsumfelds nach problematischen Mängeln

Instrumente

Überprüfungsverfahren des Organisationsumfeldes

In der Regel stehen dem Facility Manager Überprüfungsverfahren zur Verfügung, mit deren Hilfe er das externe und interne Umfeld nach potentiellen Problemen durchsuchen kann. Ein ideales Überprüfungsverfahren sollte:

* Informationen schnell und sinnvoll deuten
* die Informationsausbeute aus der gesammelten Datenmenge maximieren und so die Kosten des Überprüfungsverfahrens reduzieren helfen.

Benchmarking, d. h. die Ermittlung von Kennwerten zum Vergleich der spezifischen Nutzungskosten verschiedener Gebäude, ist beispielsweise eine immer häufiger anzutreffende Methode, mit deren Hilfe Facility Manager Probleme auf effiziente Art und Weise auf die Spur kommen können. Der Vergleich der eigenen FM-Leistung mit der anderer ähnlicher Organisationen kann ein zweckdienliches strukturiertes Verfahren zur Feststellung und Bewertung der Stärken und Schwächen einer Organisation darstellen.

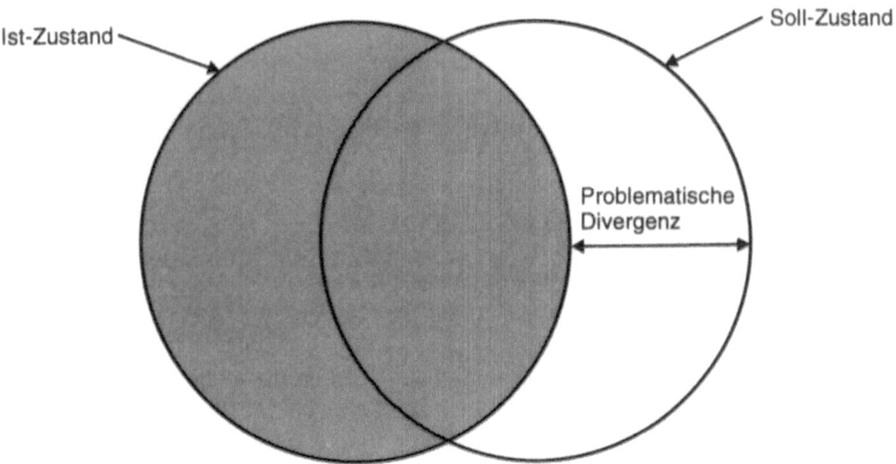

Abbildung 7.3 Die problematische Divergenz

Input

Der für diese Phase benötigte *Input* ist im Grunde genommen der *Output* eines Management-Informationssystems (MIS). Jedes MIS sollte einen sogenannten Entscheidender-Erfolgsfaktor-Ansatz enthalten, mit dessen Hilfe Leistungsindikatoren aufgestellt werden können. Ein Management-Informationssystem wird zudem auf die strategischen Kontrollpunkte aufgebaut, die für die erfolgreiche Arbeit des FM-Teams als unentbehrlich betrachtet werden. Auf diese Art und Weise kann der Facility Manager die Flut von Informationen, die ihm potentiell zur Verfügung stehen, auf eine kleine Informationsmenge reduzieren, anhand derer nun die wichtigsten Bereiche überprüft werden können. Durch diese rationellere Art der Informationsgewinnung kann der Facility Manager die relevanten Problemsituationen bei ihrem Auftreten schneller erkennen.

Output

- Feststellung der problematischen Divergenz

7.2.3 Schritt 2: Anfängliche Zielsetzungen

Zielsetzung

- Formulierung eines effizienten Lösungsziels

Hintergrundüberlegungen und Kontext

Durch die Formulierung des Ziels wird deutlich, auf welches Endresultat der Entscheidungsfindungsprozeß ausgerichtet ist. Bei der Abfassung der Zielsetzung sollte der Facility Manager darauf achten, daß folgende Elemente vorhanden sind:

- Ein Kriterium, an dem gemessen werden kann, wie wünschenswert Folgen sind, die sich aus der Entscheidung ableiten
- Ein Bewertungsmaßstab für erzielte Verbesserung, nachdem die Entscheidung umgesetzt wurde
- Eine Basis, auf der der Entscheidungsträger seine eigene Leistung beurteilen kann, und die daher als *Benchmark* dienen kann, wenn es darum geht, zukünftige Entscheidungen zu optimieren
- Flexibilität während des Entscheidungsfindungsprozesses, die groß genug ist, um auf spätere Veränderungen reagieren zu können.

Fehlen Ziele, läuft der Entscheidungsfindungsprozeß Gefahr, Lösungen mit fehlender Orientierung hervorzubringen, welche mit großer Wahrscheinlichkeit der allgemeinen Richtung, die die Organisation eingeschlagen hat, entgegenlaufen.

Wie wichtig es ist, Ziele auf höheren und niedrigeren Ebenen aufeinander abzustimmen, kann an folgenden Beispielen veranschaulicht werden: Das FM-Team der *London Underground* (dt. Londoner U-Bahnsystem) entschloß sich, ein CAD-System einzuführen. Die Organisation hatte sich – als Reaktion auf die Kürzung staatlicher Subventionen – das *Primärziel* gesetzt, die Flächen kostensparender zu bewirtschaften. In Übereinstimmung mit dieser Politik entschloß sich das FM-Team, ein Computersystem für das Immobilienmanagement einzuführen, mit dem mittel- bis langfristigen Ziel, ein Gebührensystem für die Belegung von Nutzflächen einzuführen. Die *anfängliche Zielsetzung* bestand jedoch darin sicherzustellen, daß das CAD-System die primäre Intention der kostensparenden Bewirtschaftung erfüllte, indem es durch die größere Präzision seiner CAD-Planungsdaten eine optimierte Flächenbewirtschaftung ermöglichte.

Maßnahmen

* Formulierung von präzisen und realisierbaren Zielen

Instrumente

* Zielsetzungs-Checkliste

Vor der Aufstellung anspruchsvoller Ziele ist es ratsam, diese anhand einer *SMART*-Checkliste zu überprüfen (siehe Tabelle 7.1). Der Facility Manager kann mit Hilfe dieser Checkliste den Nutzen jedes angestrebten Ziels einer kritischen Analyse unterziehen. Wie eine Checkliste im konkreten Fall aussehen kann, ist Tabelle 7.10 zu entnehmen.

Input

Zur Formulierung von Anfangszielen benötigt man relevante Informationen über das Problem und sein Umfeld. Trifft ein Facility Manager beispielsweise eine Entscheidung über sein Möblierungsprogramm, möchte er damit bezwecken, einen Mehrwert der Einrichtungsgegenstände der Organisation zu erzielen, um ihren wirtschaftlichen Anforderungen langfristig und auf kosteneffiziente Weise gerecht zu werden. Um dieses recht allgemeine Ziel in konkrete *SMART*-Ziele umzusetzen, braucht er möglicherweise Informationen über:

* Das externe Umfeld, z. B. durch *Benchmarking*, anhand dessen bestimmte Kennwerte ähnlicher Organisationen ermittelt und zum Vergleich hinzugezogen werden können

Tabelle 7.1 SMART-Checkliste

Checkliste für Zielsetzungen	Datum	
Problembeschreibung		
Angestrebtes Ziel		
Problemmerkmale	Antwort	✓
Klarheit: Ist das angestrebte Ziel hinreichend klar, um Mißverständnissen und Unsicherheit vorzubeugen?		
Meßbarkeit: Kann der Erfolg des verfolgten Ziels gemessen werden?		
Erreichbarkeit: Kann das verfolgte Ziel realistisch betrachtet erreicht werden?		
Relevanz: Ist das angestrebte Ziel logisch und steht mit anderen organisationsinternen Zielen und Arbeitsabläufen in Einklang?		
Überprüfbarkeit: Können angesichts der vorliegenden Zielsetzung Fortschritte in Richtung Zielerfüllung überprüft und nachvollzogen werden?		

- Die Grenzen zwischen externem und internem Umfeld, z. B. im Hinblick auf kurz- bis mittelfristige Auswirkungen von Umstrukturierungsmaßnahmen.
- Das interne Umfeld, z. B. bestehende organisationsinterne Ausführungsstandards bezüglich Regalflächen, Trennwandelementen, Steckdosen, Stellflächen für Computer und Arbeitsoberflächen.

Output

- Definierte Lösungsziele

7.2.4 Schritt 3: Identifizierung der Problemmerkmale

Zielsetzung

- Korrekte Unterscheidung zwischen strategischem oder operativem Problem

Hintergrundüberlegungen und Kontext

Hat der Facility Manager ein Problem festgestellt, besteht seine nächste Aufgabe darin, es einzuordnen. Diese Einstufung von Problemen hat auf die Qualität der nachfolgenden Entscheidungsfindung entscheidenden Einfluß. Das vielleicht wichtigste Unterscheidungsmerkmal zwischen Problemen ist, ob das Problem eine *strategische* oder eine *operative* Entscheidung für seine Lösung erfordert.

Strategische Entscheidungen betreffen Angelegenheiten, durch welche das FM-Team mit dem externen Wirtschaftsumfeld in Verbindung tritt. Diese Entscheidungen haben in der Regel eine Langzeitwirkung und lenken die Aufmerksamkeit der FM-Abteilung auf die primären Ziele der Organisation. Normalerweise sind strategische Entscheidungen von Natur aus schlecht strukturiert. Sie sind komplex und schwer abzugrenzen, wobei das externe Umfeld durch seine Instabilität und schwere Abschätzbarkeit nicht unerheblich dazu beiträgt. Im Gegensatz dazu werden durch *operative Entscheidungen* die strategischen Ziele des FM-Teams kurzfristig in die Praxis umgesetzt. Operative Entscheidungen sind in der Regel gut strukturiert, wiederholen sich und folgen einer gewissen Routine. In Organisationen existieren für die Bearbeitung von Entscheidungen dieser Art in der Regel bestimmte Abläufe, die helfen, sie rational abzuwickeln.

Wie wichtig es ist, zwischen diesen beiden grundsätzlichen Entscheidungskategorien zu unterscheiden, kann anhand einer Organisation veranschaulicht werden, welche die Bereitstellung kostenloser Getränke für ihre Mitarbeiter überprüfen ließ. Bis dato hatte man auf die Dienste eines Getränke-Lieferanten zurückgegriffen, doch wie sich herausstellte, kostete dieser Service die Organisation 25.000 Pfund pro Jahr. Diese traditionsgemäß operative Angelegenheit wurde auf die Stufe eines strategischen Problems gehoben und folgendermaßen hinterfragt:

- Stimmte beim gegenwärtigen Arrangement das Verhältnis zwischen Kosten und Nutzen?
- Wie schnitten Kosten und Leistungsqualität des Lieferanten im Vergleich zu Mitbewerbern der Branche ab?
- Würde eventuell die gesamte Organisation aus der hierbei gelernten Lektion lernen?

Im beschriebenen Fall war der Facility Manager nicht sicher, ob der Nutzen des Getränke-Service besonders groß war; andererseits machte er sich Sorgen, welchen sozialen Effekt es bei den Mitarbeitern hätte, würde der kostenlose Teewagen-Service eingestellt.

Ein anderes Beispiel: Eine Organisation entschied sich, eine frühere Entscheidung rückgängig zu machen und den Catering-Service nicht mehr externen Dienstleistern zu überlassen, sondern wieder ins Haus zurückzuholen. Diese Kehrtwendung ging vom FM-Team aus, welches nach eingehender Analyse entschieden hatte, daß der Catering-Service aufgrund des primären Unternehmensziels von strategischer Bedeutung war und daher eventuell Wettbewerbsvorteile bewirken könnte, würde er im Haus verbleiben.

Maßnahmen

- Unterscheidung zwischen strategischer und operativer Natur von Problemen

Tabelle 7.2 Checkliste zur Diagnose des Entscheidungstyps

Checkliste zur Diagnose des Entscheidungstyps				
Problembeschreibung				
Problemmerkmale	**Operativ**		↔	**Strategisch**
Häufigkeit: Wie häufig treten ähnliche Probleme auf?	Häufig	‖ ‖ ‖		Sehr selten
	Anmerkungen:			
Spürbarkeit der Konsequenzen: In welchem Ausmaß wird die Lösung des Problems Änderungen innerhalb der Organisation hervorrufen?	Nicht spürbar	‖ ‖ ‖		Stark spürbar
	Anmerkungen:			
Schwere der Konsequenzen: Wie schwerwiegend wäre es für die Organisation, wenn etwas bei der Lösung des Problems schief ginge?	Nicht schwerwiegend	‖ ‖ ‖		Sehr schwerwiegend
	Anmerkungen:			
Weite der Konsequenzen: Wie weitreichend werden die Auswirkungen der Entscheidung wahrscheinlich sein?	Nicht weitreichend	‖ ‖ ‖		Sehr weitreichend
	Anmerkungen:			
Dauer der Konsequenzen: Wie lange werden die Folgen der Entscheidung wahrscheinlich anhalten?	Nicht lange	‖ ‖ ‖		Sehr lange
	Anmerkungen:			
Pioniercharakter: Wie groß ist die Wahrscheinlichkeit, daß die Lösung des Problems Maßstäbe für spätere Entscheidungen setzt?	Kein Pioniercharakter	‖ ‖ ‖		Starker Pioniercharakter
	Anmerkungen:			
Anzahl der Beteiligten: Wieviele Parteien, sowohl interne wie externe, sind wahrscheinlich an der Lösung des Problems beteiligt?	Wenig Beteiligte	‖ ‖ ‖		Viele Beteiligte
	Anmerkungen:			
Zusammenfassung				

Instrumente

- Checkliste zur Diagnose des Entscheidungstyps

Um herauszufinden, welche Probleme operative bzw. strategische Entscheidungen erfordern, kann für den Facility Manager die Checkliste in Tabelle 7.2 hilfreich sein. Wie dieselbe Checkliste auf einen konkreten Fall angewandt aussieht, kann Tabelle 7.11 entnommen werden.

Input

Um Probleme auf ihren jeweiligen Entscheidungstyp hin untersuchen zu können, benötigt man bestimmte Informationen über das betreffende Problem. Im geschilderten Fall, bei dem es um die Frage ging, ob der Catering-Service nun ausgelagert werden sollte oder nicht, benötigte man Informationen darüber, in welcher Beziehung die Catering-Funktion und die Organisationspolitik zueinander standen. Im beschriebenen Fall mußte der Facility Manager Informationen über die gegenwärtige und zukünftige Organisationspolitik sowie Daten über die gegenwärtige und geplante Rolle der Catering-Funktion zusammentragen.

Output

- Einteilung in operatives oder strategisches Problem. Ist das Problem ein strategisches, gehe zum nächsten Schritt über. Ist es operativ, gehe direkt zu Phase 4: Schritt 1A.

7.2.5 Schritt 4: Aufstellung eines Entscheidungsgremiums

Zielsetzung

- Aufstellung eines optimalen Entscheidungsgremiums im Hinblick auf Art der Problemstellung und organisationsspezifische Situation

Hintergrundüberlegungen und Kontext

Hat der Facility Manager erst einmal ein strategisches Problem erkannt und definiert, besteht der nächste Schritt darin, ein im Hinblick auf die Problemstellung *optimales Entscheidungsgremium* aufzustellen. Die Zusammensetzung des geeignetsten Entscheidungsgremiums läßt sich am besten davon ableiten, wie stark andere Personengruppen am Entscheidungsfindungsprozeß *beteiligt* werden sollen. Der Facility Manager kann beschließen, *autokratisch* zu entscheiden: In diesem Fall fällt er für seinen Zuständigkeitsbereich die Entscheidungen selbst, seinen Mitarbeitern gibt er Anweisungen und überprüft anschließend, ob sie ihre Arbeit entsprechend seinen Instruktionen ausführen. Ein Beispiel: Wird ein Bürobereich geplant, kann ein Facility Manager aufgrund seiner Fachausbildung und Kenntnisse des sozialen Umfelds die Rolle des Entscheidungsträgers eigenmächtig übernehmen und ein Umfeld entwerfen, das den Anforderungen der betroffenen Mitarbeiter gerecht wird. In diesem Falle geht der Facility Manager davon aus, daß es nicht wünschenswert ist, wenn Endnutzer am Planungsprozeß des Arbeitsumfeldes aktiv teilnehmen, da sie nur im Weg sind und nicht über die notwendige Erfahrung verfügen. Bindet man in den Entscheidungsprozeß zu viele Personengruppen ein, steigen zudem Kosten- und Zeitaufwand für das Projekt.

Im Gegensatz dazu kann der Facility Manager jedoch auch dafür sorgen, daß die von der Entscheidung Betroffenen in den Entscheidungsfindungsprozeß *eingebunden* werden: Er kann Gruppen bilden, in denen Probleme besprochen werden, und die gemeinsame Erarbeitung von Konsenslösungen fördern. Bezogen auf die Planung des Arbeitsplatzumfeldes würde das heißen, daß der Facility Manager eine Beteiligung der Betroffenen fördern würde, in dem Glauben, daß Menschen in die Planung ihres eigenen Umfeldes eingebunden werden müssen, um sich darin wohl zu fühlen. Durch ihre Einbindung in den Entscheidungsfindungsprozeß erhalten Nutzer das Gefühl, über ihr Umfeld mitbestimmen zu können. Zudem ist dies die einzige Art und Weise, wie Meinungen und Ansichten von Nutzern berücksichtigt werden können.

Wie der Leser leicht erkennen kann, sind diese beiden entgegengesetzten Entscheidungsstile Ausschnitte aus einem *Beteiligungskontinuum*. Auf diesem Kontinuum lassen sich fünf einzelne Entscheidungsstile für Manager abgrenzen:

- ***Autokratisch 1 (A1):*** Der Manager trifft die Entscheidungen eigenmächtig, wobei er sich der zu diesem Zeitpunkt verfügbaren Informationen bedient.
- ***Autokratisch 2 (A2):*** Der Manager erhält von anderen die notwendige Information und trifft dann die Entscheidung selbst. Wenn er die Information erhält, liegt es an ihm, ob er den Informanten von der Problemstellung erzählt.
  Diese sind für ihn reine Zulieferer von Informationen und haben keine Befugnis, Lösungsvorschläge zu entwerfen oder zu bewerten.
- ***Beratend 1 (C1):*** Der Manager bespricht das Problem mit einzelnen Fachleuten, gewinnt hier seine Information jedoch, ohne diese Leute als Gruppe zusammenzubringen. Danach trifft der Manager die Entscheidung, wobei nicht gesagt ist, daß der *Input* seiner Gesprächspartner zum Tragen kommt.
- ***Beratend 2 (C2):*** Der Manager bespricht das Problem mit anderen Personen in einer Gruppe und sammelt die Ideen und Vorschläge des Teams. Danach trifft der Manager die Entscheidung, wobei er sich von den neu gewonnenen Informationen nicht unbedingt beeinflussen läßt.
- ***Entscheidungsgremium 1 (G1):*** Der Manager bespricht das Problem mit anderen Mitarbeitern innerhalb eines Gremiums. Das Gremium entwickelt und bewertet Lösungsvorschläge und kommt zu einer Konsenslösung. Der Manager versucht nicht, das Gremium zu beeinflussen, und hat die Verpflichtung, jede Lösung, die vom Gremium geschlossen befürwortet wird, zu akzeptieren und umzusetzen.

Es ist Aufgabe des Facility Managers herauszufinden, welcher dieser Entscheidungsstile für eine bestimmte Situation angemessen ist.

Maßnahmen

- Durchführen einer situationsspezifischen Analyse des Problems

Instrumente

- Situationsspezifische Führungsstilanalyse

Zur Auswahl des günstigsten Beteiligungsgrades in einer gegebenen Problemsituation steht dem Facility Manager eine Checkliste zur Verfügung. Die Checkliste besteht aus sieben sogenannten Problemattribut-Fragen, auf die man jeweils mit einem einfachen Ja oder Nein antworten kann.

Die Fragen lauten:

* *Frage A:* Gibt es eine bestimmte qualitative Anforderung, aufgrund derer eine der Lösungen vorzuziehen wäre?
* *Frage B:* Haben Sie ausreichende Informationen, um eine effiziente Entscheidung treffen zu können?
* *Frage C:* Ist das Problem operativer Natur?
* *Frage D:* Ist die Akzeptanz der Entscheidung von Seiten Dritter für ihre erfolgreiche Umsetzung entscheidend?
* *Frage E:* Wenn Sie die Entscheidung selbst zu treffen hätten, würde Sie dann mit ausreichender Wahrscheinlichkeit von anderen akzeptiert werden?
* *Frage F:* Werden die organisationsspezifischen Ziele, die durch die Lösung dieses Problems verfolgt werden, von Mitarbeitern allgemein unterstützt?
* *Frage G:* Ist abzusehen, daß wegen der angestrebten Lösung Streit ausbrechen könnte?

Die Antworten auf diese Fragen können dem Facility Manager helfen, eine Situation relativ schnell und präzise zu analysieren und Hinweise auf die Zusammensetzung des effizientesten Entscheidungsgremiums zu erhalten.

Am einfachsten ist es, das am besten geeignete Entscheidungsgremium mit Hilfe eines Flußdiagramms, wie in Abbildung 7.4 dargestellt, zu ermitteln. Die oben aufgelisteten Fragen A bis G befinden sich am oberen Rand der Abbildung. Im konkreten Fall wählt der Facility Manager nun das zu bearbeitende Problem, beginnt beim Entscheidungsbaum an der linken Seite bei ›Problemstellung‹ und stellt die erste Frage: Besitzt das Problem eine bestimmte qualitative Anforderung? Je nach Antwort, Ja oder Nein, führt der Weg zu einer anderen Frage, die durch einen Buchstaben direkt über dem Kästchen symbolisiert wird. Dies geht solange weiter, bis der Facility Manager an einem Endknotenpunkt (Ende der Verästelung) mit einer Ziffernfolge anlangt, die Problemtyp genannt wird. An diesem Punkt sind alle sieben Fragen gestellt worden und Gremienkonstellationen, die entweder die Entscheidungsqualität oder -akzeptanz bedrohen könnten, sind ausgeschieden. Übrig bleibt eine sogenannte *sinnvolle Gremienkonstellation*.

Bei einigen Problemarten bleibt nur eine einzige Alternative als sinnvolle Gremienkonstellation übrig. Meist gibt es jedoch mehrere geeignete Möglichkeiten, wie Entscheidungsgremien zusammengesetzt sein können. Grundlage für die Auswahl tauglicher Möglichkeiten bildet ein *Zeitersparnis-/Zeitinvestitions-Kontinuum*. Das Konzept der Zeitersparnis geht davon aus, daß Entscheidungprozesse um so träger und zeitaufwendiger sind desto höher der Beteiligungsgrad ist. Daher wird man aus allen in Frage kommenden Konstellationen von Entscheidungsgremien das autokratischste Modell wählen. Hinter dem Konzept der Zeitinvestition am anderen Ende der Skala steckt die Vorstellung, daß eine Einbindung der Beteiligten positive Auswirkungen auf die Gesamtentwicklung der Organisation hat. Hier ist das Urteilsvermögen des Facility Managers gefragt, der bei einem gegebenen Problem nun die geeignete Stelle auf dem Kontinuum auswählen muß.

Im Rahmen der Mitarbeiterführung bei Umgestaltungsmaßnahmen ist die wichtigste – und eine der ersten – Aufgaben des Facility Managers festzustellen, in welchem Umfang die von der Umgestaltung Betroffenen am günstigsten eingebunden werden sollten (vgl.

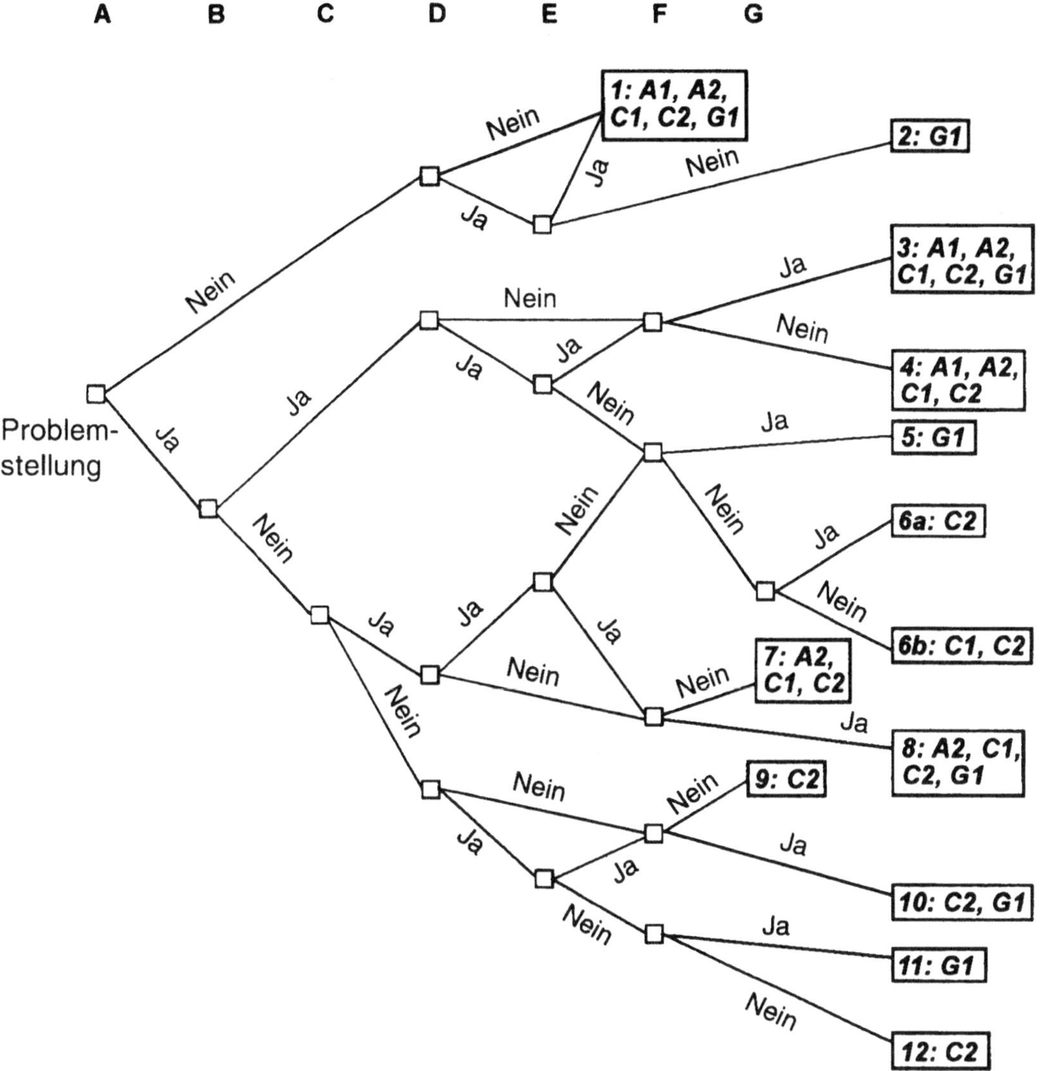

Abbildung 7.4 Flußdiagramm für Entscheidungsgremien[2]

Kapitel 6 ›Mitarbeiterführung bei Umgestaltungsmaßnahmen‹ für weiterführende Aus-führungen zu diesem Thema). Wie ein Flußdiagramm für die Auswahl des geeigneten Entscheidungsgremiums in einem konkreten Fall aussehen kann, wird in Abbildung 7.9 veranschaulicht.

Input

Zur Durchführung der situationsspezifischen Problemanalyse sind sachdienliche Infor-mationen über das Problem selbst erforderlich. Als beispielsweise über den Beteiligungsgrad von Angestellten bei einer Umgestaltung von Büroräumen entschieden werden sollte, wandte sich der Facility Manager an die obere Führungsebene des Unternehmens und zog bei der Entscheidung zusätzlich Erfahrungen aus dem Bereich ›Mitarbeiterführung bei Umgestaltungsmaßnahmen‹ hinzu.

Output

- Einem Problem wird ein geeignetes Entscheidungsgremium zugewiesen.

7.2.6 Schritt 5: Aufstellung eines Planes für den Entscheidungsfindungsprozeß

Zielsetzung

- Aufstellung eines Rahmenplanes für den gesamten Entscheidungsfindungsprozeß

Hintergrundüberlegungen und Kontext

Eine gute Planung ist für das Treffen von Entscheidungen unentbehrlich. Nur so können alle Maßnahmen innerhalb des Entscheidungsfindungsprozesses integriert und koordiniert werden. Die Planung erlaubt dem Manager, erstens relevante Informationen zu sammeln und zu ordnen, zweitens funktionale Kommunikationskanäle zu finden und einzurichten und drittens einen Maßnahmenkatalog mit Terminen für Zwischen- und Endergebnisse aufzustellen. Wie für den Leser leicht ersichtlich ist, sind die Maßnahmen, die zum Beispiel im Rahmen einer Ist-Analyse der Nutzerforderungen (siehe Übersicht 3.5 ›Checkliste der Betreuungsaufgaben‹) durchzuführen sind, nichts anderes als eine abzuarbeitende Entscheidungsliste. Die ›*Vorbereitung*sphase‹ kann als Synonym für die Phase ›Untersuchung der Problemstellung‹ betrachtet werden, die ›*Evaluierung (generelle Kernbestandteile)*-Phase‹ als Synonym der Phase ›Erarbeitung potentieller Lösungen‹ und schließlich die ›*Aufbereitung der Daten und Reaktion*-Phase‹ für die Phase ›Auswahl einer Lösung‹.

Maßnahmen

- Identifizieren wichtiger organisationsinterner Ressourcen für den Entscheidungsfindungsprozeß
- Aufstellung eines Arbeitsplanes für den Entscheidungsfindungsprozeß

Instrumente

Arbeitsblatt zum Fällen von Entscheidungen
In dieses Arbeitsblatt (siehe Tabelle 7.3) kann der Facility Manager eine Beschreibung des Problems, das voraussichtliche Resultat des Entscheidungsprozesses, die hieran beteiligten Personen, den zentralen Informationsbedarf und die jeweiligen Informationsquellen eintragen.

Plan für den Entscheidungsfindungsprozeß

Mit Hilfe von Tabelle 7.4 kann der Facility Manager komfortabel planen, wie der Entscheidungsfindungsprozeß durchgeführt werden wird, welche Maßnahmen ergriffen werden, wer sie ergreifen wird und bis wann sie durchzuführen sind. Die Phasen ›Umsetzung‹ sowie ›Nachsorge und Überprüfung‹ wurden zum Zwecke der Vollständigkeit hinzugefügt.

Input

Um den Plan für den Entscheidungsfindungsprozeß ausfüllen zu können, sind Informationen über die Verfügbarkeit organisationsinterner Ressourcen – wie Arbeitskräfte und Zeit – vonnöten. Als beispielsweise der Facility Manager eines großen Bürokomplexes einen Katastrophenplan auszuarbeiten hatte, analysierte er genau die jederzeit kurzfristig zur Verfügung stehenden Ressourcen, um zu ermitteln, welches Kontingent eingebaut werden könnte, um einen größeren Handlungsspielraum für den Einsatz von Ressourcen zu erreichen.

Tabelle 7.3 Arbeitsblatt zum Fällen von Entscheidungen

Arbeitsblatt zum Fällen von Entscheidungen	
Problembeschreibung	
Voraussichtlicher Output	
Übertragen durch Übertragen an (1) Verantwortlich für Output (2) Weitere Beteiligte / Angewiesene	Festgelegter Termin
Zentrale Input-Information	
Ideen für Informationsquellen	
Weitere Anmerkungen	

Tabelle 7.4 Plan für Entscheidungsfindungsprozeß

Phasen des Entscheidungsfindungs-prozesses	Wer	Mann-tage	Kalenderdatum
Untersuchung der Problemstellung			
Erarbeitung von Lösungsvorschlägen			
Bewertung von Lösungsvorschlägen			
Umsetzung der ausgewählten Lösung			
Nachsorge und Überprüfung			

Anmerkungen

A:	D:	G:
B:	E:	H:
C:	F:	I:

Output

- Ein richtungsweisender Plan für die verbleibenden Phasen des Entscheidungsfin-dungsprozesses

7.3 Phase 2: Erarbeitung potentieller Lösungen

7.3.1 Einleitung

Ziel dieser Phase ist es, Informationen zusammenzutragen, die zu einer Reihe von Lösungsvorschlägen verarbeitet werden können. Der Schwerpunkt liegt auf der effizienten Informationsgewinnung sowie auf den hierbei angewandten kreativen und innovativen Vorgehensweisen. Abbildung 7.5 veranschaulicht die einzelnen Schritte der Phase ›Erarbeitung potentieller Lösungen‹.

7.3.2 Schritt 1: Ermittlung und Analyse von Information

Zielsetzung

- Bessere Einsicht in den Kontext des Problems

Hintergrundüberlegungen und Kontext

Manager haben manchmal die Tendenz, nach dem Aufstellen von Anfangszielen direkt zur Erarbeitung von Lösungsvorschlägen überzugehen. Diese verkürzte Prozedur hindert die Entscheidungsträger jedoch daran, die Gründe, die eine Entscheidung eigentlich erst notwendig machen, besser zu verstehen. Dieser Schritt soll das Problem in einen breiteren Kontext stellen und eine solide Plattform schaffen, um potentielle Lösungen zu erarbeiten. Hierbei spielen zwei Maßnahmen zusammen: erstens die Gewinnung von Informationen rund um die Problematik und zweitens die Analyse dieser Informationen.

Maßnahmen

- Ermitteln problemspezifischer Informationen
- Deuten der Informationen

Instrumente

- Methode zur systematischen Informationsermittlung und -analyse

Aus dieser Methode leitet sich eine Checkliste, wie sie in Tabelle 7.5 dargestellt ist, ab. Hier erfolgt die Integration der Informationsermittlung und -analyse. Mit Hilfe der Fragen nach dem »Was?«, »Wie?«, »Wo?«, Wer?« und »Wieviele?« sollen alle Aspekte, die bei der Erarbeitung von Lösungsvorschlägen berücksichtigt werden müssen, hervorgehoben werden. Die erste Frage nach dem »Warum?« soll zur Nennung der Hauptgründe führen, warum die Dinge so liegen wie sie sind. Die darauf folgende Frage »Warum?« fordert den Entscheidungsträger auf, sich zu überlegen, warum diese Gründe eigentlich vorgebracht worden sind. In Tabelle 7.12 kann man sehen, wie die Checkliste auf einen konkreten Fall angewandt aussieht.

Input

- *Output* von Phase eins: Untersuchung der Problemstellung

Output

- Darstellung des Problems, durch welche der Problemkontext deutlich wird

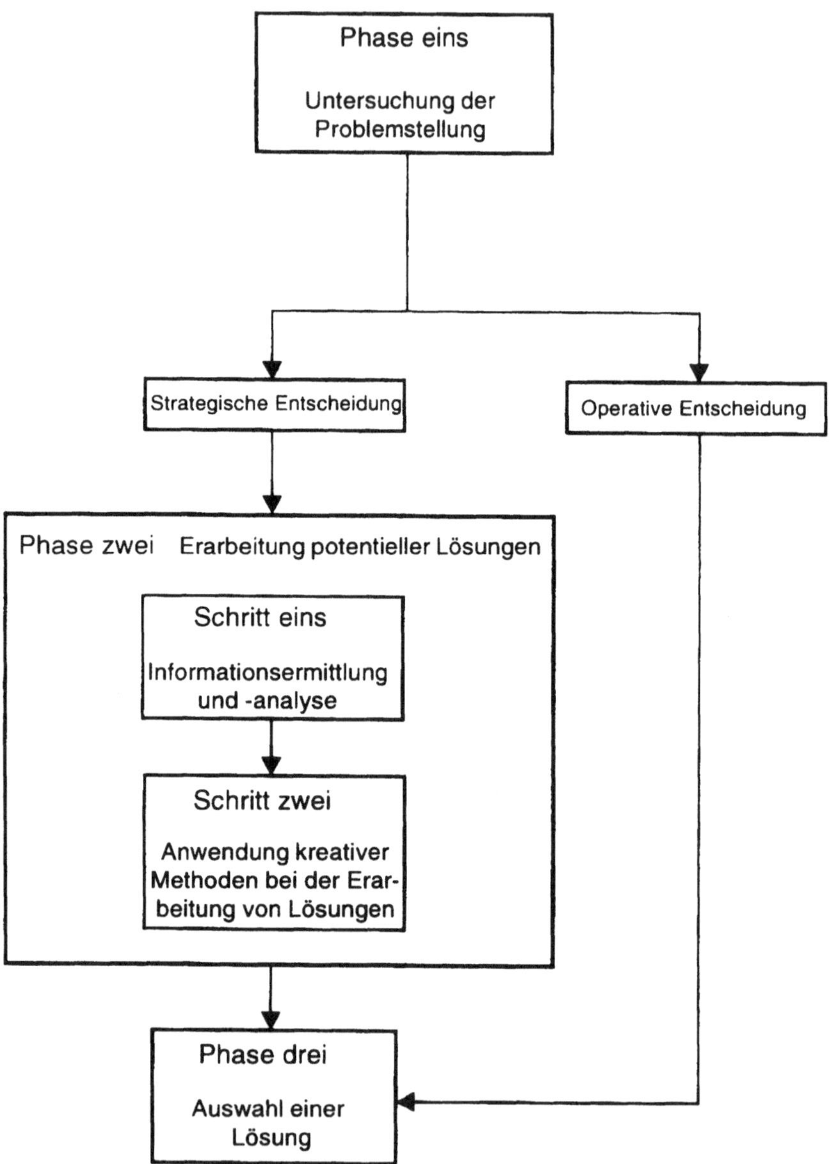

Abbildung 7.5 Phase ›Erarbeitung potentieller Lösungen‹

Tabelle 7.5 Checkliste für systematische Informationsermittlung und -analyse

Checkliste für systematische Informationsermittlung und -analyse		Datum Problembeschreibung		
Welche Maßnahmen werden ausgeführt?	→	Warum?	→	Warum?
Wie wird vorgegangen?	→	Warum?	→	Warum?
Wo werden die Maßnahmen durchgeführt?	→	Warum?	→	Warum?
Wer führt die Maßnahmen durch?	→	Warum?	→	Warum?
Wie oft werden sie durchgeführt?	→	Warum?	→	Warum?
Zusammenfassung				

7.3.3 Schritt 2: Anwendung kreativer Methoden bei der Erarbeitung von Lösungen

Zielsetzung

- Erstellung einer Reihe kreativer Lösungsvorschläge

Hintergrundüberlegungen und Kontext

Im Idealfall müßten Manager zunächst erst alle in Frage kommenden Lösungen entwerfen, um dann aus ihnen die optimale Lösung auszusuchen. Statt dessen gehen Manager eher den Weg des *Kompromisses*, d. h. sobald sie auf eine *erste* Alternative stoßen, die ein paar der erwünschten Bedingungen erfüllt, hören sie auf, sich andere potentielle Lösungen anzuschauen. Dieses häufig zu beobachtende Verhalten behindert die Suche nach guten Lösungen. Dies ist besonders bei strategischen Entscheidungen nicht wünschenswert, zu denen es keine oder nur wenige Präzedenzfälle gibt. Dieser Schritt soll daher helfen, sich nicht durch eine solche Vorgehensweise einschränken zu lassen und mit mehr Kreativität an die Entwurfsphase des Entscheidungsfindungsprozesses heranzugehen. Probleme können so von neuen Blickwinkeln aus betrachtet werden, und die Chancen steigen, auf bessere Lösungen zu stoßen.

Die im Unterpunkt ›Instrumente‹ beschriebenen Hilfsmittel stellen den Versuch dar, sich vom traditionellen ›runden Tisch‹ wegzubewegen. Denn auch wenn auf solchen Besprechungen eigentlich Ideen entworfen und ausgearbeitet werden sollen, sieht die Praxis doch ganz anders aus: Oft sind sie nur eine Plattform für organisationsinterne Spielereien oder delegierbare Nebensächlichkeiten.

Maßnahmen

- Anwendung kreativer Methoden bei der Erarbeitung innovativer Lösungen

Instrumente

SCAMPER-Attribut-Checkliste

Diese in Tabelle 7.6 dargestellte Methode ist eigentlich sehr einfach und schnell anzuwenden und eignet sich vielleicht am besten, wenn sich der Facility Manager einen allgemeinen Überblick über die Problematik verschaffen möchte. Zunächst muß der Facility Manager die Hauptattribute des betreffenden Problems erkennen und festhalten. Jedes dieser Attribute wird dann anhand einer *SCAMPER*-Checkliste näher betrachtet, wobei folgende Fragen als Anreiz für innovative Ideen zu beantworten sind: Ersetzen? Kombinieren? Anpassen? Abändern? Für andere Zwecke geeignet? Streichen? Umkehren?

Die Nominal group technique (dt. Nominale Gruppen-Methode)

Diese Methode kann einen regen Meinungsaustausch innerhalb einer Gruppe ermöglichen. Sie eignet sich besonders für strategische Probleme, bei denen eine gewisse Unsicherheit bezüglich der Problemstellung und Lösungsvorschläge besteht. Die ideale Gruppengröße ist fünf bis neun Personen, die Besprechungen sollen maximal 60 bis 90 Minuten dauern.

Teil 1: Eröffnung

Die eröffnenden Worte bestimmen den Ton für die gesamte Sitzung und sollten:

- die Wichtigkeit der Phase ›Erarbeitung potentieller Lösungen‹ innerhalb des Entscheidungsfindungsprozesses hervorheben
- die Gruppe über das übergreifende Ziel der Sitzung und die weitere Verwendung der Ergebnisse informieren
- die vier grundlegenden Schritte der *Nominal group technique* kurz zusammenfassen (siehe Teil 2 bis 5 unten)

Teil 2: Individuelle Erarbeitung von Ideen (schriftlich)

Allen Mitgliedern der Gruppe sollte die Problemstellung schriftlich vorliegen. Der Facility Manager liest die Frage vor der Gruppe laut vor und fordert diese auf, ihre Ideen in kurzen Sätzen niederzuschreiben. Dieser Abschnitt sollte schweigend durchgeführt werden und ca. 4 bis 8 Minuten beanspruchen.

Teil 3: Äußerung der Ideen im Kreis

Der Facility Manager sollte erklären, daß bei dieser Phase das in der Gruppe vorherrschende Meinungsbild entworfen wird. Er sollte eine Person nach der anderen auffordern, eine Idee aus ihrer Liste zu nehmen und der Gruppe mündlich vorzustellen – ohne Diskussion, weitere Erläuterungen oder eine Rechtfertigung. Dies wird so lange wiederholt, bis die Gruppe meint, über genügend Ideen zu verfügen.

Nun sollten die Mitglieder der Gruppe angespornt werden, die vorgestellten Ideen zu besprechen und neue, noch nicht aufgeschriebene Ideen hinzuzufügen.

Tabelle 7.6 SCAMPER-Attribut-Checkliste

SCAMPER-Attribut-Checkliste								Datum
Problembeschreibung								
Problem-attribut	Ersetzen?	Kombinieren?	Anpassen?	Abändern?	Für andere Zwecke geeignet?	Streichen?	Umkehren?	Attributzusammenfassung

Im Idealfall sollte der Facility Manager

- Ideen so schnell als möglich festhalten
- die Ideen genau in den Worten festhalten, die das Gruppenmitglied verwendet hat, denn daraus ergeben sich folgende Vorteile:
  - größeres Gefühl der Gleichberechtigung und Wichtigkeit
  - größere Identifikation mit der Aufgabe
  - die Gruppe hat nicht den Eindruck, daß ihre Ideen durch die schriftliche Fixierung manipuliert werden
- die Ideen auf einem Flip-chart festhalten und die einzelnen Punkte durchnumerieren

In dieser Phase erhält jedes einzelne Gruppenmitglied die Möglichkeit, auf die Entscheidungen der Gruppe Einfluß zu nehmen. Die Ideenäußerung der einzelnen Mitglieder im Kreis hat folgende positive Auswirkungen:

- Gleichberechtigte Teilnahme an der Formulierung von Ideen
- Wachsendes Problembewußtsein
- Die Trennung der Ideen von der Person, die sie geäußert hat
- Bessere Fähigkeit zum Umgang mit einer großen Anzahl von Ideen; diese beruht darauf, daß die Ideen niedergeschrieben und für alle sichtbar dargestellt werden.
- Toleranz gegenüber konkurrierenden Ideen
- Gegenseitige Inspiration; Ideen, die von einem Mitglied an das Flip-chart geheftet werden, können ein anderes Mitglied zu einer neuen Idee inspirieren, auf die es selbst während der Stillphase nicht gekommen war.
- Die Erstellung eines schriftlichen Ideenreports und -führers

Hat der Facility Manager den Eindruck, daß die Gehemmtheit innerhalb der Gruppe so groß ist, daß eine solch offene Erarbeitung von Ideen nicht möglich ist, kann er auch um die anonyme Einreichung der geschriebenen Listen bitten. Ähnlich wie oben beschrieben werden jedoch auch hier die Ideen anschließend im Kreis präsentiert, nur eben von seiten des Facility Managers.

Teil 4: Besprechung der aufgelisteten Ideen

Der Facility Manager sollte der Gruppe gegenüber erklären, daß auf dieser Stufe Inhalt und Zielrichtung der jeweiligen Ideen verdeutlicht werden sollten. Eine Idee nach der anderen wird laut vorgelesen und eine Stellungnahme dazu erbeten. Die Kommentare der Gruppenmitglieder zu Inhalt, Machbarkeit und Nutzen von Ideen sollten diskutiert werden. Auch Zustimmung oder Mißbilligung können zum Ausdruck gebracht werden, doch sollte der Facility Manager bei einem sich abzeichnenden Streit schlichtend eingreifen, um hier keine Zeit zu vergeuden. Sobald der Kern einer Idee deutlich ist, sollte man zur nächsten übergehen. In den meisten Fällen werden die Gruppenmitglieder sofort wissen, was der Hauptgedanke der Idee ist, und die Diskussion wird sich daher auf ein Minimum beschränken. Der Facility Manager sollte ca. zwei Minuten pro Idee vorsehen.

Der Facility Manager sollte darauf hinwirken, daß sich die Gruppe für den Ideenkatalog verantwortlich fühlt. Jeder kann zu jedem Thema etwas hinzufügen oder einen Kommentar abgeben. Innerhalb bestimmter Grenzen können neue und/oder abgeänderte Punkte hinzukommen, ähnliche Ideen können zusammengefaßt werden. Der Facility Manager sollte jedoch davor warnen, zu viele Ideen miteinander integrieren zu wollen. Dies wird von einigen Gruppenmitgliedern eventuell angestrebt, um eine Art Konsens zu erreichen, doch die Präzision der ursprünglichen Ideen kann dabei verlorengehen.

Teil 5: Abstimmung

Jedes Gruppenmitglied erhält fünf Karten. Die fünf wichtigsten Ideen werden ausgesucht und in die Mitte jeder Karte geschrieben. Die dazu gehörige Ziffer wird in die linke obere Ecke eingetragen. Für diese Arbeit sind 5 Minuten vorgesehen; sie sollte stillschweigend durchgeführt werden.

Wenn alle damit fertig sind, kann der Einstufungsprozeß beginnen, der folgendermaßen abläuft:

(1) Jeder breitet seine Karten so vor sich aus, daß er sie alle auf einen Blick sehen kann.

(2) Jeder wählt aus diesen fünf Karten die in seinen Augen zufriedenstellendste Problemlösung aus und schreibt die Ziffer 5 darauf. Die Karte wird umgedreht.

(3) Die am wenigsten befriedigende Lösung wird aus den verbliebenen Karten ausgewählt und mit einer 1 beziffert. Die Karte wird umgedreht.

(4) Von den verbleibenden 3 Karten wird wiederum die zufriedenstellendste Lösung ausgewählt und mit einer 4 versehen. Die Karte wird umgedreht.

(5) Von den verbleibenden 2 Karten wird die zufriedenstellendste Lösung ausgesucht und mit einer 2 beziffert. Die Karte wird umgedreht.

(6) Die letzte Karte wird mit einer 3 versehen.

Nach diesem Bewertungsverfahren sammelt der Facility Manager die Karten ein und mischt sie, um zu demonstrieren, daß es keine Rolle spielt, wer welche Lösung favorisiert. Die abgegebenen Punkte sollten vor der Gruppe in eine vorbereitete Übersichtstabelle eingetragen werden.

Das Abstimmungsergebnis bildet danach die Grundlage für eine vom Facility Manager geleitete Diskussion. Zeichnet sich beispielsweise eine Polarisierung der Stimmen zwischen zwei Lösungen ab, die im krassen Gegensatz zueinander stehen, sollte man die Gründe hierfür erforschen. So wird der Gruppe das Gefühl vermittelt, daß man offene Fragen nicht einfach im Raum stehen läßt. Falls der Zeitrahmen dies zuläßt, können einzelne Punkte ausdiskutiert werden, und die Gruppe kann anschließend noch einmal abstimmen.

Input

- Darstellung des Problems gemäß *Output* des Schrittes ›Ermittlung und Analyse von Informationen‹

Output

- Ein Spektrum potentieller Lösungen

7.4 Phase 3: Auswahl einer Lösung

7.4.1 Einleitung

Ziel dieser Phase ist es, Lösungsvorschläge anhand vorgegebener Kriterien zu bewerten, um zu einer optimalen Lösung zu gelangen. In einem ersten Schritt müssen hierzu die Bewertungskriterien festgelegt und in einem zweiten Lösungsvorschläge anhand der ausgesuchten Kriterien verglichen werden. Abbildung 7.6 veranschaulicht die Schritte der Phase ›Auswahl einer Lösung‹.

7.4.2 Schritt 1: Festlegung von Bewertungskriterien

Zielsetzung

- Festlegung der Hauptkriterien, anhand derer die potentiellen Lösungen miteinander verglichen werden

Hintergrundüberlegungen und Kontext

Für den Facility Manager ist es von großer Bedeutung festzulegen, welche Kriterien bei der Durchführung der Bewertungsphase angewandt werden sollen. Je besser ein Entscheidungsträger die ausschlaggebenden von den weniger ausschlaggebenden Kriterien unterscheiden kann, desto besser wird die Endauswahl ausfallen.

Die in der Phase ›Untersuchung der Problemstellung‹ aufgestellten Ziele bilden die Grundlage zur Auswahl der Bewertungskriterien. Es empfiehlt sich jedoch, die Ziele dieser Phase unter dem Licht bestimmter Lösungsvorschläge zu betrachten. Gegenstand der Bewertungskriterien sollte sein:

- *Machbarkeit* jeder Lösung
- *Akzeptabilität* jeder Lösung
- *Angreifbarkeit* jeder Lösung

Die *Machbarkeit* eines Lösungsvorschlags bedeutet, daß genügend technische, personelle und finanzielle Ressourcen innerhalb der Organisation für eine erfolgreiche Umsetzung der Lösung zur Verfügung stehen. Die *Akzeptabilität* einer bestimmten Option ist ein Maßstab dafür, welcher Nutzen von der Wahl gerade dieser Alternative zu erwarten ist. Das letzte Kriterium, die *Angreifbarkeit* eines Lösungsvorschlages, betrifft das Risiko, das man mit dieser Alternative eingeht. Diese Kriterien und ihre Beziehung zueinander sind in Abbildung 7.7 dargestellt und werden in Schritt 2 bis 4 weiterführend behandelt.

Maßnahmen

- Bewertungskriterien festlegen

Instrumente

Checkliste für Bewertungskriterien
Die in Tabelle 7.7 aufgeführte Checkliste möchte dem Entscheidungsträger dabei helfen, die anfänglichen Zielsetzungen im Lichte der Informationen und Kenntnisse zu überdenken, die er bis zu diesem Punkt aus dem Entscheidungsfindungsprozeß gewonnen hat.

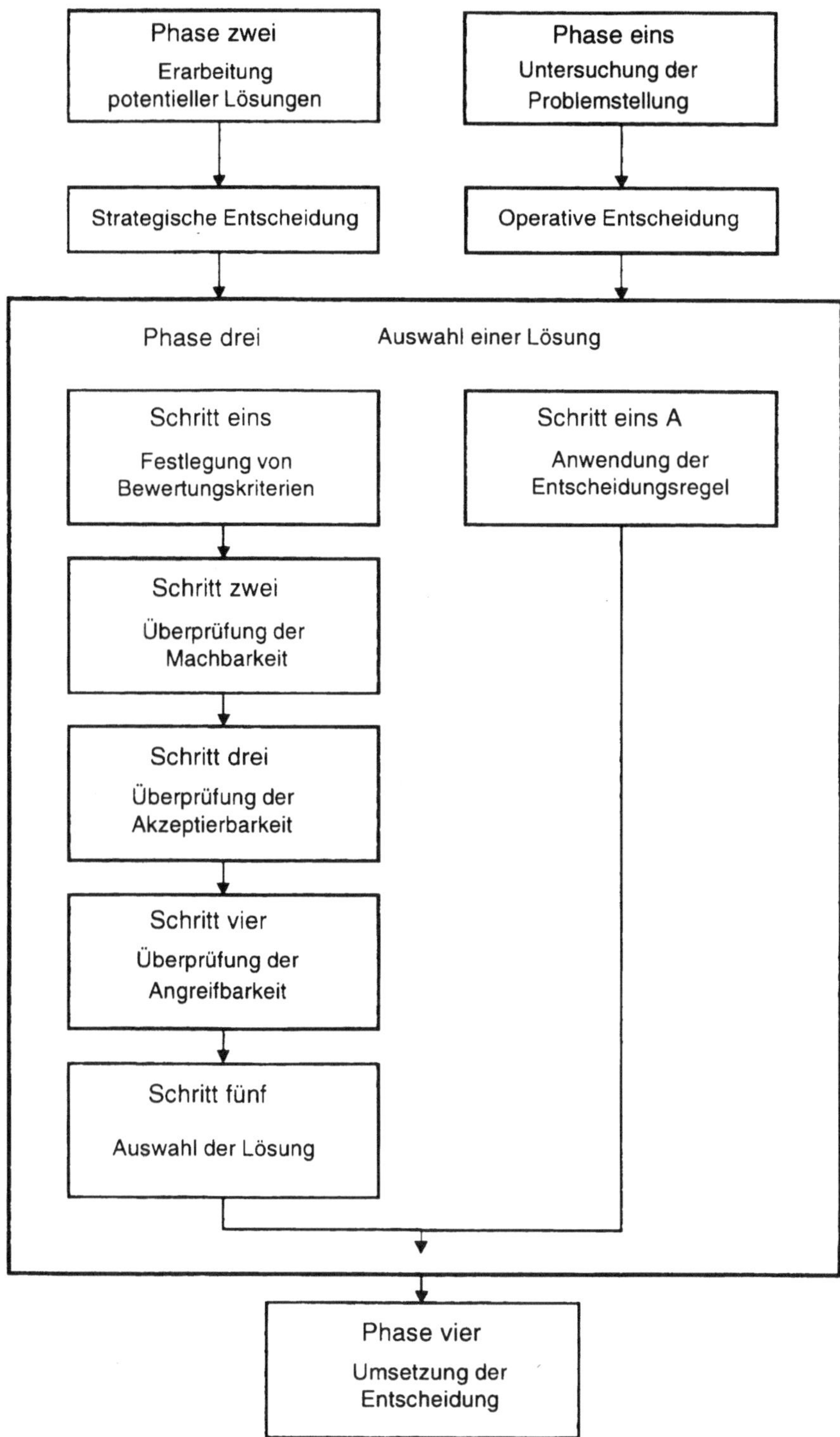

Abbildung 7.6 Die Phase ›Auswahl einer Lösung‹

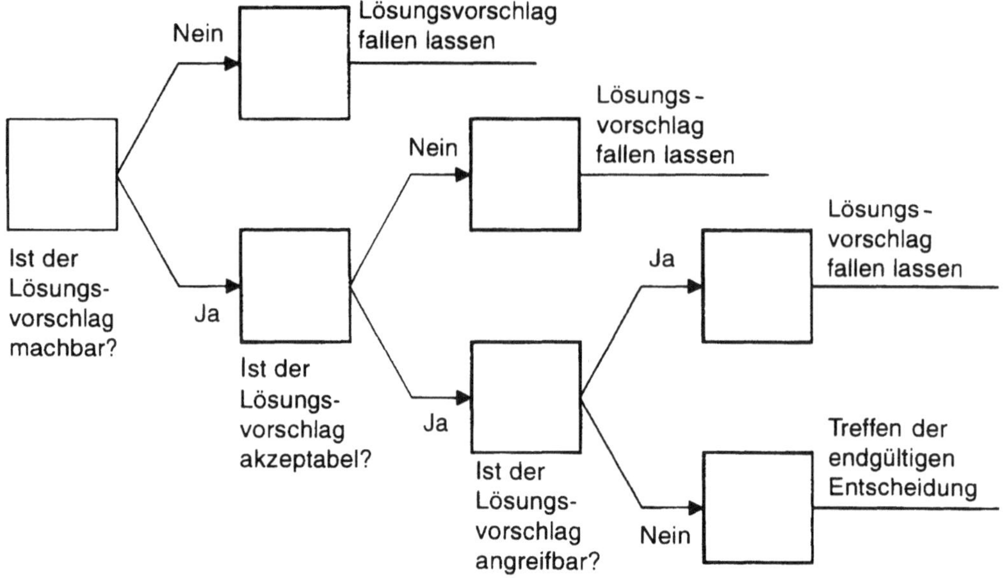

Abbildung 7.7 Bewertungsprozeß

Der Facility Manager sollte die Anfangsziele in die linke Spalte eintragen und diese dann mit Hilfe der Frage »Warum?« in der mittleren Spalte auf den Prüfstand stellen. Nach diesem Reflexionsvorgang wird die Begründung des Ziels schließlich als Entscheidungskriterium in die rechte Spalte eintragen. Bevor man hier zur Tat schreitet, sollte man jedoch die unten beschriebenen Schritte 2 bis 4 durchlesen. Tabelle 7.13 gibt ein Beispiel dafür, wie eine Tabelle aussieht, die auf einen konkreten Fall angewandt wurde.

Input

- *Output* von Phase 1 und 2

Output

- Konkrete Leistungsparameter, anhand derer Lösungsvorschläge bewertet werden können

Tabelle 7.7 Checkliste für Bewertungskriterien

Checkliste für Bewertungskriterien		Datum Problembeschreibung		
Anfangszielsetzungen	→	Warum?	→	Bewertungskriterien
Zusammenfassung				

7.4.3 Schritt 1A: Anwendung einer Entscheidungsroutine

Zielsetzung

- Mit Hilfe der Entscheidungsroutine zu Lösungen gelangen

Hintergrundüberlegungen und Kontext

Wie oben belegt, sind operative Probleme ihrer Natur nach Routineangelegenheiten (siehe Phase 1, Schritt 3). Stellen sich immer wieder dieselben Entscheidungssitutationen, bietet es sich geradezu an, eine Entscheidungsroutine zu entwickeln, die dem Entscheidungsträger eine bestimmte Lösung vorgibt. Der Entscheidungsträger muß lediglich für den *Input*, d. h. die benötigten Informationen, in die Entscheidungsroutine sorgen, um eine sachgerechte Lösung zu erhalten.

Die Vorteile bei diesem Verfahren bestehen darin, daß der Aufwand des Managers beim Entscheidungsfindungsprozeß relativ gering ist und anspruchsvolle, konsequente Lösungen bereitgestellt werden. Dieser »automatische« Entscheidungsfindungsprozeß ist ohne Zweifel für Katastrophenschutzmaßnahmen geeignet. In diesem Bereich sollte der Facility

Manager Entscheidungsroutinen für einkalkulierbare Ereignisse entwickeln, was ihm mehr Raum läßt, sich auf Bemühungen im Bereich unvorhersehbarer Vorfälle zu konzentrieren.

Maßnahmen

* Informationen zusammentragen, die für eine Entscheidungsroutine notwendig sind
* Entscheidungsroutine zum Tragen bringen

Instrumente

Nicht zutreffend

Input

* Problemmerkmale (Phase 1, Schritt 3) und Informationen für Entscheidungsregel

Output

* Auswahl einer Lösung, die nun noch umgesetzt werden muß

7.4.4 Schritt 2: Überprüfung der Machbarkeit

Zielsetzung

* Verfügbarkeit von Ressourcen ermitteln, die bei den einzelnen Lösungsvorschlägen benötigt würden

Hintergrundüberlegungen und Kontext

Der Facility Manager sollte bei der Beurteilung der Machbarkeit einer potentiellen Lösung die hierfür benötigten Ressourcen mit den tatsächlich zur Verfügung stehenden vergleichen. Wenn die erforderlichen Ressourcen nicht leicht zu beschaffen sind, ist die jeweilige Lösung nicht machbar. Bei der Beurteilung der Ressourcenerfordernisse für eine bestimmte Option spielen drei Faktoren eine wichtige Rolle: fachliche Kompetenz, Kapazitäten und Grad der Eignung.

Zur erfolgreichen Umsetzung jeder potentiellen Lösung ist ein bestimmtes Maß an *fachlicher Kompetenz* innerhalb der Organisation vonnöten. Wenn eine solche Lösung aus der Durchführung bestimmter Maßnahmen besteht, welche in ähnlicher Form bereits in der Organisation erbracht werden, kann man davon ausgehen, daß die notwendige fachliche Kompetenz bereits vorhanden ist. Wenn jedoch die Umsetzung des Problems mit völlig neuen Maßnahmen einhergeht, muß festgestellt werden, welche Fachkompetenz hierzu erforderlich ist und ob Mitarbeiter der Organisation über eine solche verfügen.

Jeder Lösungsvorschlag stellt andere Ressourcen-Anforderungen bezüglich der benötigten *Kapazitäten*, wie etwa Finanzen, Raum, Personal usw. Die erforderlichen Kapazitäten müssen genau bestimmt werden, um den Ressourcenbedarf zur Umsetzung der Lösung abschätzen zu können.

Schließlich und endlich dürfen Lösungen nicht isoliert vom Kontext des aktuellen Organisationsbetriebs beurteilt werden. Der Grad der *Eignung* ist Maßstab dafür, ob und inwiefern die organisationsrelevanten Konsequenzen nach Durchführung einer Lösung mit den anderen organisationspezifischen Maßnahmen vereinbar sind. Dieser Begriff spielt besonders beim *Outsourcing* (siehe Kapitel 4) eine wichtige Rolle: Hier hat sich gezeigt, daß das Umfeld der Nutzer im Hinblick auf *Outsourcing* von FM-Leistungen mindestens genauso wichtig, wenn nicht noch wichtiger ist als rein wirtschaftliche Aspekte.

Maßnahmen

- Erforderliche fachliche Kompetenz oder menschliche Fähigkeiten zur Umsetzung der Option feststellen
- Erforderliche Ressourcen im Bereich Kapazitäten zur Umsetzung der Option feststellen
- *»Grad der Eignung«* der Option feststellen

Instrumente

Checkliste für Machbarkeit

Die Machbarkeit einer bestimmten Lösung läßt sich anhand einer Checkliste, wie sie in Tabelle 7.8 dargestellt ist, bedarfsgerecht ermitteln. Tabelle 7.14 zeigt ein auf einen konkreten Fall angewandtes Beispiel hierfür.

Tabelle 7.8 Checkliste für Machbarkeit

Checkliste für Machbarkeit	Datum Lösungsvorschlag
Bewertungskriterium	**Resultat**
Benötigte fachliche Kompetenz	
Benötigte Kapazitäten	
Grad der Eignung	
Zusammenfassung	

Input

- Bewertungskriterium (Phase 4, Schritt 1) sowie eine Reihe von Lösungsvorschlägen (Phase 3)

Output

- Zwei Arten möglicher Lösungen: zum einen Lösungen, die nicht machbar sind und daher verworfen werden, zum anderen Lösungen, die machbar sind und im nächsten Schritt auf ihre Akzeptabilität geprüft werden.

7.4.5 Schritt 3: Überprüfung der Akzeptabilität

Zielsetzung

- Beurteilen, inwieweit der Lösungsvorschlag den Zielsetzungen gerecht wird

Hintergrundüberlegungen und Kontext

In welchem Umfang ein Lösungsvorschlag mit den durch die Entscheidung angestrebten Zielen übereinstimmt, kann anhand der operativen und finanziellen Auswirkungen beurteilt werden.

Die Bewertung der *operativen Wirkung* jeder Lösung sollte auf Grundlage der folgenden Aspekte durchgeführt werden:

(1) *Leistungsbeschreibung:* Erhöht die betreffende Lösung die Wahrscheinlichkeit, daß die von der Organisation erbrachte Leistung bzw. das von ihr hergestellte Produkt den Wünschen des internen/externen Auftraggebers näher kommt?
(2) *Qualität:* Kann die betreffende Lösung mithelfen, daß weniger Fehler bei der Bereitstellung der Leistungen oder Produkte auftreten?
(3) *Kurze Reaktionszeiten:* Verkürzt die jeweilige Lösung die Zeitspanne, in der ein interner bzw. externer Auftraggeber auf seine Leistungen oder Produkte warten muß?
(4) *Verläßlichkeit:* Erhöht die betreffende Lösung die Wahrscheinlichkeit, daß Dinge dann passieren, wenn sie passieren sollen?
(5) *Flexibilität:* Erhöht die betreffende Lösung die Flexibilität der Organisation, entweder hinsichtlich der Vielfalt dessen, was erreicht werden kann, oder der Geschwindigkeit der durchgeführten Maßnahmen?

Die *finanzielle Bewertung* umfaßt die Kalkulation und Analyse der Kosten, die einer Organisation bei Umsetzung einer bestimmten Option entstehen würden, sowie der finanzielle Nutzen, den sie verzeichnen könnte.

Maßnahmen

- Die operative Auswirkung der Option feststellen
- Die finanzielle Auswirkung der Option feststellen

Instrumente

Checkliste für Akzeptabilität
Bei der Bewertung der Akzeptabilität eines bestimmten Lösungsvorschlages kann es hilfreich sein, auf die Checkliste in Tabelle 7.9 zurückzugreifen. Tabelle 5.5 zeigt, wie diese Tabelle auf einen konkreten Fall angewandt aussehen könnte.

Input

- Bewertungskriterium (Phase 4, Schritt 1) sowie eine Reihe von Lösungsvorschlägen (Phase 4, Schritt 2)

Output

- Zwei Arten möglicher Lösungen: zum einen Lösungen, die nicht akzeptabel sind und daher verworfen werden, zum anderen Lösungen, die akzeptabel sind und im nächsten Schritt auf ihre Angreifbarkeit geprüft werden.

Tabelle 7.9 Checkliste für Akzeptabilität

Checkliste für Akzeptabilität	Datum Lösungsvorschlag
Bewertungskriterium	**Resultat**
Operative Auswirkung • Leistungsbeschreibung • Qualität • Kurze Reaktionszeiten • Verläßlichkeit • Flexibilität	
Finanzielle Auswirkung	
Zusammenfassung	

7.4.6 Schritt 4: Überprüfung der Angreifbarkeit

Zielsetzung

- Ermitteln, wie groß das Risiko bei einer bestimmten Lösung ist

Hintergrundüberlegungen und Kontext

Das mit einer bestimmten Lösung verbundene Risiko kann darauf zurückzuführen sein, daß der Facility Manager nicht in der Lage ist, folgendes vorherzusehen:

- die internen Auswirkungen einer gewählten Option innerhalb der Organisation
- die Auswirkungen einer gefällten Entscheidung auf die Bedingungen im Organisationsumfeld

Natürlich ist es unrealistisch, präzise Vorhersagen von Variablen dieser Art abzuleiten. Für den Entscheidungsträger kann es jedoch hilfreich sein, mit Hilfe einer begrenzten Anzahl relevanter Bewertungsfaktoren die mögliche Bandbreite des Risikos einzuschätzen.

Maßnahmen

- Das Risiko, das mit einer bestimmten Option verbunden ist, feststellen

Instrumente

Downside risk analysis (dt. Analyse unter dem Aspekt der größten Risikos)

Eine vielleicht einfache, jedoch sehr effiziente Methode der Risikokalkulation besteht darin, eine Art Risikobewertungsskala aufzustellen und von den ungünstigsten Folgen einer bestimmten Lösung auszugehen. Steht fest, was im ungünstigsten Falle zu erwarten wäre, stellt der Facility Manager folgende Frage: »Wäre die Organisation bereit, derartige Konsequenzen in Kauf zu nehmen?« Selbst wenn der erwartete Nutzen von Option B (wie in Abbildung 7.8 veranschaulicht) größer ist als derjenige von Option A, ist das im ungünstigsten Falle anzunehmende Risiko von Option B für die Organisation eventuell zu groß.

In diesem Zusammenhang kann der Facility Manager auf das sogenannte *Risky shift phenomenon* (dt. Phänomen bezüglich der Verlagerung der Risikobereitschaft) hingewiesen werden, welches darin besteht, daß Gruppen eher dazu tendieren, risikobehaftete Optionen zu wählen, als Individuen. Auch wenn die Ursachen dieses Phänomens noch nicht vollständig erforscht sind, geht man davon aus, daß folgende Faktoren eine Rolle spielen:

(1) Verteilung der *Verantwortlichkeit:* Wenn Einzelpersonen Entscheidungen fällen, überlegen sie in der Regel genauer, was passieren würde, wenn die Lösung scheiterte. Wenn sich jedoch die einzelnen Gruppenmitglieder in ihrer Entscheidung von der gesamten Gruppe mitgetragen fühlen, werden sie schneller dazu bereit sein, ein Risiko einzugehen, als sie dies normalerweise tun würden.

(2) *Anführung der Gruppe durch risikofreudige Einzelpersonen*: Man hat beobachtet, daß Individuen mit grundsätzlich hoher Risikobereitschaft häufig Führungsrollen innerhalb einer Gruppe einnehmen, was es ihnen ermöglicht, die Gruppe zu risikoreicheren Lösungen hinzuführen.

(3) *Gruppendynamik:* Es wurde festgestellt, daß sich Einzelpersonen manchmal gezwungen fühlen, sich für risikoreichere Lösungen zu entscheiden als ihnen eigentlich lieb sind, da sie befürchten, von der Gruppe als übervorsichtig oder konservativ abgestempelt zu werden.

Um solchen Mechanismen entgegenzutreten, kann der Facility Manager eine der folgenden vorbeugenden Maßnahmen ergreifen:

- Einem Gruppenmitglied wird die Rolle des kritischen Betrachters zugewiesen, d. h. er soll konstruktive Kritik innerhalb der Gruppe fördern.
- Gruppenleitern wird zu Beginn der Diskussion nahegelegt, ihre persönlichen Ansichten erst einmal für sich zu behalten.
- Von Zeit zu Zeit läßt man Leute von außen an den Gruppensitzungen teilnehmen, die zuvor aufgefordert werden, die Standpunkte der Gruppe einfach zu hinterfragen.
- Ein Gruppennachtreffen wird eingeplant, um den einzelnen Mitgliedern eine Gelegenheit zur Reflexion zu bieten.

Input

- Bewertungskriterium (Phase 4, Schritt 1) sowie eine Reihe von Lösungsvorschlägen (Phase 4, Schritt 3)

Output

- Zwei Arten möglicher Lösungen: zum einen Lösungen, die zu anfechtbar sind und daher verworfen werden, zum anderen Lösungen, die allesamt machbar und akzeptabel sind und ein noch annehmbares Risiko darstellen. Dies ist die Kategorie von Lösungen, aus der man letztendlich die Wahl trifft.

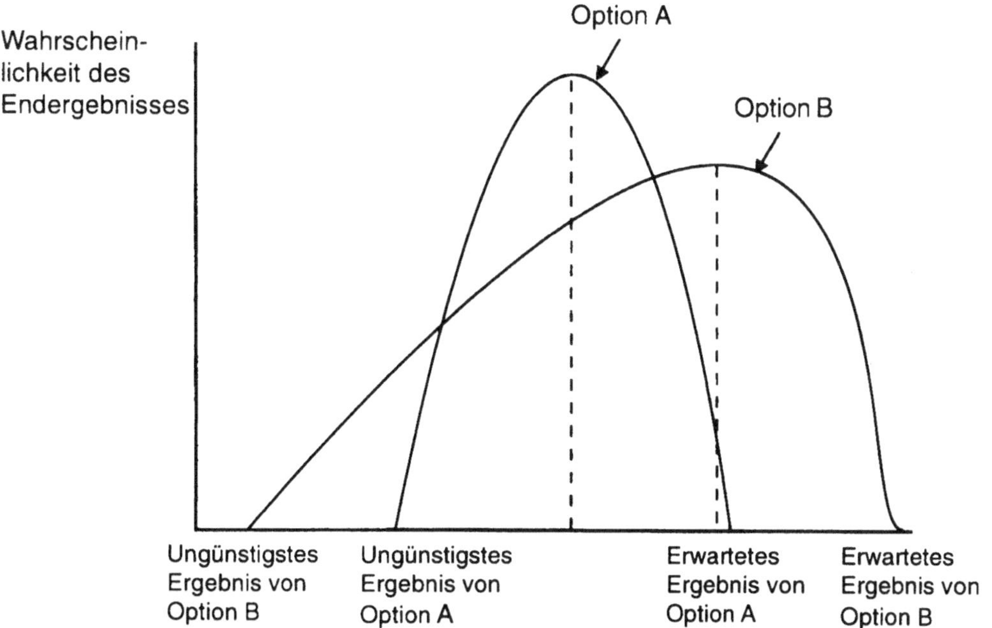

Abbildung 7.8 Risiko-Skala

7.4.7 Schritt 5: Auswahl der Lösung

Zielsetzung

- Eine Lösung zum Zwecke ihrer Umsetzung auswählen

Hintergrundüberlegungen und Kontext

Im Idealfall führt dieser Schritt zur Auswahl der Lösung mit dem größtmöglichen Nutzen für die Organisation. Der Facility Manager wird jedoch sicherlich bedauernd feststellen, daß sich durch die Bewertung von Lösungsvorschlägen selten eine eindeutige Lösung herauskristallisieren läßt und letztendlich die gewählte Lösung auf subjektiven Entscheidungen oder einem Gruppenkonsens beruht. Er sollte aber auch nicht vergessen, daß man fast jede Lösung durch Engagement und Geschick bei ihrer Umsetzung zum Erfolg führen kann.

Maßnahmen

• Eine zu realisierende Lösung mittels eines Gruppenkonsens auswählen

Instrumente

Modified nominal group technique (dt. Modifizierte nominale Gruppenmethode)

Durch eine geringfügige Abänderung der nominalen Gruppenmethode kann der Facility Manager die einzelnen Ansichten miteinander in Einklang bringen und auf einen Konsens darüber hinarbeiten, wie die gewählte Lösung aussehen soll. Die modifizierte Methode beginnt erst bei Teil 4 der ursprünglichen Methode, d. h. die aufgeführten Ideen werden der Reihe nach besprochen, wobei der Ideenkatalog durch die Liste der Lösungsvorschläge ersetzt wird, welche aus dem Bewertungsverfahren hervorgegangen sind. In der Abstimmungsphase soll hier nicht eine Liste von Lösungsvorschlägen erstellt, sondern eine bereits endgültige Auswahl getroffen werden.

Input

• Endergebnis des Bewertungsprozesses (Phase 4, Schritt 4)

Output

• Eine ausgewählte Lösung, die nun umgesetzt werden soll.

7.4.8 Umsetzung, Nachsorge und Überprüfung einer Entscheidung

Hier angelangt, verfügt der Facility Manager über eine Lösung, die für die Phasen ›Umsetzung‹ und ›Nachsorge und Überprüfung‹ bereitsteht. Mit diesen Endphasen schließt sich der Problemlösungszirkel (siehe Abschnitt 7.1.5).

Die *Umsetzungsphase* beinhaltet die erforderliche Planung und Durchführung der Maßnahmen, so daß die gewählte Lösung im Prinzip bereits das Problem selbst behebt. Bleibt guten Lösungen oft der Erfolg verwehrt, liegt der Hauptgrund darin, daß das Management bei der Umsetzung der Lösung zuwenig Sorgfalt walten läßt. Facility Manager sollten vor allem folgende Fehler vermeiden:

• Personen nicht miteinzubeziehen, die im Verlauf der Umsetzungsphase von der Entscheidung betroffen sind, da dies oft zu Widerständen gegen die Entscheidung von Seiten der Angestellten führt (vgl. Kapitel 6 zum Thema ›Mitarbeiterführung bei Umgestaltungsmaßnahmen‹)
• sich nicht darum zu kümmern, daß die benötigten Ressourcen für die Umsetzungsphase zur Verfügung stehen; bei der Umsetzung vieler Lösungen kommt es nicht zum erhofften Erfolg, da es an den notwendigen Ressourcen, wie Zeit, Personal und Information fehlt.

Bei der Phase *Nachsorge und Überprüfung* muß der Facility Manager sicherstellen, daß der tatsächliche Ablauf auch dem gewünschten entspricht. Möchte er den reibungslosen Ablauf dieser Phase gewährleisten, sollte sich der Facility Manager im voraus um eine Infrastruktur für Informationen kümmern, die zur Überwachung des Umsetzungsprogrammes notwendig sind.

Fallstudie: Entscheidungsfindung

Dieses Kapitel gliederte den Entscheidungsfindungsprozeß in drei aufeinanderfolgende Phasen: die Untersuchung der Problemstellung, die Erarbeitung potentieller Lösungen und die Auswahl einer Lösung. Anhand der nun folgenden Fallstudie soll diese Abfolge veranschaulicht und auf interessante Aspekte hingewiesen werden.

Beschreibung der Organisation

Der hier dargestellte Entscheidungsfindungsprozeß fand in einem Verwaltungsunternehmen statt, das von einem Bauinvestor den Auftrag über die Verwaltung eines von ihm gebauten Wohnkomplexes mit ca. 500 Wohnungen erhalten hatte. Das Verwaltungsunternehmen besteht aus sechs Direktoren, die mit der Formulierung der Unternehmenspolitik für alle Aspekte der Immobilienverwaltung betraut sind. Die Firma beschäftigt einen *Managing agent* (dt. Verwaltungsassistenten) dessen Aufgabe darin besteht, die von den Direktoren formulierte Politik in die Praxis umzusetzen. Alle Leistungen, die am Gebäude und der Anlage anfallen, werden an externe Dienstleister vergeben (Instandhaltung und Reparaturen der Gebäudesubstanz, Gebäudereinigung und Pflege von gemeinschaftlich genutzten Einrichtungen wie Gartenanlagen, Stellplatzflächen, Gegensprechanlagen, Sporthallen sowie Wasch- und Trockenräumen).

Anfangs hatte sich das Verwaltungsunternehmen bei der Verfassung von Verwaltungsbestimmungen und -abläufen verzettelt. Im nachhinein hatten viele der Direktoren das Gefühl, daß eine große Anzahl ihrer Entscheidungen übereilt, unüberlegt und reichlich konservativ gewesen war. Das Unternehmen wollte mehr Struktur in seine Entscheidungen bringen, in der Hoffnung, effizientere Entscheidungen als zuvor fällen zu können. Mit diesem Ziel vor Augen nahmen die Direktoren die in diesem Buch beschriebenen Entscheidungsmechanismen als Grundlage, entwickelten sie weiter und paßten sie an ihre eigene Organisation und Unternehmenskultur an.

Untersuchung der Problemstellung

Erkennen des Problems

Die Direktoren stellten eine problematische Divergenz zwischen Ist- und Soll-Zustand des Leistungsniveaus der *wartungsmäßigen Instandhaltungsarbeiten* fest. Das Problem wurde aus zwei Richtungen wahrgenommen: Zunächst beobachtete man eine steigende Tendenz bei den Aufwendungen für die wartungsmäßige Instandhaltung. Dies war nicht auf den ersten Blick ersichtlich, da mit der betroffenen Haushaltsposition sowohl geplante als auch wartungsmäßige Instandhaltungsmaßnahmen abgedeckt waren. Zweitens gab es zunehmende Beschwerden seitens der Mieter bezüglich der Geschwindigkeit und Qualität der ausgeführten Reparaturarbeiten.

Die erste Maßnahme des Verwaltungsunternehmens bestand darin, ein Unterkomitee zusammenzustellen, das untersuchen sollte, wie der *Managing agent* Informationen verarbeitete und präsentierte. Mittel- bis langfristiges Ziel war die Entwicklung eines Managementinfomationssystems, das hauptsächlich in Problembereichen eingesetzt werden sollte und den Direktoren ermöglichen könnte, Probleme

Tabelle 7.10 Checkliste für Zielsetzungen, auf konkreten Fall angewandt

Checkliste für Zielsetzungen	
Problembeschreibung	Divergenz zwischen Ist- und Soll-Zustand des Leistungsniveaus der wartungsmäßigen Instandhaltung
Angestrebtes Ziel	Wartungsmäßige Instandhaltungsmaßnahmen sollten (1) qualitativ hochwertig sein, (2) kosteneffizient sein, (3) in einem angemessenen Zeitrahmen ausgeführt werden, (4) mit der Instandhaltungspolitik in Einklang stehen, (5) leicht zu verwalten sein.
Problemmerkmale	**Kommentar**
Klarheit: Ist das angestrebte Ziel hinreichend klar, um Mißverständnissen und Unsicherheit vorzubeugen?	Auch wenn die genannten Ziele im Augenblick einen gewissen qualitativen Spielraum lassen, kann man davon ausgehen, daß sie als Arbeitsgrundlage präzise genug sind. Zielsetzungen (4) und (5) haben auch Auswirkungen auf die Instandhaltungs-, Finanz- und Verwaltungspolitik. Diese Bereiche wird man parallel betrachten, um ihr Zusammenwirken besser fördern zu können.
Meßbarkeit: Kann der Erfolg des verfolgten Ziels gemessen werden?	Die Gesamtkosten der Reparaturen können als meßbar betrachtet werden, ebenso die Geschwindigkeit der ausgeführten Arbeiten. Eine präzise Bewertung der Zielsetzungen (1), (4) und (5) wird als schwierig angesehen. Besonders das Thema Qualität muß bei der letztendlichen Lösung geklärt werden.
Erreichbarkeit: Kann das verfolgte Ziel realistisch betrachtet erreicht werden?	Die Ziele sind zwar etwas unscharf formuliert, man geht jedoch davon aus, daß sie erreichbar sind.
Relevanz: Ist das angestrebte Ziel logisch und steht mit anderen organisationsinternen Zielen und Arbeitsabläufen in Einklang?	Alle Ziele sind für das wirtschaftliche Hauptinteresse des Verwaltungsunternehmens von größter Bedeutung: die Werterhaltung und vorzugsweise Wertsteigerung der vermieteten Immobilie.
Überprüfbarkeit: Können angesichts der vorliegenden Zielsetzung Fortschritte in Richtung Zielerfüllung überprüft und nachvollzogen werden?	Wie man feststellte, müssen bei dem Management-Informationssystem Veränderungen vorgenommen werden, wenn der Fortschritt dieser Ziele überprüft werden soll. Des weiteren ist zu überlegen, ob Zielsetzungen (4) und (5) überprüft werden müssen. Intuition ist gefragt!

bereits während ihrer *Opportunity*-Phase (dt. etwa: Phase, in der Wertsteigerung möglich ist) und nicht erst auf der *Crisis*-Stufe (dt. Krisenstufe) wahrzunehmen.

Anfängliche Zielsetzungen

Die anfänglichen Ziele wurden durch die Direktoren mit Hilfe der *SMART*-Checkliste festgelegt. Nach der Erfahrung der Direktoren war die Checkliste sehr hilfreich, um sich auf die zentralen Elemente des Problems zu konzentrieren, und gab sowohl die Richtung als auch den Inhalt für den weiteren Entscheidungsfindungsprozeß vor. Davor hatten sich die Direktoren stets sehr vage Ziele gesetzt und konnten daher keinen klaren Kurs verfolgen. Tabelle 7.10 zeigt die vom Verwaltungsunternehmen ausgefüllte Checkliste für Zielsetzungen.

Identifizierung der Problemmerkmale

Dieser Schritt im Entscheidungsfindungsprozeß wurde von den Direktoren als besonders hilfreich empfunden. Insbesondere hatte er die Diskussion über die Abstimmung von kurzfristigen operativen Entscheidungen und mittel- bis langfristigen strategischen Entscheidungen angeregt. Nach Aussage der Direktoren hatten sie hier vor allen Dingen gelernt, wie wichtig es ist, jede Lösung in einen größeren Kontext zu stellen. Aus Tabelle 7.11 geht die Checkliste zur Diagnose des Entscheidungstyps, zu dem das Verwaltungsunternehmen gehört, hervor.

Tabelle 7.11 Checkliste zur Diagnose des Entscheidungstyps, auf konkreten Fall angewandt

Checkliste zur Diagnose des Entscheidungstyps			
Problembeschreibung: Divergenz zwischen Ist- und Soll-Zustand des Leistungsniveaus der wartungsmäßigen Instandhaltung			
Problemmerkmale	**Operativ**	↔	**Strategisch**
Häufigkeit: Wie häufig treten ähnliche Probleme auf?	Häufig	| | | ✓	Sehr selten
	Anmerkungen: Dies ist das erste Mal, daß eine Politik für die wartungsmäßige Instandhaltung formuliert wird. Man hofft, daß dies nicht regelmäßig passieren muß.		
Spürbarkeit der Konsequenzen: In welchem Ausmaß wird die Lösung des Problems Änderungen innerhalb der Organisation hervorrufen?	Nicht spürbar	| | | ✓	Stark spürbar
	Anmerkung: Die wartungsmäßige Instandhaltung und ihre Auswirkungen auf die geplanten Instandhaltungsmaßnahmen sind die zentralen Variablen für die erfolgreiche Bewirtschaftung der Immobilie. Eine gute Instandhaltung bedeutet für die Immobilie einen Mehrwert und trägt dazu bei, die Nebenkosten für die Mieter niedrig zu halten.		
Schwere der Konsequenzen: Wie schwerwiegend wäre es für die Organisation, wenn etwas bei der Lösung des Problems schief ginge?	Nicht schwerwiegend	| | | ✓	Sehr schwerwiegend
	Anmerkungen: s. o.		
Weite der Konsequenzen: Wie weitreichend werden wahrscheinlich die Auswirkungen der Entscheidung sein?	Nicht weitreichend	| | | ✓	Sehr weitreichend
	Anmerkung: Wie bereits bei der Aufstellung der Anfangsziele betont, hat man festgestellt, daß eine Politik für die wartungsmäßige Instandhaltung auch auf andere Managementbereiche - wie die Bereiche Finanzen, Verwaltung und geplante Instandhaltungsmaßnahmen - Auswirkungen haben wird.		
Dauer der Konsequenzen: Wie lange werden die Folgen der Entscheidung wahrscheinlich anhalten?	Nicht lange	| | | ✓	Sehr lange
	Anmerkung: Werden wartungsmäßige Instandhaltungsmaßnahmen im Rahmen eines effizienten, durchdachten Instandhaltungsprogramms sachgerecht durchgeführt, können die Instandhaltungskosten mittel- bis langfristig gesenkt werden.		
Pioniercharakter: Wie groß ist die Wahrscheinlichkeit, daß die Lösung des Problems Maßstäbe für spätere Entscheidungen setzt?	Kein Pioniercharakter	| | | ✓	Starker Pioniercharakter
	Anmerkungen: Man hofft, daß durch die Formulierung einer Politik für die effiziente wartungsmäßige Instandhaltung die auftretenden Probleme in Zukunft eher technischer als managementrelevanter Natur sein werden.		
Anzahl der Beteiligten: Wieviele Parteien, sowohl interne wie externe, sind wahrscheinlich an der Lösung des Problems beteiligt?	Wenig Beteiligte	| | | ✓	Viele Beteiligte
	Anmerkungen: Es wird davon ausgegangen, daß die letztendliche Entscheidung auf die Beiträge von Direktoren, Mietern und Vertragsfirmen gegründet sein wird.		
Zusammenfassung: Fest steht, daß die Formulierung einer Politik für die wartungsmäßige Instandhaltung von größter Wichtigkeit für die Immobilie ist und strategische Bedeutung besitzt.			

Aufstellung eines Entscheidungsgremiums

In den Augen der Direktoren stand von Anfang an fest, wie das Entscheidungsgremium zusammengesetzt sein würde. Sie empfanden die Analyse eines geeigneten Gremiums jedoch auch als sehr nützlich, da so die Notwendigkeit, die Mieter zur Politik für die wartungsmäßige Instandhaltung ausdrücklich zu befragen, klar hervortrat.

Anhand der situationsspezifischen Führungsstilanalyse, die in Abschnitt 2.7.5 beschrieben wurde, gelangten die Direktoren zu folgenden Antworten, die auch in Abbildung 7.9 veranschaulicht sind:

A. Gibt es eine bestimmte qualitative Anforderung, aufgrund derer eine der Lösungen vorzuziehen wäre? *Ja*

B. Haben Sie ausreichende Informationen, um eine effiziente Entscheidung treffen zu können? *Nein*

C. Ist das Problem operativer Natur? *Nein*

D. Ist die Akzeptanz der Entscheidung von Seiten Dritter für ihre erfolgreiche Umsetzung entscheidend? *Nein* (Wenn auch ein Einverständnis des *Managing agent* mit der Endentscheidung wünschenswert wäre, so ist dies dennoch nicht unbedingt notwendig.)

F. Werden die organisationsspezifischen Ziele, die durch die Lösung dieses Problems verfolgt werden, von Mitarbeitern allgemein unterstützt? *Nein* (Die Direktoren hegen den Verdacht, daß der *Managing agent* und die Vertragsfirmen kurzfristig jedem Lösungsvorschlag Widerstand entgegen bringen werden, der sie für ihre Aktivitäten stärker zur Verantwortung zieht.) Daher muß Frage G im vorliegenden Falle nicht gestellt werden.

Diese Analyse ergab, daß die gangbare Lösung C2 war, d. h. die Direktoren würden andere Parteien, wie Vertragspartner und den *Managing agent*, zwar konsultieren, die endgültige Entscheidung obläge jedoch ihnen selbst und könne – aber müsse nicht – die Meinung anderer wiedergeben.

Aufstellung eines Planes für den Entscheidungsfindungsprozeß

Das Verwaltungsunternehmen stellte einen Plan auf, in dem vor allem die wichtigsten Eckpunkte herausgearbeitet wurden. Diese Phase war dabei behilflich, im gesamten Verlauf des Entscheidungsfindungsprozesses eine gewisse Spannung aufrecht zu erhalten.

Erarbeitung potentieller Lösungen

Ermittlung und Analyse von Informationen

Die Informationen stammten einerseits vom *Managing agent* und andererseits von den Mietern. Nach Ansicht der Direktoren gaben die Informationen des *Managing agents* Hinweise auf den *Ist-Zustand*, während die Angaben der Mieter den *Soll-Zustand* reflektierten. Die vom *Managing agent* gewonnene Information ließ sich in die folgenden Untergruppen aufteilen:

(1) Technische Daten
(2) Ausschreibungsverfahren

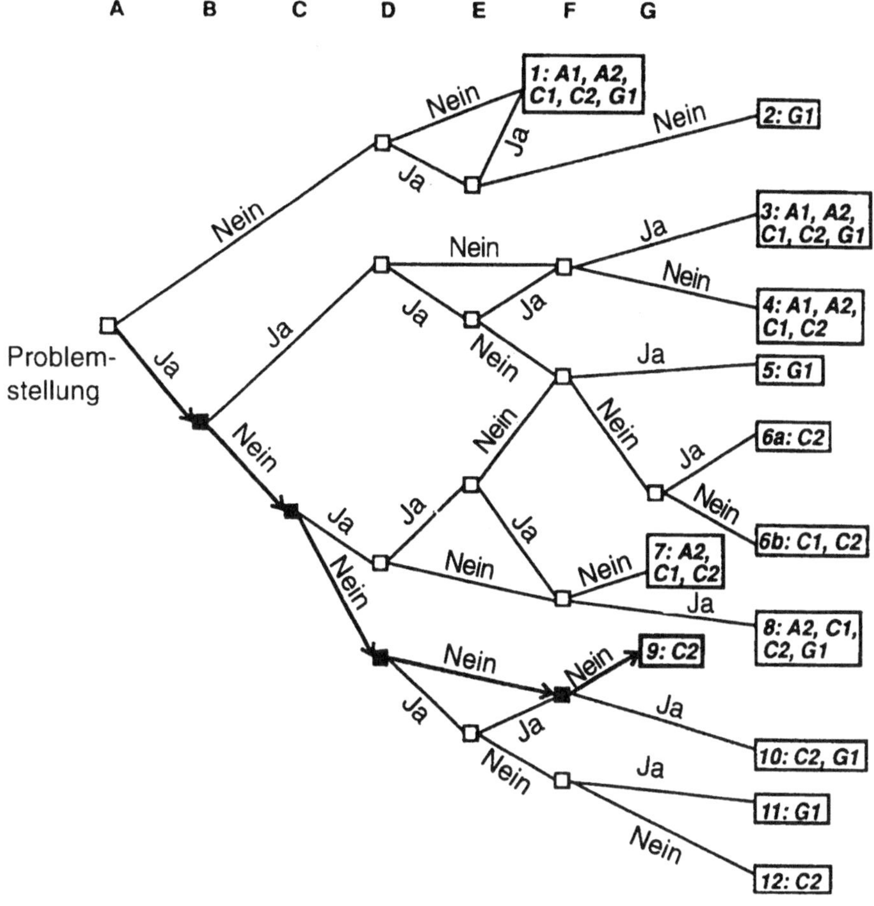

Abbildung 7.9 Flußdiagramm für situationsspezifische Führungsstilanalyse

(3) Vertragsüberwachung und -kontrolle
(4) Schnittstelle zwischen *Managing agent* und Mieter
(5) Schnittstelle zwischen *Managing agent* und Verwaltungsunternehmen
(6) Interaktion zwischen geplanter und wartungsmäßiger Instandhaltung

Die durch die Mieter gewonnene Information ließ sich in folgende Bereiche aufgliedern:

(1) Schnittstelle Mieter – *Managing agent*
(2) Wahrgenommene Qualität der durchgeführten Instandhaltungsmaßnahmen
(3) Wahrgenommene Priorität der auszuführenden Arbeiten

Aus diesen Informationen konnte ein umfassendes Bild der Situation entworfen werden. Die Methode zur systematischen Informationsermittlung und -analyse wurde von den Direktoren als sehr hilfreich empfunden, um die Analyse des Problems zu strukturieren und zu vereinfachen. Es stellte sich heraus, daß – obgleich die Symptome des Problems im Bereich Vertragsfirma bzw. *Managing agent* zu Tage traten – die eigentliche Ursache der Schwierigkeiten auf der Ebene des Verwaltungsunternehmens selbst lag. Tabelle 7.12 zeigt, wie die Checkliste zur systematischen Informationsermittlung und -analyse auf das Verwaltungsunternehmen angewandt wurde.

Anwendung kreativer Methoden bei der Erarbeitung von Lösungen

Um die Erarbeitung kreativer Lösungen zu fördern, wurde die sogenannte Nominale-Gruppen-Methode angewandt. Nach Meinung der Direktoren hatten Sitzungen der vergangenen Monate nur wenig Lösungvorschläge hervorgebracht, sondern immer in einer allgemeinen Diskussion über die Problemstellung geendet. Anfangs lehnten alle Direktoren die Durchführung der Nominalen-Gruppen-Methode als »albern« ab, im nachhinein waren sie sich jedoch einig, daß diese Methode ihnen dabei geholfen hatte, in relativ kurzer Zeit fruchtbare Lösungen zu erzielen.

Man hielt sich an die Vorgehensweise, wie sie in diesem Kapitel oben dargelegt wurden. Die einleitende Frage lautete folgendermaßen:

»Welche Maßnahmen sollte man ergreifen, um eine gezielte wartungsmäßige Instandhaltung zu gewährleisten, die sich durch Qualität, Kosteneffizienz und kurze Reaktionszeiten auszeichnet?«

Alle Lösungen, die bei der abschließenden Abstimmungsphase zur Entscheidung gebracht wurden, liefen letztlich auf einen befristeten Vertrag hinaus (engl. *measured term contract*, Abk. *MTC*).

Auswahl einer Lösung

Festlegung von Bewertungskriterien

Zwischen dieser Phase und derjenigen der Erarbeitung von Lösungsansätzen wurde bewußt eine längere Pause eingelegt, so daß die Direktoren Gelegenheit zur Reflexion hatten und nicht Gefahr liefen, sich Hals über Kopf für eine Lösung zu entscheiden. Zunächst wurde die Erarbeitungsphase noch einmal kritisch besprochen und der Begriff des befristeten Vertrags geklärt, so daß alle Direktoren eine einheitliche Basis für die Bewertung der Lösungsvorschläge zur Verfügung hatten. Man kam überein, daß sich ein befristeter Vertrag dadurch definieren läßt, daß Firmen nach einem Wettbewerbsverfahren für eine Organisation den Auftrag erhalten, alle Arbeiten eines bestimmten Leistungsbereiches innerhalb eines festgelegten Zeitraums auszuführen.

Die Direktoren gingen nun zur Erarbeitung der Bewertungskriterien über. Viele von ihnen hatten das Gefühl, daß sie hier eine ähnliche Arbeit leisteten, wie bei der Festlegung anfänglicher Ziele. Dennoch hatten sie den Eindruck, daß diese Phase bei der Reflexion des bisherigen Entscheidungsfindungsprozesses hilfreich war und mithelfen konnte, bis zum Ende auf der richtigen Spur zu bleiben. Tabelle 7.13 zeigt die Checkliste für Bewertungskriterien, angewandt auf das Vewaltungsunternehmmen.

Überprüfung der Machbarkeit, der Akzeptabilität und der Angreifbarkeit

Nachdem die Bewertungskriterien aufgestellt waren, überprüften die Direktoren, ob es machbar wäre, einen befristeten Vertrag abzuschließen. Die Direktoren hatten etwas Zweifel daran, ob die Bewertung eines einzigen Lösungsvorschlages effizient sei. Aus diesem Grund teilten sie sich in zwei Gruppen auf: Eine bot alle nur denk-

Tabelle 7.12 Checkliste für systematische Informationsermittlung und -analyse, auf konkreten Fall angewandt

Checkliste für systematische Informationsermittlung und -analyse		Datum Problembeschreibung		*Wartungsmäßige Instandhaltung*
Welche Maßnahmen werden ausgeführt?	→	Warum?	→	Warum?
Verschiedenste Reparaturarbeiten werden tagtäglich ausgeführt. Viele der durchgeführten Reparaturarbeiten wurden an Gebäudeteilen vorgenommen, die gemäß dem geplanten Instandhaltungsprogramm zu ersetzen bzw. zu renovieren waren.		Fehlende Koordination zwischen wartungsmäßiger und geplanter Instandhaltung		Mangel an Firmenrichtlinien und -politik von Seiten des Verwaltungsunternehmens
Wie wird vorgegangen?	→	Warum?	→	Warum?
Im allgemeinen sieht das Verfahren folgendermaßen aus: Ein Mieter schildert ein Problem, der Managing agent überprüft den Mangel, setzt sich, falls erforderlich, mit einer Firma in Verbindung und beauftragt sie mit den notwendigen Maßnahmen. Selten werden detaillierte Beschreibungen der Mängel erstellt, Ausschreibungsverfahren befolgt oder Verträge überwacht. Darüber hinaus sind die Reaktionszeiten oft extrem langsam.		Mangel an durch das Verwaltungsunternehmen festgelegten Verfahren und Bestimmungen, was dazu führt, daß der Managing agent minderwertige und teure Reparaturmaßnahmen durchführen lassen kann.		Mangel an Firmenrichtlinien und -politik von Seiten des Verwaltungsunternehmens
Wo werden die Maßnahmen durchgeführt?	→	Warum?	→	Warum?
Nicht zutreffend				
Wer führt die Maßnahmen durch?	→	Warum?	→	Warum?
Alle Reparaturarbeiten werden von Vertragsfirmen ausgeführt. Sie werden weder über ihre Mitgliedschaft bei Fachverbänden, ihren Versicherungsschutz, ihren finanziellen Hintergrund noch über andere wichtige Aspekte befragt.		Mangel an durch das Verwaltungsunternehmen festgelegten Verfahren und Bestimmungen, wodurch der Managing agent externe Dienstleister beauftragen kann, und zwar eher nach dem Lust-und-Laune-Prinzip, als nach dem Prinzip von Qualität, Kosteneffizienz und Zeitersparnis.		Mangel an Firmenrichtlinien und -politik von Seiten des Verwaltungsunternehmens
Wie oft werden sie durchgeführt?	→	Warum?	→	Warum?
Nicht zutreffend				
Zusammenfassung: Die gegenwärtigen Probleme sind die Folge fehlender Planung und Koordination durch den Managing agent und die Überprüfung des Managing agents von Seiten des Verwaltungsunternehmens.				

Tabelle 7.13 Checkliste für Bewertungskriterien, auf konkretes Beispiel angewandt

Checkliste für Be-wertungskriterien		Datum Problembeschreibung:		*Wartungsmäßige Instandhaltung*
Anfangsziel-setzungen	→	**Warum?**	→	**Bewertungskriterien**
Qualität		Im gesamten Verlauf der Repara-turarbeiten ist gute Qualität von größter Bedeutung.		Die Lösung sollte in allen Phasen der Reparaturarbeit gute Ausfüh-rungsqualität begünstigen.
Kosteneffizienz		Wenn die Nebenkosten für die Mieter niedrig gehalten werden sollen, muß auf Kosteneffizienz geachtet werden.		Die ausgesuchte Lösung sollte sich den Wettbewerb - soweit es geht - zunutze machen, doch nicht auf Kosten von Kompro-missen bei der Leistungsqualität.
Kurze Reaktions-zeiten		Die Reparaturarbeiten sollten schnellstmöglich durchgeführt werden, um den Schaden zu be-grenzen und die Mieter zufrie-denzustellen.		Mit Hilfe der gewählten Lösung sollte gewährleistet sein, daß Re-paraturarbeiten in einem ange-messenen Zeitraum und mit gro-ßer Zuverlässigkeit erbracht wer-den.
Integration in geplante Instand-haltungsmaßnah-men		Durch die Integration von ge-planter und wartungsmäßiger In-standhaltung können Instand-haltungskosten minimiert und Reparaturleistungen gezielter er-bracht werden.		Die gewählte Lösung sollte dazu führen, daß Reparaturarbeiten präzise und gezielt in Auftrag ge-geben werden, um sie mit dem Programm der geplanten In-standhaltung zu einer Synthese zu führen.
Kontrollierbarkeit		Die Firmenpolitik sollte es dem Verwaltungsunternehmen er-möglichen, die Leistung des Ma-naging agent sowie der Vertrags-firma zu überprüfen.		Durch die gewählte Lösung sollte es für das Managementunterneh-men leichter sein, die erbrachten Leistungen abzuwickeln und zu kontrollieren.
Zusammenfassung: Die ausgesuchte Lösung sollte hauptsächlich auf die Qualität der Leistung und die Erleichterung der Kontrolle des Managementunternehmens ausgerichtet sein.				

baren Argumente für die Lösung auf, während die andere sich auf die Gegenseite schlug und nur Argumente vorbrachte, die gegen die Lösung sprachen. Diese Kon-stellation behielt man auch bei der Überprüfung von Akzeptabilität und Angreifbar-keit bei. Tabelle 7.14 und 7.15 geben die jeweiligen, von dem Verwaltungsunterneh-men ausgefüllten Checklisten zur Machbarkeit und Akzeptabilität der Lösung wie-der.

Bei der Überprüfung der Angreifbarkeit gewannen die Direktoren den Eindruck, daß das Hauptrisiko dieser Lösung darin bestand, sich durch einen Vertrag ein Jahr lang an einen Vertragspartner zu binden. Man war jedoch aus zwei Gründen bereit, das Risiko einzugehen: Erstens würde es im Falle unsachgemäßer Ausführung usw. Ausstiegsklauseln geben. Zweitens würden durch das Ausschreibungsverfahren un-zuverlässige Vertragspartner ausscheiden, da bei Ausschreibungen nach Referenzen, Einzelheiten aus vergangenen bzw. laufenden Verträgen, Buchhaltungsprüfungen vergangener Jahre, bestehenden Versicherungen, sicherheits- und gesundheitstech-nischen Standards usw. gefragt werden könnte.

Tabelle 7.14 Checkliste für Machbarkeit, auf konkreten Fall angewandt

Checkliste für Machbarkeit	Datum Lösungsvorschlag: Befristeter Vertrag
Bewertungs-kriterium	**Resultat**
Benötigte fachliche Kompetenz	Verwaltungsunternehmen: Durch den befristeten Vertrag könnten die Direktoren ihre Kontrollfunktion leichter und konsequenter ausüben. Man vertraut darauf, daß keine neuen Fachkompetenzen erforderlich sind. Managing agent: Man äußert Zweifel daran, ob dieser über ausreichende Fachkompetenz verfügt, um die neuen in Zukunft anfallenden Aufgaben gut zu bewältigen. Man ist sich jedoch einig, daß es wichtiger ist, daß der Managing agent sich seinem neuen Aufgabenbereich anpaßt, als umgekehrt. Man wird die Situation ganz genau beobachten und - sollte man mit der Arbeit des Managing agents nicht zufrieden ein - ihn gegebenenfalls ersetzen. Vertragsfirma: Zweifel werden angemeldet, ob eine Vertragsfirma alleine über ausreichendes Know-how verfügt, angesichts der Vielzahl erforderlicher Leistungsbereiche. Da jedoch alle fachspezifischen Instandhaltungsmaßnahmen im Rahmen von einzelnen Seviceverträgen ausgeführt werden, vertraut man darauf, daß der jeweilige Vertragspartner in der Lage ist, die grundlegenden Reparaturarbeiten, mit denen man ihn beauftragt, auch auszuführen.
Benötigte Kapazitäten	Allgemein glaubt man, daß für den Lösungsvorschlag 'Befristeter Vertrag' genügend Ressourcen zur Verfügung stehen. Zudem ist man der Ansicht, daß - selbst wenn zusätzliche Ressourcen kurzfristig benötigt würden - diese mittelfristig recht schnell zu beschaffen wären.
Grad der Eignung	Man geht davon aus, daß der befristete Vertrag zur allgemeinen Effizienz der Gebäudebewirtschaftung einen erheblichen Beitrag leisten könnte und in andere Bereiche, vor allem die geplante Instandhaltung, leicht zu integrieren wäre.

Tabelle 7.15 Checkliste für Akzeptabilität, auf konkreten Fall angewandt

Checkliste für Akzeptabilität	Datum Lösungsvorschlag: Befristeter Vertrag
Bewertungskriterium	**Resultat**
Operative Auswirkung	
• Leistungsbeschreibung	Beim Abschluß eines befristeten Vertrages werden eventuell alle in Frage kommenden Arbeitsmaßnahmen detailliert aufgeführt. Mit diesen Beschreibungen ist der Anfang für die Vertragsdokumentation gemacht, und man kann sich auf diese Vereinbarungen berufen.
• Qualität	Die technischen Einzelheiten können eindeutig festlegen, welche Standards bezüglich Material und Arbeitseinsatz erwartet werden, als Bezugsgrößen können die DIN-Normen sowie die allgemein anerkannten Regeln der Technik dienen.
• Kurze Reaktionszeiten	Für die einzelnen Arbeitsmaßnahmen können Prioritäten vergeben werden, indem man einen gewünschten Zeitrahmen für ihre Ausführung angibt, z.B. 24 Stunden, 48 Stunden, 1 Woche usw.
• Verläßlichkeit	Die Bedingungen des befristeten Vertrages werden sich positiv auf die Verläßlichkeit der Vertragsfirma auswirken und damit Schadensersatzansprüche vermeiden helfen.

• Flexibilität	Durch einen befristeten Vertrag bindet sich das Unternehmen für die Dauer des Vertrags an einen Vertragspartner. Dies kann nach allgemeiner Einschätzung nicht vermieden werden. Andererseits kann sich eine langfristige Arbeitsbeziehung in beiderlei Interesse, d.h. des Auftraggebers und des Vertragspartners, entwickeln.
• Finanzielle Auswirkung	Die finanziellen Auswirkungen eines befristeten Vertrags lassen sich in drei Hauptbereiche gliedern: Erstens ermöglicht er präzisere Vorhersagen für den *Cash-flow*, zweitens lassen sich die Kosten pro Nutzungseinheit senken, und drittens können mittel- bis langfristig betrachtet erhebliche Einsparungen getätigt werden (falls Reparaturmaßnahmen gezielter erbracht werden und qualitativ hochwertig sind).

Die endgültige Entscheidung, einen befristeten Vertrag in die Wege zu leiten, wurde nicht direkt nach der Bewertung getroffen, sondern erst in der darauffolgenden Sitzung. Dies sollte den Direktoren wiederholt Gelegenheit zur Reflexion bieten.

7.5 Zusammenfassung

Die Kombination von Theorie, Erfahrung und Urteil wurde abschließend von einem der Direktoren folgendermaßen zusammengefaßt:

»Ich glaube nicht, daß wir diese Methoden jedes Mal anwenden werden. Einige waren in meinen Augen gelinde gesagt etwas an den Haaren herbeigezogen. Doch trotz alledem (obwohl ich nicht sicher bin, ob es die Methoden selbst waren oder die Tatsache, daß wir gezwungen waren, über unser bisheriges Tun nachzudenken) scheinen wir nun letztendlich über bessere Strategien zu verfügen. Ich glaube zwar, daß wir sie in ihrer derzeitigen Form letzten Endes nicht lange anwenden werden, doch an den zugrundeliegenden Konzepten in bezug auf individuellere Entscheidungsfindungsprozesse werden wir festhalten.«

7.6 Literatur

1 Elbing, A.O. (1970) *Behavioral Decisions in Organizations.* Scott, Glenview, p. 14.
2 Adapted from Vroom, V.H. & Jago, A.G. (1988) *The New Leadership: Managing Participation in Organizations.* Prentice Hall, Englewood Cliffs, New Jersey.

Literaturverzeichnis

Kapitel 5

Daniels, A. & Yeates, D. (1984) *Basic Systems Analysis*. Pitman, London.

Daylon, D. (1987) *Computer Solutions for Business: Planning and Implementing a Successful Computer Environment*. Microsoft Press, Redmond, Washington.

Higgins, J. C. (1985) *Computer-based Planning Systems*. Edward Arnold, London.

Hoskins, T. (1986) *The Electronic Office*. Pitman, London.

Mingay, S. & Peattie, K. (1992) IT consultants – source of expertise or expense? *Information and Software Technology*, 35 (5), 341-9.

Otway, H. J. & Peltu, A. (eds) (1983) *New Office Technology: Human and Organizational Aspects*. Pinter, London.

Kapitel 6

Adams, J. D. (ed.) (1975) *New Technologies in Organization Development: 2.* University Associates, California.

Beckhard, R. & Harris, R. T. (1977) *Organizational Transitions: Managing Complex Change*. Addison-Wesley, Reading, Massachusetts.

Beer, M. (1986) *Organization Change and Development: A System View*. Goodyear, California.

French, W. L. & Bell, C. H. (1984) *Organization Development: Behavioral Science Intervention for Organization Improvement*. Prentice-Hall, Englewood Cliffs, New Jersey.

Mirvis, P. H. & Berg, D. N. (1977) *Failures in Organization Development and Change: Cases and Essays for Learning*. Wiley, New York.

Neilsen, E. H. (1984) *Becoming an OD Practitioner*. Prentic-Hall, Englewood Cliffs, New Jersey.

Ottawat, R. N. (ed.) (1979) *Change Agents at Work*. Associated Business Press, London.

Thakur, M., Bristow, J. & Carby, K. (eds) *Personnel in Change: Organization Development Through the Personnel Function*. Pitman, Bath.

Kapitel 7

Bass, B. M. (1983) *Organizational Decision Making*. Irwin, Homewood, Illinois.

Baumol, W. J. & Quandt, R. E. (1964) Rules of thumb and optimally imperfect decisions. *The American Economic Review*,54, 23-46

Cooke, S. & Slack, N. (1991) *Making Management Decisions*. Prentice-Hall, Hemel Hempstead, England.

Gray, E. R. & Smeltzer, L. R. (1989) *Management: The Competitive Edge*. Macmillan, New York.

Harrison, E. F. (1981) *The Managerial Decision-Making Process*. Houghton Mifflim, Boston.

Hickson, D. J., Butler, R. J., Cray, D., Mallory, G. R. & Wilson, D. C. (1986) *Top Decisions: Strategic Decision-Making in Organizations*. Basil Blackwell, Oxford.

Huber, G. P. (1980) *Managerial Decision Making*. Scott, Glenview.

Kuhn, R. L. (1988) *Handbook for Creative and Innovative Managers*. McGraw-Hill, New York.

Mintzberg, H., Raisinghai, D. & Theoret, A. (1976) The structure of »unstructured« decision processes. *Administrative Science Quarterly*, 21, 246-75.

Summers, I. & White. D. E. (1976) Creativity techniques: toward improvement of the decision process. *Academy of Management Review*, 1 (2), 99-107.

Van de Ven, A. & Delberq, A. L. (1971) Nominal versus interacting group processes for committee decision-making effectiveness. *Academy of Management Journal*, 14, 203-12.

Recht und Wirtschaft bei der Planung und Durchführung von Bauvorhaben

Von Prof. Dr. Dipl.-Kfm. Bauing. grad. E. Leimböck und K. Heinlein, Rechtsanwalt

In diesem zweibändigen Werk werden die für die Planung und Ausführung von Bauvorhaben relevanten rechtlichen und wirtschaftlichen Rahmenbedingungen im Zusammenhang und in ihrer Bedeutung für die Praxis dargestellt.

Am Beispiel „Bau eines Autohauses mit Kfz-Werkstatt" behandeln die Autoren die einzelnen Wissensgebiete in der Reihenfolge der HOAI-Leistungsphasen und zeigen ihre enge Verbindung untereinander und zum Gesamtverlauf der Bauplanung und -ausführung auf.

Band 1: Von der Grundstückssuche bis zur Baugenehmigung
1994. 300 Seiten DIN A4 mit rd. 50 Abbildungen und rd. 40 Tabellen. Gebunden DM 89,– öS 650,– / sFr 81,– ISBN 3-7625-3048-3

Band 2: Von der Ausführungsplanung bis zur Objektbetreuung und Dokumentation
1996. 307 Seiten DIN A4 mit rd. 50 Abbildungen und rd. 20 Tabellen. Gebunden DM 98,– öS 715,– / sFr 89,– ISBN 3-7625-3093-9

Mit einem durchgängigen Beispiel

- ➟ *Die für Planer wesentlichen Inhalte des öffentlichen Baurechts – von BauGB bis LBO*
- ➟ *Knappe und präzise juristische Erläuterungen*
- ➟ *VOB-Bestimmungen nach HOAI-Leistungsphasen*
- ➟ *Organisationsformen der am Bau Beteiligten*
- ➟ *Sichere Kostenplanung*
- ➟ *Finanzierungsmöglichkeiten von Bauvorhaben*

BAUVERLAG GMBH • Postfach 1460 • D-65004 WIESBADEN

BAUVERLAG

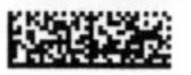